普通高等教育"十一五"国家级规划教材
国家林业和草原局普通高等教育"十三五"规划教材

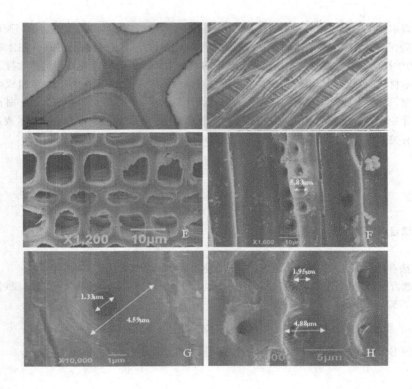

木材学

（第2版）

———— 徐有明 / 主编 ————

中国林业出版社

内容提要

本教材以木材生物形成机理为主线，参阅了当前木材科学最新资料和研究进展编写而成。全书由木材宏观构造、木材显微构造、木材识别与鉴定、木材化学性质、木材物理性质(包括木材环境学特性)、木材力学性质、竹材性质与利用、人工林定向培育生长过程中材性变异与材质改良、木材缺陷及其检验、木材功能性改良与增值利用、重要用材对材性的要求及适用树种等11章组成。本书为木材科学与工程、林学专业通用教材，还可作为家具设计与工程、产品设计、包装工程、林产化工、林业经济管理等专业的教材或参考书。对于林业行政管理行业、木材检验、家具企业技术改进、木材进出口管理和有关工程技术人员来说，本书也是很好的学习参考书。

图书在版编目(CIP)数据

木材学／徐有明主编．—2版．—北京：中国林业出版社，2019.8(2024.1重印)
普通高等教育"十一五"国家级规划教材　国家林业和草原局普通高等教育"十三五"规划教材
ISBN 978-7-5219-0246-4

Ⅰ.①木…　Ⅱ.①徐…　Ⅲ.①木材学–高等学校–教材　Ⅳ.①S781

中国版本图书馆 CIP 数据核字(2019)第 177988 号

中国林业出版社·教育分社

策划、责任编辑：杜 娟

电话：(010)83143553　　　　　传真：(010)83143516

出版发行	中国林业出版社(100009　北京市西城区德内大街刘海胡同7号)
	E-mail: jiaocaipublic@163.com　电话：(010)83143500
	网　址：http://www.forestry.gov.cn/lycb.html
经　销	新华书店
印　刷	北京中科印刷有限公司
版　次	2016年8月第1版
	2019年8月第2版
印　次	2024年1月第3次印刷
开　本	850mm×1168mm　1/16
印　张	19.5
字　数	486千字
定　价	55.00元

凡本书出现缺页、倒页、脱页等质量问题，请向出版社图书营销中心调换。

版权所有　侵权必究

第2版前言

《木材学》教材(第1版)为教育部普通高等教育"十一五"国家规划教材。在全国"木材科学与工程"专业指导委员会关心指导下,于2006年8月出版,受到国内近30多所农林大学"木材科学与工程"、"林学"专业广大师生和木材加工、家具、木材贸易等企业、事业单位相关专业技术人员的喜爱,并于2008年加印1次,2012年本教材就已全部售罄。经过近14年的使用,各个高等农林大学和企业对此教材反馈效果很好,强烈要求再版,以满足高等农林大学教学和企业技术人员培训和提升素质技能的需求。

经过中国林业出版社推介、本书编辑、本书编者及所在单位的集体努力,《木材学》(第2版)列入国家林业和草原局普通高等教育"十三五"规划教材。本书编者细致总结教学过程中的经验,考虑到国外和国内大学《木材学》课程教学内容与改革趋势,提出存在的问题,通过多种方式讨论,收集修改建议,达成共识,形成本书修改计划方案:坚持以木材(含竹材)为研究对象,保持原教材风格特色,力求编成一部适宜木材科学与工程、林学、家具等专业的通用教材,兼顾木材加工企业和家具企业培训需求,修改第1版中的少量错别字,增加部分最新研究成果。

主要修改内容如下:(1)绪论中修改补充了最新的森林覆盖率、森林面积、蓄积、木材加工产品等数据,对木材科学的发展补充了部分新内容新方向。(2)木材宏观构造部分:1.1.2.3商品名,红木33种改为29种,并增加"红木家具价值体现在材质、加工雕刻工艺和文化三个方面";1.1.2.4俗名,增加了"购买名贵家具时,合同上不要只简单地写实木家具、俗名或商品名,一定要注明拉丁学名,以保护消费者权益";1.2.1.2直径生长,增加了"弦向平周分裂(直径扩大)和径向垂周分裂(扩大周长)";1.3.2.1中波痕(涟纹),增加了"红木家具用材树种中,部分树种木材因导管、木射线等细胞组织叠生构造的存在,波痕明显";1.3.3.3成熟木质部细胞的蓄积中,增加了"蓄积储存在树干内,故有"森林蓄积量"这一概念,而不叫森林材积量,单株树木才称为材积";1.4.10木材的气味和滋味中改写了"我国海南岛的降香黄檀(香枝木)具有辛辣气味和浓郁香气"、"黑酸枝木和红酸枝木具有酸臭味;花梨木具有清香味";(3)木材微观构造,改写了2.3.4.4轴向薄壁组织对木材识别与利用的影响。2.3.7阔叶树材管胞中,强调了"阔叶树材管胞不常见,极少数阔叶材树种有管胞,其长度较针叶树材管胞要短得多"增加了"阔叶材管胞形态反映出针叶材管胞进化到阔叶材导管保留的中间过渡形态。(4)木材识别与鉴定中,加了"DNA条形码技术鉴定木材树种技术与应用范围,重新编写了"木材树种检索表"。3.1.6木材识别与鉴定注意事项中增加了木材"木种"、"树种"鉴定报告注意的问题。(5)木材化学性质,4.1木材的化学成分中增加了"森林生态补偿机制中利用含碳量计算林业碳汇内容";4.3.3.5中增加了"半纤维素可以用于制备食品包装膜、医用绷带和木聚糖微胶囊"内容;4.4.1木质素的分离和定量,进行了改写;增加了"4.4.4.7 木质素基重金属吸附材料"、"4.4.4.8 木质素基纳米材料";4.6.1 中增加了"低压爆破技术和汽爆技术分解生物质原料及其废弃物,制取能源、纤维素和半纤维素"内容。(6)木材物理性质,修改了几处重要的文字错误,5.2.4.5 减少木材干缩、湿胀的方法中增加了"木材高温深色碳化干燥技术"。(7)木材力学性质,修改了几处错别字,6.3.1 木材水分的影响中解释了过去标准含水率 15% 改为 12% 原因,以便理解国家标准和论文文献木材标准含水率变化。(8)竹材部分,增加了"重组竹"、"毛竹展开成板技术"和"竹缠绕复合压力管"等内容。(9)人工林定向培育过程中材性变异与材质改良部分修改了我国人工林面积,增加了"加拿大人工林建设"、"国家公园体制建设"和"杨树人工林若以生产胶合板用材为经营目的,合理修枝对促进无节材少节材的产出,特别重要"。(10)木材缺陷与检验,修改了部分文字,增加了"9.4 原木保存与防止腐朽、虫蛀与开裂"。(11)增加了《木材功能性改良与增值利用》章节,新编第 10 章,第 1 版教材第 10 章(重要用材对材性的要求及适用树种)在第 2 版教材中,改为第 11 章。(12)修改了部分章节错别字。

本书教学学时控制在 40~60 学时(包括实验学时),各教学单位可以根据专业教学计划和教学目标,选择章节讲授,部分章节可以在教师指导下进行自学。

本书第 2 版由华中农业大学徐有明教授任主编,安徽农业大学徐斌教授与广西大学符韵林教授任副主编。徐有明教授负责材料汇总与审定。编写修订工作分工如下:

绪论、前言　徐有明

第一章　徐有明　冯德君

第二章　符韵林

第三章　徐斌　徐有明

第四章　彭万喜　徐有明

第五章　徐有明

第六章　徐有明

第七章　徐有明　夏玉芳　林金国

第八章　徐有明　夏玉芳

第九章　徐斌

第十章　徐有明　林金国　彭万喜

第十一章　符韵林　林金国

书中部分资料因无法考证来源而未注明出处,在此表示歉意,并向相关作者表示感谢!书中疏漏和不足之处在所难免,欢迎使用本教材的教师、学生和读者批评指正。诚挚地希望本书能为我国木材学课程的教学、木材科学技术研究发展和我国木质资源的高效利用起到积极的推动作用。

徐有明

2019 年 6 月

第1版前言

林学专业学生在未来的工作中承担着生态环境保护建设、培育森林资源和为国民经济快速可持续发展提供木材资源的重任。森林是林学专业的主要研究对象,木材及以木材为原料加工后的各种板材和家具都是森林的主产品。木材学是林学专业的重要基础课之一。从事林学专业的学生,学好木材学,掌握木材学基础知识,了解我国主要林木树种及木材特性与利用,对于搞好林业区划,科学选择造林树种,完善森林经营,强化林木育种,加速林木遗传改良,实现定向培育速生丰产优质高效人工林,提高木材检验与识别能力,有着十分重要的意义。

中华人民共和国成立前,我国森林学专业一直开设《森林利用学》课程,主要讲授木材学内容,这对培养我国建设急需的林学和木材加工专业人才起到了很重要的奠基作用。1953年全国院校专业大调整后,单独建制的林业院校将森林学专业逐步分化为林学、木材加工和林产化工3个专业,其中木材加工专业单独开设木材学基础课程。高等农业院校中林学专业仍开设的《森林利用学》课程,主要讲授木材学、森林采运、木材加工和林产化工四部分内容。随着科学技术的不断发展,教材内容不断得到更新与充实。到目前为止,木材加工专业已有五个版本《木材学》教材,林学专业至今仍在用1983年出版的《森林利用学》教材。因该教材出版早(1983年版),其内容多少显得有点陈旧,与当今教育改革的形式和林业科学技术要求很不适应;同时,随着教改的深化和强调宽基础,专业课程学时全面压缩。使该课程内容多、面广与学时少的矛盾日显突出,因此,难以很好地组织教学,为此,必须尽快编写新的教材,以适应新的教学形势需要。

事实上,很多农业大学从1990年以后就已着手改革《森林利用学》教学内容,并将该课程改为《木材学》和《林产品加工利用》两门课,自编教材组织教学。期间,华中农业大学徐有明同志于1990年在全国就《森林利用学》课程教学改革以信件的形式进行过专门的调研,安徽农学院柯病凡教授、北京林学院陈陆圻教授、福建林学院陈承德教授和华南农学院陈鉴朝教授都提出了有益的教学改革建议;全国部分农林大学内承担该课程的老师,于1991年、1993年和2005年分别在西北林学院、黄山市和北京林业大学等地召开了三次教学研讨会,就该课程的教材和教学组织工作交换了意见。参加会议的老师除了本教材编写单位外,还有原安徽农业大学校长江泽慧教授、中南林学院黄铃英老师、江西农业大学郭晓敏教授和沈阳农业大学殷鸣放教授等。大家认为根据新形势下林业专业的教育要求,重新编写该教材已刻不容缓,呼吁有关主管单位应组织全国农林院校中的老师编写一本适合林学专业用的《木材学》教材,以推动林学专业知识结构改善和提高学生的应用技能。

本书是在华中农业大学林学专业《木材学》教学大纲的基础上,吸取其他版本《木材学》的优点,经参编老师讨论、审定后分工编写而成。根据新形势教学改革要求,本书既考虑木材学科的特点，也考虑到林学和其他专业的要求，努力做到内容全面、重点突出、简明易懂，理论上有一定的深度，课程设置上与林业生产实践紧密结合。与其他同类教材不同点在于本书将"木材识别与鉴定"单独成章，增加了"人工林定向培育过程中材性变异与材质生物改良"、"木材缺陷与木材检验"和"常用造林树种木材性质、识别与用途"等章节。林学专业学生在具备较好的植物分类和植物解剖学知识的基础上，各学校可根据教改后的学时，有选择性地重点讲授相关章节。

本书不仅可作为林学专业的教材，还可作为木材科学与工程、木材贸易、家具、室内艺术设计、林产化工、包装工程、林业经济管理等专业的教材或参考书。对于林业行政管理行业、木材检验、生产企业管理和有关工程技术人员和从事森林培育和林木改良方面的研究生来说，本书也是很好的学习参考书。

本书由华中农业大学徐有明教授任主编，广西大学徐峰教授和河南农业大学陈志林副教授任副主编。参加编写的单位和人员有：安徽农业大学徐斌副教授、山西农业大学郭来锁教授、贵州大学夏玉芳教授和西北农林科技大学冯德君副教授。具体编写分工：绪论（徐有明）、第1章（郭来锁、徐有明和冯德君）、第2章（徐峰）、第3章（徐斌、郭来锁）、第4章（陈志林）、第5章与第6章（徐有明）、第7章（7.5节夏玉芳，7.1节~7.4节、7.7节、7.8节徐有明）、第8章（徐有明、夏玉芳）、第9章（徐斌）和第10章（徐峰）。全书由徐有明教授汇总、修改和定稿，徐有明教授和徐峰教授二人共同审阅完成。

本书参考了国内外木材科学有关的教材与文献材料，编写出版过程中得到编著者所在单位、中国林业出版社和中国木材科学学会的大力支持，中国林业科学研究院鲍甫成研究员对此书有关内容提出了修改意见。在此向所有关心和支持本书出版的个人和单位表示衷心的感谢。

由于时间和水平的限制，书中部分照片和资料无法考证或没有注明来源，书中疏漏和不足之处在所难免，恳请读者批评指正。

徐有明

2006年3月

目 录

第 2 版前言

第 1 版前言

绪　论 ··· 1

第 1 章　**木材宏观构造** ··· 11
 1.1　木材构造概念 ··· 11
  1.1.1　木材的来源 ·· 12
  1.1.2　木材的名称 ·· 13
  1.1.3　木材构造的研究内容 ·· 15
  1.1.4　木材构造的研究意义 ·· 15
 1.2　树木生长与发育 ··· 15
  1.2.1　树木的生长 ·· 15
  1.2.2　树木的组成部分 ·· 17
 1.3　树干的构造 ·· 18
  1.3.1　树　皮 ·· 18
  1.3.2　材　表 ·· 20
  1.3.3　形成层 ·· 22
  1.3.4　木质部 ·· 23
  1.3.5　髓 ··· 23
 1.4　木材的宏观构造 ··· 24
  1.4.1　木材的三切面 ··· 24
  1.4.2　年轮、生长轮 ··· 25
  1.4.3　早材、晚材 ·· 26
  1.4.4　边材、心材 ·· 27
  1.4.5　木射线 ·· 28
  1.4.6　管　孔 ·· 29
  1.4.7　胞间道 ·· 34
  1.4.8　轴向薄壁组织 ··· 35
  1.4.9　材　色 ·· 38
  1.4.10　气味和滋味 ··· 38

　　　　1.4.11　髓斑 ………………………………………………………………… 39
　　　　1.4.12　结构、纹理与花纹 …………………………………………………… 39
　　　　1.4.13　质量和硬度 …………………………………………………………… 40
第2章　木材显微构造 …………………………………………………………………… 41
　2.1　木材细胞壁结构 ………………………………………………………………… 41
　　　　2.1.1　木材细胞壁的层次结构 ……………………………………………… 41
　　　　2.1.2　木材细胞壁上的结构特征 …………………………………………… 44
　2.2　针叶材的显微构造 ……………………………………………………………… 48
　　　　2.2.1　针叶材显微构造的特点 ……………………………………………… 49
　　　　2.2.2　轴向管胞 ……………………………………………………………… 49
　　　　2.2.3　轴向薄壁组织 ………………………………………………………… 51
　　　　2.2.4　木射线 ………………………………………………………………… 52
　　　　2.2.5　树脂道 ………………………………………………………………… 55
　　　　2.2.6　内含物 ………………………………………………………………… 57
　2.3　阔叶材的显微构造 ……………………………………………………………… 58
　　　　2.3.1　阔叶材显微构造的特点 ……………………………………………… 58
　　　　2.3.2　导管与导管分子 ……………………………………………………… 58
　　　　2.3.3　木纤维 ………………………………………………………………… 62
　　　　2.3.4　轴向薄壁组织 ………………………………………………………… 64
　　　　2.3.5　木射线 ………………………………………………………………… 66
　　　　2.3.6　树胶道 ………………………………………………………………… 71
　　　　2.3.7　管胞 …………………………………………………………………… 72
　　　　2.3.8　阔叶树材的特殊构造 ………………………………………………… 72
第3章　木材识别与鉴定 ………………………………………………………………… 75
　3.1　木材识别与鉴定方法 …………………………………………………………… 75
　　　　3.1.1　对分检索表 …………………………………………………………… 76
　　　　3.1.2　穿孔卡片检索表 ……………………………………………………… 82
　　　　3.1.3　计算机在木材识别（智能识别木材）上的应用 …………………… 82
　　　　3.1.4　木材识别工具与设备 ………………………………………………… 82
　　　　3.1.5　木材识别步骤 ………………………………………………………… 83
　　　　3.1.6　木材识别与鉴定注意事项 …………………………………………… 83
　3.2　木材宏观识别 …………………………………………………………………… 84
　　　　3.2.1　方法 …………………………………………………………………… 84
　　　　3.2.2　木材宏观识别要点 …………………………………………………… 84
　3.3　木材的微观鉴定 ………………………………………………………………… 85
　　　　3.3.1　木材切片的制作 ……………………………………………………… 85
　　　　3.3.2　徒手切片法与木材微观识别 ………………………………………… 86
　　　　3.3.3　木材微观识别要点 …………………………………………………… 89

3.4 进口木材识别 ··· 89
　　3.4.1 进口木材种类 ·· 89
　　3.4.2 常见进口木材识别要点 ·· 90
3.5 特类木材识别 ··· 92
　　3.5.1 涉案木材 ·· 92
　　3.5.2 古木、化石木 ··· 92
　　3.5.3 高档实木制品用材识别 ·· 92

第4章 木材化学性质 ··· 94

4.1 木材的化学成分 ··· 94
4.2 纤维素 ·· 96
　　4.2.1 纤维素的结构 ·· 97
　　4.2.2 纤维素的物理化学性质 ·· 98
　　4.2.3 纤维素的化学反应 ··· 99
　　4.2.4 功能化纤维素材料 ··· 101
4.3 半纤维素 ··· 102
　　4.3.1 半纤维素的成分和结构 ·· 102
　　4.3.2 半纤维素的物理化学性质 ······································· 104
　　4.3.3 半纤维素的利用 ·· 105
4.4 木质素 ·· 107
　　4.4.1 木质素的分离和定量 ·· 107
　　4.4.2 木质素的结构与特点 ·· 108
　　4.4.3 木质素的物理化学性质 ·· 110
　　4.4.4 木质素的利用 ·· 111
4.5 木材抽提物 ·· 112
　　4.5.1 木材抽提物的种类与化学成分 ································ 112
　　4.5.2 木材抽提物与木材颜色的关系 ································ 114
　　4.5.3 木材抽提物对木材酸碱性质的影响 ························· 114
4.6 木材化学成分与木材加工利用的关系 ································ 115
　　4.6.1 纤维素、半纤维素与木材加工利用的关系 ··············· 115
　　4.6.2 木质素与木材加工的关系 ······································· 116
　　4.6.3 木材抽提物对木材加工的影响 ································ 117

第5章 木材物理性质 ··· 119

5.1 木材中的水分 ·· 119
　　5.1.1 木材含水率及其测定 ·· 119
　　5.1.2 木材的纤维饱和点 ··· 123
　　5.1.3 木材的吸湿性 ·· 125
　　5.1.4 木材中水分的移动 ··· 129
　　5.1.5 木材的吸水性 ·· 130

5.1.6　木材的透水性 …………………………………………………………… 130
5.2　木材的干缩湿胀 ……………………………………………………………………… 131
　　5.2.1　木材干缩湿胀的现象与影响因素 ……………………………………… 132
　　5.2.2　木材干缩湿胀各向差异的原因 ………………………………………… 134
　　5.2.3　木材干缩的评价指标与测定方法 ……………………………………… 136
　　5.2.4　木材干缩湿胀对木材加工利用的影响及控制方法 …………………… 138
5.3　木材的密度 …………………………………………………………………………… 142
　　5.3.1　木材物质比重与空隙度 ………………………………………………… 142
　　5.3.2　木材密度 ………………………………………………………………… 144
　　5.3.3　木材密度的意义及其影响因素 ………………………………………… 146
5.4　木材的热学性质 ……………………………………………………………………… 149
　　5.4.1　木材的热容与比热容 …………………………………………………… 149
　　5.4.2　木材的导热系数及其影响因素 ………………………………………… 150
　　5.4.3　木材的导温系数 ………………………………………………………… 151
　　5.4.4　木材的热膨胀 …………………………………………………………… 152
　　5.4.5　木材的耐热性及热对木材性质和使用的影响 ………………………… 152
5.5　木材的电学性质 ……………………………………………………………………… 153
　　5.5.1　木材的导电性 …………………………………………………………… 154
　　5.5.2　木材的介电性质 ………………………………………………………… 155
5.6　木材的声学性质 ……………………………………………………………………… 158
　　5.6.1　声音的基本特性 ………………………………………………………… 158
　　5.6.2　木材的传声特性 ………………………………………………………… 158
　　5.6.3　木材的振动特性 ………………………………………………………… 159
　　5.6.4　木材的声辐射性能和内摩擦衰减 ……………………………………… 160
　　5.6.5　木材对声的反射、吸收和透射 ………………………………………… 162
　　5.6.6　木材振动声学特性的应用 ……………………………………………… 163
5.7　木材的环境学特性 …………………………………………………………………… 165
　　5.7.1　木材的视觉特性 ………………………………………………………… 165
　　5.7.2　木材的触觉特性 ………………………………………………………… 167
　　5.7.3　木材的调湿特性 ………………………………………………………… 169
　　5.7.4　木材气味与居室环境 …………………………………………………… 170

第6章　木材力学性质 ………………………………………………………………… 173
6.1　木材力学基础理论与特点 …………………………………………………………… 173
　　6.1.1　应力与应变 ……………………………………………………………… 173
　　6.1.2　比例极限、弹性变形、永久变形 ……………………………………… 175
　　6.1.3　刚度、脆性、韧性和塑性 ……………………………………………… 175
　　6.1.4　木材的黏弹性 …………………………………………………………… 177
　　6.1.5　木材力学性质的特点 …………………………………………………… 178

6.2 木材主要力学性质 179
6.2.1 木材的抗拉强度 179
6.2.2 木材的抗压强度 180
6.2.3 木材的抗弯性质 182
6.2.4 木材的抗剪强度 185
6.2.5 木材的硬度 186
6.2.6 木材的冲击韧性 188
6.2.7 木材工艺力学性质 189
6.3 影响木材力学性质的因素 190
6.3.1 木材水分的影响 190
6.3.2 木材密度的影响 191
6.3.3 温度的影响 191
6.3.4 木材缺陷的影响 192
6.4 木材容许应力及其确定方法 196
6.4.1 木材容许应力概述 196
6.4.2 确定木材容许应力应考虑的因素 196
6.4.3 木材容许应力和安全系数的确定 198

第7章 竹材构造、性质与利用 200
7.1 竹材的构造 200
7.1.1 竹材的宏观构造 201
7.1.2 竹材的解剖构造 201
7.2 竹材的性质 205
7.2.1 物理性质 205
7.2.2 力学性质 206
7.2.3 化学性质 207
7.3 竹材的防护 208
7.3.1 竹材防腐防虫的方法 209
7.3.2 新型防腐剂 210
7.3.3 竹材防腐技术研究的发展趋势 210
7.4 竹材的开发利用 211
7.4.1 竹材人造板 211
7.4.2 竹浆造纸 213
7.4.3 竹材化学利用 213
7.4.4 新兴的竹制品 214

第8章 人工林定向培育生长过程中材性变异与材质改良 216
8.1 人工林发展历史与人工林定向培育 216
8.1.1 人工林发展历史及趋势 216
8.1.2 人工林定向培育 217

8.1.3　材性与材质概念上的差异 …………………………………………… 217
　　8.1.4　工业人工林发展主要区域与立地类型 …………………………… 218
8.2　材性变异 …………………………………………………………………………… 218
　　8.2.1　材性变异的原因 …………………………………………………… 218
　　8.2.2　树木单株内木材性质的变异 ……………………………………… 219
　　8.2.3　树木株间材性材质的变异 ………………………………………… 227
8.3　幼龄材与成熟材 …………………………………………………………………… 229
　　8.3.1　幼龄材与成熟材的概念 …………………………………………… 229
　　8.3.2　幼龄材与成熟材在材性与利用上的差异 ………………………… 229
　　8.3.3　幼龄材、成熟材划分的标准及其影响因素 ……………………… 231
　　8.3.4　材性的早期预测 …………………………………………………… 232
8.4　生长速度对材性的影响 …………………………………………………………… 232
　　8.4.1　生长速度 …………………………………………………………… 233
　　8.4.2　针叶树生长速度对木材材性的影响 ……………………………… 234
　　8.4.3　阔叶树生长速度对木材材性的影响 ……………………………… 235
8.5　林木育种与材质改良 ……………………………………………………………… 236
　　8.5.1　木材性质的遗传性及其遗传控制机制 …………………………… 236
　　8.5.2　林木育种与材质改良间的关系 …………………………………… 237
　　8.5.3　林木育种早期选择与鉴定 ………………………………………… 239
8.6　森林培育措施与材质改良 ………………………………………………………… 241
　　8.6.1　造林密度 …………………………………………………………… 241
　　8.6.2　林分间伐 …………………………………………………………… 243
　　8.6.3　施　肥 ……………………………………………………………… 246
　　8.6.4　灌　溉 ……………………………………………………………… 248
　　8.6.5　修　枝 ……………………………………………………………… 249
　　8.6.6　繁殖方法 …………………………………………………………… 251
8.7　我国针阔叶主要用材树种森林面积、蓄积与商品材 …………………………… 251
　　8.7.1　我国植被地带性分布规律 ………………………………………… 251
　　8.7.2　我国针阔叶主要树种森林面积与蓄积 …………………………… 251
　　8.7.3　针阔叶树材质上的总体差异及其在人工林中的比重 …………… 253
　　8.7.4　我国商品用材树种与分类 ………………………………………… 253
8.8　人工林木材利用主要问题及其生物改良主要途径 ……………………………… 254
　　8.8.1　人工林开发利用的主要问题 ……………………………………… 254
　　8.8.2　人工林木材生物改良的主要途径 ………………………………… 254

第9章　木材缺陷及其检验 ……………………………………………………………… 258
9.1　木材缺陷概述 ……………………………………………………………………… 258
　　9.1.1　木材缺陷分类 ……………………………………………………… 258
　　9.1.2　木材缺陷形成的原因 ……………………………………………… 261

9.1.3 缺陷对木材及加工利用的影响 …………………………………… 261
9.2 木材的主要缺陷及其检量 …………………………………………………… 261
　　9.2.1 节子 ……………………………………………………………… 261
　　9.2.2 变色 ……………………………………………………………… 262
　　9.2.3 腐朽 ……………………………………………………………… 263
　　9.2.4 蛀孔 ……………………………………………………………… 264
　　9.2.5 裂纹 ……………………………………………………………… 265
　　9.2.6 树干形状缺陷 …………………………………………………… 265
　　9.2.7 木材构造缺陷 …………………………………………………… 266
　　9.2.8 伤疤 ……………………………………………………………… 268
　　9.2.9 加工缺陷 ………………………………………………………… 270
　　9.2.10 变形 …………………………………………………………… 270
9.3 木材缺陷限度与材质评等 …………………………………………………… 271
　　9.3.1 直接用原木缺陷限度 …………………………………………… 271
　　9.3.2 特级原木缺陷限度 ……………………………………………… 272
　　9.3.3 加工用原木缺陷限度 …………………………………………… 273
　　9.3.4 锯材缺陷限度 …………………………………………………… 274
9.4 原木保存与防止腐朽、虫蛀与开裂 ………………………………………… 274

第10章 木材功能性改良与增值利用 …………………………………………… 276
10.1 木材颜色处理 ……………………………………………………………… 276
　　10.1.1 木材漂白 ……………………………………………………… 276
　　10.1.2 木材防变色处理 ……………………………………………… 277
　　10.1.3 木材染色处理 ………………………………………………… 278
10.2 木材尺寸稳定化处理 ……………………………………………………… 279
10.3 高温炭化木材 ……………………………………………………………… 279
10.4 木材压缩强化与弯曲处理 ………………………………………………… 280
　　10.4.1 木材压缩强化处理 …………………………………………… 280
　　10.4.2 木材压缩和弯曲 ……………………………………………… 281
10.5 木材防腐处理 ……………………………………………………………… 282
10.6 木材阻燃处理 ……………………………………………………………… 283
　　10.6.1 木材阻燃剂 …………………………………………………… 284
　　10.6.2 木材阻燃处理方法 …………………………………………… 284
10.7 重组木 ……………………………………………………………………… 285
10.8 松木脱脂技术 ……………………………………………………………… 285
10.9 木材功能性改良新技术 …………………………………………………… 286
　　10.9.1 无机物填充木材改性 ………………………………………… 286
　　10.9.2 纳米材料填充木材改性 ……………………………………… 286
　　10.9.3 环保、长效、多功能型改性木材 …………………………… 287

第 11 章 重要用材对材性的要求及适用树种 …… 288

11.1 建筑、纤维和薄木及胶合板用材 …… 288
11.1.1 建筑用材 …… 288
11.1.2 纤维用材(包括造纸、黏胶纤维、纤维板) …… 288
11.1.3 薄木及胶合板用材 …… 288

11.2 车辆、造船用材 …… 289
11.2.1 车辆用材 …… 289
11.2.2 造船用材 …… 289

11.3 家具、乐器用材 …… 289
11.3.1 家具用材 …… 289
11.3.2 乐器用材 …… 290

11.4 军工用材 …… 290
11.4.1 枪 托 …… 290
11.4.2 手榴弹柄 …… 290
11.4.3 教练机、滑翔机、靶机 …… 291
11.4.4 军工包装 …… 291

11.5 纺织、体育器械用材 …… 291
11.5.1 纺织用材 …… 291
11.5.2 体育器械用材 …… 291

11.6 火柴、铅笔杆用材 …… 292
11.6.1 火柴用材 …… 292
11.6.2 铅笔杆用材 …… 292

11.7 特种用材 …… 292
11.7.1 假 肢 …… 292
11.7.2 电瓶、蓄电池用隔片 …… 293
11.7.3 雕 刻 …… 293
11.7.4 鞋楦及高跟鞋鞋跟 …… 293
11.7.5 木 梳 …… 293

11.8 农业机械及农具用材 …… 293
11.8.1 农业机械及农具构件 …… 293
11.8.2 犁、耙、农具把柄 …… 293

11.9 桥梁、枕木、桩木和机械基础垫木及采矿用材 …… 294
11.9.1 桥梁、枕木、桩木用材 …… 294
11.9.2 机械基础垫木 …… 294
11.9.3 采矿用材 …… 294

11.10 常见造林树种木材主要性质 …… 294

参考文献 …… 297

绪 论

1 森林的重要性和我国的森林资源

森林是以乔木树种为主体的生物群落，是陆地生态系统的重要组成部分。它在整个大自然系统物质循环和能量循环过程中起着不可替代的重要作用。森林是人类和地球上其他生物自身生存、生命延续和发展的保证，也是人类社会文明和谐发展的前提条件。农牧业生产与林业的发展息息相关（防风固沙、调节降雨量和改善生物的居住环境等），没有林业就不会有农业、畜牧业的发展。森林在发挥重要生态功能效益外，还直接给人类生活提供巨大的物质原材料——木材。当今社会，木材是国民经济建设和人们日常生活中不可缺少的重要资源之一。在水泥、钢铁、木材、塑料四大建筑材料中，木材是唯一可再生利用的循环经济材料。随着现代工业和科学技术的发展，木材用途越来越广泛，其中木质能源也是很重要的一个发展方向。然而今日的森林由于不合理的开发和长期使用，许多国家已面临着沙漠化的威胁。土壤冲刷、洪水泛滥、风暴肆虐、沙漠扩大、生态平衡遭到破坏，直接影响着农牧业的发展。同时木材短缺，长期成为重要物资供应中的短线，但人们对木材珍贵的程度仍然认识不足，不珍惜。凡是属于天然资源中普遍存在的东西，往往是生活中不可缺少的东西，但却不为人们所珍惜。生命中不可缺少的水、空气便是一例，直到大气、河流污染严重威胁着人类生存条件时，人们才领悟其重要性。农业、森林也是这样，在经济不发达的情况下人们总认识不到其重要性。1998年我国大面积发生洪涝灾害后，对森林的重要性才真正有深刻的认识，并开始实行天然林保护和速生人工林建设工程，力争在生态环境建设和木材利用取得平衡的发展，以保障国家经济建设的需要。

我国林业土地31 259万hm^2，森林2.2亿hm^2，森林覆盖率由中华人民共和国成立初的8.6%提高到目前的22.96%，森林蓄积量175.6亿m^3。人工林保存面积0.6933亿hm^2，蓄积量24.83亿m^3，人工林面积居世界首位。但是，我国森林资源保护和发展的问题依然十分突出。从构建和谐社会、统筹人与自然和谐来看，森林资源状况难以适应陆地生态系统主体作用的要求。我国森林总量不足，森林覆盖率仅相当于世界平均水平的61.52%，居世界第130位。人均森林面积0.132hm^2，不到世界平均水平的25%，居世界第134位。人均森林蓄积量9.421m^3，不到世界平均水平的16.67%，居世界第122位。我国国土辽阔，森林分布不均。东部地区森林覆盖率为34.27%，中部地区为27.12%，西部地区只有12.54%，而占国土面积32.19%的西北5省（自治区）森林覆盖率只有5.86%。森林蓄积量居全国前五位的省分别是黑龙江、西藏、贵州、四川和内蒙古。这些省（自治区）是我国重点生态环境建设和水源保护区，不能大量用于生产商品木材。从国民经济社会发展来看,森林资源和森林质量难以满足社会发展和经济增长的刚性需求。我国每年对林木蓄积消耗的总需求量为5.5亿 m^3 左右,而现有森林蓄积资源的年合理供给量仅为2.6亿 m^3,国家建设急需的大径级木材和优良硬质木材极其缺乏,每年进口各种林产品折合林木蓄积量近2亿 m^3。现有1.75亿 hm^2 森林中,林分质量不高,龄组结构不合理。林分平均每公顷蓄积量只有84.73 m^3,相当于世界平均水平的84.86%(居世界第84位),林分平均胸径只有13.8cm。林龄组结构不合理,幼龄林、中龄林、近熟林、成熟林比例不符合林业和木材加工业可持续发展要求。人工林经营水平不高,树种单一现象还比较严重。此外,林地流失依然严峻,林木过量采伐仍相当严重,一方面可采资源严重不足,另一方面超限额采伐问题依然十分严重。全国年均超限额采伐量达7 554.21万 m^3。

我国既是一个木材生产大国,又是一个木材消费大国。近10年来,我国木材消费平均增长率达3.71%。随着国民经济建设与发展,木材缺口将进一步加大,木材需求与环境保护的矛盾将更进一步突出。如何解决这一突出矛盾和完成这一艰巨长期的任务,这是林业工作者必须面对、必须解决的难题。木材进口是一个重要的途径,但只能暂时缓和国内森林资源供给与需求矛盾。长期大量进口木材,不仅会引起国家间争夺有限资源的矛盾,而且也会引起国际上指责我国不关心地球其他地区的生态环境。近几年来,国际原木出口市场已受到很大的限制,许多国家基于环境保护压力和对工业原木加工增值的要求、发展本国经济等多方面原因已严格限制原木出口,其价格不断上涨,并且国际市场原木出口总量有限,一直徘徊在1亿~1.2亿 m^3。木材短缺是世界范围内的问题,工业原料的原木进口将会变得越来越困难,显然长期大量进口木材不是长远之计,它只能作为一种补充和调剂手段,我国木材工业发展必须立足于国内木材资源增长这一基础。

近年来,国内每年计划采伐人工林生产的原木约在5 000万~8 000万 m^3,进口原木和锯材5 000万~11 000万 m^3(2018年全国商品材总产量为8 811万 m^3,比2017年增长4.92%;2018年进口原木与锯材合计11 194.4万 m^3,金额210.9亿美元),加上进口的纸浆和人造板等产品折合木材约1.5亿 m^3,数量巨大。其中,原木绝大部分要通过锯材和进一步加工成板材来增值利用。因此,提高这些木材主产利用率,发展木材精加工业,收集林地采伐剩余物、木制品工厂加工剩余物和废旧木材,用于造纸和中高密度纤维板、刨花板的生产,提高木材资源综合利用率,减少木材资源的浪费,对缓和我国木材供需矛盾、满足国民经济快速增长对木材的需求有着重要的作用和深远的意义。我国在这方面进步很大,并成为人造板生产和消费大国。例如,2004年我国胶合板产量为2 000万 m^3,中高密度纤维板总量达2 000万 m^3,刨花板产量达2 000万 m^3。2018年我国人造板总产量29 909万 m^3,其中:胶合板17 898万 m^3,纤维板6 168万 m^3,刨花板2 732万 m^3,细木工板等其他人造板3 111万 m^3(细木工板占53%)。$1m^3$ 人造板可代替3~5 m^3 原木生产的板材使用,人造板工业的快速发展为减少我国森林消耗、保护我国有限的森林资源、促进生态工程建设发挥了重要作用。目前,从国际木材加工利用水平来看,我国在采伐剩余物利用和废旧木质资源利用(废旧家具类和废旧人造板材等)方面仍做得不够,与国外先进水平尚有很大的差距。此外,非木质资源利用如农作物秸秆生产人造板的开发利用,对保护森林资源也有着重要的意义。

我国人口众多,国民经济快速发展对木材需求量大。无论采用何种途径和技术措施,解决我国木材供需紧张矛盾较为重要且有效对策还是扩大森林资源、提高森林资源的质量及有效合理利用森林资源。木材工业发展需要原料,要求采伐森林,而生态建设要保护森林,表面上木材加工业的发展和我国生态环境矛盾。事实上,在这种压力下木材加工业的发展和大力发展人造板,对保护和少砍伐森林、促进生态环境建设起着重要的作用。禁伐天然林已促进了优质木材原料价格的上涨,也改变了我国木材工业原料的利用方向。森林是可再生资源,通过努力和采取得当的政策措施,大力发展人工林和木材加工业,需求的扩大不仅不会使森林资源减少,还会促进林业生产的发展和资源的增长,不仅满足市场对木材及木制品的需求,而且会有力地促进林业的发展,从而有利于生态建设。另一方面,在资源紧张和价格上涨的压力下,促使木材加工产业提高技术水平,进行产业升级,扩大原料的来源,从而有效节约森林资源。从事林业的工作者应着手于眼前,掌握木材学基础知识,根据社会的发展需要,扎扎实实地为扩大森林资源、保护森林资源,定向培育优质木材、保护好现有的森林资源、避免浪费木材资源做出应有的贡献。

2 木材在国民经济发展中的作用与意义

木材及其加工产品是人们日常生活和国民经济中用途最广泛的一种基本材料,其独特的材料性能与优良的环境学特性深受人们的喜爱。人类历史发展与森林资源的开发利用和木材加工技术水平的发展是息息相关的。当今时代,木材在各国国民经济中所占的比重与作用虽然有所减少,但是木材和各种林产品消费总量和绝对经济产值在绝大多数国家依然呈上升趋势。它们在能源结构(主要是发展中国家)和工业原材料(主要是建筑、家具、人造板和制浆造纸)等方面仍占有极其重要的地位,世界上以木材为原料的产品达10万多种。我国在实行计划经济时期,木材是国家计划分配的物资中的短缺物资之一,只是改革开放以后,木材市场才逐渐放开,但对森林采伐和木材流通仍一直实行严格限制与管理,一方面保护了珍贵的森林资源、促进了生态环境的改善;另一方面促进木材资源的有效利用和国民经济建设健康可持续发展。2002年,我国木材消耗总量约为2.68亿m^3,折合1.5亿t,相当于我国钢铁与塑料年消耗量之和。美国木材年消耗量达2亿t,相当于美国的钢材、水泥、塑料和铝4种材料年消耗量的总和,占其全部工业原料的25%。从经济效益看,瑞典、芬兰年林产工业产值占其国民生产总值的14%~18%,瑞典、芬兰年林产工业产值占其国民生产总值的14%~18%,马来西亚、印度尼西亚木材工业出口额占其全国工业出口总额的10%~25%。1997年我国统计资料显示,每1 000m^3木材对国民生产总值的贡献为110.63万元。商品材资源所创收入比全国铁道、公路、水路及港口运营等收入之和高17.69%。我国每年消耗的2.68亿m^3木材主要用于下列方面:家具用材3 000万m^3,建筑工程与房屋装饰约6 000万m^3,造纸用材约7 500万m^3,农业用材约6 000万m^3,采掘工业、包装、铁路、造船、航空、车辆、军工、纺织行业等行业用材约3 700万m^3。此外,我国广大农村地区和边远山区等居民要利用木材作为能源,每年消耗森林资源6 000万~7 000万m^3。从长远来看,我国优质的建筑装饰用材、硬木地板用材、大径级胶合板用材供不应求的紧张局面难以缓和,造纸用材、中密度纤维板、高密度纤维板用木材资源消耗量将会进一步扩大。

3 木材高分子材料的优缺点

人类社会已经进入了与自然和谐发展的阶段，材料、环境和自然资源保护利用已成为国际社会最为关心和最迫切需要解决的问题。任何材料，要想得到充分有效利用，提高其功能和价值，就必须了解其性能。木材是一种天然高分子复合材料，具有一些独特性质，与钢材、水泥、塑料等材料有着显著的差异。它既有许多优点，也有不少缺点。随着科学技术和材料加工的发展，木材应用范围日益广泛，这是由其自身结构和化学组成构筑的材料特性所决定的。

(1) 木材的优点

①木材易于加工：木材加工是最古老的行业，一般来说用简单工具就可以加工，通过榫结合、钉子螺钉、胶黏剂等都能将木材组合在一起；木材经过锯、铣、刨、钻等工序可以加工成各种轮廓外形的零部件。木材可以进行蒸煮、弯曲与压缩，加工成各种形状用于家具的部件。对于各种小径材、劣质材可以锯割成各种规格，胶拼结合制成尺寸较大的板材、柱材和小尺寸的地板块。木材可旋切成薄的单板或削成长的薄片，用树胶胶结热压制成层积塑料，其强度比钢材还高。此外，木材可以改性，使木材尺寸稳定、不变形；可以进行阻燃和防腐处理，延长木材使用年限，提高其安全性能。在适当条件下，木材纤维可以辗压展开，除去树节后施胶，将纤维按一定方向组合可加压成强度很高的方材等。中国林科院木材所完成的新型树脂间苯二酚－苯酚－甲醛树脂胶，胶合木梁长达30m，成功应用在亚运会体育馆上。

②木材质轻、强度高，强重比大：强重比以强度与密度的比值来表示，是材料学和工程力学重要的指标之一，某种材料的强重比高时表示该种材料质轻强度大，木质资源材料的强重比较其他材料高。红松木材顺纹抗拉强度96MPa，比重0.44g/cm^3，强重比为2 230；一般钢材的抗拉强度为1 960MPa，钢材的密度等于7.8g/cm^3，强重比为2 560，二者相近。马尾松木材顺纹抗压强度34.3MPa，气干密度0.52g/cm^3；低碳钢抗压强度为1 176MPa，比重为7.8g/cm^3。马尾松木材顺纹抗压绝对强度低于低碳钢，但其强重比为673.7，而低碳钢强重比为158，表现出木材具有很高的强重比性能。飞机的内部装修、汽车外壳等利用胶合板、纤维板都是因为木质轻、强度大。

③木材是热与电的不良导体：木材是中空的管状材料，其干燥后水分含量低，能自由移动的电子很少，导热和导电能力极差，是热和电的不良导体，广泛应用于建筑材料、家具、绝缘体等。测定表明砖、玻璃窗、沙石混凝土、钢和铝等材料的散热量是木材的6倍、8倍、15倍、390倍和1 700倍。在寒冷的冬季，木材可隔绝冷空气，降低建筑物的热传导，并使水蒸气凝结至最小限度，而热天可隔绝热空气，木结构房屋冬暖夏凉的原因就在于此。日常生活中木材常用作保温、隔热材料，如炊具把柄等就是基于木材的热绝缘特性；对胶层选择性加热的木材高频胶合工艺技术也是基于木材具有较低的交流电导率特性来设计的。当然，含水率高的木材有着良好的导热性与导电性。树木体内含水率很高，是一个导电体，雷雨天气，人和动物在大树下面躲雨常遭到雷击就是这个道理。

④木材吸收能量大，耐冲击：枕木铺设的铁轨比水泥枕木弹性好，火车运行时，

乘客感觉不到强烈振动，觉得舒服。各种精密机床、精密仪器要用木材做底架垫着，是利用木材吸收能量减少振动的特性。乐器都是利用木材管状细胞吸音、回音、共振性能，奏出美妙的音乐。木材的这种特殊耐冲击赋予较大的力学性能，适用于抗地震结构。航空母舰甲板用木质类材料耐冲击较钢材强9倍。与钢材不同的是，木材具有优良的振动衰减特性，这种特性对于桥梁及其他承受动力载荷的结构极其重要。

⑤木材是弹性塑性复合体，使用过程具有安全感：木材是生物材料，其胞壁是由纤维素、半纤维素及木素等高分子化合物构成，具有弹性、塑性，破坏前往往有一定的预兆信号，不会发生突然破坏，例如矿柱破坏前发出咔嚓声音，其外形也有裂纹等迹象，能给人以破坏先兆预警，从而具有一定的安全感。

⑥木材具有天然美丽的花纹、光泽、颜色，起到装饰作用（视觉特性）：木材、竹材、藤材的不同切面均能呈现不同的颜色、花纹和光泽。木材的环境学特性研究表明，木材的颜色近于橙黄色，能引起人的温暖感和舒适感；木材纹理自然多变，并符合人的生理变化节律，常能带给人自然喜爱的感觉；木材的光泽不如金属和玻璃制品那么强，呈漫反射和吸收反射，因而能产生丝绸般的柔和光泽，具有非常好的装饰效果。竹材、藤材特殊的外观形态及其颜色、光泽本身就具有很美丽的视觉特征，常被用于园艺以及装饰。

⑦木材具有对紫外线吸收和对红外线反射的作用：木材给人视觉上的和谐感，是因为木材可以吸收阳光中的紫外线（380nm以下），减轻紫外线对人体的危害；同时木材又能反射红外线（780nm以上）。紫外线和红外线是肉眼看不见的，但对人体的影响是不能忽视的。强紫外线刺激人眼会产生雪盲病，人体皮肤对紫外线的敏感程度高于眼睛。木材的木质素可以吸收阳光中的紫外线，减轻紫外线对人体的危害；木材反射红外线，是木材使人产生温馨感的直接原因之一。此外，木质资源材料还具有一定的固碳作用，且不会产生石材建筑那样对人体的射线侵害。

⑧木材具有隔音性能：声波作用于木材表面时，一部分被反射，一部分被木材本身的振动吸收，还有一部分被透过。被反射的占90%，主要是柔和的中低频声波；而被吸收的则是刺耳的高频率声波。因此生活空间中，适当应用木材可令听觉有和谐的感受。木材具有良好的隔音特性，声学质量要求高的大厅、音乐厅和录音室等首选木材装修就是为了调节和达到最佳听觉效果。

⑨木材具有调湿性能：当周围环境湿度发生变化时，木材自身为获得平衡含水率，能吸收或放出水分，直接缓和室内空间湿度的变化。研究结果显示，人类居住环境的相对湿度保持45%~60%为适宜。适宜的湿度既可令人体有舒适感，也可令空气中浮游细菌的生存时间缩至最短。一间木屋等同于一个杀菌箱的说法，并非言之无理。

(2)木材的缺点

①木材易干缩、湿胀、变形、翘曲：随着相对湿度的变化引起尺寸不稳定，木材尺寸和形状改变导致板材开裂、翘曲，影响到板材使用。为了避免变形翘曲，应将板材自然干燥或者人工干燥，达到平衡含水率即可。

②木材易腐朽、虫蛀：木材是生物高分子材料，其组成是高分子碳水化合物，同时内部含有淀粉、矿物质等，又因水湿条件适宜菌类、昆虫生存，木材易发生腐朽、虫蛀。腐朽或孔洞会极大地降低木材的使用价值和强度。木材易于发霉、变色，也影

响加工与利用。针对木材的防腐和防虫蛀，主要是控制木材使用环境的温湿度，使其不利于菌虫的生长。干燥处理木材是一种很有效的防腐防虫办法。对于室外使用的木材，需通过特殊的防腐防虫处理。农村习惯将木材浸在水中，主要作用就是将可溶性淀粉、矿物质溶出，水分输导通畅，自然风干可防止腐朽、虫蛀。

③木材易于燃烧：木材作为能源——薪材，易于燃烧。使用木材如果用阻燃剂处理（含 N、P 的化合物），可以防止木材起火燃烧。不过较大尺寸的原木、板材并不容易燃烧，主要是外表炭化、隔绝空气、阻隔燃烧。森林火灾发生后的过火木，木材多是外表炭化，内部都是正常木材。这种木材含水率极高，应及时伐倒运出锯解。如不运出锯解，过火木虫害较为严重。

木材易于燃烧既有缺点，也有优点。钢结构房屋燃烧时，室内温度由 21℃ 升到 600 ℃，长为 18.29m 的钢梁伸长量可达 12.6cm，这样的伸长量产生的压应力足以使房屋倒塌；同时由于温度升高，钢梁变软不能支承其自身重量而倒塌。而 18.29m 木梁结构房屋，由 21℃ 变为 600℃ 木梁仅伸长 3.8cm；木梁只是外层处于燃烧状态下，由于导热系数小，内部并无多大变化，仍保持一定的强度，可以赢得时间救火，反较钢梁安全。

④木材变异性质大，绝对强度小：木材是生物质材料，其性能明显不同于工厂内同一条件下生产出的性能上基本一致的材料。树木生长环境差异很大，不同树种木材性质差异很大。同一树种任一林分内树木之间生长也有差异，其木材性质也表现出较大的变异；树干内不同部位木材性质也有很大的变化。与钢材等金属材料比较，木材的绝对强度较低。日常生活和生产中，应考虑木材特性，充分利用木材的优良性能，发挥其最大经济价值。

⑤木材存在着天然的缺陷：如节子、斜纹理等。树木生长离不开枝叶，树干表面上着生的枝条大小、角度与树种有很大的关系，因此木材板面不可避免出现节疤、斜纹和内应力等天然缺陷，这种缺陷降低了木材的使用性，加工中可加以剔除，如裁切、分级等，以达到使用要求。文化层次不同的人群对于节疤和斜纹这类缺陷认识有着明显的偏差，多数国人不喜欢这种缺陷，而西方人多认为这是自然美感的体现，因此对这类缺陷加以搭配组合也能达到很好的装饰效果。

总之，木材作为一种天然高分子复合物，其所独有的一些性质，使它有别于其他如钢材、水泥、塑料等其他材料。应通过学习，深入了解其材料性能及其优缺点，充分合理利用。

4 木材学在木材加工类和林学等专业中的地位

木材学（木材科学）是研究木质化的天然材料与衍生制品的性能以及为林木育种、森林培育与经营管理技术和木质材料加工利用提供科学依据的一门生物、化学和物理的应用基础科学。它不仅是木材加工、人造板、家具、木材流通贸易和木材改性等专业方向的重要基础课程，而且也是一门覆盖面极广，具有林业特色的重要专业基础课。

木材学是木材加工类和林学类专业最为重要的的基础课之一。通过对本课程学习，林学专业学生要掌握生态木材学、工艺木材学的基础知识和实验技能，为常见木材树种的识别、速生丰产优质工业原料林的定向培育、正确合理选择造林树种、选育新品种及鉴定、确定工业原料林的工艺成熟龄等方面提供基本知识与技能。掌握木材内部构造、树木生理活动和木材化学成分，为通过营林措施、林木育种途径改善材质和保护森林资源方面提供基本理论依据，为学习森林资源合理开发、林产品综合加工利用等打下坚实基础。木材加工类专业学生重点掌握木材材料的特性、工艺木材学的基础知识和实验技能，为木材改性处理、实木加工和木质复合材料加工工艺技术改进和环保高效利用奠定科学基础。没有木材科学作为基础，不可能有林木的定向培育，也谈不上木材的科学加工和高效利用。可见木材学课程的教学在林学和木材加工类等专业中均有重要的作用。

5　木材学的历史与发展方向

　　木材学研究开展于 20 世纪初期，最先开始于英国和德国，之后才在美国、俄罗斯、澳大利亚、印度等国相继开展起来，最后扩展到世界各国，这与当时木材在世界经济中重要性的日益增长有着明显的关系。1968 年 Kollmann 明确提出，现代林产品研究工作 50 年前才开始，我们正处在将木材科学应用于木材工艺学领域的时代，木材科学理论和实践的研究开辟了木材作为原材料的新用途，奠定了木质人造板新工业的基础。1906 年美国 Tiemann 在《水分对木材强度和硬度的影响》一文中提出纤维饱点的概念，这是木材性质研究的重要发现。1902 年 Gamble 的《印度木材手册》，1919 年 Baker 的《澳大利亚的阔叶树材及其经济价值》，1924 年英国牛津大学出版 Jone 的《木材结构和识别》和 1934 年美国 Brown 和 Panshin 合著出版的《美国商用木材识别》均是木材识别的早期专著，并为科学识别木材提供了理论依据，对各国同类研究工作发展有推动作用。随后，木材解剖学取得明显的进步，以木材识别、性质和利用为目的的专著相继出现。20 世纪初至 1980 年，各国出版的以木材识别方面的书籍就有 459 种。有关木材科学重要的教科书类的著作有德国木材学家 Kollmann 的《木材工艺学》(*Technologie des Holzes*，1936 年)，《木材工艺学和木材材料学》(*Technologie des Holzes und der Holzwerkstoff*，1951 年修订出版)，《木材科学和工艺学》(1968，1975 年修订)，苏联 BAHHH 的教科书《木材学》(俄文，1934)，美国 Brown、Panshin 和 Forsaith 于 1948 年合著《木材工艺学教科书》和 1981 年 Dinwoodie 著作 *Timber, Its Nature and Behaviour* 等。其中，影响最大的是 1980 年 Panshin 修编出版的《木材工艺学教科书》(*Textbook of Wood Technology*)，该书至今仍为国外大学的教学用书。1989 年 Zobel 的英文专著 *Wood Variation, Its Cause and Control* 在林学界引起了广泛重视。

　　我国木材科学研究开展于 20 世纪 30 年代初，当时偏重于木材构造特征描述。唐耀先生是我国最早从事木材科学研究的学者，他先后发表了"华北重要阔叶材之鉴定"、"华南重要阔叶材之鉴定"和"中国裸子各属木材之初步研究"等学术论文，并在 1936 年出版了我国第一部木材科学方面的专著——《中国木材学》；1943 年他发表了"金缕梅科木材系统解剖的研究"一文。1940 年前后，我国在航空、工业、林业研究部门设置木材研究机构，除从事木材结构研究外，同时亦进行木材物理，力学性质试验。总之，1930—1949 年间，我国木材科学研究处于启蒙阶段，有关木材基础知识为少数科教工作者所掌握。这期间，各大学森林系开设《森林利用学》课程，著名学者有梁希、朱惠芳等。该课程重点讲授木材解剖基础知识和木材用途等内容，对我国日后木材科学工作的开展起到启蒙和积极的推动作用。

中华人民共和国成立后至1966年这段时间，我国木材科学有较大的发展，研究面和研究水平有所扩大和提高，专业人才队伍初步形成。代表性著作有《云南热带材及亚热带材》、《中国经济木材识别（针叶材部分）》、《安徽木材》、《木材学》教科书（C. N. 瓦宁著，申宗圻译）和张景良、尹思慈合编试用教材《木材学》等。这一阶段木材科学的发展与我国国民经济建设恢复、快速发展，全国林业、农业院校的调整设立，森林学专业细分为林学、森林采运和木材加工三个专业有很大的关系。1952年我国在木材机械加工专业中开设木材学课，并制订了全国统一的木材学教学大纲，林学专业与森林采运等专业仍在《森林利用学》中讲授木材学课程，培养了大批专业人才。

1976—1990年，我国木材科学进入快速发展阶段。国家各级林业科研单位、用材部门和高等农林院校相继设置了木材研究机构，有计划地对我国天然林主要用材树种的木材构造、化学、物理和力学性质等方面进行了广泛、系统的研究，获得了不少研究成果。代表性的著作有1980年成俊卿主编的《中国热带亚热带木材》、陈国符与邬义明合编的《植物纤维化学》，1981年申宗圻主编的《木材学》教材，1983年农林院校合编的《森林利用学》教材，1985年成俊卿主编的《木材学》和龚耀乾、王婉华合编的《常用木材识别手册》，1988年卫广杨、唐汝明、江泽慧合著的《东南亚木材识别与用途》等。其中，成俊卿主编的《木材学》是一部国内外罕见的高层次的学术巨著。教学方面，高等农林院校、中等林业院校开设《木材学》、《森林利用学》课程外，还开始培养木材科学方面的硕士生、博士生等高级专门人才。我国老一辈木材学家们对此付出了艰辛劳动，作出了突出的贡献。此阶段全国著名学者主要有成俊卿、陈桂陞、梁世镇、汪明荃、柯病凡、葛明裕、李源哲、申宗圻、张景良、刘松龄、吴中禄、谢福惠、何天相等，这些学者及其研究成果对我国木材科学和加工生产的发展起到重要的促进作用。

1990年后，我国木材科学研究进入成熟和新的发展转折阶段。我国在完成天然林100多个树种识别、结构与利用，300多种木材物理力学性质的研究和100多种木材化学成分的测试分析的基础上，研究方向主要转向速生人工林材性、材质改良与合理加工利用及进口材识别与利用等方面。国内多数农业大学将林学专业《森林利用学》课改革为《木材学》和《林产品加工利用》两门课，从而加强了《木材学》课程教学研究工作。研究方向的转变与我国当今森林资源短缺、环保工程建设要求和改革开放后我国现代化经济建设的快速发展和我国人民生活水平不断改善对木制品的高质量需求是密不可分的。国家开始重视木材科学基础研究，其标志是国家"八五"攻关项目中首次设立木材科学基础研究专题"短周期工业用材林材性的研究"和国家、省、市科学基金及科技管理部门立项资助木材学基础理论和利用研究，学术和研究得到空前的发展，研究队伍不断扩大，国际合作研究得到加强，研究成果丰富，发表了许多高水平的学术论文和著作。主要专著有《中国主要树种木材物理力学性质》、《中国主要树种木材识别、工艺性质和用途》、《中国木材志》、《木材品质与缺陷》、《生物木材学》、《木材科学》、《中国主要人工林树种木材性质》等。代表性的成果是获得省级奖励的《湖北省主要纸浆材速生树种材性变异与利用的研究》（1996）、国家级奖励《中国主要人工林树种木材性质》（1998）和《人工林木材性质及生物形成与功能性改良的研究》（2004）等项目。国家"十三五"林业科技规划中，"创新林业资源高效利用关键技术，以支撑林业产业绿色低碳发展"，关注人工林木材形成与调控机理、细胞壁结构与木质资源高效增值利用；实施"森林资源高效培育与质量精准提升科技工程"，重点开展以杉木、杨树、马尾松、落叶松、桉树为主的速生用材林，以降香黄檀、柚木、楠木、红松、栎树、桦树和水曲柳等珍贵树种为对象的珍贵用材林，以及竹藤资源、林业特色资源高效培育、木竹高效加工利用以及国家储备林建设、森林质量精准提升等关键技术的研究。国家自然科学基金项目连续资助人工林木材形成与质量评价方面研究，如《引种火炬松人工林木材性质地理变异趋势及其影响因子分析研究》（2009—2011）、《樟树人工林木材形成过程与木材性质变异的研究》（2012—2015）、《不同类型针阔叶树树木形成层活动规律与木质部细胞分化差异的研究》（2016—2019）等多个项目。人工林木材形成机理、木质细胞壁分解机理与化学高效利用、木材性质变异与环境间关系、人工林木材质量评价与调控机制、林业生物质能源和材料开发研究、木材资源高效增值加工利用等内容，仍将是木材科学研究的主要发展方向。

当前木材科学除其基本内容如木材解剖、木材化学、木材物理力学等基本内容外，按其与专业间的关系正在向生物木材学（或生态木材学）和工艺木材学这两个方向不断地深入探索与发展。

生物木材学在传统木材学基础上，着重从树木生长发育、遗传调控规律与生长环境特性间的关系来探讨木材密度、纤维素、木素等性状的基因调控表达与木材形成的调控机制，研究木材性质变异规律与控制人工林木材中幼龄材比例的途径、树种的进化与结构间的关系、不同地理区域和树木在不同生长条件下木材的生长与材质的关系、不同林业措施对木材构造和工艺性质的影响和不同材种材质的育种目标等。这一方向产生的背景主要是经济快速发展和人们生活水平提高对木质制品需求日益增大，以及天然林急剧减少，生态环境的压力和人工林快速经营发展等。过去，林木遗传育种和营林培育仅仅考虑到速生、丰产，对木材质量关注很少，导致人工林木材加工利用上存在一系列问题。生物木材学总的指导思想是林木不仅速生、丰产，培育的木材应该材质好，符合材种的要求即林木定向培育。

当前我国人工林定向培育的主要材种有建筑材、胶合板材、造纸材和珍贵用材等。建筑材主要树种有杉木、马尾松、日本落叶松、长白落叶松、湿地松、火炬松、毛白杨、刺槐等；胶合板材主要树种有湿地松、云南松、杨树、泡桐、桦木、桉树等；造纸材主要树种有马尾松、长白落叶松、日本落叶松、湿地松、火炬松、桉树、杨树、相思、竹类等；珍贵用材树种主要有水曲柳、柏木、蚬木、红松、椴木、红豆杉、楠木、樟树等。珍贵用材树种中多数为装饰用材，这类树种木材资源越来越少，应在营林中给予重点关注。当然，在天保工程实施过程中，天然林植被中用材树种和珍贵用材的培育也正在受到关注与研究。

工艺木材学是为工业上木材整体利用或作为加工原材料提供科学基础，这方面发展方向主要体现在下列几个方面：

材性是确定加工工艺的依据和利用的基础。速生人工林材性与天然林有着根本的区别，间伐材、小径材、人工材木材幼林材比例很大，易发生变形、翘曲。材料特性发生变化，传统的加工工艺技术应有所调整和改变，这就有必要加强木材材性与加工工艺、利用关系的原理与规律的研究。

我国木材解剖、超微结构的研究已有很好的基础，这方面在研究针叶人工林木材解剖、超微结构的同时，应关注南方硬阔叶材和大量进口材的材性研究。从木材超微结构认识木材性质的表现，为木材干燥、浸注、胶合、染色、腐朽机制等研究开辟新的途径。

木材的化学性质、木材抽出物质成分的分离鉴定及保健药物功能研究较少，有必要加强。此外，研究木素、半纤维素的结构、性质与处理、利用的关系，木材生物降解、热降解和光降解与保护利用间的关系，研究木材液体渗透性与改性的关系，为木材改性、防腐、阻燃、干燥、浸提、油漆、染色、制浆造纸等提供科学依据。

研究木材、竹材、人造板流变学和断裂力学特性和木材声学和力学性质理论间的关系，利用超声波检测木材内部缺陷，在线测定锯材强度，为木材材质分等、人造板无损检测和加工行业与设计部门提供科学依据。研究速生林木材基本性质特点、物理化学改性处理新工艺新方法，生产人居环境环保新产品，可实现木材增值加工和高效利用。

木质新型复合材料的开发有着很好的发展前景。这方面主要研究木塑复合、木纤维金属复合、木纤维合成纤维复合、木质纳米复合材料、木竹复合等新材料复合工艺和质量关系的原理和规律，研究人工林木材性质与纤维板、刨花板、胶合板制造工艺和质量关系的原理和规律。此外，研究木材工艺力学性质，如不同树种木材的锯切、刨切、旋切性能，为加工工艺与生产过程工艺性参数确定提供依据。此外，农作物秸秆（稻草、麦秸、玉米秆、甘蔗秆、棉秆等性质，可参考《植物化学纤维》书籍）也是木质化资源重要的原料，我国每年产量近6亿~7亿t，是生产木质人造板材和生物质能源重要原料之一，这部分木质化资源如能利用大部分，对保护森林资源和生态环境建设有着重要意义。

当前，我国森林绿化工作取得显著的进展，林业正在走上可持续发展之路。在重点抓好生态建设的同时，建立发达的林产工业体系是非常必要的。随着科学技术的不断进步与社会快速发展对木质材料需求的增加，木材科学与其他学科相互交融，不断出现新的交叉生长点和新的研究方法，其研究内容、范围不断地得到增加与扩大，必将进一步推动木材科学的快速发展与深化研究，木材科学必将有着美好的明天。

第1章
木材宏观构造

【本章难点与重点】本章重点是木材各种宏观构造特征的理解和掌握。如木材的三切面、年轮、早晚材、心边材、木射线、管孔、树脂道、树胶道和轴向薄壁组织等主要宏观构造特征；木材的颜色、气味、滋味、结构、纹理和花纹等辅助识别特征；针叶材与阔叶材二者间的差异。难点在于木材的形成与形成层分裂方式及其在树干直径增长方面的作用；树脂道与树胶道的区别；轴向薄壁组织类型的观察等。

林业生产、木材检验、贸易和木材加工利用过程中，首先要识别木材，然后才能根据不同树种的木材性质而确定其适当的用途。因此学习与掌握木材构造方面的知识是识别木材、合理利用木材的理论基础。只有对木材的构造有一个基本的认识，才能够研究其性质，进而达到充分合理利用木材的目的。木材构造特征，有的在肉眼或放大镜下可以看到，有的需要在显微镜下观察。本章主要介绍在肉眼或放大镜下所观察到的木材构造特征，即木材的宏观构造。木材物理性状中的部分特征，如材色、气味、质量等，虽然不属于木材的宏观构造内容，但在木材宏观识别时很重要，也将在本章中讲授。

由于构成木材的组织和细胞在形态上是不均匀的，不论是在细胞本身的大小、还是在形态和排列上都各有差异。再加上树木的生长是随着其所在环境条件的不同而形成种种差异或变异，便形成了木材构造上的不均匀性和变异性。因此，通过宏观构造特征的学习，对各种组织的形态和木材的生长构造情况进行全面的了解是非常必要的。

1.1 木材构造概念

木材构造从木材组织学的角度来说，它是由许多不同形态和不同功能的细胞所组成，这些细胞主要是管胞、导管、木纤维、薄壁组织和木射线等。从植物学的角度来说，构成木材的各种细胞按其功能的不同可以概括为输导组织、机械组织和贮藏组织三类。

输导组织(conduction tissue)指在树木生活过程中主要是行使输导水分或树液功能的各种细胞，如针叶材中早材管胞和阔叶材的导管。

机械组织(mechanical tissue)指在树木生活过程中支持树体质量和使树木稳固地屹

立于地面并使枝条张紧而不下垂的各种功能的细胞组织,如针叶材中晚材管胞和阔叶材中木纤维等。

贮藏组织(storage tissue)指在树木生活过程中贮藏和分配养分的细胞,如针叶材和阔叶材中的薄壁组织和木射线。

上述的各种组织,在各种不同种类的木材中表现出比较显著的差别。各种组织在木材表面的表现就是木材宏观构造的主要部分和基本内容,也是进行肉眼识别的重要依据。

1.1.1　木材的来源

木材来源于植物,但并不是所有的森林植物都生产木材。就木材本身而言,可以从狭义与广义两方面来认识。狭义的木材是指通常所说的乔木树种,而且往往只是指树木中树干的木质部分。广义的木材是指木质材料,既包括森林采伐中生产的原条和原木,也包括木材机械加工制品,如锯材、胶合板、刨花板和纤维板等。下面通过分析植物的分类情况来了解木材的来源。

1.1.1.1　植物的分类单位

植物分类就是将自然界的植物按一定的分类等级进行排列,使品目繁多的各种植物都可找到自己的位置。现代植物分类是以植物形态、植物生态、植物生化、分子遗传学和细胞学等为基础,以植物的外部形态,如花、果、叶、茎和根等形态特征为依据来区别植物亲缘关系并建立分类系统的科学。它科学地揭示了植物间微妙的亲缘关系及其演化过程。

常用的植物分类单位是界、门、纲、目、科、属、种。其中种是最基本的分类单位,它是指具有相似的形态特征,表现一定的生物学特性,要求一定的生存条件,能够产生遗传性相似的后代,并在自然界中占有一定分布区的无数个体总和。

以苦楝为例说明如下:

植物界 PLANTAE
　　种子植物门 SPERMATOPHYTA
　　　　被子植物亚门 ANGIOSPERMAE
　　　　　　双子叶植物纲 DICOTYLEDONEAE
　　　　　　　　楝目 MELIALES
　　　　　　　　　　楝科 MELIACEAE
　　　　　　　　　　　　楝属 *Melia*
　　　　　　　　　　　　　　苦楝(种) *Melia azedarach*

亲缘相近的种集合为属,亲缘相近的属集合成科,亲缘相近的科集合成目,亲缘相近的目集合成纲,如此类推。

植物界可划分为藻类植物、苔藓植物、蕨类植物和种子植物四大门。其中以种子植物的种最多,达 20 万种以上,我国约有 3 万种。木材来源于种子植物。

1.1.1.2　种子植物

种子植物与蕨类植物都具有起输导和机械作用的维管组织,具有明显的根、茎、叶的分化和直立的干形,合称为高等植物。而种子植物具有更复杂的根、茎、叶的分化,并具有复杂构造的花,利用种子进行繁殖。

种子植物按其习性,可分为木本和草本。木本植物一般具有多年生的根和茎,维管系统发达,并能由形成层形成次生木质部和次生韧皮部。次生木质部的细胞组织木质化。许多高大的木本植物是木材生产的来源。

木本植物习惯上又可分为乔木、灌木和木质藤本三种类型。由于生长环境的变化,有些木质藤本植物,年代长久会变成乔木状;许多木本植物在寒冷或高海拔地带为矮小灌木,而在其他地区可能生长成参天大树(乔木)。乔木通常是指具有单一主干,树高可达6m以上的木本植物,即通常所说的树木。而灌木较矮小,通常具有多个茎。木质藤本植物则为攀援的木质藤蔓,有许多热带雨林的特征。木材主要来源于乔木树种。

1.1.1.3 针叶材和阔叶材

按植物分类系统,种子植物可分为裸子植物亚门和被子植物亚门。

裸子植物(gymnosperms)包括四类(目),其中只有银杏和松、杉类的树木属于乔木。习惯上把银杏和松、杉类的树木称为针叶树,来自针叶树的木材即所谓的针叶材。因其木材不具导管(即横切面不具管孔),故又称为无孔材;由于针叶材的材质一般较轻软,商业习惯上称为软材(softwood)。值得注意的是,并非所有针叶材的材质都轻软。

被子植物(angiosperms)包括单子叶植物纲和双子叶植物纲,只有木本的双子叶植物中的乔木树种才能生产木材,习惯上把阔叶材称为有孔材或硬材(hardwood)。由于阔叶材种类繁多,枝丫粗大,人们习惯上称其为杂木。至于单子叶植物中的棕榈和竹子,虽然也是木本植物,且树干高、用途也广,但与木本双子叶植物有着较大的区别,其利用方式与一般所讲的木材也有显著的不同。

综上所述,木材是指针叶材和阔叶材,即木材来源于裸子植物和被子植物中的双子叶乔木植物。

1.1.2 木材的名称

木材和其他物种一样,各有其名称,如松木、柏木和杨木等。一种木材在这个地方叫这样的名称,而在另一个地方或其他地方又叫另外的名称;有时在同一个地方也有几种或多种名称,这种现象叫同物异名。还有一种情况是异物同名,如酸枣在南方各地是指漆树科的,而在北方各地是指鼠李科的。又如松木的一般概念是指松属木材的多种或一种木材,同时也指除了柏木、杉木以外的几乎全部的针叶材,有时甚至用作针叶材的同义词,出现了木材名称的混杂现象。因此,有必要了解木材名称,以便更好地识别木材。

1.1.2.1 学 名

植物分类工作主要就是研究植物的自然关系,并给各种植物以自己的名称。每种植物在全世界通用的名称为学名。学名是由拉丁文或拉丁化的其他外文组成,故又称为拉丁名。

每一学名包括属名和种名,即采用"双命名法",种名后附命名人姓氏。属名的首字母大写。为简便起见,常常舍去命名人姓氏。例如马尾松的学名为 *Pinus massoniana*。

学名在国际交流和科学鉴定等方面有着实际意义。各学名的树种,有些具有相对应的通用中名,而有些树种则没有。

学名固然有科学性等优点,但由于语言文字上的障碍和木材树种过于繁杂,在应用中仅凭肉眼不易确定到种,故在木材生产、贸易和使用等领域受到一定的限制。再者,就一般用途而言,宏观特征和材质相差不大的木材,其使用价值也近乎相同,区分到种也是不必要的。

1.1.2.2 标准名

标准名称是经过国家有关行业或标准管理单位授权制定和颁布实施的名称。我国已颁布了三个关于木材名称方面的国家标准,即:GB/T 16734—1997《中国主要木材名称》、GB/T 18513—2001《中国主要进口木材名称》、GB/T 18107—2017《红木》。木材标准名称具有权威性和法律效力,目的在于促进科学技术的进步和生产力的发展以及规范木材与木材产品市场。

1.1.2.3 商品名

进入市场,用于交换的木材便成为商品,称之为商品材。木材的商品名(或商用名)是指在生产、贸易等领域较广泛使用的商品材名称。

商品材类别的科学、合理划分及统一、规范的命名,有利于深入研究木材的构造、性质和品质,更好地解决木材商品的合理流通、利用、鉴定和检验等问题。

商品材的分类主要依据木材的构造特征和材质的异同来进行归类和命名。通常以树木分类上的属为基础,材质为主要依据,将宏观构造相似,木材材质差异不大和现场难以区别的商品材树种归类,并以属名的树种标准名称作为木材的商品名。

一种商品材是指将特性类似的树种进行归并的一类木材。一个商品材有的包括全"属"的树种,如泡桐属的各树种,其商品名均为泡桐;有的包括属内部分树种,如松木(或硬松)为松属中马尾松、樟子松和油松等树种的商品名;有的则包括不同属的树种,如白青冈包括青冈栎属中的青冈栎和麻栎属中的乌冈栎等。

红木不是一个树种的木材,而是国内红木家具特定用材约定俗成的名称,共有29个树种。红木家具价值体现在材质、雕刻工艺和文化三个方面。红木的识别和区分,主要是以简便实用的宏观特征(如密度、结构、材色和纹理等)为依据,辅以必要的木材解剖特征来确定其属种。红木可细分为紫檀木类、花梨木类、香枝木类、黑酸枝木类、红酸枝木类、乌木类、条纹乌木类和鸡翅木类共8类,隶属于紫檀属、黄檀属、柿属、崖豆属及决明属,其中主要是紫檀属和黄檀属。

目前,我国木本植物7 000多种,乔木占1/3,作为工业用材供应市场有1 000多种。这1 000多种乔木,对其木材进行归类,共有241个商品材名称。

1.1.2.4 俗 名

俗名或别名为非正式名称,是木材种类的通俗叫法,往往具有地方性,故又称地方名。由于各地的取名角度以及语言文字等方面的差异,所使用的木材名称不尽相同。如市场上所谓的"榉木"(红、白榉),实际上指的是壳斗科水青冈(山毛榉)属($Fagus$ spp.)的木材,而真正的榉木则是榆科榉属树种($Zelkova$ spp.)。

可见,各种不统一、非规范的俗名的使用,势必造成同物异名或同名异物的混乱,给木材的生产、贸易和科学研究等带来了很多困难,阻碍了木材的市场流通和合理利用。

正确的木材名称,世界各国都应遵循《国际植物命名法规》所规定的命名法,即拉丁学名。这种名称不仅规范,不会产生木材种类上的混乱,而且有利于国际、国内学术交流和木材贸易,因而它是规范化的名称。购买名贵家具时,合同上不要只简单地写实木家具、俗名或商品名,一定要注明拉丁学名,以保护消费者权益。

1.1.3 木材构造的研究内容

研究木材的构造，在于揭示树种间木材构造上的共同性和相异性，以达到深刻认识木材性质及其变化规律、进一步识别木材、改性木材和合理加工利用木材。用肉眼或放大镜所观察到的木材构造特征，为木材的宏观构造特征；在显微镜下观察到的木材构造特征，为木材的微观构造特征。本章专门讨论木材的宏观构造特征，如年轮与生长轮、早材和晚材、心材和边材、管孔、木射线、轴向薄壁组织、胞间道及髓斑等，这些特征一般比较稳定，应该重点掌握。此外，与原木识别、木材识别有密切相关的树皮特征（如树皮的颜色、形态、厚度、断面结构和质地等）和木材的一些物理特征（如木材的颜色、光泽、纹理、花纹、结构、材表、气味、滋味、轻重和软硬等）也一并介绍。

1.1.4 木材构造的研究意义

（1）为木材合理利用提供科学依据：木材的构造决定木材的性质，木材的性质在很大程度上决定着木材利用范围和适用条件。所以，木材的构造是理解木材性质和利用的基础。了解和掌握木材构造的知识，根据使用条件和要求可以选择适当的木材，提高木材使用价值，从而减少木材资源的浪费，发挥木材的利用价值具有重要意义。

（2）为木材材质改良提供科学依据：木材是树木生长和外界环境条件影响的统一体。外界生长环境的变化和林业工作者所采取营林培育措施对树木生长和干形等都有影响，从而引起木材构造特征数量上的变化，这对木材质量也有影响。因此，林业工作者应该了解和熟悉木材的构造。

（3）为识别和鉴定木材提供科学依据：掌握木材构造的知识，才能识别和鉴定木材。每一种木材都有自己的构造特征和特性。具备木材构造的知识，就可以把各树种的不同木材区别开来，应用于各种不同的目的。为此，掌握木材构造的知识，对于合理利用木材，提高木材利用率、节约木材也是重要的。

（4）为植物分类提供解剖学证据：通常树木分类是以植物的外部形态入手，以植物花、果等外部形态为主要依据的。研究木材内部构造特征与植物系统分类间的关系，能够为植物科学分类提供重要的解剖学证据。

1.2 树木生长与发育

1.2.1 树木的生长

树木生长是指树木在生长发育过程中，通过细胞分裂和扩大，使树木的形体和质量不断增加的过程（图1-1）。树木是多年生植物，它的一生要经过幼年期、成熟期和过熟期，直至衰老死亡。

1.2.1.1 高生长

树木的高生长包括茎干的不断加高、侧枝的不断延伸和根的不断延长。其生长过程是依赖其顶梢、枝梢和根尖部位具有无限分生能力的组织进行的。首先是在树木的芽上开始，由具有强烈分生能力的顶端分生组织开始分裂，使其产生的新细胞逐渐增

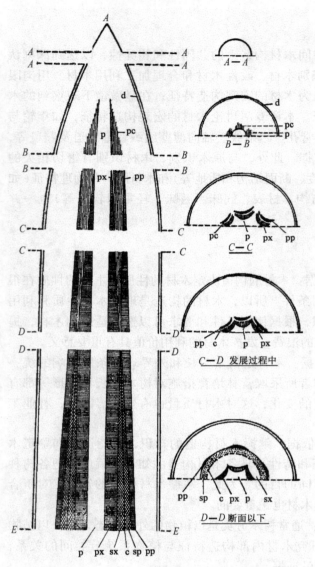

图 1-1 树茎梢高生长至直径生长的发展

当纵向剖开一个正在生长的树茎端部时，能观察到树茎高生长的过程。

三角形 A—A—A 是生长点的原分生组织。树干的增高就起源于原分生组织能持久地再分裂。

在 A—A 以下，原分生组织产生的细胞，在大小和形状上有变化，表明细胞形式将向预定的方向发展。

在 B—B 处，细胞已成为明显不同的层次；d 单层细胞，将发展成为表皮，pc 为束状原形成层；D 和 PC 间为皮层原，中央部分 p 为髓心。

在 C—C 处，原形成层束（pc）最外和最内层的细胞已分化为初生韧皮部（pp）和初生木质部（px）。d 已发展成表皮，为树干的外表覆盖层。

在 C—D 发展过程中，原形成层束连结成圆柱鞘，其中除形成层（c）外，其他均已陆续转变为初生木质部和初生韧皮部。

在邻近 D—D 断面部分，由外向内的组织完整序列是：表皮、皮层、初生韧皮部、原形成层、初生木质部和髓心。在形成层组织细胞活动前，树茎嫩端的所有组织，都属初生组织。

在 D—D 断面，初生韧皮部和初生木质部之间为形成层或称侧生分生组织。

在 D—D 断面以下，形成层向外已开始生成次生韧皮部（内树皮，sp），向内已开始形成次生木质部（木材，sx）。这表明，树茎已开始直径生长。

通过这个分裂层的活动，树木得以年复一年地增加直径。

加与伸长。随着生长点细胞的进一步分裂，初生分生组织也开始发生变化，细胞的形状和大小产生明显的差别。再经过一段时间，初生分生组织转变为初生永久组织继续分裂，这部分组织包括表皮、维管束和基本组织，初生韧皮部、初生形成层和初生木质部、初生皮层和中柱等。原形成层进行分裂，向外形成初生韧皮部，把芽和叶制造的有机物和激素等向下输送，向内形成初生木质部，把根吸收的含有养分的水分向上输送，在中间仍保留一列有分生能力的细胞组成薄的初生形成层，在整个树木的生长中始终保持着分裂的能力。

1.2.1.2 直径生长

树木的直径生长是次生木质部和次生韧皮部新细胞不断增加的结果，它是由形成层原始细胞进行弦向平周分裂（直径扩大）和径向垂周分裂（扩大周长）来完成的。形成层原始细胞向内形成木质部，向外形成韧皮部。在向髓心方向增加的细胞远较向外增加的细胞多得多，久而久之，树木的直径便不断增大，形成层也随之外移。植物学上，形成层被称为侧生分生组织，由它分生出来的组织叫次生组织。次生组织包括由形成层所形成的次生木质部和次生韧皮部以及由木栓形成层所形成的周皮。

1.2.2　树木的组成部分

树木是由种子（或萌条、插条）萌发，经过苗期、幼树，到最后长成枝叶茂盛、根系发达的高大乔木。纵观全树，它是由树冠、树干和树根三大部分组成（图 1-2）。表 1-1 列出活立木树种各部分体积所占比例。

1.2.2.1　树　根

树根是树木的地下部分，由主根、侧根和须根组成，占立木总体积的 5%~25%。主根的功能是支持树体，将强大的树冠和树干稳固地生于土壤，保证树木的正常生长；侧根和须根则主要是从土壤中吸收水分和矿物质营养，供树冠中的叶片进行光合作用。它们是树木生长并赖以生存的基础。

1.2.2.2　树　冠

树冠是树木最上部分生长着的枝丫、树叶、侧芽和顶芽等部分的总称。它的范围通常是由树干上部第一个大的活枝算起，至树冠的顶梢为止。侧枝上生长着稠密的叶子。树冠中的树枝把从根部吸收的养分，由边材输送到树叶，再由树叶吸收的二氧化碳，通过光合作用制成碳水化合物，

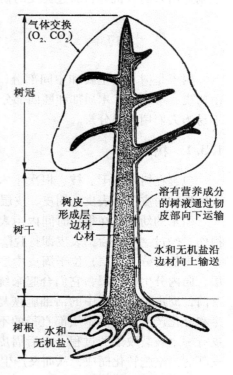

图 1-2　树木的组成部分

供树木生长。树冠中的大枝，可生产部分径级较小的木材，通称为枝丫材，占树木单株木材产量的 5%~25%，充分地利用这部分木材制造纤维板、刨花板和细木工板等，在提高森林资源效益上具有重要意义。

表 1-1　几种活立木树种各部分体积所占比例

树　种	立木各部分体积比例（%）		
	树干	树根	树枝
松　树	65~67	15~25	8~10
落叶松	77~82	12~15	6~8
栎　树	50~65	15~20	10~20
白　蜡	55~70	15~25	15~20
桦　树	78~90	5~12	5~10
山　杨	80~90	5~10	5~10
山毛榉	55~70	20~25	10~20
枫　树	65~75	15~20	10~15

1.2.2.3 树　干

树干是树冠与树根之间的直立部分，是树木的主体，也是木材的主要来源，占树木单株木材总产量的50%~90%。在活树中，树干具有输导、储存和支撑三项重要功能。木质部的生活部分(边材)把树根吸收的水分和矿物营养上行输送至树冠，再把树冠制造出来的有机养料通过树皮的韧皮部，下行输送至树木全体，并储存于树干内。

1.3　树干的构造

树干是树木的主要和中间部分，它下连根株上承树冠，是树木的主要来源。树干由树皮、形成层、木质部和髓四部分构成。其中形成层位于树皮和木质部之间，极薄、不易为人们用肉眼分辨。

1.3.1　树　皮

包裹在树木的干、枝、根次生木质部外侧的全部组织统称为树皮。幼茎或成熟树干嫩梢的树皮包括表皮、周皮、皮层和韧皮部等部分(图1-3)。

树木的幼茎仅在很短时间内由表皮保护，使茎内水分不致丧失并使幼茎免受外界损伤。经过一年之后，表皮即行脱落，代之以新生的保护层——新生周皮。

周皮可分为三层，位于周皮中层的组织为木栓形成层，木栓形成层向外分生木栓层，向内分生栓内层，它们合起来统称周皮。在表皮脱落前，周皮是由皮层中的活细胞恢复分生能力，经过分生和分化产生。由于木质部直径的不断增长，外表的周皮有一个破裂脱落的过程，以后周皮的分生细胞可由韧皮部的活细胞转化而成，从而又产生新的周皮。

每当新的周皮产生后，最后形成的木栓层以外的全部树皮组织，因隔绝水分而死亡。已无生机的树皮组织，习惯上称为外树皮；而含生活细胞的内侧树皮组织，称为内树皮。

树皮一般占整株树木体积的7%~20%，因树种各异。树皮的各种特征，如颜色、形态、厚度、端面结构和质地等，对识别原木具有重要和参考意义。

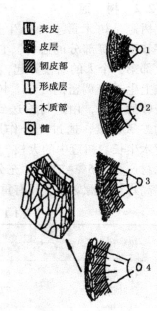

图1-3　树皮生成中的变化
1. 表皮、皮层、初生韧皮部、形成层、初生木质部、髓　2. 次生韧皮部、次生木质部生成　3. 表皮破裂，皮层中有木栓形成层生成　4. 木栓层(周皮)生成，并有累积

1.3.1.1 外　皮

(1)颜色：一般树木的树皮颜色多为暗褐色，也有其他颜色的，大多数比较有规律地反映着树种的特征。一般是以老树皮为标准，例如：灰褐色的刺槐、银杏；黄褐色的樟木；深灰色的响叶杨；暗灰色的钻天杨；白褐色的白皮松等。

(2)形态：外皮形态的表现，概括有以下几种类型。

①平滑：树皮不开裂、不粗糙，没有任何形状，如冷杉、梧桐、油茶、巴山紫茎和柠檬桉等。

②粗糙：树皮不平滑，但不开裂，也无任何形状，

如合欢和枫香等。

③纵裂：树皮表面多呈纵向开裂，根据开裂的深浅不同又可区分为下面几种类型。

——浅纵裂：浅沟状开裂，如野鸦椿、拟赤杨等。

——深纵裂：外皮呈深沟状开裂，如檫木、柳树、樟树和小叶栎等。

——平行纵裂：外皮裂沟呈平行或近似平行状态，如粗榧、红椿和酸枣等。

——交叉纵裂：外皮的裂沟突棱相互交叉，如白蜡、鹅掌楸、白榆和五角枫等。

——网状纵裂：外皮裂沟呈纵裂菱形并成网形，如刺槐和核桃等。

④横裂：外皮呈横向开裂，如红桦、光皮桦和山樱桃等。

⑤纵横裂：也称块状裂，外皮既有纵向开裂，又有横向开裂，形成不规则的方块状，如柿木、刺楸、栾树等。

⑥鳞片裂：开裂的形状呈鳞片状，如马尾松和铁杉等。

⑦刺凸：树皮具刺，按其形状不同又可区分为下面几种类型。

——尖刺：外皮具细长的尖刺，如皂角和椤木石楠等。

——鼓钉刺：外皮具大小不同的鼓钉形刺，如刺楸、木棉和花椒等。

——瘤状突起：外皮具小瘤状的突起，如石栎等。

(3) 质地：指外皮的坚硬、松软和脆韧情况。

①硬：小叶栎、白榆、麻栎等。

②软：栓皮栎、黄波罗、龙眼、银杏等。

③脆：三角枫、杜鹃等。

④韧：光皮桦、福建山樱、桃杉木等。

(4) 皮孔：皮孔是树皮上的孔状突起，其作用是疏导空气进入树干的孔口。大多数针叶材的皮孔不明显，但许多阔叶材的皮孔十分明显。各种皮孔的形态不一样，有的圆形，如皂荚和岩栎等；有的为椭圆形，如泡桐和臭椿等；有的为横生或纺锤形，如光皮桦和吴茱萸等；有的为横列长线形，如红桦和牛皮桦等；还有的为菱形或方形，如毛白杨和青榨槭等。

1.3.1.2 内 皮

(1) 颜色：内皮颜色一般比较简单和少变，通常多为红褐色的，如七叶红等；也有黄褐色的，如桑树、栎类等；还有棕色的，如杉木等。

(2) 质地：有些树木的内皮纤维不多或不发达，表现为质地硬脆，剥离困难，如槭木和冬青等，这类内皮一般叫做非纤维型。还有些树木的内皮纤维发达或比较发达，叫做纤维型。所谓发达一般是指韧皮纤维层占内皮的一半以上，或者厚度在3mm以上，如构树、青檀等。

(3) 断面结构：树皮的断面结构是指内皮横切面上所表现的图案，这类图案主要是由韧皮射线和韧皮纤维所形成，因而在韧皮纤维发达的树皮内是比较易见的，常见的有以下几种。

①长矛形：又称辐射形，常见于栎类、青冈和石栎等。

②锯齿形：又称三角形，齿尖向外，多呈等腰三角形的横切齿状，如山龙眼、核桃木、罗浮泡花树和梧桐等。

③火焰形：如泡花树和蜜花树等。

④兰花形：如苦木、木棉和黄连木等。

(4)石细胞的形态及其排列:石细胞是生产上常用的名称,它是泛指石细胞、厚壁细胞和厚角细胞的总称。这类硬化组织的细胞壁较厚、坚硬,如用刀刮便有响声,与韧皮纤维、纤毛和木栓质等显然不同,其颜色常较附近组织为浅,如灰白色;也有带红色的,见于厚皮香属等;还有带黑色的,见于朴属等;还有其他颜色的。

从横切面观察,其形式可区别为下列几种类型。

①粗粒型:石细胞为圆形或近似圆形,直径在1mm以上,其排列常较密集,见于红媚和香花木等;近似椭圆形,呈稀疏不规则的分布,见于琼南和灯台树等;还有断面近于方形的,见于白兰等。

②细粒型:石细胞大小似细沙粒,直径大多在1mm以下,常呈密集分布,见于核桃木和红苞木等。

③竖条型:石细胞与树皮垂直向外延伸呈竖列条状,见于桃树和福建山樱桃等。

④横条型:石细胞与年轮方向一致呈条状横列,见于木蜡树和紫楠等。

⑤年轮型:石细胞呈薄片状与韧皮纤维相间形成层次分明的交替重叠,形似年轮,在树皮的纵切面也可以看到纵列的层次,见于大果木姜、白蜡树、香樟、龙眼、刨花楠和八角枫等。

⑥混合型:树皮内同时具有两种或两种以上而呈混合排列,见于苦槠、米槠、青冈和石栎等。

石细胞的排列也是形式多样,有散状、环状和径向等;分布也有均匀和不均匀,有的分布于整个年轮内,有的仅分布于树皮的外部或内部。

1.3.1.3 厚　度

树皮的厚度不仅在不同树种的树木间表现出差异,而且在同一株树的树干上也有不同,例如,树干下部的树皮较上部为厚,但树种间的差别是具有特征性的意义,如栓皮栎的树皮很厚,可达30mm以上,而巴山紫茎很薄,仅为1mm左右。一般所说树皮的厚度是指老树的下部而言,为了识别方便将各种树皮的厚度区分为下列5级。

(1)很薄,小于或等于3mm,如紫茎、冬青和鹅耳枥等。
(2)薄,3~6mm,如光皮桦、七叶树和臭椿树等。
(3)中等,7~12mm,如枫杨、槐树、板栗和野核桃等。
(4)厚,13~16mm,如核桃、甜槠和麻栎等。
(5)很厚,大于16mm,如栓皮栎、刺槐和黄波罗等。

1.3.1.4 用　途

树皮除了在识别上具有重要意义外,还有许多用途。

(1)可提取硬橡胶,如橡胶树、大花卫矛等。
(2)可提取鞣质,如落叶松、华山松、黑荆树和油松等。
(3)可提取染料,如楝木、漆木、鹅耳枥、桦木、柿树和栎类等。
(4)可制软木和软木制品,如栓皮栎、银杏、栓皮槠和黄波罗等。
(5)可制取纤维,如桑树、构树、青檀等。
(6)可做药用,如杜仲、合欢、槐树、楝树、泡桐、银杏和梓树等。

1.3.2 材　表

材表指木质部的表面,即原木剥去树皮后的表面。它是树木由于在生长过程中木质部和木射线受到树皮细胞不平衡压力作用，呈现出某些略有一定规律的特征。材表上所表现的各种形态，实践表明是有特征性的意义，对识别原木树种来说是有一定的作用和价值。对阔叶材来说，远比针叶材重要。南方地区对材表特征的研究较早且经验也较多，概括起来可以区别为 3 类，各类中又有不同的表现(图 1-4)。

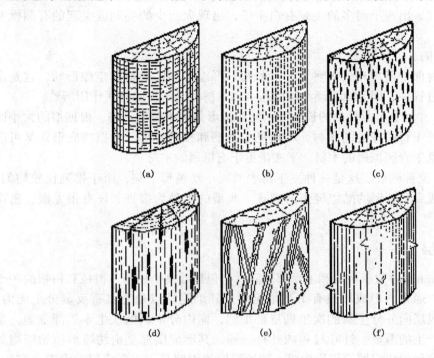

图 1-4　材表特征的类型
(a) 涟纹　(b) 细纱纹　(c) 网孔　(d) 锐棱　(e) 圆棱　(f) 刺凸

1.3.2.1　平　滑

(1) 光滑：许多树种原木材表在肉眼下的表现是光滑或近似光滑，不见任何显著的凹凸形态表现，如杉木、冷杉和云杉等多数针叶材和阔叶材中的坚桦、核桃木和榆木等。

(2) 波痕(涟纹)：在材表的全部或局部显露水平波状的层次排列，这是由于木射线或纵列细胞组织叠生所致。常见于柿树、黄檀、木棉、花榈木、椴木等。红木家具用材树种中，部分树种木材因导管、木射线等细胞组织叠生构造的存在，波痕明显。

1.3.2.2　突　起

突起是指材表上所见到各种形式的突出部分，常见的突起有以下 5 种类型。

(1) 条纹：又称细棱。在材表上出现的深浅或粗细不一、较棉线略细的纵向条纹，这是由于木射线的规律排列所致。常见于南岭栲、格氏栲、苦槠和锥栗等。

(2) 锐棱：在材表上所见到的中央拱起的薄片状突起，如青冈栎、枫杨和黄花柳等。

(3) 细纱纹：又称灯纱纹。在材表上所见到的短小而密集或比较密集分布的细棱。由于其长度和分布比较均匀，因而在肉眼下其形状略似细纱布的网纹或汽灯纱罩状。这类特征的树种较多，常见于桑木、栎木、榆木、楝木、槭木、朴木、八角枫、吴茱萸、小花香槐等。

(4) 圆棱：又称棱条。在材表上所见到的粗大的拱形或半圆形的突起，有的突棱很粗，有的突棱细密。如青麸杨、华山松、金钱槭、硬槭木、白叶安息香、枫杨和黄花柳等。

(5) 刺凸：在材表上所见到的尖刺或疣刺或瘤状突起，具有此类特征的树种很多，但形式也有不同。出现小而多的尖刺有白牛子，出现大而少的尖刺或突起的有刺楸和皂荚等。

1.3.2.3 下　陷

下陷是指材面上所出现的各种大小、长短、形态等不同的槽形空隙形状，这是由于树干在生长过程中，因受树皮硬细胞的压力和木射线受树皮的挤压作用所致。

(1) 凹槽：在材表上所见到的长短不一的纺锤形条沟或棱形下陷。根据槽的大小区分为：大槽常见于青冈栎类的木材，小槽见于泡桐和核桃木等。根据槽底形式又可区分为：尖底槽见于青冈栎属的木材，平底槽见于石栎属的木材。

(2) 网孔：又称网纹。这是一种见于材表的短小纺锤形下陷，由于排列比较均匀、整齐，于是形成纵列菱形的酷似轻张的网孔。典型的树种为银桦，还有山龙眼、密花树、悬铃木等。

1.3.3 形成层

形成层(cambium)位于树皮和木质部之间，是包裹着整个树干、树枝和树根的一个连续的鞘状层。通常，形成层只有1列细胞层，其细胞特点是它具有反复分生能力。生长季节，形成层向外分生新的次生韧皮部细胞，向内分生新的次生木质部细胞，是树皮和木质部产生的源泉。针叶材和阔叶材一样，其形成层都是由纺锤形原始细胞和射线原始细胞两种形成层原始细胞构成。纺锤形原始细胞是占有形成层的大部分容积，长轴沿树干方向，两端细，在形成层的弦切面上呈纺锤形，横切面在弦向呈平板状。树木的木质部和韧皮部沿树干方向的组织全部由这种原始细胞形成。射线原始细胞在形成层的弦切面上是类似于木射线组织的横切面上成团的小细胞。射线原始细胞主要是由纺锤形原始细胞分成几个近于方形的原始细胞形成的。木质部和韧皮部的径向组织全部由这种原始细胞形成。

木材的形成就是起源于形成层，它是通过形成层的细胞分裂、新生木质部细胞的成熟、成熟木质部细胞的蓄积等三个过程形成的。

1.3.3.1 形成层的细胞分裂

形成层原始细胞形成次生木质部细胞或次生韧皮部细胞时，要进行一分为二的弦向分裂，分成内侧或外侧两个母细胞。其中一个大的母细胞仍保持为原始细胞，另一个如果在内侧，则成为次生木质部细胞，如果在外侧则成为次生韧皮部细胞(图1-5)。形成层原始细胞不断地进行这样的弦向分裂，新生的木质部母细胞或韧皮部母细胞，再进行一次以上的弦向分裂，便依次失去其分生的机能，成为永久性细胞而逐渐达到成熟阶段。

树干的直径增大是由形成层原始细胞进行

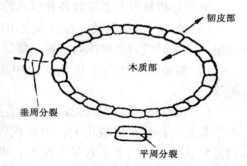

图1-5　形成层原始细胞的分裂方式

弦向平周分裂增大其径向尺寸和弦切面形成层原始细胞的横向分裂（非叠生构造）和径向分裂（叠生构造）扩大周长来共同完成的。形成层原始细胞向内分裂、分化形成次生木质部，向外形成次生韧皮部。形成层原始细胞分裂形成次生木质部细胞和次生韧皮部细胞的比例与树种有关，为3:1~8:1。因此在向髓心方向增加的次生木质部的细胞远较向外增加的次生韧皮部细胞多。

1.3.3.2 新生木质部细胞的成熟

这个过程分为两个阶段。第一阶段是细胞体积的增大，同时增大面积，包括直径增大和轴向增长。早材管胞直径只是径向增大，导管分子的直径无论径向、弦向都增大。其他细胞如针叶材的晚材管胞，阔叶材的纤维、轴向薄壁细胞等，只是径向略微增大一些，而弦向上并不增大。当初生壁面积生长，细胞扩大体积时，针叶材仍保持不变，而细胞轴向的增长以阔叶材的木纤维最为显著，其他细胞较小。第二阶段是细胞壁加厚和木质化，在初生壁内侧所堆积的胞壁层为次生壁，在次生壁增厚过程中，胞间层的各细胞角隅会有木质素的聚积。木质化现象是首先在细胞的角隅部分开始，逐渐蔓延到整个胞间层，乃至初生壁和次生壁的纤丝之间。

1.3.3.3 成熟木质部细胞的蓄积

随着形成层的分裂，次生木质部增多，树干直径增大，形成层便逐渐被外推，这时形成层圆周也必须随之增大，构成形成层圆周的纺锤形原始细胞的数目和射线原始细胞的数目近百倍增加，年复一年地产生了大量的木材。蓄积储存在树干内，故有"森林蓄积量"这一概念，而不叫森林材积量，单株树木才称为材积。同时，韧皮部在树的外侧成为树皮的一部分。随着树干直径的增大，树皮胀开、失去水分、干燥、开裂而逐渐脱落，所以可见的韧皮部分并没有随着直径的增大而增加多少。

1.3.4 木质部

木质部（xylem）位于形成层和髓（pith）之间，是树干的主要部分。根据细胞的来源，木质部分为初生木质部（primary xylem）和次生木质部（secondary xylem）。初生木质部起源于顶端分生组织，常与树干的髓紧密相连接，合成髓心。初生木质部占很小一部分，在髓的周围。次生木质部来源于形成层的逐年分裂，占绝大部分，是木材的主体，加工利用的木材就是这一部分。

在有季节变化的地方生长发育的树木由于季节的不同而存在生长的快慢和终止，形成松软和致密的木质部。因此，在木质部形成同心圆状的组织层，在树干和树枝的横切面上可见到生长轮。新生长的木质部在树干的横切面上虽表现为轮带状，但实际上是包围整个树体连续的较薄的一层生长层。此生长层逐年相互重叠而形成树体的木质部。因此，最外层的生长层是最新的木质部。

1.3.5 髓

俗称树心，位于树干（横切面）的中央，也有偏离中央的。颜色较深或浅，质地松软。它和第一年生的木材构成髓心。由于它是轴向薄壁组织构成，因此髓心部分木材的力学性质低，又易于开裂和腐朽，在航空、造船及特殊用材中需除去。

针叶材的髓大小差不多，直径3~5mm。阔叶材的髓大小相差悬殊，有的直径为

3~4mm，如青榨槭、柳木、榆木等；有的可达 10mm 以上，如泡桐、梧桐等。

髓的形状，大多数是圆形的，也有其他形状的。具体有以下 8 种类型：圆形（如榆木、核桃等）、卵形或椭圆（如槭木、椴木等）、星形（如水青冈、椴木等）、三角形（如山毛榉、鼠李等）、四角形或方形（如白蜡等）、长方形（如华南樟、桉树等）、五角形（如白杨等）和八角形（如杜鹃等）。

髓的结构，从纵切面观察，大致可以分为 3 种类型。

（1）实心髓：指髓腔内充满柔软的薄壁细胞，大多数树种属此种类型，如杉木、梧桐、楝树等。

（2）分隔髓：指髓腔内被许多膜质层分隔，如枫杨、核桃、交让木、朴树等。

（3）空心髓：指髓腔为空心的，如泡桐、山桐子等。

1.4 木材的宏观构造

木材的宏观构造是指用肉眼或借助于 10 倍放大镜所能观察到的木材构造特征。木材构造特征是人们用以识别木材的依据。对于亲缘关系相近的树种来说，这些特征存在着相对的稳定性。因此掌握木材宏观构造特征对森林培育、林木选种育种和木材生产、流通、贸易领域中木材检验、鉴定与识别及木材合理加工利用等均有着重要意义。

1.4.1 木材的三切面

从不同的方向锯切木材，可以得到不同的切面。利用各切面上细胞及组织所表现出来的特征，可以识别木材和研究木材的性质、用途。要全面、正确地了解木材的细胞或组织所形成的各种构造特征，就必须通过木材的三个切面来观察。

树干的三个标准切面是横切面、径切面和弦切面（图 1-6）。

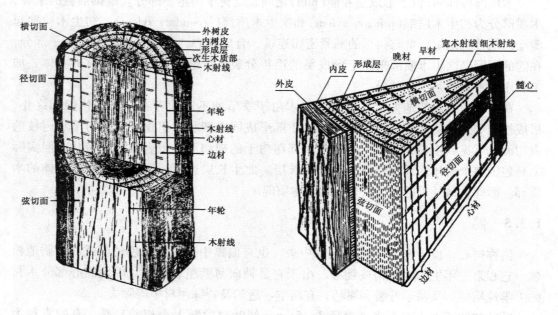

图 1-6 针阔叶树木材的三个切面

1.4.1.1 横切面

横切面(cross section)是与树干主轴或木材纹理成垂直的切面,即树干的端面或横断面。在这个切面上,木材中的各种纵向细胞或组织,如管胞、导管、木纤维和轴向薄壁组织的横断面形态及分布规律都能反映出来;横向细胞或组织,如木射线的宽度、长度等的特征,亦能清楚地反映出来。在横切面上,年轮(生长轮)呈同心圆环状,木射线呈辐射线状。横切面是识别木材最重要的切面。

1.4.1.2 径切面

径切面(radial section)是顺着树干长轴方向,通过髓心与木射线平行或与年轮相垂直的纵切面。在该切面上,能显露纵向细胞(导管)的长度和宽度,心边材的颜色与大小。年轮呈纵向相互平行,木射线呈横向平行线(片)状,能显露其长度和高度。

1.4.1.3 弦切面

弦切面(tangential section)是顺着树干主轴或木材纹理方向,不通过髓心与年轮(生长轮)平行或与木射线成垂直的纵切面。在该切面上,能显露纵向细胞(导管)的长度和宽度。年轮呈抛物线状,木射线呈纺锤形,能显露其高度和宽度。

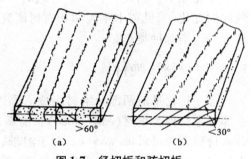

图1-7 径切板和弦切板
(a)径切板 (b)弦切板

在木材加工中通常所说的径切板(quarter-sawn lumber)和弦切板(flat-sawn lumber),与上述径切面和弦切面是有区别的。在木材生产和流通中,借助横切面,将板厚中心线与生长轮切线之间的夹角在60°~90°的板材称为径切板;将板厚中心线与生长轮切线之间的夹角在0°~30°的板材称为弦切板(图1-7);介于30°~60°的板材称为普通用材。

1.4.2 年轮、生长轮

树木在(直径)生长过程中,由于气候交替的明显变化而形成的木材为轮状结构。即树木在一个生长周期内,形成层向内分生的一层次生木质部,围绕着髓心构成的同心圆。温带、寒带及亚热带地区树木一年内仅生长一层木材,所以称为年轮(annual ring)。热带或南亚热带地区,部分树木生长季节仅与雨季和旱季的交替有关,一年内会形成几圈木质层,所以称为生长轮(growth ring)。实质上年轮也就是生长轮,而生长轮不能等同于年轮。但在原木宏观识别时,要判定年轮与生长轮是很难的,所以通称生长轮更合理。

年轮的宽窄随树种、树龄和生长条件而异。如泡桐、臭椿的年轮很宽,而黄杨木、紫杉的年轮通常很窄。有些树种在同一横切面上的同一年轮的宽度也有差异。

树木在生长季节内,由于受到菌虫危害,霜冻、火灾或干旱等气候突变的影响,致使生长暂时中断;若灾情不重,经短时间内树木又恢复生长,在同一生长周期内,形成两个或多个年轮,一般称作假年轮(false annual ring)或伪年轮。假年轮的界限不如正常年轮那样明显,往往呈不规则的圆圈状,如马尾松、杉木和柏木等树种会出现。

偶尔在老树或受压木中的某些年轮,本身不呈完整的一环,它的起点和终点都在相邻的年轮上,这种年轮称为不连续年轮(discontinuous ring)。

年轮是树木生长整个生命过程的反映，研究年轮在林业生产、材质评估利用和古气候分析等方面都有重要的科学价值。

林业生产上，根据近根基年轮的数目，可以推算树木的近似年龄。在生长过程中，外界条件（气候变化）对年轮宽窄有很大的影响，科学研究上有一定的价值。

年轮宽度可以反映树木的生长速度，对同一树种来说，能够判断其对环境的适应程度。

单位厘米内年轮数目是估测木材物理力学性质的依据之一。在利用上年轮可以大体判断木材的质量，即木材物理、力学性质的好坏。某些特殊用材，对每厘米的年轮个数都有一定的要求，如做提琴用的马尾松材，要求每厘米4~6个年轮。一般来说，针叶材年轮宽度均匀的，强度高；环孔材年轮宽的，强度大。

年轮宽窄、明显度、形态是识别木材的重要依据之一。年轮宽度能够估测历史上气候的变化（参见树木年代学和古树研究）。年轮内木材化学成分分析可监测大气污染程度、污染源种类等。

1.4.3 早材、晚材

每一年轮是由两部分木材组成。靠近髓心一侧，是树木每年生长季节早期形成的一部分木材称为早材（early wood）；而靠近树皮一侧，是树木每年生长后期形成的一部分木材称为晚材（late wood）。对于温带、寒带和亚热带生长的树木来说，每年春季雨水较多，气温高，水分、养分较充足，形成层细胞分裂速度快，细胞壁薄，形体较大，材质较疏松颜色较浅，这就是早材材性的特征。而在温带、寒带的秋季和亚热带的秋季，雨水少，树木营养物质流动缓慢，形成层细胞的活动逐渐减弱，细胞分裂速度缓慢，而后逐渐停止，形成的细胞腔小而壁厚，木材组织致密，材质硬，材色深，这就是晚材材性的特征（图1-8）。两者在材性上有着很显著的区别。

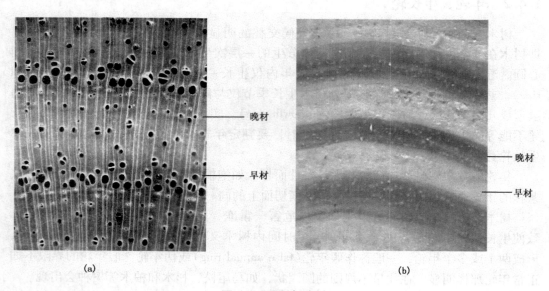

图1-8　早材与晚材
（a）阔叶材　（b）针叶材

由于早、晚材结构和颜色的不同，在它们的交界处形成明显或不明显的分界线，这种界限称为年轮界限（annual ring boundary）。有些树种年轮界限清晰可见，有的不清晰，常把这种情况叫做年轮或生长轮的明显度。年轮界限可分为明显（如杉木、红松等）、略明显（如银杏、女贞等）和不明显（如枫香、杨梅等）三种类型，对木材识别有一定的作用。针叶材年轮界限明显，阔叶材环孔材早材管孔比晚材管孔大，它的年轮界限明显。寒带、温带的散孔材界限明显，但热带的散孔材年轮界限均不明显。

年轮内早材向晚材变化有急变（abrupt trausition）、缓变（gradual trausition）两种类型。早材向晚材转变是突然变化、界线明显称为急变；如松属中马尾松、油松和樟子松等硬松类木材。早材至晚材转变是缓变的、没有明显的界线的称为缓变；如红松、华山松和白皮松等软松类木材。阔叶材中的环孔材是急变的。散孔材年轮内材性变化小，基本上无早晚材之分，也就是说其早晚材都是缓变的。

依树种不同，早晚材宽度的比例有很大差异，常以晚材率来表示，即晚材在一个年轮中所占的比率。其计算公式为

$$P = (b/a) \times 100\%$$

式中：P——晚材率（%）；

a——一个年轮的宽度（cm）；

b——一个年轮内晚材的宽度（cm）。

晚材率的大小可以作为衡量木材强度大小的标志。晚材率大的树种，其木材强度也相应地较高。

了解木材年轮内早晚材变化情况，对林木选种、木材识别与合理利用是有意义的。早晚材变化类型是识别针叶材的重要依据之一。晚材率是判断针叶材、阔叶树环孔材强度的指标。针叶材年轮均匀的强度高，因针叶材晚材宽度多为固定，年轮增加晚材率降低，强度下降；而阔叶材中环孔材早材宽度固定，年轮增宽增加的是晚材宽度，晚材率增大，木材强度增大。因此，材质改良中晚材率可作为林木良种选育的指标之一。

1.4.4 边材、心材

1.4.4.1 基本概念

从木材外表颜色来看，横切面和径切面上木材颜色有深有浅，有些树种的木材颜色深浅均匀一致。有些树种树干的外围部位，水分较多，细胞仍然生活，颜色较浅的木材称为边材（sapwood）。而有些树种的树干中心部位，水分较少，细胞已死亡，颜色比较深的木材称为心材（heartwood）。一部分树种，如冷杉、水青冈等，树干中心部分与外围部分的材色无区别，但含水量不同，中心水分较少的部分，称为熟材（ripewood）。

树干的中心和外围无材色差别，含水率没有明显差异的，这样的树种称为边材树种（sapwood tree）。边材树种大都是阔叶树，如杨树、桦木、椴木、鹅耳枥和椴木等。心材和边材区别明显的树种，如油松、落叶松、马尾松、柏木、黄波罗、核桃楸、水曲柳、紫檀等，这样的树种称为心材树种（heartwood tree）。具有熟材的树种（隐心材树种），如冷杉、椴木、山杨和水青冈等，这样的树种称为熟材树种（ripewood tree）。

心材树种和边材树种是有规律地反映着树种间的差别，因此可以作为识别木材种类的依据之一。无心材的树种中，由于外界影响如菌害的侵蚀，出现了类似心材的颜色，叫做假心材(false heartwood，不是正常的心材)，如云杉、桦木、山杨、桃树和杏树等老树。假心材的特点是不论其在树干的横切面或纵切面上，都表现为不规则的分布和不均匀的色调。还有少数的心材树种，也由于菌害侵蚀，偶尔出现材色较浅的环带(在心材的外围有一圈边材)，叫做内含边材(included sapwood)，如圆柏的心材部位常出现。

1.4.4.2 心材的形成

心材的形成，不是树木一开始就有的，而是以后由边材慢慢转化形成的，这个过程是一个复杂的生物化学变化。在这个过程中，生活细胞逐渐缺氧死亡而失去生理作用；树木水分输导系统闭塞，纹孔处于锁闭状态，细胞壁中水分大为减少；细胞腔内出现单宁、色素、树胶、树脂、芳香油和碳酸钙及有毒物质等沉积；材质变硬，密度增大，渗透性降低，耐久性提高。

边材转变为心材，是树木生长过程中的一种正常生理现象。生活中的树木，其边材在树干中所占比例是与树冠叶面积指数有很大的关系，它与树木生长相适应，其大小比例取决于树木生长过程中水分和液体输导的需要。

心边材转化年龄因树种而异，不同的树种，转变时间有早有晚，边材有宽有窄，如刺槐的心材在头几年就开始形成，而松属则要在10~20年才开始形成。

1.4.4.3 心、边材的明晰度

为了观察与识别方便，心、边材的明晰度分为下列4种。

(1) 区别很明显：如红豆杉、落叶松、黄连木、楝木、蚬木、花榈木、刺槐和银桦等。

(2) 区别明晰：如油松、马尾松、香椿和黄波罗等。

(3) 区别略明晰：如香樟、黄樟、香叶树、米槠和白椿木等。

(4) 区别不明晰：如香榧、三尖杉、刺楸、青冈栎、鹅耳枥、红桦、核桃、山龙眼、光皮桦、枫香、黄檀、楠木、悬铃木和荷木等。

1.4.4.4 心材大小的区别

心材树种中，心材大小对木材识别和利用有一定意义。心材大小可按照在其树干横切面上所占的比例进行测定。常见的经济木材中，心材较大的树种是黄波罗和刺槐等，较小的树种是柿木，松木、落叶松、黄连木和核桃等心材大小属于中等。测定树木的心材大小(或边材的宽度)时，应计算其年轮数，以便排除其生长速度的影响。

1.4.5 木射线

木材横切面上可以看到一些颜色较浅或略带有光泽的线条，它们沿着半径方向呈辐射状穿过年轮，这些线条称为木射线(xylem ray)。木射线可从任一年轮处发生，一旦发生，它随着直径的增大而延长，直到形成层止。木射线是木材中唯一呈射线状的横向排列的组织，它在立木中主要起横向输导和贮藏养分的作用。横向排列的木射线与其他纵向排列的组织(如导管、管胞和木纤维等)极易区别。

木射线在木材三个不同切面上，表现出不同的形状。横切面上木射线呈辐射条状，显示出其宽度和长度；径切面上，木射线呈短的线状或带状，显示其长度和高度；弦

切面上木射线呈竖的短线或纺锤形，显示其宽度和高度。有必要从不同角度上观察它的形状，掌握三个切面上的不同特征。

1.4.5.1 木射线的宽度

肉眼下，按射线宽度分为 3 种类型。

(1) 宽木射线：宽度在 0.2mm 以上，肉眼下明晰至很显著，三个切面都能看到的射线，如栓皮栎、赤杨和青冈栎等。

(2) 中等木射线 (窄木射线)：宽度在 0.05~0.2mm 之间，肉眼下可见至明晰，能从横、径切面上观察到的射线，如榆木、椴木和槭木等。

(3) 细木射线 (极窄木射线)：宽度在 0.05mm 以下，肉眼下不见至可见，只能在准确的径切面上观察到的射线，如杨木、桦木和柳木等。

除了上述 3 种射线外，还有一种伪宽木射线，又称聚合木射线，常见于一些阔叶材中，如桤木、鹅耳枥等。它有许多小而窄的木射线集合为一组，肉眼或低倍放大镜下像一根宽的木射线，有时，伪宽木射线中夹杂着木纤维或导管等纵向组织。

针叶材绝大多树种为细木射线，少数树种有中等木射线。针叶材木射线细小，宏观下看不清楚，因此不作为其木材识别的重要特征。

阔叶材的木射线，不同树种之间有明显的区别。如杨木、桦木、柳木和七叶树等少数木材为细木射线，多数的阔叶材为中等宽度射线或宽木射线。有的树种有两种木射线。木射线的宽度、高度和数量等是识别阔叶树材的重要特征。

1.4.5.2 木射线的数量

在木材横切面上计数每 5mm 距离的射线数目，对木材识别也有一定意义。方法是在横切面上覆盖透明胶尺 (或其他工具)，与木射线直角相交，沿生长轮方向计算 5mm 内的木射线数量，取其平均值。

(1) 很少：每 5mm 内的木射线数目少于 25 条，如刺槐、悬铃木和鸭脚木等。

(2) 少：每 5mm 内有 25~50 条木射线，如桦木、核桃和樟木等。

(3) 多：每 5mm 内有 50~80 条木射线，如柿木、杨木、柳木和冬青等。

(4) 很多：每 5mm 内的木射线数目多于 80 条，如梨木、七叶树和杜英等。

木射线对木材利用有着重要的影响。木射线均为薄壁细胞构成，是木材较脆弱而强度较低的地方，物理力学性质差，特别是在木射线发达的树种中，木材干燥时常沿木射线方向开裂，降低了木材的使用价值，从而影响到木材的利用，如栎类木材，常开裂。木射线横向排列，防腐溶剂易于渗透，利于防腐、油漆。木射线宽窄因树种而异，有助于识别木材。某些具有宽木射线的木材，其径切面呈现出美丽的银光纹理，增加成品的美观，适于做家具及细木工，如栎木、水青冈、大叶榉、悬铃木等。

1.4.6 管 孔

阔叶材的导管 (vessel) 在横切面上呈孔状称为管孔 (pore)。导管是阔叶树材的轴向输导组织，在纵切面上呈沟槽状。有无管孔是区别阔叶材和针叶材的首要特征。

针叶材没有导管，肉眼下横切面上看不到孔状结构，故称为无孔材 (nonporous wood)。阔叶材具有明显的管孔，称为有孔材 (porous wood)。我国大部分阔叶材均为有孔材，只有西南地区的水青树科水青树属的水青树 (*Tetracentron sinense*) 和台湾地区的昆栏树科昆栏树属的昆栏树 (*Trochodendron araioides*) 等个别树种没有管孔。

管孔的大小、分布、排列及其内含物等特征是识别阔叶材的重要依据。

1.4.6.1 管孔的大小

管孔的大小是指在横切面上导管孔径的大小，是阔叶材宏观识别的特征之一。管孔大小是以导管弦向直径为准，分为3级。

(1) 大管孔：弦向直径在 300μm 以上，肉眼下很明显至明晰，如白椿木、栎类木材等。

(2) 中管孔：弦向直径在 300~100μm 之间，肉眼下易见至略明晰，如桦木、槭木等。

(3) 小管孔：弦向直径在 100μm 以下，肉眼下不易见或不见，如山杨、冬青、黄杨等。

1.4.6.2 管孔的分布类型

阔叶材种类繁多，其木材管孔在年轮内表现出比较稳定的分布特征，是识别木材树种的重要依据。根据管孔在横切面上一个生长轮内的分布和大小情况，可将阔叶材划分为环孔材、半环孔材和散孔材(图1-9)。

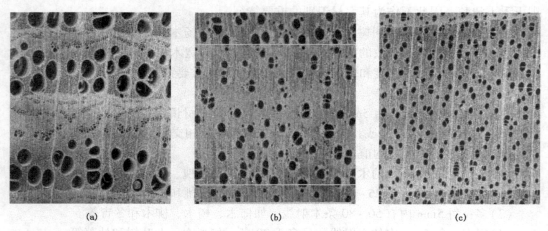

图 1-9 阔叶材中环孔材、半环孔材与散孔材
(a) 环孔材 (b) 半环孔材 (c) 散孔材

(1) 环孔材(ring porous wood)：环孔材是指在一个生长轮内早晚材管孔的大小区别明显，早晚材过渡是急变的，管孔的大小界限区别明显，分布均匀或不均匀，大多数的管孔沿年轮呈环状排列，有一至多列[图1-9(a)]。如刺槐、刺楸、麻栎、黄波罗和榆属等。

(2) 半环孔材(semi-ring porous wood，半散孔材)：指在一个生长轮内，早材管孔较晚材管孔为大，但其过渡是缓变的，管孔大小的界限不明显，分布不很均匀，介于环孔材与散孔材之间[图1-9(b)]。如核桃、枫杨、乌桕、柿树和香樟等。

(3) 散孔材(diffuse porous wood)：散孔材是指在一个生长轮内早晚材管孔的大小区别不明显，分布均匀或比较均匀[图1-9(c)]。如杨木、柳木、枫香、悬铃木、桦木、椴木、槭木、冬青、木兰、鹅掌楸和杜鹃等。

1.4.6.3 管孔的排列

管孔排列主要是针对环孔材中晚材部分的管孔和散孔材生长轮内管孔的观察分类，

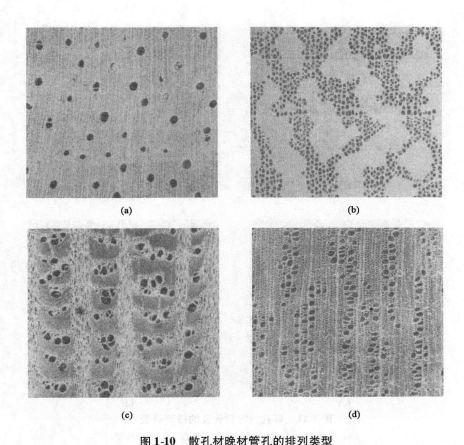

图 1-10 散孔材晚材管孔的排列类型
(a) 分散型 (b) 倾斜型 (c) 弦列型 (d) 径列型

以便更好地识别木材。

散孔材生长轮内木材管孔的排列方式，分为下列 4 类(图 1-10)。

(1) 分散型：生长轮内的管孔基本上是单独分散或少数为两个连接呈均匀或比较均匀地分散排列[图 1-10(a)]。分散型的树种在散孔材中是最多的，如散孔材中的红桦、旱柳、椴木、悬铃木和泡花树等。

(2) 倾斜型：管孔多数呈几个相结合成集团状的倾斜排列分布于生长轮内[图 1-10(b)]，如木兰、楠木等。

(3) 弦列型：管孔呈弦向排列，与年轮方向平行[图 1-10(c)]，如银桦、山龙眼等。

(4) 径列型：管孔多数为径向排列[图 1-10(d)]，如鹅耳枥、千金榆和毛白杨等。

环孔材晚材管孔排列方式在木材识别时有重要价值，分为下列 4 类(图 1-11)。

(1) 星散型：晚材管孔多数单独分散，均匀或比较均匀地分布于年轮内[图 1-11(a)]，如白蜡、水曲柳、檫木等。

(2) 倾斜型：晚材管孔呈倾斜状排列或若干个相聚成丛[图 1-11(b)]，如刺槐、山榆、黄连木、朴木和臭椿等。

(3) 弦列型：晚材管孔在晚材带呈短切线状排列[图 1-11(c)]，如刺楸等，榆木比较典型。

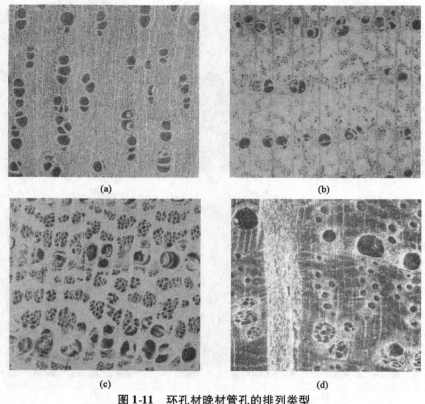

图 1-11　环孔材晚材管孔的排列类型
(a) 星散型　(b) 倾斜型　(c) 弦列型　(d) 径列型

(4) 径列型：晚材管孔单行或多行径向排列，辐射状[图 1-11(d)]，如栓皮栎、辽东栎和麻栎等。

树木是一种生物体，在不同地理区域或环境条件下有一些差异，如合欢和皂荚木，在北方认为是环孔材，而在南方认为是半环孔材。因此，识别时将近似于环孔材的木材归类到环孔材中，而将近似于散孔材的木材归类到散孔材中。

1.4.6.4　管孔的组合

管孔的组合是指相邻管孔的连接形式，环孔材观察的区间在晚材部分，而散孔材在全生长轮内。常见的组合有以下 4 种形式。

(1) 单管孔：指一个管孔周围完全被其他细胞所包围，各个管孔单独存在，和其他管孔互不连生[图 1-10(a)]，如黄檀、槭木等。壳斗科、茶科、金缕梅科、木麻黄科等几乎都是单管孔。

(2) 复管孔：指两个或两个以上管孔相连成径向排列[图 1-11(a)]，除了两端的管孔仍为圆形外，中间部分的管孔则为扁平状，如枫杨、毛白杨、红楠、椴木和黑桦等。

(3) 管孔链：指一串相邻的单管孔呈径向排列[图 1-12(a)]，管孔仍保持原来的形状，如冬青、油桐等。

(4) 管孔团：指三个以上管孔不规则地组合、聚集在一起，在晚材内呈团状[图 1-12(b)]，如榆木、桑木、臭椿等。

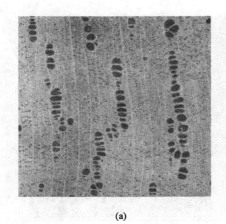 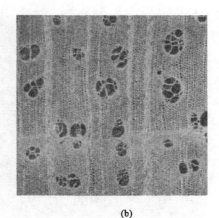

图 1-12 管孔的组合
(a) 管孔链 (b) 管孔团

1.4.6.5 管孔的数目

管孔的数目是指管孔在一定面积内的数量。管孔的数目一般只适用于管孔分布比较均匀的散孔材，而不适用于环孔材或其他管孔分布不均匀的木材。各种散孔材的管孔数目一般区分为 6 级。

(1) 甚少：每 $1mm^2$ 内少于 5 个，如榕树。
(2) 少：每 $1mm^2$ 内有 5～10 个，如黄檀。
(3) 略少：每 $1mm^2$ 内有 10～30 个，如核桃。
(4) 略多：每 $1mm^2$ 内有 30～60 个，如穗子榆。
(5) 多：每 $1mm^2$ 内有 60～120 个，如桦木、拟赤杨。
(6) 甚多：每 $1mm^2$ 内多于 120 个，如黄杨木。

1.4.6.6 管孔的内含物

管孔的内含物是指在管孔内存在的侵填体、树胶以及一些无定型沉积物。这些物质是由于导管内压力降低，相邻接的木射线、轴向薄壁组织的原生质，在纹孔膜的包被下通过壁上的纹孔挤入导管腔而形成的（图 1-13）。

(1) 侵填体 (tylosis)：在某些阔叶材的心材导管中，从纵切面上观察，常出现的一种泡沫状的填充物，称为侵填体[图 1-13(a)]。在良好光线条件下，早材管孔内的侵填体常出现亮晶晶的光泽，如刺槐、山槐、麻栎、黄连木、檫树和石梓等树种都比较发达。

侵填体的有无或多少在木材识别上具有重要作用，如麻栎和栓皮栎在宏观特征上有很多相似之处，但麻栎心材具有较发达的侵填体，而栓皮栎的心材则经常缺乏或偶尔出现少量的侵填体，可利用该特征区别这两种木材。

侵填体在木材利用上也具有一定意义，如过去做酒桶、水桶等选用具有侵填体的麻栎（欧洲称为橡木酒桶），而不选用无侵填体的栓皮栎。因为侵填体多的木材，管孔被堵塞，降低了气体和液体在木材中的渗透性。由此可知，具有侵填体的木材是难以进行浸渍处理的，但其耐久性能也比不具侵填体的木材显著提高。

(2) 树胶 (gum) 和其他沉积物：有些阔叶材导管内存在有树胶[图 1-13(b)]、矿物

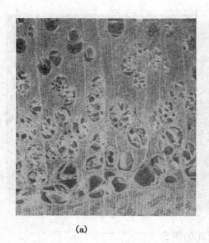 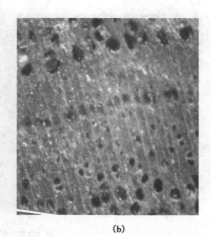

图 1-13 管孔的内含物及胶状物
(a)侵填体 (b)树胶

质或其他沉积物，它们不像侵填体那样有光泽，呈现不定型的褐色或红褐色的胶块，如黄波罗、楝木等。柚木的导管内常具有白垩质的沉积物，大叶合欢的导管内有白色的矿物质。这些物质在木材加工时，容易磨损刀具，但提高了木材的天然耐久性。

1.4.7 胞间道

胞间道(intercellular canal)是由分泌细胞环绕而成的长度不定的管状细胞间隙。针叶材中贮藏树脂的胞间道叫树脂道；阔叶材中贮藏树胶的胞间道叫树胶道。

1.4.7.1 树脂道

树脂道(resin canal)是针叶材中长度不定的细胞间隙，其边缘为分泌树脂的薄壁细胞，树脂道贮藏树脂。树脂道在年轮内多见于晚材或晚材附近部分，呈白色或浅色的小点，大的如针孔，小的须在放大镜下见到。纵切面上呈深色或褐色的沟槽或细线条。

针叶材中，树脂道常见于松属、落叶松属、云杉属、黄杉属、银杉属和油杉属等六属木材中。树脂道的有无、数目及大小对识别针叶材有着重要意义。

根据树脂道在树干中的分布，树脂道分为轴向树脂道和横向树脂道。轴向树脂道因其个体较大和数量较多，因而在肉眼识别木材时显示出重要的意义。如松属树脂道个体较大，在肉眼下显著或明晰，为灰白色或浅褐色的小点，散布于年轮的晚材或晚材附近，并且数量较多；但落叶松、云杉和黄杉等属的树脂道个体小而且数量较少，在肉眼下不明晰甚至看不到。横向树脂道位于木射线中央，因其个体较小和数量较少，一般在肉眼下并不明晰，因而也很少应用，但在显微镜下仍为必须观察的重要特征。在以上六属木材中，只有油杉属没有横向树脂道，其他五属两者兼有，是正常的生理特征[图1-14(a)、(b)]。

根据树脂道的发生情况，树脂道分为正常树脂道(normal resin canal)和受伤树脂道(traumatic resin canal)。正常树脂道发生在上述松科六属木材中，呈星散状排列，均匀分布于年轮晚材内或晚材附近，树木各个部位可见。受伤树脂道是树木因创伤产生，具正常树脂道的六个属木材和没有正常树脂道的其他树种都可发生，如冷杉、铁杉、雪松、水杉等[图1-14(c)]。受伤树脂道的个体较正常树脂道大，多分布于年轮边缘，

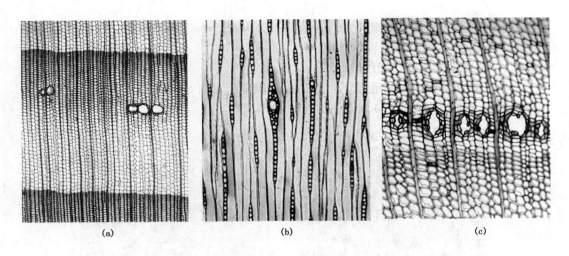

图 1-14 树脂道
(a)轴向树脂道(云杉) (b)横向树脂道(云杉) (c)受伤树脂道(水杉)

三个以上呈弦向排列，仅见于树木受伤部位。实践中必须注意将两者加以区别。

1.4.7.2 树胶道

某些阔叶材的胞间道(较树脂道小难见)内含有树胶、油类等胶状物质，称为树胶道(gum duct)。

树胶道和树脂道一样也有轴向树胶道和横向树胶道两种。

轴向树胶道在横切面多数为弦向分布，少数为单独星散分布。树胶道没有树脂道那么显而易见，而易与管孔相混。轴向和横向两种树胶道一般少见同时出现于一种木材内。轴向树胶道常见于龙脑香科和苏木科的某些木材中，对热带树种有特征性的意义，而且在识别上也有一定的价值。例如，柳桉常具有树胶道，而桃花心木和卡雅楝没有树胶道，人们通俗地叫这三种木材的商品名称为桃花心木(柳桉叫菲律宾桃花心木、桃花心木叫美洲桃花心木、卡雅楝叫非洲桃花心木)。横向树胶道是漆树、黄连木和橄榄等属的特征，但一般在肉眼或放大镜下不易看见，只有在显微镜下才明晰。

阔叶材内也有受伤树胶道，在木材横切面上常呈弦向点状长线分布，肉眼下易见，常出现于肾果木、香椿和枫香等。

1.4.8 轴向薄壁组织

轴向薄壁组织(longitudinal parenchyma)是由形成层纺锤状原始细胞分裂所形成的薄壁细胞群，也就是纵向排列的薄壁细胞所构成的组织。树木进化程度高的树种含有较多的轴向薄壁细胞。这类细胞腔大、壁薄，横切面上可见其材色较周围的稍浅，如用水湿润后则更加明显。具发达轴向薄壁组织的树种，肉眼下很容易与其他组织区别开来。

针叶材的薄壁组织不发达(约占木材体积的1%)或根本没有，在肉眼或放大镜下不易辨别。仅在少数树种如杉木、陆均松、柏木、冷杉、罗汉松等存在。此项在针叶材识别时可不考虑。

阔叶材的薄壁组织比较发达，占木材体积的2%~15%。它的分布类型很多，有一定的规律。它的清晰度和分布类型是识别阔叶材的重要特征。根据轴向薄壁组织与导管的连生与否分为离管型薄壁组织(apotracheal parenchyma)、傍管型薄壁组织(paratracheal parenchyma)两大类。

1.4.8.1 离管型轴向薄壁组织

离管型轴向薄壁组织与管孔不接触，而是间隔开来并单独分布。根据其在横切面上不同的分布形式分为下列4种(图1-15)。

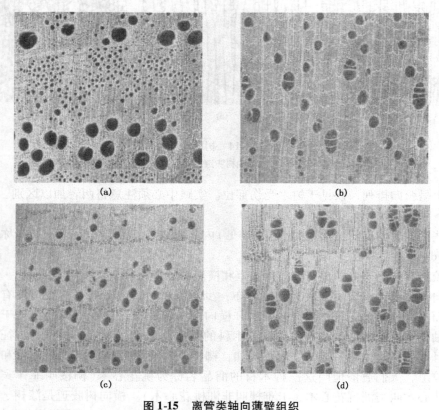

图1-15 离管类轴向薄壁组织
(a)星散状 (b)切线状 (c)离管带状 (d)轮界状

(1)星散状：轴向薄壁组织多数单独分散存在，在肉眼下一般看不见[图1-15(a)]，如梨木、枫香和荷木等。

(2)切线状(星散聚合状)：轴向薄壁组织几个或单行弦向排列，在肉眼或显微镜下呈浅色的短切线[图1-15(b)]，如枫杨、栎木和核桃等。

(3)离管带状：轴向薄壁组织与年轮接近平行，组成带状或宽线，在肉眼下略明晰[图1-15(c)]，如黄檀、花榈木等。

(4)轮界状：轴向薄壁组织在两个年轮的交界处，沿着年轮分布呈一条浅色细线，围绕于年轮的边缘，在肉眼下略明晰[图1-15(d)]，如杨木、柳木和木兰等。

1.4.8.2 傍管型轴向薄壁组织

傍管型轴向薄壁组织多数环绕于管孔周围，与管孔连生呈浅色环状。根据其在横切面上不同的分布形式分为下列5种。

(1)稀疏环管状：指轴向薄壁组织星散环绕于管孔周围或依附于导管侧傍，在肉眼下不显[图1-16(a)]，如拟赤杨、枫杨、核桃和七叶树等。

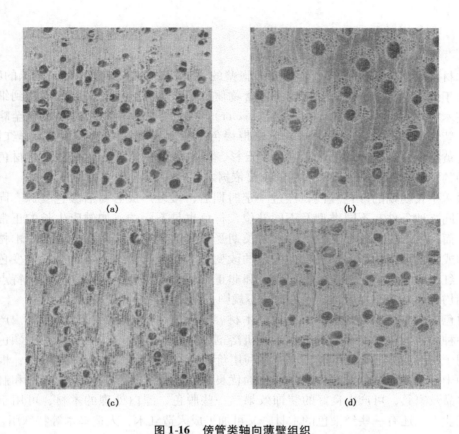

图 1-16　傍管类轴向薄壁组织
(a)稀疏环管状　(b)环管束状　(c)翼状及聚翼状　(d)傍管带状

(2)环管束状：指轴向薄壁组织呈鞘状围绕在管孔的周围，圆形或略呈卵圆形[图1-16(b)]，如香樟、楠木、檫木和白蜡等。

(3)翼状：指轴向薄壁组织围绕在管孔的周围并向两侧延伸，其形状似鸟翼或眼状[图1-16(c)]，如泡桐、檫木、臭椿和合欢等。

(4)聚翼状：指翼型轴向薄壁组织互相弦向连接在一起而成不规则形状[图1-16(c)]，如刺槐、泡桐、皂荚木和无患子等。

(5)傍管带状：指由许多轴向薄壁组织聚集成与年轮平行的宽带或窄带[图1-16(d)]，如榕树、铁刀木、黄檀和沉香等。

应当说明的是，阔叶材的轴向薄壁组织中，有些树种只有一种类型，有些树种具有两种或两种以上的类型，但在每一种树种中的分布情况是有规律的，如麻栎具有离管切线状和傍管围管状。

观察轴向薄壁组织时，应将刨光的横切面放在良好的光线条件下进行。轴向薄壁组织与其周围的组织比较起来，一般是颜色较浅，而且有些木材的轴向薄壁组织在肉眼下并不明晰，有时甚至要加水湿润才比较显而易见，如乌桕的轴向薄壁组织便是这样。因此，在肉眼下观察木材的轴向薄壁组织对初学者来说是有些困难，因而需要一个熟练的过程。

轴向薄壁组织是贮藏养分的细胞，所以轴向薄壁组织发达的木材不耐用，易被虫蛀或导致木材的开裂和强度的降低。可它在纵切面上常构成美丽的花纹，提高了使用价值。

1.4.9 材　色

木材是由细胞壁构成的，而构成细胞壁的主体纤维素本身是无色、无味的物质，只是由于色素、单宁、树脂和树胶等内含物质沉积于木材的细胞腔，并渗透到细胞壁中，使木材呈现出各种颜色，称为材色(color)。例如，松木的材色为鹅黄色至略带红褐色；紫杉为紫红色；桧木为鲜红色略带褐色；楝木为浅红褐色；香椿为鲜红褐色；漆木为黄绿色；刺槐为黄色至黄褐色；云杉、杨木为白色至黄白色等。这些材色反映了树种的特征，是木材识别和利用的重要依据之一。

树木生长初期的颜色较浅，经过一定时期后，慢慢形成心材后颜色变深。同一树种在不同立地条件、不同类型及不同部位，材色也是不同的。如健康生长的正常木材色浅，而一些受压木的材色较深。木材长期受空气的影响也会转深或变浅。木材受其他物理或化学因素的影响也会发生颜色的改变。木材受真菌的侵害也会发生变色，如青变、红斑和杂斑等。正常木材的颜色和非正常木材的颜色，其区别的基本特点是前者色调均匀而有规律，后者则不均匀和不规则，因此两者是容易区别的。

材色深的木材比较耐腐，材色浅的木材容易腐朽，但用于造纸效果较好。产生木材中各种颜色的色素能够溶解于水或有机溶剂中，通过处理可从中提取各种颜色的染料，用于纺织或其他化学工业，增加其利用价值。在现代建筑和室内装饰中，根据各种树种十分悦目的材色对人类视觉产生的优良感观效果，直接用作室内装饰和制作工艺美术品及家具，可产生良好的装饰效果。一些脱色、漂白处理的木材，可用于造纸等轻工业上。还有一些经染色的木材，又可加工成人造红木、人造乌木等特殊用材。

有时候人们还利用光泽这个特征，光泽是指光线在木材表面反射时所呈现的光亮度。不同树种之间光泽的强弱与树种、构造特征等因素有关。可以借助木材的光泽，鉴定一些宏观特征相似的木材。如云杉和冷杉宏观特征和颜色极为相似，但云杉的材面呈娟丝光泽，而冷杉的材面光泽较淡，这样就把两者区别开来了。

1.4.10　气味和滋味

由于木材中含有各种挥发性油、树脂、树胶、芳香油及其他物质，所以随树种的不同，产生了各种不同的味道，特别是新砍伐的木材较浓。如松木含有清香的松脂气味；柏木、侧柏、圆柏等有柏木香气；雪松有辛辣气味；杨木具有青草味；椴木有腻子气味。我国海南岛的降香黄檀(香枝木)具有辛辣气味和浓郁香气，宗教人士常用此种木材制成小木条作为佛香。檀香木具有馥郁的香味，可用来气熏物品或制成散发香气的工艺美术品，如檀香扇。黑酸枝木和红酸枝木具有酸臭味；花梨木具有清香味。

此外，樟科的一些木材具有特殊的樟脑气味，因它含有樟脑油，用这种木材制作的衣箱，耐菌蚀、抗虫蛀，可长期保存衣物。

木材的气味(odor)不仅可帮助识别木材，而且还有很多的重要用途。不过木材的气味也给其利用带来了局限性，不易做食品包装箱、茶叶箱等，会影响食品的风味；还有个别木材的气味对人体有害或对皮肤有过敏现象。

木材的滋味(taste)是指一些木材具有特殊的味道，它是木材中所含的水溶性抽提物中的一些特殊化学物质。如板栗具有涩味；肉桂具有辛辣及甘甜味；黄连木、苦木具有苦味；糖槭具有甜味等。

1.4.11 髓 斑

髓斑(pith fleck)是树木生长过程中形成层受到昆虫损害后形成的愈合组织。这部分受伤愈合后形成的木质部组织和正常材不同,它完全由薄壁细胞构成,质地和颜色与髓相似。它常出现在一些树种木材,如桦木、柳木、槭木、樱属、柏属木材。在横切面上为褐色的弯月状斑点,纵切面上为长度不等的褐色条纹,识别木材时要注意。

1.4.12 结构、纹理与花纹

1.4.12.1 结 构

木材的结构(texture)是指组成木材各种细胞的大小和差异程度。阔叶材是以导管的弦向平均直径、数目和射线的多少等来表示。木材由较多的大细胞组成,称为粗结构(coarse texture),如泡桐等;木材由较多的小细胞组成,材质致密,称为细结构(fine texture),如桦木、椴木和槭木等;组成木材的细胞大小变化不大的,称为均匀结构(even texture),如阔叶材中的散孔材;组成木材的细胞大小变化较大的,称为不均匀结构(uneven texture),如阔叶材中的环孔材。针叶材则以管胞弦向平均直径、早晚材变化缓急、晚材带宽窄和空隙率大小等来表示。晚材带窄、缓变,如柏木等木材为细结构;晚材带宽、急变的,如落叶松、马尾松等木材为粗结构。

木材结构粗或不均匀,在加工时容易起毛或板面粗糙,油漆后无光泽(luster);结构致密和材质均匀的容易加工,材面光滑,适合作细木工、雕刻等用材。结构不均匀的环孔材,花纹美丽;结构均匀的散孔材,花纹较差,但容易旋切和刨切,而且表面光滑。

1.4.12.2 纹 理

木材纹理(grain)是指构成木材主要细胞(纤维、导管、管胞等)的排列方向反映到木材外观上的特征。根据木材纹理方向通常分为三种情况(图1-17):排列方向与树干基本平行的叫直纹理(straight grain),如红松、杉木和榆木等,这类木材强度高、易加工,但花纹简单。排列方向与树干不平行,呈一定角度的倾斜叫斜纹理(cross grain),如圆柏、枫香和香樟等。排列方向错乱,左螺旋纹理与右螺旋纹理分层交错缠绕的叫交错纹理(interlocked grain),如海棠木、大叶桉和母生等。交错纹理和斜纹理木材会降低木材的强度,也不易加工,刨削面不光滑,容易起毛刺。但这些纹理不规则的木材

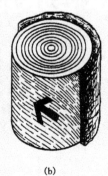
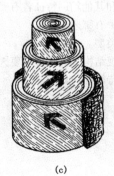
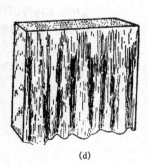

(a) (b) (c) (d)

图1-17 木材纹理

(a) 直纹理 (b) 斜纹理 (c) 交错纹理 (d) 交错纹理(径切板)

能够刨切出美丽的花纹,主要用在木制品装饰工艺上,用它做细木工制品的贴面、镶边,涂上清漆,可保持本来的花纹和材色。

1.4.12.3 花 纹

木材的花纹(figure)是指木材表面因年轮、木射线、轴向薄壁组织、木节、树瘤、纹理、材色以及锯切方向不同等而产生的各种美丽图案。花纹是各种组织排列情况的反映,也是木纹性质的标志。有花纹的木材可作各种装饰材,使木制品美观华丽,使木材可以劣材优用。针叶材的花纹一般都比较简单,而阔叶材的花纹则呈现丰富多彩。花纹在装饰工艺、家具制造和细木工等方面有很大的实用价值。

不同树种木材的花纹不同,对识别木材有一定的帮助。例如:由于年轮内早晚材带管孔的大小不同或材色不同,在木材的弦切面上形成抛物线花纹,如酸枣、山槐等;由于宽木射线斑纹受反射光的影响在径切面上形成的银光花纹,如栎木、水青冈等;原木局部的凹陷形成近似鸟眼的圆锥形,称为鸟眼花纹;由于树木的休眠芽受伤或其他原因不再发育,或由病菌寄生在树干上形成木质曲折交织的圆球形凸出物,称为树瘤花纹,如桦木、桃木、柳木、悬铃木和榆木等;由于木材细胞排列相互成一定角度,形成近似鱼骨状的鱼骨花纹;由具有波浪状或皱状纹斑而形成的虎皮花纹,如槭木等;由于木材中的色素物质分布不均匀,在木材上形成许多颜色不同的带状花纹,如香樟等。

1.4.13 质量和硬度

木材的质量(quality)和硬度(hardness)属于木材物理力学性质范畴,但在宏观构造识别木材时常可以作为一个识别特征,如红桦和香桦的木材宏观特征相似,但香桦较重硬,而红桦较轻软。

木材质量因产地不同而有差异,但不要与株内木材质量的变异相混淆。重点是树种间的差异,而且是成熟的木材比较才能比较。

宏观构造识别时,硬度用手指甲或小刀在木材表面划刻痕,根据手的感觉和刻痕的深浅估计,精确的硬度测定在木材力学性质中用仪器测量。

复习思考题

1. 什么是木材?木材是怎样形成的?
2. 木材的主要宏观特征和其他辅助特征各有哪些?
3. 树皮在原木树种识别中有哪些特征?
4. 试举例说明材表特征类型。
5. 针叶材和阔叶材在宏观结构上有哪些主要区别?
6. 木材三切面上的形态特征有何异同?

第 2 章
木材显微构造

【本章难点与重点】 木材细胞壁层次结构，微纤丝的结构及其在细胞壁各层的排列，细胞壁上纹孔、内壁加厚、瘤状层等主要结构特征。针、阔叶材主要组成分子差异与植物系统进化间的关系。针、阔叶材主要解剖分子的微观构造特征间差异及与木材识别、鉴定间的关系。理解构造与树木生长、生理代谢和立木强度、木材性质间的关系。

木材是由细胞组成的，也就是说，细胞是构成木材的基本形态单位。木材细胞在生长发育过程中经历分生、扩大和胞壁加厚等阶段而达到成熟。成熟的木材细胞多数为空腔的厚壁细胞，仅有细胞壁与细胞腔，俨如桑蚕的蚕茧。因为木材树种的识别、木材利用和木材本身的物理力学性质及其各向异性都与其构造有密切的关系。所以，对于木材性质和识别利用研究来说，首先要了解木材细胞壁的超微构造、壁层结构以及细胞壁上的特征，进而了解针、阔叶材的微观构造特征及其差异。

2.1 木材细胞壁结构

2.1.1 木材细胞壁的层次结构

2.1.1.1 细胞壁物质组成

木材细胞壁主要是由纤维素、半纤维素和木质素三种成分构成。纤维素以分子链聚集成束和排列有序的微纤丝状态存在于细胞壁中，起着骨架物质作用，相当于钢筋水泥构件中的钢筋。半纤维素以无定型状态渗透在骨架物质之中，起着基体黏结作用，故称其为基体物质，相当于钢筋水泥构件中的绑捆钢筋的细铁丝。木质素是在细胞分化的最后阶段木质化过程中形成，它渗透在细胞壁的骨架物质和基体物质之中，可使细胞壁坚硬，所以称其为结壳物质或硬固物质，相当于钢筋水泥构件中的水泥。

2.1.1.2 木材细胞壁的层次结构

木材细胞壁各层的化学组成不同，光学显微镜下，它的结构可分为胞间层（ML）、初生壁（P）和次生壁（S）三层（图2-1）。

（1）胞间层（true middle lamella）：细胞分裂的末期，出现了细胞板，将新产生的两个细胞隔开，这是最早的细胞壁部分。此层很薄，它是两个相邻细胞中间的一层，为两个细胞所共有，实际上，通常将胞间层和相邻细胞的初生壁合在一起，称为复合胞

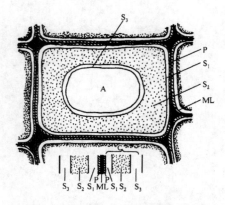

图 2-1　木材管胞细胞壁微细结构
A. 细胞腔　P. 初生壁　S. 次生壁
ML. 胞间层　S_1. 次生壁外层
S_2. 次生壁中层　S_3. 次生壁内层

间层。主要有木质素和果胶物质组成，纤维素含量很少，所以高度木质化，在偏光显微镜下显现各向同性。

(2) 初生壁 (primary cell wall)：是细胞增大期间所形成的壁层。初生壁在形成的初期，主要由纤维素组成，随着细胞增大速度的减慢，可以逐渐沉积其他物质，所以木质化后的细胞，初生壁木质素的浓度特别高。初生壁通常较薄，一般为细胞壁厚度的 1% 左右。当细胞生长时，其微纤丝沉积的方向非常有规则，通常呈松散的网状排列，这样就限制了细胞的侧面生长最后只有伸长，随着细胞伸长，微纤丝方向逐渐趋向与细胞长轴平行。

(3) 次生壁 (secondary cell wall)：是在细胞停止增大后形成的，这时细胞不再增大，壁层迅速加厚，使细胞壁固定而不再伸延，一直到细胞腔内的原生质停止活动，次生壁也就停止沉积，细胞腔变成中空。次生壁最厚，占细胞壁厚度的 95% 或以上。次生壁主要由纤维素或纤维素和半纤维素的混合物组成，后期常含有木质素和其他物质。虽然木质素总量比初生壁高，但因次生壁厚，木质素浓度比初生壁低，因此它的木质化程度不如初生壁高，在偏光显微镜下具有高度的各向异性。

2.1.1.3　微纤丝的构造

利用各种物理和化学的方法，特别是电子显微镜的应用，能够对木材细胞壁的超微结构有比较明确的了解。

(1) 基本纤丝、微纤丝和纤丝：在光学显微镜下，细胞壁仅能见到宽 0.4~1.0μm 的丝状结构，称为粗纤丝 (macrofibril)。如果将粗纤丝再细分下去，在电子显微镜下观察到的细胞壁线性结构，则称微纤丝 (microfibril)。木材细胞壁中微纤丝的宽度为 10~30nm，而长度不定。微纤丝之间存在着约 10nm 的空隙，木质素及半纤维素等物质聚集于此空隙中 (图 2-2)。

关于微纤丝直径的大小，至今没有一致的意见。但一般认为，断面约有 40 根纤维素分子链组成的最小丝状结构单元，称为基本纤丝 (elementary fibril)，它是微纤丝的最小丝状结构单元。

(2) 结晶区和非结晶区：基本纤丝纵长方向是由纤维素分子链高度定向排列的区段——结晶区 (crystalline area) 和排列不整齐的区段——非结晶区 (amorphous area) 组成 (图2-3)。结晶区和非结晶区交替间隔构成纤维素分子结构，而

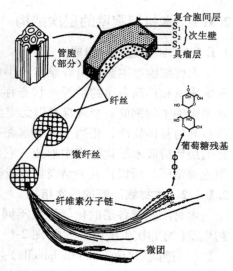

图 2-2　木材管胞壁微细结构

结晶区进入非结晶区或非结晶区进入结晶区均是逐渐过渡的，无明显的界限。

结晶区在 X 射线衍射图上反映高度的结晶，所以常简称晶区，又称微晶。其轴向长度约为 60nm，横切面的宽度约为 10nm，厚度为 3.0～5.0nm，基本纤丝之间具有约 1.0nm 的空隙，以排列不整齐的纤维素分子链和其他多糖相连接。

2.1.1.4 细胞壁各层的微纤丝排列方向

细胞壁上微纤丝排列的方向各层很不一样。一般初生壁上的微纤丝多呈不规则的交错网状，而在次生壁上则往往比较有规则。下面具体论述。

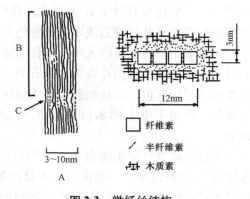

图 2-3 微纤丝结构

A. 微纤丝　B. 结晶区　C. 非结晶区

（1）初生壁的微纤丝排列：微纤丝的排列方向与细胞生长阶段有关。当细胞生长时，初生壁的微纤丝与细胞轴成直角方向堆积，随着细胞壁的伸展而改变其排列方向，初生壁的微纤丝排列逐渐发生变化，可看到微纤丝交织成疏松的网状。而到后来细胞逐渐成熟，表面生长接近最终阶段时形成的初生壁又趋向横向排列。初生壁中微纤丝排列总体上呈无定向的网状结构（图 2-4）。

（2）次生壁的微纤丝排列：次生壁是构成管胞壁或木纤维胞壁的主要部分，所以细胞壁构成的研究关键在次生壁。

次生壁微纤丝的排列不像初生壁那样无定向，而是相互整齐地排列成一定方向。各层微纤丝都形成螺旋取向，但是斜度不同（图 2-5）。在 S_1 层，

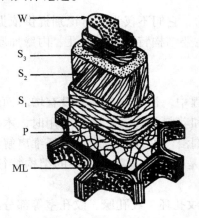

**图 2-4　在电子显微镜下管胞壁
分层结构模式**

P. 初生壁　ML. 胞间层　S_1. 次生壁外层
S_2. 次生壁中层　S_3. 次生壁内层　W. 瘤层

微纤丝有 4～6 薄层，一般为细胞壁厚度的 10%～22%，微纤丝呈"S"、"Z"形交叉缠绕的螺旋线状，并与细胞长轴成 50°～70°。S_2 层是次生壁中最厚的一层，在早材管胞的胞壁中，其微纤丝薄层数为 30～40 层，而晚材管胞可达 150 薄层或以上，一般为细胞壁厚度的 70%～90%；S_2 层微纤丝排列与细胞长轴成 10°～30°，甚至几乎平行。在 S_3 层，微纤丝有 0～6 薄层，一般为细胞壁厚度的 2%～8%，微纤丝的排列近似 S_1 层，与细胞长轴成 60°～90°，呈比较规则的环状排列。

光学显微镜虽不能直接观察到微纤丝，木材细胞壁切片后经脱木质素处理情况下，用光学显微镜可以观察到微纤丝的条纹，即显示微纤丝的排列方向，有时还可以区别出 S_1 和 S_2 层。亦可将细胞壁脱木质素后，再用碘

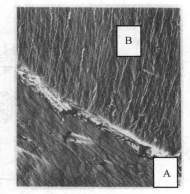

**图 2-5　管胞次生壁
各层纤丝排列**

A. S_1 层　B. S_2 层

处理，其间隙往往有碘的针状结晶，碘结晶的长度方向即为显示微纤丝的排列方向。常用此法测定针叶材管胞或木纤维细胞壁 S_1、S_2、S_3 层的微纤丝倾角。

木材细胞壁纤丝角的大小，不仅与微纤丝所在的细胞层次以及细胞壁的厚薄有关，而且与细胞长度、株内存在部位等有关。细胞长度大，则木材细胞壁 S_2 层的纤丝角小。同株树的不同部位，木材细胞壁 S_2 层的纤丝角亦有差异，树干基部木材细胞壁 S_2 层的纤丝角要比树干中上部木材细胞壁 S_2 层的纤丝角大，梢部细胞壁 S_2 层的微纤丝角最大。

木材细胞壁纤丝角的大小，对木材的物理力学性质有很大的影响，尤其是木材细胞壁 S_2 层的纤丝角。一般说来，木材的顺压强度、抗弯强度、硬度都与木材细胞壁的纤丝角呈反比关系，纤丝角越小，木材的强度就越大。而木材的纵向干缩性则与木材细胞壁的纤丝角大小呈正比关系。

2.1.2 木材细胞壁上的结构特征

细胞壁上的许多特征是为植物生长需要而形成的，它们不仅为木材识别提供依据，而且也直接影响木材的加工利用。木材细胞壁上的主要结构特征有：纹孔、内壁加厚、瘤状层、眉条和径列条等。

2.1.2.1 纹孔

纹孔（pit）通常指木材细胞壁增厚产生次生壁过程中，初生壁上局部没有增厚而留下的孔陷。生活中的立木，纹孔是相邻细胞间水分和养料的通道；木材利用时，木材干燥中水分的排出和木材防腐、阻燃改性过程中溶剂浸注处理及造纸木材纤维离解前药物的渗透等加工工艺都与纹孔的渗透性有关。它是木材细胞壁上重要的结构特征，在木材识别上也很有意义。

（1）纹孔的组成：纹孔主要由纹孔膜、纹孔腔、纹孔环、纹孔缘、纹孔室等部分组成（图2-6）。

纹孔膜是分隔相邻细胞壁上纹孔的隔膜，实际上是两相邻细胞的初生壁与细胞间的胞间层组成的复合胞层。纹孔环是指纹孔膜周围的加厚部分。纹孔缘位于纹孔膜上方，次生壁呈拱状突起的部分。纹孔腔是由纹孔膜到细胞腔的全部空隙。纹孔室为纹孔

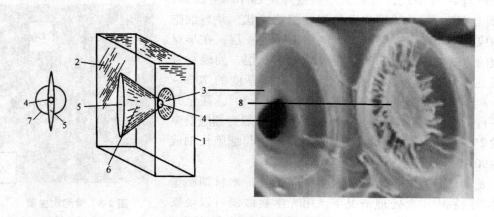

图2-6　纹孔的各组成部分

1. 胞间层　2. 次生壁　3. 纹孔室　4. 纹孔外口　5. 纹孔内口　6. 纹孔道　7. 纹孔环　8. 纹孔膜

膜与纹孔缘之间的空隙部分。纹孔道是指细胞腔通向纹孔室的通道。纹孔口是纹孔的开口，由纹孔道通向细胞腔的开口为纹孔内口；由纹孔道通向纹孔室的开口为纹孔外口。当纹孔内口直径不超过纹孔环时，称内含纹孔口；超过纹孔环时，称外展纹孔口。

(2) 纹孔的类型：根据纹孔的结构，可以把纹孔分为两大类，即单纹孔和具缘纹孔。

① 单纹孔(single pit)：当细胞次生壁加厚时，所形成的纹孔腔在朝着细胞腔的一面保持一定宽度。单纹孔多存在于轴向薄壁细胞、射线薄壁细胞等薄壁细胞壁上。单纹孔的纹孔膜一般没有加厚，只有一个纹孔口，多呈圆形。但在极厚的细胞壁上，纹孔腔有时是由许多细长的孔道呈分歧状连接起来通向细胞腔，此种纹孔称为分歧纹孔，多见于树皮石细胞(图2-7)。

② 具缘纹孔(bordered pit)：系指次生壁在纹孔膜上方形成拱形纹孔缘的纹孔。即次生壁加厚时，其纹孔腔为拱形。具缘纹孔主要存在于各种厚壁细胞的胞壁上。例如：针叶材的轴向管胞、索状管胞及射线管胞等；阔叶材的导管、导管状管胞、环管管胞及纤维等细胞壁上。

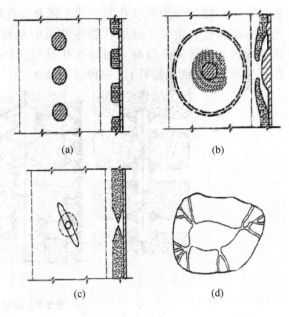

图 2-7 纹 孔
(a) 单纹孔 (b) 针叶材具缘纹孔
(c) 阔叶材具缘纹孔 (d) 分歧纹孔

具缘纹孔的构造比单纹孔的构造远为复杂。在不同细胞的胞壁上，具缘纹孔的形状和结构有所不同，通常可分为以下3种。

a. 针、阔叶材具缘纹孔：在针叶材轴向管胞壁上具缘孔的纹孔膜中间形成初生加厚，此加厚部分称为纹孔塞，所以针叶材具缘纹孔又称有塞具缘纹孔[图2-7(b)]。纹孔塞的直径通常大于纹孔口，呈圆形或椭圆形的轮廓。而阔叶树材厚壁细胞壁上具缘孔的纹孔膜中间无初生加厚，所以阔叶树材的具缘纹孔又称无塞具缘纹孔[图2-7(c)]。

b. 澳柏型纹孔(callitrisoid pit)：是一种特殊的具缘纹孔，它具有双重纹孔室；在弦切面上观察有通向管胞腔的开口和通向纹孔室的开口，但后者较大，开口呈椭圆形，与管胞长轴略倾斜。在径切面上，纹孔边缘呈圆

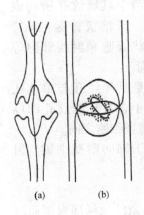 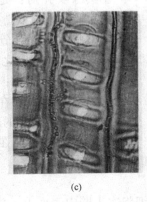

(a) (b) (c)

图 2-8 澳柏型具缘纹孔
(a) 侧面图 (b) 正面图 (c) 管胞径切面显微结构图

形，在纹孔口上下有两条括弧状的横闩(图 2-8)。常出现在针叶树材的澳洲柏(*Callitris glauca*)、金钱松(*Pseudolarix amabilis*)、榧树(*Torreya grandis*)和穗花杉(*Amentotaxus argotaenia*)的管胞壁上。

c. 附物纹孔(vestured pitting)：阔叶材的某些科树种中，存在一种附物纹孔。附物纹孔系阔叶材的一种具缘纹孔，在纹孔缘及纹孔膜上存在一些突起物，称为附物。附物分布由细胞腔一直到纹孔腔，甚至延及纹孔膜(图 2-9)。附物纹孔一般常见于导管壁上的具缘纹孔，也见于纤维状管胞壁上的具缘纹孔。它可见于某属的树种，或该属的某一树种，或者完全没有。附物纹孔是鉴别阔叶树材的特征之一，附物纹孔以茜草科和豆目各科(紫荆属除外)的树种最为显著。

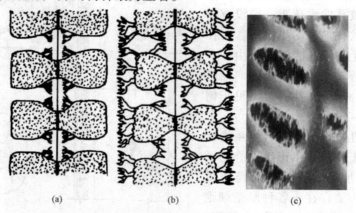

图 2-9 附物纹孔
(a)珊瑚状 (b)分支和网状 (c)导管弦切面附物纹孔

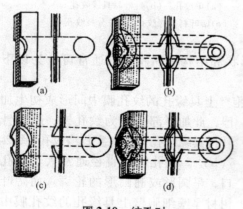

图 2-10 纹孔对
(a)单纹孔对 (b)具缘纹孔对
(c)半具缘纹孔对 (d)闭塞纹孔

(3)纹孔对：纹孔多数成对，即细胞上的一个纹孔与其相邻细胞的另一个纹孔构成对，即纹孔对。纹孔有时通向细胞间隙，而不与相邻细胞上的纹孔构成对，这种纹孔称为盲纹孔。典型的纹孔对有 3 种(图 2-10)。

① 具缘纹孔对：是两个具缘纹孔所构成的纹孔对。存在于管胞、纤维状管胞、导管分子、索状管胞、导管状管胞和射线管胞等含有具缘纹孔的细胞之间。

② 半具缘纹孔对：是具缘纹孔与单纹孔相构成的纹孔对。存在于含有具缘纹孔的厚壁细胞和含有单纹孔的薄壁细胞之间。

③ 单纹孔对：存在于轴向薄壁细胞、射线薄壁细胞和韧性纤维等含有单纹孔的细胞之间。

2.1.2.2 内壁加厚

(1)螺纹加厚(spiral thickening)：在细胞次生壁内表面上，由微纤丝局部聚集而形成的屋脊状突起，呈螺旋状环绕着细胞内壁的加厚组织，称为螺纹加厚。螺纹加厚围绕着细胞内壁呈一至数条 S 状螺纹(图 2-11)。

(2) 澳柏型加厚(callitrisoid thickening)：在针叶材澳洲柏、金钱松、榧树和穗花杉管胞壁的径切面上，仅在纹孔口上下边缘各有一条括弧状的加厚条纹，称为澳柏型加厚(图2-8)。

(3) 锯齿状加厚(dentate thickening)：射线管胞内壁的次生加厚为锯齿状突起的，称为锯齿状加厚(图2-12)。锯齿状加厚只存在于针叶材松科木材中。锯齿状加厚的程度可分为4级：①内壁平滑至微锯齿[图2-12(a)]；②内壁为锯齿状，齿高达2.5μm[图2-12(b)]；③齿高超过2.5μm或至细胞腔中部[图2-12(c)]；④网状式腔室[图2-12(d)、(e)]。

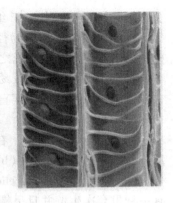

图2-11　胞壁螺纹加厚

通常观测射线管胞内壁的锯齿状加厚高度，多以晚材与早材管胞之间的射线最外缘的射线管胞内壁的锯齿状加厚高度为准。锯齿状加厚通常在晚材中最发达。

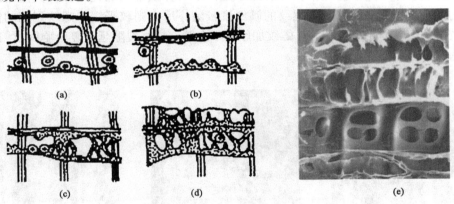

图2-12　松属木射线管胞内壁锯齿的深度
(a)平滑内壁　(b)齿高2.5μm　(c)齿高超2.5μm　(d)网状加厚　(e)齿状加厚(湿地松)

2.1.2.3　胞壁的其他特征

(1) 瘤层(warty layer)：指细胞壁内表面微细的隆起物，通常存在于细胞腔和纹孔腔内壁。瘤层中的隆起物常为圆锥形，亦有其他形状，其变化多样。瘤层的化学组成与次生壁和初生壁不同，这可能是由解体的原生质的残余物形成而覆盖在次生壁 S_3 层内表面上的、有规则突起的一种非纤维素膜(图2-13)。瘤层已被认为是一种常见的结构。瘤层存在于针叶材管胞内壁，认为是识别针叶材的特征之一。在轴向薄壁细胞和射线薄壁细胞内壁还未发现有瘤层存在。

(2) 径列条(radial section)：是细胞的弦向壁的一侧横过细胞腔而至另一侧弦向壁的棒状结构。一般在同一高度贯穿数个细胞，形成一直线，与细胞壁接触部分稍膨大一些[图2-14(a)]，有时在径切面上重叠有数条。Pashin等认为径列条起源于形成层，即在形成层处由细胞壁物质形成纤细的细线穿过纺锤形原始细胞，在细

图2-13　瘤层(长苞冷杉)

分裂后,次生壁附着于细线之上,如同细胞壁加厚一样在其上加厚。然而,McElhanney 及其同事认为径列条出于形成层上的菌丝最初所形成的纤细的细线,细胞壁物质沉淀于菌丝的细丝之上。

径列条在径切面上较易观察到,其次是在横切面上。径列条通常较规则地成水平方向横串一系列细胞,其直径有时也有变异。径列条常见于针叶材的管胞,尤以南洋杉属(*Araucaria*)常见。

(3)眉条(crassulae):在针叶树材管胞径面壁上的具缘纹孔上下边缘有弧形加厚的部分,称为眉条[图 2-14(b)]。眉条的功能是加固初生纹孔场的刚性。

(4)螺纹裂隙(spiral check):是应压木中一种不正常的构造特征,其管胞内壁上具有一种贯穿次生壁并且呈螺旋状的裂隙,称为螺纹裂隙。螺纹裂隙常见于弯曲的针叶树干中,造林时要使树干直立和营林调节合理的林分密度,不同方向的树冠分布均匀,可减少管胞内壁螺纹裂隙的产生。螺纹裂隙与螺纹加厚的区别在于螺纹加厚多见于正常材,螺纹裂隙多见于应压木。螺纹加厚是树木一种正常的构造特征,其倾角通常与细胞的大小有关,壁厚腔窄则螺纹的倾斜度较陡,反之则较平缓;螺纹裂隙的倾斜度一般较大,裂纹的距离也不等。螺纹加厚限于内壁,螺纹裂隙延至复合胞间层[图 2-14(c)]。

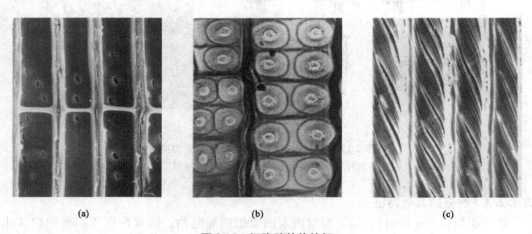

图 2-14　细胞壁其他特征
(a)径列条(水杉)　(b)眉条(马尾松)　(c)螺纹裂隙(湿地松)

2.2　针叶材的显微构造

光学显微镜下所观察到的木材结构特征称为显微结构。木材显微构造特征是木材分类与鉴定的主要依据。同一树种木材显微构造下的数量特征变化与栽培环境有很大的关系,因此研究木材微观构造下的数量特征变化对指导营林措施和木材加工利用也具有重要意义。

针叶树材组成分子主要为轴向管胞和木射线。松科六属木材有正常树脂道,杉科和柏科等少数树种木材有少量轴向薄壁组织。其微观构造简单,横切面上管胞分子排列规则整齐。

2.2.1 针叶材显微构造的特点

(1) 组成简单：主要由管胞组成，管胞占木材总体积 89%~98%，木射线 1.5%~7%，轴向薄壁细胞 0~4.8%，泌脂细胞 0~1.5% (图 2-15)。

(2) 排列整齐：主要细胞在木材横切面上呈整齐的径向排列。

(3) 木射线不发达：木射线多为单列，部分树种具射线管胞。

(4) 轴向薄壁组织量少：仅见于部分树种中。

(5) 材质均匀：由于分子组成简单，排列整齐，所以材质比较均匀。

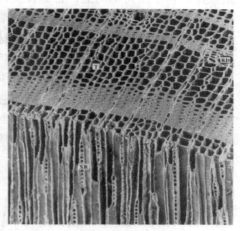

图 2-15 针叶材立体显微结构

2.2.2 轴向管胞

轴向管胞(tracheid)是指针叶树材中轴向排列的厚壁细胞，工业上通称木纤维。它包括狭义轴向管胞、树脂管胞(resinous tracheid)和索状管胞(strand tracheid)三类，后两者为极少数针叶材中具有，狭义轴向管胞为针叶材都具有，为针叶材最主要的组成分子，占木材总体积90%以上。在针叶树生长过程中，轴向管胞同时起输导水分和机械支撑的作用，针叶树材材性与利用主要取决于轴向管胞直径大小、壁厚和 S_2 层纤丝角度大小等因素的综合影响。

2.2.2.1 轴向管胞的形态及变异

(1) 轴向管胞的形态、特征：管胞在横切面上沿径向排列，相邻两列管胞的位置前后交错，早材呈多角形，常为六角形，晚材呈四边形(图2-15)。早材管胞，两端成钝阔形，细胞腔大壁薄；横断面呈四边形或多边形；晚材管胞，两端呈尖削形，细胞腔小壁厚，横断面呈扁平状(图2-16)。管胞平均长度 3~5mm，宽度 15~80μm，长宽比为 75:1~200:1，晚材管胞比早材管胞长。细胞壁的厚度，由早材至晚材逐渐增大，在生长期终结之前产生的几排细胞壁最厚、腔最小，故针叶树材的年轮界线均明显。早材至晚材管胞壁厚度变化有的是渐变，如杉木(*Cunninghamia lanceolata*)；有的是急变，如落叶松(*Larix gmelinii*)。弦向直径，早晚材几乎相等，所以测量管胞的直径以弦向直径为准。轴向管胞的弦向直径决定着木材结构的粗细，弦向直径小于 30μm 的木材为细结构；30~45μm 的为中等结构；45μm 以上的为粗结构。

(2) 轴向管胞的变异：管胞长度变幅很大，因树种、树龄、生长环境和树木的部位而异。我国针叶材最长的管胞达 11mm (南洋杉)，最短的 1mm。一般来说，早材平均长 3.247mm，晚

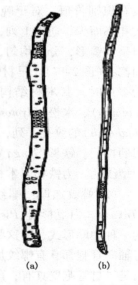

图 2-16 针叶树材管胞
(a) 早材 (b) 晚材

材平均长 3.654mm，较早材长 12.53%。长宽比为 75:1~200:1。管胞长度变异也有一定规律，树干由树基向上，管胞长度逐渐增大，至一定树高便达到最大值，然后又减小。由于针叶树材成熟期有早有晚，管胞达到最大长度的树龄也不同。树木的成熟期关系到树木的采伐期和材质。针叶树材管胞一般在达到最大长度后则保持稳定。

(3) 轴向管胞与材性的关系：轴向管胞的长度与弦向直径之比称为长径比。细胞壁厚度与细胞腔直径之比称为壁腔比。对于造纸或纤维板用材，管胞长径比越大，壁腔比越小，则生产出的纸张柔韧，撕裂强度高，纸张、纤维板质量好。根据 Runkel 等人的研究，壁腔比小于 1 的为很好的造纸原料，壁腔比大于 1 的为劣等的造纸原料。管胞壁的厚薄对于材性影响很大，通常晚材管胞腔小壁厚，因而密度大，强度高，所以晚材率对木材的物理力学性质影响很大。由于纵向排列的管胞占木材体积的 90% 以上，这就构成针叶树材纹理通直，顺纹强度远大于横纹强度的原因。

2.2.2.2 管胞壁上的特征

(1) 纹孔：管胞壁上的纹孔是相邻两细胞水分和营养物质进行交换的主要通道。轴向管胞之间的纹孔对以及轴向管胞与射线薄壁细胞之间的纹孔对在木材鉴别上有重大意义。对于早材管胞，在径切面上，纹孔大而多，一般分布在管胞两端，通常 1~2 列，在弦切面上纹孔小而少，没有识别价值。对于晚材管胞，纹孔小而少，通常 1 列，纹孔内口呈透镜形，分布均匀，径弦切

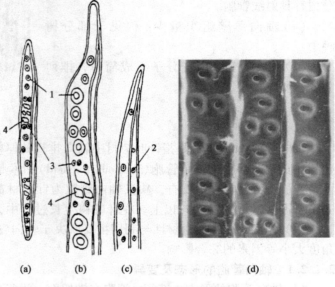

图 2-17 针叶树材管胞胞壁纹孔
(a) 早材管胞 (b) 早材管胞的一部分 (c) 晚材管胞的一部分 (d) 径面壁上的纹孔 (欧洲赤松)
1. 径面壁上的纹孔 2. 弦面壁上的纹孔
3. 通过射线管胞的纹孔 4. 窗格状纹孔

面都有（图 2-17）。早材管胞径面壁具缘纹孔有识别价值。一般早材径面壁上具缘纹孔为多列时，其木材结构较粗糙，如落羽杉（*Taxodium distichum*）、金钱松（*Pseudolarix amabicis*）、水松（*Glyptostrobus pensilis*）等。落羽杉的纹孔为对列，南洋杉（*Araucaria cunninghamii*）的纹孔互列，雪松属（*Cedrus*）的纹孔托曲折呈蛤壳状，称为雪松形，是雪松属的特征。铁杉（*Tsuga chinensis*）的纹孔边缘上具有折皱和极细至颇粗的放射条称为铁杉型纹孔，为铁杉属木材的特征。

(2) 螺纹加厚：螺纹加厚为黄杉属（*Pseudotsuga*）、银杉属（*Cathaya*）、红豆杉属（*Taxus*）、白豆杉属（*Pseudotaxus*）、三尖杉属（*Cephalotaxus*）等针叶树材管胞次生壁内壁的一种加厚形式，为这些木材轴向管胞的稳定特征。但是在这些针叶树材中，并非所有轴向管胞都具有螺纹加厚。例如：红豆杉属、三尖杉属仅在晚材管胞壁具有；黄杉属是早材管胞壁具有；落叶松、云杉属（*Picea*）是晚材管胞壁具有。螺纹的倾斜度随树种和细胞壁的厚度而变异，一般胞腔狭窄而壁厚则螺纹的倾斜度大，反之，螺纹比较平缓。因此在一个年轮中，晚材管胞的螺纹加厚比早材管胞的倾斜度大。

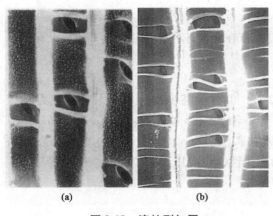

图 2-18 澳柏型加厚
(a) 澳洲柏 (b) 穗花杉

(3) 澳柏型加厚：在针叶树材澳洲柏、辐球果柏、金钱松、榧树属和穗花杉管胞壁的径切面上，仅在纹孔口上下边缘各有一条括弧状的加厚条纹，称为澳柏型加厚(图 2-18)。

(4) 螺纹裂隙：在应压木中，有些管胞壁上具有一种贯穿胞壁的螺旋状裂隙，称为螺纹裂隙。螺纹裂隙非正常材的构造特征，而是应压木的内部解剖特征。螺纹裂隙可作为中幼龄林抚育间伐的依据，对森林抚育采伐有重要的指导作用。

2.2.2.3 树脂管胞

在木射线与薄壁组织相邻的管胞中，由边材转变为心材时，细胞腔内常有树脂沉积在胞腔中，这种管胞称为树脂管胞。树脂管胞内的树脂多为层状，紧靠细胞外层较厚，中间较薄或中空，纵切面看为"H"形，树脂管胞为南洋杉科管胞的特征。

2.2.2.4 索状管胞

索状管胞是指轴向成串的管胞中某个管胞，每串细胞均起源于一个形成层的原始细胞，是介于轴向管胞和轴向胞壁细胞之间的细胞。其特征是形体短，长矩形，纵向串连，细胞径壁及两端都有具缘纹孔，腔内不含树脂。常见于树脂道的附近或生长轮的外围，与轴向薄壁细胞混生者，见于云杉属、黄杉属、落叶松属及松属的树脂道内。

2.2.3 轴向薄壁组织

轴向薄壁组织是由许多轴向薄壁细胞聚集而成。针叶树材的轴向薄壁组织是由砖形或等径形，比较短的和具有单纹孔的细胞所组成。针叶树材中的轴向薄壁组织含量甚少或无，占木材总体积不足 1.5%，仅在罗汉松科(Podocarpaceae)、杉科(Taxodiaceae)、柏科(Cupressaceae)中含量较多，为该类木材的重要特征。

2.2.3.1 轴向薄壁细胞的形态特征

胞壁较薄，细胞短，两端水平，壁上纹孔为单纹孔，细胞腔中含有深色树脂，横切面为方形或长方形，在纵切面为许多长方形的细胞连成一串，其两端细胞比较尖削。

2.2.3.2 轴向薄壁组织的类型

根据轴向薄壁组织细胞在针叶树材中分布状态，可分为 3 种类型。

(1) 星散状(solitary)：指轴向薄壁组织呈不规则状态散布在年轮中。如杉木[图 2-19(a)]。

(2) 切线状(metatracheal)：指轴向薄壁组织呈断续切线状。如柏木，

图 2-19 薄壁组织的类型
(a) 星散状 (b) 切线状

红松[图 2-19(b)]。

（3）轮界状（terminal）：指轴向薄壁组织分布在年轮末缘。如银杉（*Cathaya argyrophylla*），铁杉，黄杉（*Pseudotsuga sinensis*）。

2.2.3.3 与材性和利用的关系

针叶树材轴向薄壁组织的细胞腔大而壁薄，但含量甚少，所以对木材物理力学性质影响不大。但在细胞腔内常含有树脂和芳香油，如杉木、柏木（*Cupressus duclouxiana*）和圆柏（*Sabina chinensis*），可供抽提杉木油和柏木油。由于这类细胞含有挥发性油类，故具有特殊的香味而且木材具有良好的耐久性，也应用于化工原料、医药等领域。

2.2.4 木射线

木射线（wood ray）存在于所有针叶树材中，为组成针叶树材的主要分子之一，但含量较阔叶材少，约占木材总体积的 7%。在显微镜下观察，针叶树材的木射线细胞全部为横向排列，呈辐射状。大部分木射线由射线薄壁细胞构成，在边材部分的活的薄壁细胞起贮藏营养物质，径向输送水分和营养物质的作用。在心材部位，薄壁细胞已经死亡。有的树种的射线也具有厚壁细胞，称为射线管胞，如松科的松属、云杉属、落叶松属、雪松属、铁杉属、黄杉属等树种的木射线均有射线管胞。

2.2.4.1 木射线的种类

根据针叶树材木射线在弦切面上的形态，可分为两种，即单列木射线和纺锤形木射线。

（1）单列木射线（uniseriate ray）：仅由 1 列或偶尔有 2 列射线细胞组成的射线。如冷杉属（*Abies*）、杉木属、柏木属、红豆杉属（*Taxus*）等。不含径向树脂道的针叶树材木射线几乎都是单列木射线[图 2-20(a)]。

（2）纺锤形木射线（fusiform ray）：多列射线或在木射线的中央，由于径向树脂道的存在而使木射线呈纺锤形，故称纺锤形木射线[图 2-20(b)]。常见于具有径向树脂道的树种，如松属、云杉属、落叶松属、银杉属和黄杉属。然而，在裸子植物的苏铁科（Cycadaceae）、麻黄科（Ephedraceae）、买麻藤科（Gnetaceae）的树种中，它们的纺锤形木射线则是由多列射线构成的[图 2-20(c)]。

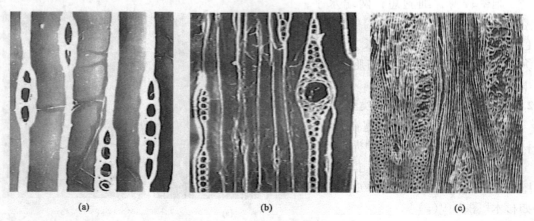

图 2-20 木射线种类

(a)单列木射线（杉木） (b)具径向树脂道的纺锤形射线（云杉） (c)多列射线的纺锤形射线（草麻黄）

2.2.4.2 木射线的组成

针叶树材的木射线，主要为射线薄壁细胞(ray parenchyma)组成。但在松科某些属如松属、云杉属、落叶松属、雪松属、黄杉属和铁杉属等的木材又常具有厚壁射线细胞，此称为射线管胞(ray tracheid)，为木材组织中唯一呈横向生长的厚壁细胞。

(1)射线管胞：射线管胞是木射线中与木纹成垂直方向排列的横向管胞。射线管胞是松科木材的重要特征。但冷杉属(*Abies*)、油杉属(*Keteleeria*)、金钱松属(*Pseudolarix*)则无射线管胞，而柏科的花柏属间或有射线管胞。射线管胞多数为不规则形状，长度仅为轴向管胞的1/13，细胞内不含树脂，其胞壁上的纹孔为具缘纹孔，但小而少。射线管胞通常在射线薄壁组织上下边缘或中部呈1列至数列[图2-21(a)]。硬松类的低木射线完全由射线管胞组成。

射线管胞的内壁形态在木材鉴定和分类上有重要的作用，尤其是对松属木材鉴定。松属有些树种射线管胞的内壁平滑，如红松(*Pinus koraiensis*)、华山松(*Pinus armandii*)、白皮松(*Pinus bungeana*)等树种，称为软木松类[图2-21(b)]。有些树种射线管胞的内壁有锯齿状加厚，如马尾松(*Pinus massoniana*)、油松(*Pinus tabulaeformis*)、黑松(*Pinus thunbergii*)、赤松(*Pinus densiflora*)、樟子松(*Pinus sylvestris* var. *mongolica*)等树种，称为硬木松类[图2-21(c)]。有的树种射线管胞内壁有时有螺纹加厚，如云杉属、黄杉属、落叶松属等。

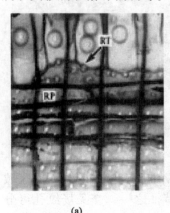
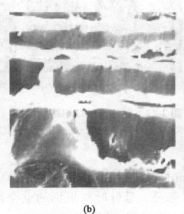
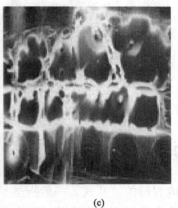

(a)   (b)   (c)

图 2-21 射线管胞类型
(a)射线管胞位于射线上缘 (b)射线管胞内壁平滑至微锯齿 (c)射线管胞内壁

一般认为比较进化的针叶树材不存在射线管胞。射线管胞从形成层分生出来之后迅速失去内含物而死亡。射线管胞有无齿状加厚及齿的大小等，是识别松科树种的主要特征之一。松科除冷杉属、油杉属、金钱松属树种外，均具有射线管胞。冷杉、杉木、扁柏(*Chamaecyparis* spp.)等木材受外伤，也形成受伤射线管胞。而银杏和红豆杉科木材则完全没有射线管胞。

(2)射线薄壁细胞：射线薄壁细胞是组成针叶树材木射线的主体，是横向生长的细胞组织。

①形态：射线薄壁细胞形体较大，矩形、砖形或不规则形状，壁薄，胞腔内常含有树脂。

②纹孔：射线薄壁细胞的胞壁纹孔为单纹孔，但射线薄壁细胞与射线管胞相连接

的纹孔为半具缘纹孔对。

③水平壁：在径切面上观察。射线薄壁细胞水平壁的厚度及有无纹孔为识别木材的依据之一。水平壁薄是南洋杉科、罗汉松科、柏科少数属、松科松属及金钱松属木材的特征。水平壁厚是榧树属(*Torreya*)、三尖杉属、松科的云杉属、冷杉属、落叶松属、黄杉属等的特征。云杉(*Picea asperata*)、落叶松、黄杉、铁杉、雪松(*Cedrus deodara*)、油杉(*Keteleeria fortunei*)及金钱松等因射线薄壁细胞具有真正次生壁，故水平壁上有显著的纹孔[图2-22(a)]。而杉科、南洋杉科及松科的松属、金松属射线薄壁细胞无真正的加厚，故没有显著纹孔[图2-22(b)]。

④垂直壁：银杏(*Ginkgo biloba*)、粗榧(*Cephalotaxus sinensis*)、红豆杉、侧柏冷杉、铁杉各属为肥厚。松科的软松类，以及刺柏属、柏属的部分树种，其射线薄壁细胞垂直壁具有节状加厚[图2-22(c)]。

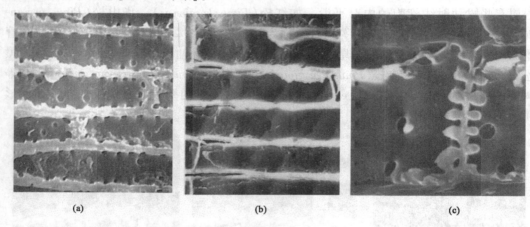

图2-22 射线薄壁细胞胞壁特征
(a)水平壁单纹孔 (b)水平壁无纹孔 (c)垂直壁节状加厚

2.2.4.3 交叉场纹孔

交叉场纹孔(cross – field pit)是指在径切面上，射线薄壁细胞和轴向管胞相交区域内观察的纹孔式，一般指早材部分，是针叶材识别的重要特征之一。交叉场纹孔可分为5种类型：窗格状、松木型、云杉型、杉木型和柏木型。

①窗格状：具有宽的纹孔口，系单纹孔或近似单纹孔，形大呈窗格状或平行四边形。通常1~2个纹孔横列，是松属木材的特征之一，以樟子松、华山松最为典型[图2-23(a)]。

②云杉型：纹孔具有狭长的纹孔口略向外展开或内含，形状较小，是云杉属、落叶松属、黄杉属、三尖杉属等木材的典型特征。在南洋杉科、罗汉松科、杉科的杉属及松科的雪松属木材中，云杉型纹孔与其他纹孔同时出现[图2-23(b)]。

③柏木型：柏木型纹孔口为内含，纹孔口较云杉型稍宽，其长轴从垂直至水平，纹孔数目一般为1~4个。柏木型纹孔为柏科的特征，但在雪松属、铁杉属及油杉属的木材中也可发现[图2-23(c)]。

④杉木型：为椭圆形至圆形的内含纹孔，其纹孔口略宽于纹孔口与纹孔缘之间任何一边的侧向距离。与柏木型纹孔的区别是纹孔的长轴与纹孔缘一致。杉木型纹孔不仅存在杉科，也见于冷杉属、落叶松属等木材内[图2-23(d)]。

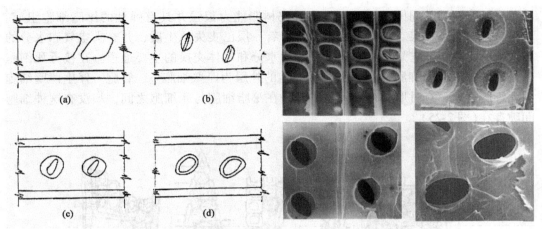

图 2-23 交叉场纹孔显微结构（素描图与显微结构图对应）
(a)窗格状　(b)云杉型　(c)柏木型　(d)杉木型

⑤松木型：较窗格状纹孔小，为单纹孔或具狭窄的纹孔缘，纹孔数目一般为 1~6 个。常见于松属，如白皮松、长叶松(*Pinus palustris*)、湿地松(*Pinus elliottii*)（图 2-24）。

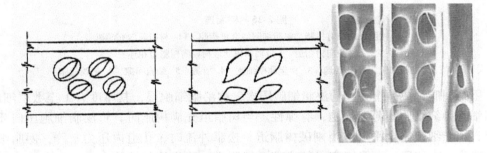

图 2-24 松木型交叉场纹孔（素描图与显微结构图对应）

2.2.5 树脂道

树脂道是针叶树材中具有分泌树脂功能的一种组织，为针叶树材重要的构造之一。占木材体积的 0.1%~0.7%。根据树脂道的发生和发展可分为正常树脂道和创伤树脂道，但并非所有针叶树材都有正常树脂道，仅在松科的松属、云杉属、落叶松属、黄杉属、银杉属和油杉属木材中具有正常树脂道。

2.2.5.1 正常树脂道

（1）树脂道的形成：树脂道是生活的薄壁组织的幼小细胞相互分离而成。轴向和径向射线泌脂细胞分别由形成层纺锤状原始细胞和射线原始细胞分裂的细胞产生。这两种情况都有子细胞的簇集，未能以正常方式成熟为轴向管胞或射线管胞，邻接腔道的每个子细胞进行有丝分裂产生许多较小的细胞，排列成行，平行于形成树脂道的轴。随后在靠近细胞簇中心细胞间的细胞间层分离，在其中心形成一个胞间腔道，称为树脂道(resin canal)。

（2）树脂道的组成：树脂道由泌脂细胞、死细胞、伴生薄壁细胞和管胞组成。

在细胞间隙的周围,有一层具有分泌树脂能力很强并具有弹性的泌脂细胞组成。它是分泌树脂的源泉。在泌脂细胞外,另有一层已丧失原生质,并充满空气和水分的木质化死细胞层。它是泌脂细胞所需要的水分和气体交换的主要通道。在接近死细胞外是活的伴生薄壁细胞,在伴生薄壁细胞的外层为厚壁细胞——管胞。伴生薄壁细胞与死细胞之间,有时形成细胞间隙。但是在泌脂细胞与死细胞之间,却没有这种细胞间隙存在(图2-25)。

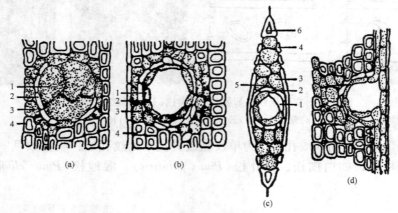

图 2-25　树脂道
(a)树脂道内没有树脂,泌脂细胞堵塞树脂腔　(b)树脂腔内充满树脂
(c)径向树脂道　(d)轴向树脂道与径向树脂道相连
1. 泌脂细胞　2. 死细胞　3. 伴生薄壁细胞　4. 管胞　5. 细胞间隙　6. 射线管胞

围绕树脂道成一个完整的泌脂细胞层次,称泌脂细胞层,其厚度有1至数层细胞。泌脂细胞为纤维质的薄壁细胞,有弹性。当树脂道充满树脂时,将泌脂细胞压向死细胞层,泌脂细胞完全平展。当割破树脂道,松脂外流时,孔道内压力下降,泌脂细胞就向树脂道内伸展,可能堵塞局部或整个树脂道,称为拟侵填体。它有碍于松脂的外流及木材防腐剂的渗透。但具拟侵填体的木材天然耐久性则较强。

松属的泌脂细胞胞壁极其薄,没有纹孔,未木质化,因而分泌能力较强,称为松属型或薄壁型泌脂细胞[图2-26(a)]。这是只有松属树种才能作为采脂树种的主要原因。松科其他属(云杉、落叶松、黄杉、银杉、油杉)树脂道的泌脂细胞胞壁很厚,有纹孔,并已木质化[图2-26(b)]。所以,这些属树种不能像松属树种那样正常采脂。

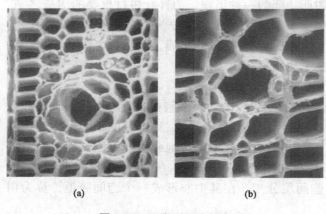

图 2-26　泌脂型细胞的类型
(a)松属型泌脂型细胞(乔松)　(b)管胞型泌脂细胞(红杉)

2.2.5.2　受伤树脂道

在针叶树材中,任何破坏树木正常生活作用的现象,都能产生受伤树脂道(traumatic resin canal)。针叶树材的受伤树脂道可分为纵向和径向两种。但除雪松

外很少有两种同时存在于一块木材中。纵向受伤树脂道，在横切面上呈弦列分布于早材部分，通常在年轮开始处比较常见[图2-27(a)]。而正常纵向树脂道通常单独存在，并多分布于晚材部分。径向受伤树脂道与正常径向树脂道一样只限于木射线内[图2-27(b)]。但形体较大，径向受伤树脂道可能与正常树脂道一同出现于木射线中或出现于无正常树脂道的树种中。

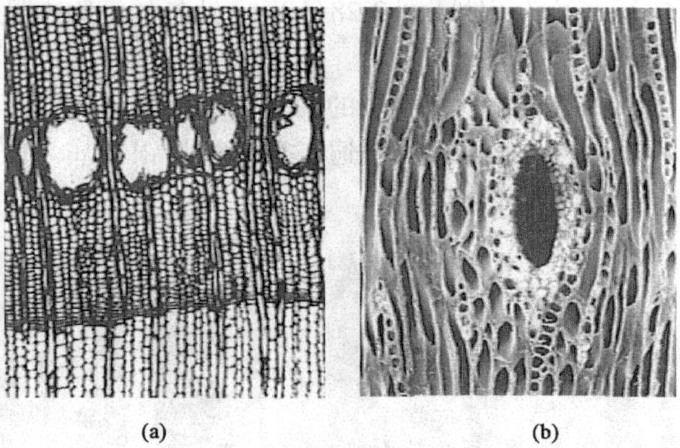

图 2-27　受伤树脂道
(a)轴向受伤树脂道　(b)径向受伤树脂道

2.2.6　内含物

2.2.6.1　结晶体

结晶体(crystal)是树木生活过程中新陈代谢的副产物，它的化学成分主要为草酸钙(CaC_2O_4)，常见的晶体为单晶体或簇晶体。主要存在于轴向薄壁细胞及射线薄壁细胞中，还有存在于轴向管胞内的。例如，在我国针叶树材中，银杏的轴向薄壁细胞和射线薄壁细胞内均含有巨型的晶体——簇晶，为银杏木材中所特有的特征[图2-28(a)]；苏铁(*Cycas revoluta*)、买麻藤(*Gnetum montanum*)具菱形晶体[图2-28(b)、(e)]；金钱松具长方体晶体[图2-28(c)]；沙松冷杉具柱状和长方体晶体[图2-28(d)]；丽江云杉(*Picea likiangensis*)、杉松(*Abies holophylla*)、紫果冷杉(*Abies recurvata*)；白皮松等具短柱状晶体[图2-28(f)]；雪松具正方形晶体；草麻黄(*Ephedra sinica*)具晶沙[图2-28

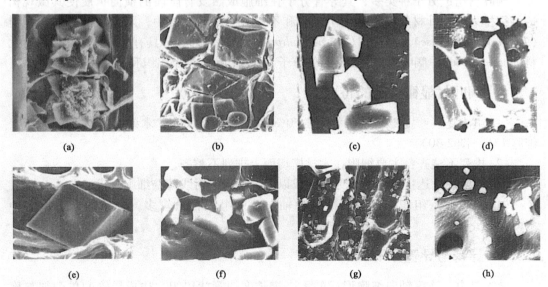

图 2-28　针叶树材中的结晶体
(a)银杏，示簇晶　(b)苏铁，示分室含晶细胞，示菱形晶体　(c)金钱松，示长方体和立方体晶体
(d)沙松冷杉，示柱状和长方体晶体　(e)苏铁，示菱形晶体　(f)白皮松，示短柱状晶体
(g)草麻黄，示晶沙　(h)马尾松，示管胞内壁纹孔缘上的棱锥状晶体

(g)]；在马尾松[图 2-28(h)]、油杉的管胞内具菱锥形晶体。

2.2.6.2 淀粉粒

在某些针叶树材中的轴向薄壁细胞和射线薄壁细胞内含有淀粉粒（图 2-29）。在杉科、柏科木材中较为普遍，在松科的银杉属、铁杉属、油杉属，苏铁科的苏铁属（Cycas）也较为普遍。

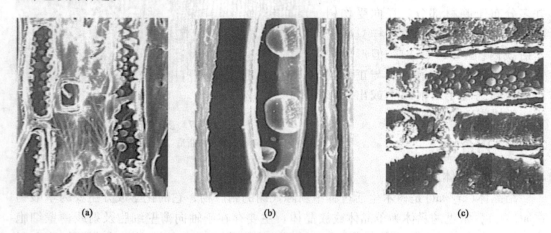

图 2-29　针叶树材中的淀粉粒
(a)轴向薄壁细胞内淀粉粒(长苞铁杉)　(b)轴向薄壁细胞内淀粉粒(红桧)　(c)射线细胞内淀粉粒(油杉)

2.3　阔叶材的显微构造

阔叶材组成分子种类多，其导管分子在细胞成熟发育阶段的横向扩展使其微观构造特征排列较针叶材复杂，排列不规则和不整齐。阔叶树材中，除少数树种如水青树（*Tetracentron sinense*）、昆栏树（*Trochodendron aralioides*）外，都具有导管，因此称为有孔材（porous wood）。阔叶树材主要有导管分子、木纤维、轴向薄壁组织和木射线等分子组成。

2.3.1　阔叶材显微构造的特点

（1）组成复杂：主要细胞有木纤维 50%，导管分子 20%，木射线 17%，轴向薄壁细胞 13%（图 2-30）。

（2）排列不整齐：主要细胞在木材横切面上排列不整齐。

（3）木射线发达：木射线多为 2 列或以上，全部由射线薄壁细胞组成。

（4）轴向薄壁组织丰富：多数树种轴向薄壁组织含量较多，分布的形态也多种多样。

2.3.2　导管与导管分子

导管是由一连串轴向细胞形成的无一定长度的管状组织，构成导管的单个细胞称为导管分子（vessel element）（图 2-31）。导管分子的横切面一般呈圆孔状，故称为管孔（pore）。导管是由管胞演化而成的一种进化组织，专司输导作用。导管分子发育的初期具初生壁和原生质、不具穿孔，以后随其面积逐渐增大，但其长度无变化或变化极

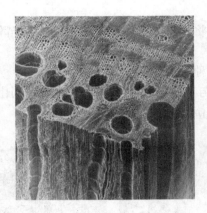
图 2-30 阔叶树材立体
显微结构图

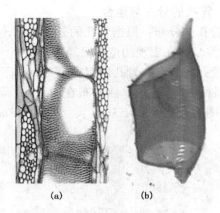
图 2-31 导管与导管分子
（a）导管 （b）导管分子

小，待其体积发育到最大时，次生壁与纹孔均已产生，同时两端有开口形成，即导管分子穿孔。

2.3.2.1 导管分子的形状和大小

（1）导管分子的形状：导管分子的形状不一，随树种而异，常见有鼓形、纺锤形、圆柱形和矩形等（图2-32）。一般环孔材早材部分的导管分子多为鼓形，而晚材部分的导管分子多为圆柱形和矩形，这是比较进化的特征。而呈纺锤形的导管分子则是原始的特征。

（2）导管分子的大小和长度：导管分子的大小不一，随树种及所在部位而异。大小以测量弦向直径为准。通常将弦向直径小于100μm者为小，100~200μm者为中，大于200μm者为大。如环孔材中麻栎，其早材导管分子直径可达500μm。

导管分子长度在同一树种中因树龄、部位而异，不同树种因遗传因子等影响差异更大，短者可小于175μm，长者可大于1 900μm。通常将长度小于350μm为短，350~800μm为中，大于800μm为长。环孔材早材导管分子较晚材短，散孔材则长度差别不明显。较进化树种的导管分子较短，而较原始树种的导管分子较长。

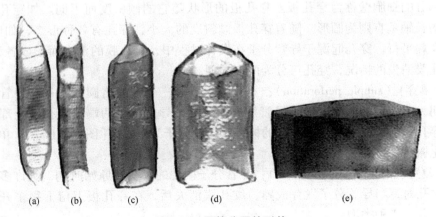

图 2-32 导管分子的形状
（a）、（b）纺锤形 （c）、（d）圆柱形 （e）鼓形

2.3.2.2 管孔的分布与组合

(1)管孔的分布:根据管孔的分布状态,可将木材分为环孔材、散孔材、半散(环)孔材3大类。这在宏观构造中已经介绍。

(2)管孔的组合:管孔的组合可分为如下4种。

①单管孔:指管孔单独分布在木材中,不与其他管孔发生任何联系,四周由其他组织所包围的管孔[图2-33(a)],如桉树(*Eucalyptus* spp.)等。

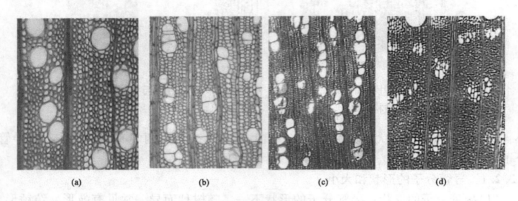

图 2-33 管孔的组合
(a)单管孔(槭木) (b)复管孔(火力楠) (c)管孔链(猴子果) (d)管孔团(山榆)

②复管孔:指为2至数个管孔相邻成径向或弦向排列,除了在两端的管孔仍为圆形外,中间部分的管孔则为扁平状的一组管孔[图2-33(b)],如桦木(*Betula* spp.)。

③管孔链:指一串互相连接的单管孔,沿径向排列,但各自仍保持原来的形状的管孔[图2-33(c)],如冬青(*Ilex purpurea*)。

④管孔团:指多数呈圆形或不规则形状的管孔聚集在一起或集团状[图2-33(d)],如桑树(*Morus alba*)、榆树(*Ulmus pumila*)。

2.3.2.3 导管分子的穿孔

两个导管分子之间底壁相通的孔隙称为穿孔(perforation)。在两个导管分子之间底壁连接部分的细胞壁称为穿孔板。穿孔板的形状随它的倾斜度而不同。如穿孔板与导管分子的长轴垂直则为圆形。随着穿孔板倾斜度的大小,穿孔有各种形态,如卵圆形、椭圆形及扁平行。穿孔起源于导管分子在发育过程中,纹孔膜的消失而形成各种类型。根据纹孔膜消失的情况,穿孔可分为两大类型。

(1)单穿孔(simple perforation):穿孔板上具有一个圆或略圆的开口。导管分子在原始时期为一个大的纹孔时,当导管发育成熟后,导管分子两端的穿孔板全部消失而形成的穿孔称为单穿孔,绝大多数的树种其导管分子为单穿孔[图2-34(a)]。单穿孔为比较进化树种的特征。

(2)复穿孔(multiple perforation):导管分子两端的纹孔在原始时期,为许多平行排列的长纹孔对,当导管分子发育成熟,纹孔膜消失后,在穿孔板上留下很多开口。复穿孔也可分为3种类型。

①梯状穿孔(scalariform perforation plate):指穿孔板上具有平行排列扁而长的复穿孔[图2-34(b)],如枫香(*Liquidambar formosana*)、光皮桦(*Betula luminifera*)。

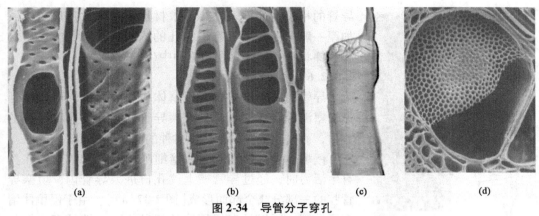

图 2-34 导管分子穿孔
(a)单穿孔 (b)梯状穿孔 (c)网状穿孔 (d)筛状(麻黄)穿孔

②网状穿孔(reticulate perforation plate):指穿孔板上具有网状复穿孔[图2-34(c)],如虎皮楠属(*Daphniphyllum*)、杨梅属(*Myrica*)。

③筛状(麻黄)穿孔(ephedroid perforation plate):指穿孔板上具有一小群圆形小孔的复穿孔[图2-34(d)],如麻黄属(*Ephedra*)。

在同一树种中,若单穿孔与梯形穿孔并存,则早晚材导管也有显著的差别,早材导管多为单穿孔,而晚材导管多为梯形穿孔。如水青冈(*Fagus longipetiolata*)、香樟(*Cinnamomum camphora*)、楠木(*Phoebe zhennan*)、含笑(*Michelia figo*)等树种。

2.3.2.4 导管壁上纹孔的排列

导管与木纤维、管胞、轴向薄壁细胞及射线薄壁细胞之间的纹孔,一般无固定排列形式,但导管与导管之间的纹孔,常有一定的排列形式,为木材鉴定的重要特征之一。其排列形式有3种(图2-35)。

(1)梯列纹孔(scalariform pitting):指长形的纹孔与导管的长轴作垂直方向的排列,纹孔的长度常常和导管的直径几乎相等,如木兰(*Magnolia liliflora*)等。

(2)对列纹孔(opposite pitting):指方形或长方形纹孔作上下左右对称的排列,呈水平状对列或短水平列,如鹅掌楸(*Liriodenron chinense*)。

(3)互列纹孔(alternate pitting):指圆形或多角形的纹孔,作上下左右交错的排列。若纹孔排列得非常密集,则纹孔呈六角形,类似蜂窝状;若纹孔排列得比较稀疏则近似圆形。阔叶树材绝大多数的树种为互列纹孔,如杨树(*Populus* spp.)、香樟。

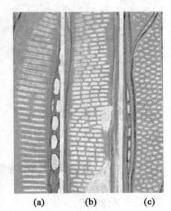

图 2-35 导管间纹孔
(a)梯列纹孔 (b)对列纹孔
(c)互列纹孔

2.3.2.5 导管壁上的螺纹加厚

螺纹加厚为部分导管分子次生壁内壁上的特征,虽不多见,但它是鉴定阔叶材的重要特征之一。阔叶树环孔材中,螺纹加厚一般常见于晚材导管分子内壁,如黄波罗(*Phellodendron amurense*)、榆属(*Ulmus*)、朴属(*Celtis*)等树种;晚材中小导管分子常有螺纹加厚。有的树种螺纹加厚遍及全部导管,如冬青、槭树(*Acer* spp.)等。有的仅在

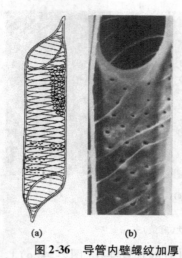

图 2-36 导管内壁螺纹加厚
(a)模式图 (b)显微构造图

导管的梢端，如枫香。热带木材常缺乏螺纹加厚。螺纹加厚一般多存在于具有单穿孔的木材导管中，或在单穿孔和梯状穿孔同时存在的树种中(图 2-36)。

2.3.2.6 导管的内含物

导管的内含物主要有侵填体与树胶两种。侵填体常见于寒温带及亚热带，具有大导管，尤其环孔材树种的心材，而树胶则多见于热带树种的心材部分。

侵填体是由导管周围薄壁细胞或射线薄壁细胞在具有生活力时，经过导管壁上纹孔口进入导管内，填塞导管腔的一部分或全部而形成[图 2-37(a)]。由于侵填体堵塞了导管，所以具有侵填体的树种，耐久性较高。但其木材透水性小，改性剂难渗入，影响木材改性效果。

树胶在导管中为不规则块状或隔膜状，填充在导管腔中将导管封闭。树胶颜色一般为红色或褐色，但芸香科(Rutaoeae)所含树胶为黄色，乌木(*Diospyros* spp.)所含树胶为黑色，苦楝(*Melia azedarach*)、香椿(*Toona sinensis*)等木材导管内则含红色或黑褐色的树胶[图 2-37(b)、(c)]。

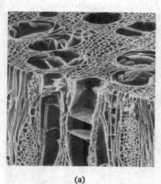
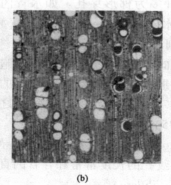
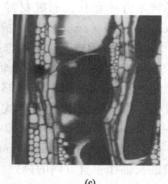

图 2-37 导管的内含物
(a)横切面和纵切面导管的侵填体 (b)横切面管孔的树胶 (c)导管纵切面中的树胶

2.3.3 木纤维

木纤维(wood fibre)是两端尖锐，呈长纺锤形，腔小壁厚的细胞。它是阔叶树材的主要组成分子之一，约占木材体积的 50%。根据木纤维胞壁上的纹孔类型，可分为两种，即胞壁有具缘纹孔的纤维状管胞(fibre-like tracheid)和有单纹孔的韧型纤维(libriform fibre)，这两种纤维可同时存在于同一树种中。有些树种还可能存在一些特殊纤维，如分隔木纤维(septate wood fibre)和胶质木纤维(gelatinous fibre)。它们的功能主要是支持树体，承受机械作用。木纤维的类别、排列方式和数量与木材的密度、硬度及强度等物理力学性质有密切联系。

根据国际木材解剖协会(IAWA)的规定，木纤维长度分 7 级：极短，500μm 以下；短，500~700μm；稍短，700~900μm；中，900~1 600μm；稍长，1 600~2 200μm；长，2 200~3 000μm；极长，3 000μm 以上。国产阔叶树材的木纤维长度一般为 500~2

000μm，平均为 1 000μm，属中等长度；直径为 10～50μm，壁厚为 1～11μm。一般来说，阔叶材纤维分子长度较针叶材管胞长度短得多，所以在造纸生产上阔叶材多称为短纤维造纸原料，而针叶材多称为长纤维造纸原料。

在生长轮明显的树种中，通常晚材纤维的长度比早材长得多，但在生长轮不明显的树种中则没有明显的差别。在树干的横切面上，木纤维平均长度的径向变异为：髓心周围最短，在未成熟材部分向外逐渐增长，到达成熟材后增长迅速减缓，然后比较稳定（图 2-38）。

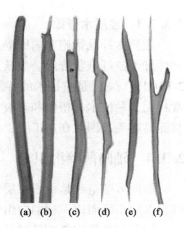

图 2-38 木纤维的形状
(a)、(e)桦木 (b)、(f)西南桤木
(c)、(d)火力楠

2.3.3.1 纤维状管胞

纤维状管胞腔小壁厚，两端尖锐的厚壁木细胞，与针叶树材的晚材管胞极为相似，胞壁具有凸透镜或裂隙状的具缘纹孔[图 2-39(a)]。

纤维状管胞因树种不同而异，通常其次生壁的内壁平滑，但有些树种具螺纹加厚。如冬青属的木材纤维状管胞，其壁较薄，多具有具缘纹孔和螺纹加厚。一般具有螺纹的纤维状管胞，往往成叠生状排列，其最显著者以榆科(Ulmaceae)及蝶形花科(Fabaceae)树种的木材最为常见。

2.3.3.2 韧型纤维

韧型纤维是标准的木纤维细胞，为细长纺锤形，末端略尖削，偶呈锯齿状或分歧状。其细胞壁较厚，胞腔较窄，胞壁为特例，为单纹孔。韧型纤维与射线细胞相接触处，木纤维的一端变得很尖削，或呈锯齿状、分歧状。一般来说，在韧型纤维壁上的纹孔分布是比较均匀的，但径面壁上的纹孔较多，其内部平滑而不具螺纹加厚。韧型纤维起机械作用，故其形态及数量的多少均与木材力学性质密切相关[图 2-39(b)]。

2.3.3.3 分隔木纤维

分隔木纤维是一种具有比侧壁更薄的水平隔膜组织的木纤维，常出现于具有较大单纹孔的韧型纤维上。一般见于热带材，是热带材的典型特征，特别是桃花心木等木材。隔膜是木质部子细胞形成次生壁后进行分裂而产生的。分隔木纤维多出现在橄榄科(Burseraceae)、苦木科(Simaroubaceae)、楝科(Meliaceae)、无患子科(Sapindaceae)、玄参科(Scrophulariaceae)、马鞭草科(Verbenaceae)等比较进化的科属木材中[图 2-39(c)]。

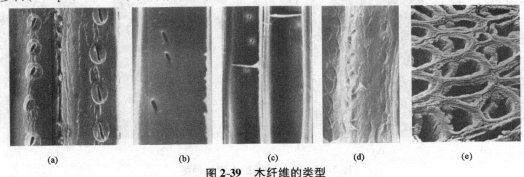

图 2-39 木纤维的类型
(a)纤维状管胞 (b)韧型纤维 (c)分隔木纤维 (d)胶质木纤维(纵切面) (e)胶质木纤维(横切面)

2.3.3.4 胶质木纤维

胶质木纤维指胞腔内壁尚未木质化而呈胶质状的木纤维，即次生壁呈胶质状态的韧性纤维或纤维状管胞。胶质层吸水膨胀，失水收缩，而与初生壁边界有分离现象[图2-39(d)、(e)]是应拉木的特征之一。在木材干燥过程中，其弦向与径向的干缩均较正常材大，易使木材扭曲和开裂。具有大量胶质木纤维的木材锯解时，常发现夹锯现象，材面易起毛，因此在加工时，刀刃必须锋利，切削面方可光滑。

2.3.4 轴向薄壁组织

轴向薄壁组织是由形成层纺锤形原始细胞衍生2个或2个以上的具单纹孔的薄壁细胞纵向串联而成一种轴向组织，它沿木纹方向排列。

轴向薄壁细胞断面呈圆柱形或多面体，侧面观察为长方形或近似长方形，其两端细胞为尖削形。其串中的细胞个数，在同一树种中可能大致相等，也可能变化很大。叠生构造的木材中，每一个串联中的细胞的个数比较少，为2~4个细胞；在非叠生构造中，每一串联中的细胞比较多，为5~12个细胞。

轴向薄壁组织功能是贮藏和分配养分。阔叶树材中的薄壁组织远比针叶树材丰富，其分布形态也多种多样，是鉴定阔叶树材的重要特征之一。

根据轴向薄壁组织与导管连生的关系，分为离管型和傍管型两大类。

2.3.4.1 离管型薄壁组织类型

(1)星散状：指轴向薄壁组织呈不规则的分散于木纤维之间[图2-40(a)]，如黄杨(*Buxus sinica*)、枫香、荷木(*Schima superba*)、桉树(*Eucalyptus* spp.)。

(2)轮界状：指轴向薄壁组织细胞在一个生长轮的轮末或始处，呈单独或不同宽度多少连续排列成线状[图2-40(b)]，如木兰科(Magnoliaceae)、杨柳科(Salicaceae)、槭树科(Aceraceae)、苏木科(Caesalpiniaceae)等。

(3)切线状：指轴向薄壁组织的细胞在组成1~3列横向断续的短切线，通常薄壁组织带的距离与木射线之间的距离略相等而交织成网状[图2-40(c)]，如柿树(*Diospyros kaki*)、核桃科(Juglandaceae)各属。

(4)离管带状：指轴向薄壁组织的细胞排列成同心线状[图2-40(d)]，如广东木榄(*Olea brachiata*)、摘亚木(*Dialium* spp.)。带状薄壁组织如与所间隔的木纤维带等宽或更宽，即形成宽带状[图2-40(e)]，如榕属(*Ficus*)、柯库木(*Kokoona reflexa*)等。

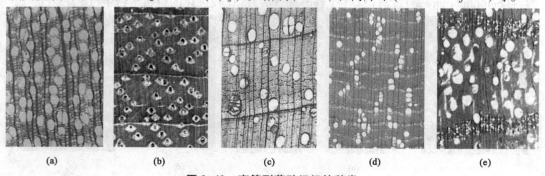

(a) (b) (c) (d) (e)

图2-40 离管型薄壁组织的种类

(a)星散状 (b)轮界状 (c)切线状 (d)离管窄带状 (e)离管宽带状

2.3.4.2 傍管型薄壁组织

(1) 稀疏傍管状：是在导管周围排列成不完整的鞘状傍管薄壁组织[图 2-41(a)]，如木姜子属(*Litsea*)、楠木属(*Phoebe*)等。

(2) 单侧傍管状：是仅限于导管的外侧或内侧的傍管薄壁组织[图 2-41(b)]，如银桦(*Grevillea robusta*)、香二翅豆(*Dipteryx odorata*)等。

(3) 环管束状：指傍管薄壁组织的细胞完全围绕于导管周围，呈圆形或略呈卵圆形，是最常见的类型[图 2-41(c)]，如樟树(*Cinnamomum camphora*)、短盖豆(*Brachystegia cynometroides*)等。

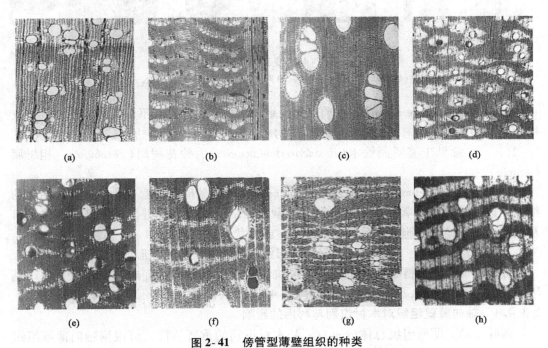

图 2-41 傍管型薄壁组织的种类
(a) 稀疏傍管状 (b) 单侧傍管状 (c) 环管束状 (d) 翼状
(e) 聚翼状 (f)、(g) 傍管窄带状 (h) 傍管宽带状

(4) 翼状：傍管薄壁组织的细胞向左右两侧延伸成翼状排列[图 2-41(d)]，如格木(*Erythrophleum fordii*)、赛鞋木豆(*Paraberlinia bifoliolata*)等。

(5) 聚翼状：指翼状薄壁组织的翼尖联合而成不规则的形状[图 2-41(e)]。

(6) 傍管带状：指环管束状或聚翼状薄壁组织相互连成同心线状[图 2-41(f)、(g)]，如黄檀(*Dalbergia hupeana*)。若带状薄壁组织的宽度与所间隔的木纤维带等宽或更宽，即形成傍管宽带状[图 2-41(h)]，如铁刀木(*Cassia siamea*)。

2.3.4.3 轴向薄壁组织的变态细胞

(1) 油细胞(oil cell)、黏液细胞(mucilage cell)：在薄壁组织之中的含油或含黏液的细胞，近似圆形。以樟科为主，两者均有[图 2-42(a)]。这类细胞除樟科、木兰科之外，也出现于莲叶桐科(Hernandiaceae)、肉豆蔻科(Myristicaceae)、千屈菜科(Lythraceae)等所属树种中，多在射线中。细胞外缘呈圆形，近似油细胞，而含黏液者，称黏液细胞，常见于番荔枝科(Annonaceae)及樟科的刨花楠(*Machilus pauhoi*)。

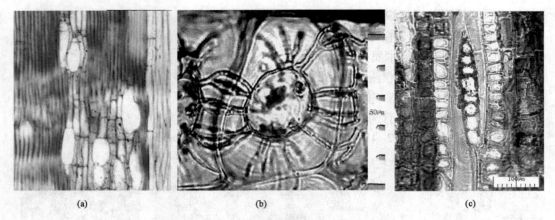

图 2-42 变态胞壁细胞
(a)油细胞(香樟)　(b)树皮石细胞(厚荚相思)　(c)链状结晶细胞(厚荚相思)

(2)石细胞(sclereid cell)：在轴向薄壁组织中系有一种显然不是锐细胞,但具有支持功能的细胞。它具有厚的、高度木质化的次生壁,其形状为多边形,且常为分歧[图2-42(b)]。常见于婆罗洲铁木(*Eusideroxylon zwageri*)、钟花树属(*Tabebuia*)、相思属(*Acacia*)。

(3)结晶细胞(chambered crystalliferous cell)：轴向薄壁组织含有一个或数个结晶的细胞。该晶体一般为草酸钙晶体,有的为碳酸钙结晶或二氧化硅。根据其结晶体数目及细胞形态,结晶细胞又可分为一般和分室或链状结晶细胞。

一般的结晶细胞：通常为长方形或方形细胞,含有菱形或方形结晶。

分室结晶细胞或链状结晶细胞：结晶细胞由隔膜分成几个间隔,或者是方形结晶细胞轴向连接相当长,细胞各含晶体[图2-42(c)]。

2.3.4.4 轴向薄壁组织对木材识别与利用的影响

阔叶材轴向薄壁组织总体较丰富,是木材识别的重要特征,可根据轴向薄壁组织的类型进行木材识别、分类。轴向薄壁组织细胞腔大、壁薄,比量较大,对木材物理力学性质影响较大,一般来说,轴向薄壁组织丰富的木材,其力学强度相对较小。由于轴向薄壁组织颜色较浅,与木纤维等组织区别明显,容易形成较大的色差,形成美丽的花纹,如鸡翅木、刀状黑黄檀、奥氏黄檀等,易形成"鸡翅纹"。

2.3.5 木射线

阔叶树材的木射线比较发达,含量较多,为阔叶树材的主要组成部分,约占木材总体积的17%,也是识别阔叶树材的一个重要的特征。

2.3.5.1 木射线的大小

木射线的大小,是指木射线的宽度与高度,其长度不能测定。阔叶树材的木射线,比针叶树材宽得多,但各种树种差异很大,其宽度由一个细胞到数十个细胞,后者如青冈(*Cyclobalanopsis glauca*)、千金榆(*Carpinus cordata*)等。

2.3.5.2 木射线的种类

(1)单列木射线：在弦切面上木射线仅1个细胞宽。仅具一种单列木射线的阔叶材甚少,如杨柳科(Salicacea)和七叶树科(Hippocastanaceae)、紫檀属(*Pterocarpus*)等木材

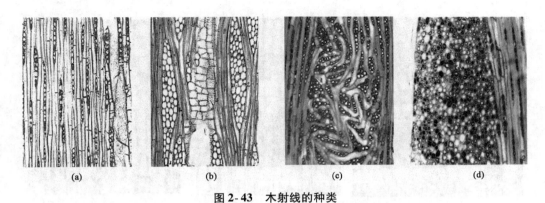

图 2-43　木射线的种类
(a)单列木射线　(b)多列木射线　(c)聚合木射线　(d)栎木射线

[图 2-43(a)]。

(2)双列木射线(biseriate ray)：在弦切面上木射线宽 2 个(偶尔 3 个)细胞，如酸枝木(*Dalbergia* spp.)。

(3)多列木射线(multiseriate ray)：在弦切面上木射线排列在 3 列或以上，为绝大多数阔叶树材所具有[图 2-43(b)]，如核桃属(*Juglans*)、槭木属(*Acer*)等。

(4)聚合木射线(aggregate ray)：在多列木射线中夹杂着木纤维或导管组成的木射线[图 2-43(c)]，如桤木属(*Alnus*)、椆木属(*Lithocarpus*)等。

(5)栎木射线：指同时具有单列射线和极宽射线的木射线，且两者区分明显[图 2-43(d)]，如青冈属(*Cyclobalanopsis*)、麻栎属(*Quercus*)。

2.3.5.3　射线的组成细胞

阔叶树材的木射线全部由射线薄壁细胞组成。阔叶树材的射线薄壁细胞有两种主要类型，即横卧射线细胞(procumbent ray cell)和直立射线细胞(upright ray cell)。

(1)横卧射线细胞：即细胞的长轴与木纹方向垂直，在弦切面上通常呈圆形，在径切面上通常呈长方形水平状排列。

(2)直立射线细胞：即细胞的长轴与木纹方向平行排列，直立射线细胞通常分布在射线的上缘和下缘，通常呈长方形或方形。除此之外，阔叶树材中还有一些特殊形状的射线细胞。这些细胞的特征比较稳定，通常是树种识别的重要特征。主要类型有以下 5 种。

①瓦状细胞(tile cell)：是一种特殊类型的、不具内含物的直立细胞。其高度几乎与横卧细胞相等，常介于横卧细胞层之间，呈不定型的水平排列。常见于梧桐科(Sterculiaceae)、椴树科(Tiliaceae)、木棉科(Bombacaceae)和八角枫科(Alangiaceae)等科的树种。Chattaway 曾将瓦状细胞分为榴莲型和翅子树型。

a. 榴莲型(durio type)[图 2-44(a)]：瓦状细胞的长度，一般与横卧细胞的高度差异不大。不过常常是很狭窄的。弦切面上瓦状细胞与横卧细胞的区别是，横卧细胞有深色的内含物，而瓦状细胞无，但可能含有细胞质和细胞核。具有榴莲型的科属有：梧桐科的鹧鸪麻属(*Kleinhovia*)、梭罗树属(*Reevesis*)、非洲梧桐属(*Triplochiton*)等；椴树科的泡火绳属(*Columbia*)、扁担杆属(*Grewia*)等；木棉科的榴莲属(*Durio*)。

b. 翅子树型(pterospemum type)[图 2-44(b)]：常见于梧桐科翅子树属(*Pterosper-*

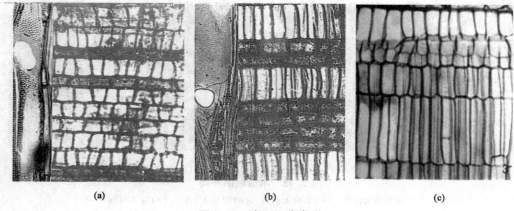

图 2-44　直立细胞类型
(a)瓦状细胞(榴莲型)　(b)瓦状细胞(翅子树型)　(c)栅状直立细胞

mum)，故此得名。在弦切面观察，瓦状细胞之间聚集含暗色内含物的小形横卧细胞；在径切面上，横卧细胞为方形，约为瓦状细胞高度的 1/2，也有较长的，为高度的 4~6 倍。此外，瓦状细胞不含内含物，故易于与之区别。具此类型的科属为：梧桐科的翅子树属；椴树科的扁担杆属的部分树种；木棉科的轻木属(Ochroma)。

②栅状(palisade type)直立细胞[图 2-44(c)]：有时直立细胞与薄壁细胞束常不易区别，这种直立细胞全部为狭长方形，栅状并列，故称栅状直立细胞，如轻木(Ochroma pyramidale)。我国阔叶树材中最显著的还有八角(Illicium verum)、蚊母树(Distylium racemesum)等。

③鞘状细胞(sheath cell)[图 2-45(a)]：在弦切面上观察纺锤形射线的中心部分为横卧细胞，直立细胞完全或局部环绕于其周围，而形成鞘状，这些直立细胞称之为鞘状细胞。常见于藤黄科(Guttiferae)、梧桐科、木棉科、大戟科(Euphorbiaceae)等科属木材中。

④异细胞(idioblast)[图 2-45(b)、(c)]：在径、弦切面上看，射线组织中的直立细胞特别膨大，尤以茶科的某些树种最为显著，如油茶(Camellia oleifera)的含晶异细胞，其直径可达 60~130μm。木兰科、樟科等树种的木射线，此类细胞亦很显著。

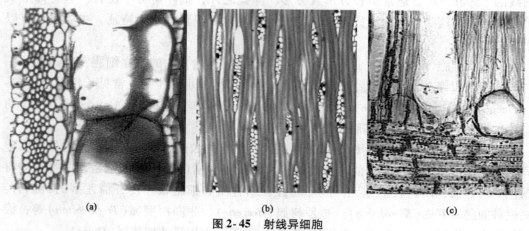

图 2-45　射线异细胞
(a)鞘状细胞　(b)射线中的油细胞(弦切面)　(c)射线中的油细胞(径切面)

⑤分泌细胞(secretory cell)：存于射线细胞薄壁细胞中，为薄壁的异细胞。近似圆形或椭圆形。分泌油分的称油细胞，香樟木材的油细胞尤为明显。分泌黏液的称黏液细胞。射线中的油细胞常见于我国阔叶树材的樟科(Lauraceae)、木兰科(Magnoliaceae)各属的树种，射线黏液细胞常见于番荔枝科(Annonaceae)。

2.3.5.4 射线组织

(1)同形射线组织(homogeneous ray)：指射线全部由横卧射线细胞组成(图2-46)。

①同形单列：射线全为单列，全由横卧射线细胞组成，偶尔出现两列的射线细胞，亦视作单列射线[图2-46(a)、(c)]，如杨属。

②同形多列：射线全为两列以上，全由横卧射线细胞组成，可能偶尔亦出现单列射线[图2-46(b)、(d)]，如石梓、泡桐属。

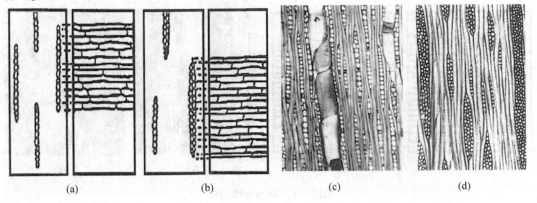

图 2-46 同形射线组织
(a)、(c)同形单列 (b)、(d)同形多列

③同形单列及多列：兼具有上述两类射线组织，如桦木属、槭属等。

(2)异形射线组织(heterogeneous ray)：指射线组织由方形或直立射线细胞和横卧射线细胞共同组成(图2-47)。

①异形Ⅰ形：在弦切面观察，多列射线的单列尾部比多列部分长；在径切面观察，直立与方形细胞部分高于横卧细胞部分；单列射线全由直立或直立与方形细胞组成[图2-47(b)、(d)]，如乌檀、九节木等。

②异形Ⅱ型：在弦切面观察，多列射线的单列尾部比多列部分短，在径切面观察，直立与方形细胞部分低于横卧细胞部分。单列射线有的全由直立或直立与方形射线细胞组成[图2-47(e)、(g)]，如黄杞属、朴属、翻白叶属。

③异形Ⅲ型：在弦切面观察，多列射线的单列尾部通常仅具1个方形边缘细胞，在径切面观察，多列射线上下缘通常仅具1列方形边缘细胞。单列射线有的全由横卧细胞组成，有的由方形或方形与横卧细胞混合组成[图2-47(f)、(h)]，如山核桃、小叶红豆、木兰科等。

(3)叠生射线组织(storied rays)：在弦切面上射线呈水平方向整齐排列，有时在肉眼下亦可识别，即宏观构造一节中所述的波痕，一般具叠生构造的树种，热带产的多于温带产的，如花梨木、酸枝木。

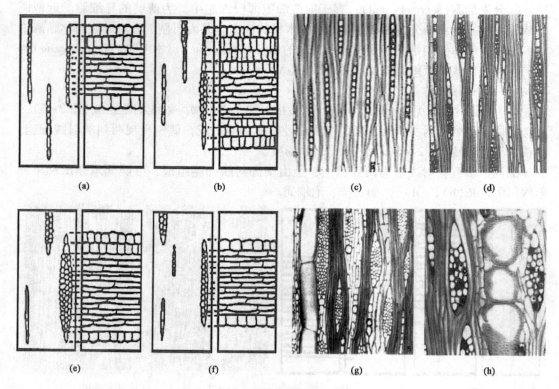

图 2-47 异形射线组织
(a)异形单列(模式)　(b)异形Ⅰ型(模式)　(c)异形单列(黄檀)　(d)异形Ⅰ型(船柄木)
(e)异形Ⅱ型(模式)　(f)异形Ⅲ型(模式)　(g)异形Ⅱ型(青檀)　(h)异形Ⅲ型(西非苏木)

2.3.5.5 射线细胞中的内含物

(1) 结晶体：阔叶树材的结晶体，远比针叶树材丰富，大多数存在于轴向胞壁细胞和射线薄壁细胞中。结晶体是树木新陈代谢的副产品，是识别木材的特征之一。木材中结晶体丰富，则易使切削机械变钝，影响磨光，使木材加工困难。射线细胞中往往含有草酸钙结晶，通常呈菱形或柱状，如蚬木(Burretiodendron hsienmu)射线直立细胞中的结晶体。茶属(Camellia)含有巨型结晶体，每边长可达 30～50μm。山茶花(Camellia japonica)为单斜晶(manoclinic crystal)。泡花树(Meliosma myriantha)、柿树、山桐子等为正方晶(tetragonal crystal)。乌饭树(Vaccinium bracteatum)、钝叶水蜡树(Ligustrum obtusifoium)为不定型的砂晶、针晶和束晶(图 2-48)。

(2) 细胞核(nucleus)：徐峰在茶科的茶属、大戟科的蝴蝶果属(Cleidiocarpon)、柿树科的柿属(Diospyros)树种的解剖研究中，发现这些树种边材、甚至心材的射线细胞中存在相当完整的细胞核(图 2-49)。

(3) 二氧化硅：许多树种尤其热带树种的射线细胞中含有二氧化硅，是无定型的无机化合物，通常称为硅石。硅石主要分布在木射线细胞中，在木纤维(管胞)、导管也偶尔发现。主要形状为光滑的粒状、粗糙的粒状和硅粒团状。

(4) 胶质物(gum)：在热带木材的射线组织中，往往含有不定型的物质，这种不定型物质多数为胶质，可能为小珠状或块状，多位于细胞端部，特别是横卧细胞。由于

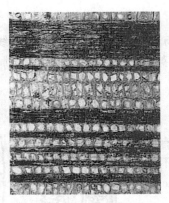
图 2-48 射线直立细胞中的结晶体（蚬木）

图 2-49 金花茶射线细胞的细胞核（徐峰，1985）

胶质存在于纹孔腔中，所以射线细胞端壁纹孔较明显。射线细胞中的树胶数量多时，则溢入轴向薄壁细胞，在某些木材中全被树胶阻塞，甚至纤维组织也可能为树胶所渗入。如乌木呈黑色，并非其木材细胞壁物质为黑色，而是因为黑色的胶质物渗透到所有细胞的腔内，有时胶质物在导管中单独存在。

2.3.6 树胶道

阔叶树材的胞间道通常称为树胶道（gum canal）。阔叶树材的树胶道和针叶树材的树脂道一样，也分为轴向和径向两种，但阔叶树材同时具有轴向和径向两种树胶道者极少，仅限于龙脑香科、苏木科的极少数树种。阔叶树材中也有正常树胶道（normal gum canal）和受伤树胶道（traumatic gum canal）之分。

2.3.6.1 正常树胶道

正常轴向树胶道为龙脑香科或苏木科某些木材的特征。在横切面上通常散生，如龙脑香属（*Dipterocarpus*），有些树种呈切线状，油楠属（*Sindora*）、娑罗双属（*Shonea*），[图 2-50（a）]。正常径向树胶道存在于木射线中，在弦切面呈纺锤形，见于漆树科（Anacardiaceae）、橄榄科（Burseraceae）等科属木材[图 2-50（b）]。

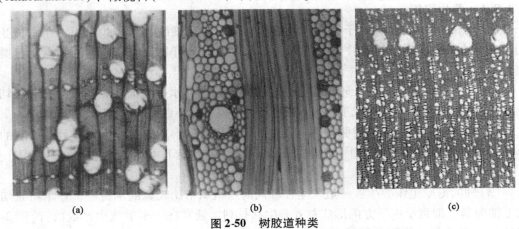

图 2-50 树胶道种类
（a）正常轴向树胶道（娑罗双）（b）正常径向树胶道（槟榔青）（c）轴向受伤树胶道（华杜英）

2.3.6.2 受伤树胶道

受伤树胶道是由于树木生长时受病虫危害而产生,在横切面上常为切线状,常见于芸香科(Rutaceae)、木棉科(Bombacaceae)、杜英科(Elaeocarpaceae)等科属树种的木材中[图2-50(c)]。

2.3.7 管胞

阔叶树材管胞不常见,极少数阔叶材树种有管胞,其长度较针叶树材管胞要短得多,且形状不规则。阔叶树材管胞可分为环管管胞(vasicentric tracheid)和导管状管胞(vessel tracheid)两类(图2-51)。

2.3.7.1 环管管胞

它是一种形状不规则而短小的管胞[图2-51(a)]。其形状变化很大,大部分略带扭曲,两端多少有些钝,有时还具水平的端壁,侧壁上具有显著的具缘纹孔。环管管胞多数分布在早材大导管的周围,受导管内压力的影响而被压缩成扁平状,其长度不足木纤维的一半,平均长500~700μm,与导管一样起输导作用。环管管胞仅在栎木、黄波罗、桉树及龙脑香科等木材上常见。

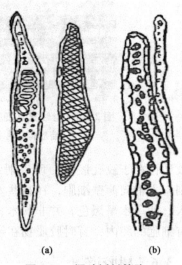

图2-51 阔叶树材管胞
(a)环管管胞 (b)导管状管胞

2.3.7.2 导管状管胞

它分布于环孔材晚材中,形状和排列很像比较原始而构造不完全的导管[图2-51(b)]。但它不具穿孔,两端以具缘纹孔相接,侧壁具缘孔直径常大于导管间纹孔直径。在榆属、朴属等榆科木材中,导管状管胞侧壁有具缘纹孔外,常见螺纹加厚,并与晚材小导管混杂,甚至上下相接,在晚材中同样起输导作用。

阔叶材管胞形态反映出针叶材管胞进化到阔叶材导管保留的中间过渡形态。

2.3.8 阔叶树材的特殊构造

2.3.8.1 叠生组织

一些阔叶树材的导管分子、木纤维细胞、轴向薄壁细胞、木射线组织,在木材弦切面上呈水平方向形成整齐叠生状排列,有的在肉眼下可见或明显,有的则需在显微镜下观察。

(1)导管叠生:是近生长轮边缘处的晚材导管分子在水平方向呈整齐排列,在径切面上可观察,导管分子长度几乎相等。最显著者有榆科、小檗科的木材[图2-52(a)]。

(2)木射线叠生:在木材弦切面上木射线呈水平方向形成整齐叠生状排列,叠生的木射线在材表或在木材弦切面上构成波痕,多数在肉眼下可见或明显[图2-52(b)、(c)],如紫檀属、黄檀属。

(3)轴向薄壁组织叠生:一般发生在轴向薄壁组织带比较宽的木材中,在木材弦切面上轴向薄壁细胞呈水平方向形成整齐叠生状排列,通常在一根射线中排成两行[图2-52(b)]。苏木科、蝶形花科较为常见。

(4)木纤维叠生:一般发生在具叠生木射线的木材中,在木材弦切面上木纤维的长

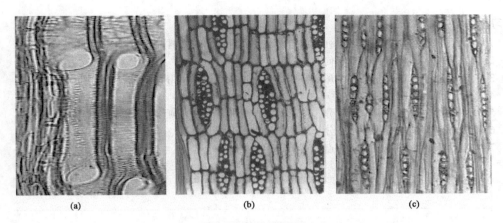

图 2-52　阔叶树材的叠生组织
(a)导管叠生(青檀)　(b)轴向薄壁组织叠生(崖豆木)　(c)木纤维细胞叠生(铁木豆)

度与木射线的高度略相等[图 2-52(c)]。

2.3.8.2　内含韧皮部

通常在树木生长时,形成层向内分生木质部,向外分生韧皮部。但在某些阔叶树材的次生木质部中,常具有韧皮束或韧皮层,称为内含韧皮部(included phloem)。内含韧皮部主要存在于热带树种中,为识别热带材的特征之一。内含韧皮部在木质部中存在的类型有多孔型(岛型)和同心型(带型)。

(1)多孔型(岛型):形成层在整个茎的直径生长中一直活动,而木质部中包藏着韧皮束[图 2-53(a)、(b)]。见于沉香属(*Aquilaria*)、紫茉莉属(*Xeea*)等木材。

(2)同心型(带型):形成层寿命短,代之以新的分生组织,在中柱或皮层内发生。幼茎的直径生长由木质部与韧皮部交互层状组成[图 2-53(c)]。见于海榄雌属(*Aricennia*)和紫藤属等木材。

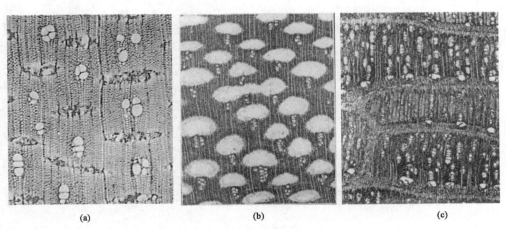

图 2-53　阔叶树材的内含韧皮部
(a)多孔型(白木香)　(b)多孔型(紫茉莉)　(c)同心型(海榄雌)

复习思考题

1. 木材细胞壁各层的微纤丝排列方向有何规律？纤丝角对木材性质与利用有何影响？
2. 针、阔叶树材显微构造上有何差异？
3. 针叶材管胞和阔叶材纤维的形态特征变化对木材性质和利用有何影响？
4. 交叉场纹孔有哪几种类型？
5. 螺纹加厚与螺纹裂隙如何区分？两者对木材识别与材性有何作用与影响？
6. 针、阔叶树材中有哪些构造分子或特征是比较进化的类型？
7. 如何理解木材细胞壁结构特点与其功能间的关系？

第 3 章
木材识别与鉴定

【本章难点与重点】 木材识别方法，遵循的原则及注意事项。宏观识别方法与识别要点，微观鉴定方法与识别要点。常规切片法与徒手切片法的异同点。进口木材的类别及识别要领，特类木材识别及其要点。

木材识别与鉴定指从事木材生产、加工、流通、质检活动的人员，通过木材宏观或微观特征，将木材鉴定到属、类或种的过程，这是正确认识和科学合理利用木材最基本的工作。同时，由于同种木材构造特征的差异相对较小，因而在科技考古、刑事侦查、仲裁检验中有时也能发挥不可替代的重要作用。

木材识别不能简单的等同于树种识别。木材识别是根据木材商品名而区分的种别即木种的识别。每个木种可能是一个树种，也可能包含数个树种。木材鉴定较为复杂，鉴定的准确性达到属一级就有一定难度。木材鉴定不仅要求从业者对木材构造特征内涵能够准确把握，而且对树木分类、树种分布、立地条件对木材构造特征的影响等林学知识有一定的了解，同时供检索用的相关文献资料也是必不可少的。即使这样，在实际工作中也会经常遇到困难，因生产单位送来的鉴定材料形状、大小、取材部位、材料来源、目的与要求都具有较大的不确定性，因而掌握木材识别与鉴定的基本方法成为木材生产、销售和使用单位的木材检验人员一项重要的基本技能。

3.1 木材识别与鉴定方法

木材识别与鉴定，根据识别对象不同，有原木识别、锯材识别、木制成品用材识别及古木、化石识别；依据识别目的与要求不同，有定种（类）识别与判定是非识别。前者是在未知情况下，根据材料提供的特征，采用相应的方法，将其鉴定到属、类或种，而后者则是根据委托单位提供的木材名称与待检样品，判定其特征与经过正确定名的标本特征的符合性从而确定待检材料是否为该种木材。

木材识别与鉴定方法主要有木材对分检索表识别、木材穿孔卡片检索表识别和木材智能识别（计算机和手机软件 APP 识别，图像扫描识别）3 种。其原理基本一致，主要将木材构造特征进行有无或正反并列对比，以互相排斥为条件，循序渐进，逐渐缩小范围，最后划分出每个木（树）种来编制的。其中，对分检索表法是最常用、最简便的方法，成本低、速度快，鉴定人员必须有专业的木材学知识背景，并需要经过系统培训，掌握识别与鉴定木材技能。木材智能识别速度快、精度高，需要正确输入木材宏观微观特征。

目前，DNA条形码技术，在鉴定价值高、珍稀濒危的红木木材树种方面引起关注。该法成本太高，需要高端仪器设备，不确定性因素多，必须有比对树种木材明确DNA基础信息。待鉴定的原木或板材，没有进行人工高温干燥处理，木材中残留的DNA片段满足测序扩增条件。传承的红木家具和古墓木材，因年代久远，残留的DNA信息少，就不适合采用此法。常见的树种木材识别鉴定，没有必要采用DNA条形码技术，简单的鉴定方法就可以解决问题。

3.1.1 对分检索表

宏观特征对分检索表中，针叶材典型特征有树脂道的有无与多少、早晚材的急变与缓变、木材的特征性气味与颜色等；阔叶材关注管孔的分布与排列、木射线的粗细、轴向薄壁组织类型、木材重量与硬度、材色与气味等。同属木材特征差异不明显、材性类似的树种，按商品材归类，识别可不区分到"种"。显微构造特征检索表往往针对同科树种木材编制，尽可能到种，构造特征极其相似的也可只检索到类。下面是我国主要用材树种的木材宏观构造特征、微观构造特征检索表，供实验学习和鉴定时参考。

主要用材树种木材检索表

1. 木材无管孔，木射线在肉眼下不明晰 ………………………………………………… 针叶材 2
1. 木材有管孔，木射线在肉眼下明晰或不明晰 ………………………………………… 阔叶材 21
2. 具有正常的轴向和横向树脂道，在横切面上呈浅色或深色斑点 ……………………… 3
2. 不具正常的轴向和横向树脂道，偶尔有弦向排列的受伤树脂道 ……………………… 11
3. 树脂道多，肉眼和放大镜下都明显；有松脂气味 ……………………………………… 4
3. 树脂道少，肉眼下不见，放大镜下不明显；略具松脂气味 …………………………… 9
4. 材质轻软；早晚材缓变；结构均匀 …………………………………………………… 软松类 5
4. 材质较硬、重；早晚材急变；结构不均匀 …………………………………………… 硬松类 6
5. 边材较宽，心材红褐色；晚材带不明显，结构均匀 ………………………… 红松 *Pinus koraiensis*
5. 边材狭窄，结构均匀至不均匀 ……………………………………………………………… 7
6. 树脂道大而多，肉眼下呈小孔状；生长轮宽，不均匀；边材较宽，晚材带也较宽 …………
   ……………………………………………………………………………… 马尾松 *Pinus massaoniana*
6. 树脂道较少，肉眼下呈浅色或褐色斑点；生长轮窄，较均匀；边材较窄，晚材带也较窄……
   ……………………………………………………………………………… 油松 *Pinus tabuiaeformis*
7. 心、边材区别明晰或略明晰；心材黄褐色，边材黄白色；材色较浅 …………………………
   ……………………………………………………………………………… 白皮松 *Pinus bungeana*
7. 心、边材区别不明显 ………………………………………………………………………… 8
8. 早晚材急变；边材浅黄褐色，心材红褐色 ……………………… 樟子松 *P. sylvestris* var. *mongolica*
8. 早晚材缓变；边材黄白或浅黄褐色，心材浅红褐色 …………………… 华山松 *Pinus armandi*
9. 早晚材缓变；木材黄白至浅黄褐色 …………………………………… 云杉 *Picea asperata*
9. 早晚材急变 ………………………………………………………………………………… 10
10. 心材浅红褐色或黄褐色；材质较硬 ………………………………… 落叶松 *Larix gemlini*
10. 心材深红褐色 ………………………………………………………… 黄杉 *Pseudotsuga sinesis*
11. 木材有香气 ………………………………………………………………………………… 12

11. 木材无香气 ···	17
12. 柏木香气浓或不显著 ··	13
12. 杉木香气浓或不显著 ··	16
13. 柏木香气不显著；早晚材急变，晚材带宽；结构不均匀；有油性感 ··· 福建柏 *Fokienia hodginsii*	
13. 柏木香气浓；结构细至均匀 ···	14
14. 心材紫红色；生长轮明显，晚材带窄；香气浓 ·············· 红桧 *Chamaecyparis fornosensis*	
14. 心材黄褐色 ··	15
15. 边材浅黄色；生长轮明显，略宽；有髓斑 ··············· 柏木 *Cupressus funebris*	
15. 边材黄褐色；生长轮明显，宽窄不均匀；有油性感 ············· 侧柏 *Platycladns orientalis*	
16. 早晚材缓变，晚材带窄；结构均匀；香气浓；心材灰褐色 ··· 杉木 *Cunninghamia lanceolata*	
16. 早晚材急变，晚材带宽；材质软；香气不显著；心材红褐色 ······ 柳杉 *Cryptomeria fortunei*	
17. 心、边材区别明显；材色深 ···	18
17. 心、边材区别不明显；材色浅 ···	19
18. 早晚材急变；结构不均匀；生长轮宽；心材暗红褐色 ····· 水杉 *Metasequoia glyptostroboides*	
18. 早晚材缓变；结构细；生长轮窄；心材橘红褐色 ········· 红豆杉 *Taxus chinensis* var. *mairei*	
19. 早晚材缓变，晚材带宽，边材也宽；结构细；横切面有细小斑点；心材黄褐色 ··· 银杏 *Ginkgo biloba*	
19. 早晚材急变；年轮明显；具创伤树脂道 ···	20
20. 生长轮明显，宽窄均匀；木材黄色微带褐色 ············ 臭冷杉 *Abies nephrolepis*	
20. 生长轮明显，宽窄不均匀；木材红褐色 ················ 铁杉 *Tsuga chinensis*	
21. 环孔材 ··	23
21. 半环孔材或半散孔材 ···	48
21. 散孔材 ··	62
22. 有宽木射线且明显 ··	24
22. 无宽木射线 ··	26
23. 早晚材急变；早材管孔多数1~2列，晚材管孔在放大镜下略明晰；宽木射线大于管孔直径；材色浅 ··· 蒙古栎 *Quercus mongolica*	
23. 早晚材略急变；早材管孔多数2~4列，晚材管孔在放大镜下明显；宽木射线小于管孔直径；材色深 ···	25
24. 心材浅红褐色至红褐色；树皮硬 ············· 麻栎 *Quercus acutissima*	
24. 心材红褐色至鲜红褐色；木栓层很发达 ······ 栓皮栎 *Quercus variabilis*	
25. 晚材管孔呈波浪状或弦列型 ···	27
25. 晚材管孔不呈波浪状或弦列型 ··	34
26. 早材管孔多列 ···	27
26. 早材管孔1~2列 ··	28
27. 心材红褐色；材质硬，髓小 ················· 榉树 *Zelkova schneideriana*	
27. 心材深黄色至深黄褐色，心边材界限处有黄绿色，髓小至中 ··· 苦木 *Picrasma quassioides*	
28. 心材中早材管孔不含侵填体或偶尔有，早材带明显 ···	29
28. 心材中早材管孔充满侵填体，早材带不明显；心材暗黄褐色 ······ 刺槐 *Ormosia microphylla*	
29. 心材不带黄色 ···	30
29. 心材黄褐色或灰黄褐色；晚材管孔倾斜型；心材管孔含侵填体 ····· 黄连木 *Pistacia chinensis*	
30. 木射线在肉眼下明晰至明显 ···	31

30. 木射线在肉眼下不明晰；侵填体多；心材深红褐色 ················· 榔榆 *Ulmus parvifolia*
31. 心材管孔不含有树胶 ·· 32
31. 心材管孔含有树胶；轴向薄壁组织围管状；径切面有斑纹 ··
   ·· 黄波罗 *Phellodendron amurense*
32. 心边材区别不明显；木射线在肉眼下略明晰 ··· 33
32. 心边材区别不明显；木射线在肉眼下不明晰；晚材管孔呈不连续波浪状 ·······················
   ··· 春榆 *Ulmus propinqua*
33. 心材暗红褐色 ·· 白榆 *Ulmus pumila*
33. 心材黄褐色 ··· 皂荚 *Gleditsia sinensis*
34. 轴向薄壁组织离管型 ··· 35
34. 轴向薄壁组织傍管型 ··· 38
35. 晚材单管孔或复管孔，倾斜型；木射线中至宽 ··············· 山核桃 *Carya cathayensis*
35. 晚材管孔呈径列型（辐射状） ··· 36
36. 早晚材急变；心边材区别明晰，边材黄褐色，心材浅黑褐色 ······ 化香 *Platycarya strobilacea*
36. 早晚材急变；心边材区别略明晰 ·· 37
37. 生长轮明晰；心材浅栗褐色 ·································· 栗木 *Castanea henryi*
37. 生长轮不明晰；心材灰红褐色 ···························· 苦槠 *Castanopsis sclerophylla*
38. 木材为细木射线 ··· 39
38. 木材为宽木射线 ··· 47
39. 木射线在肉眼下不明晰 ·· 40
39. 木射线在肉眼下略明晰 ·· 43
40. 心边材区别不明显，材色浅；晚材管孔弦列型或呈波浪状 ············ 白蜡 *Fraxinus chinensis*
40. 心边材区别明显，心材色深；晚材管孔弦列型或倾斜型 ······································· 41
41. 早晚材急变；边材黄白色，心材灰褐色；细木射线 ············· 水曲柳 *Fraxinus mandshurica*
41. 早晚材缓变；心材深灰褐色至红褐色 ··· 42
42. 轴向薄壁组织发达，翼状或聚翼状；心材红褐色或深褐色 ············ 合欢 *Albizzia julibrissin*
42. 轴向薄壁组织较少，围管状；心材深灰褐色 ································ 梓树 *Catalpa ovata*
43. 晚材管孔径列型；心材深红褐色 ··· 香椿 *Toona sinensis*
43. 晚材管孔弦列型或倾斜型 ·· 44
44. 木材有香气；边材浅褐色，心材栗褐色；轴向薄壁组织围管状；细木射线 ·······················
   ··· 檫木 *Sassafras tzumu*
44. 木材无香气 ··· 45
45. 心边材区别明显；晚材管孔弦列型；轴向薄壁组织傍管型；心材浅红褐色 ······················
   ·· 苦楝 *Melia azedarach*
45. 心边材区别不明显 ··· 46
46. 木材灰白色至浅黄色；木材轻软；轴向薄壁组织发达，肉眼下可见，翼状或聚翼状 ·······
   ·· 泡桐 *Paulownia* spp.
46. 边材灰白色，心材红褐色；轴向薄壁组织在放大镜下可见，围管状；有射线斑纹；横向树
   胶道在弦切面呈褐色小点 ······························· 南酸枣 *Choerspondias axillaris*
47. 心材灰黄褐色；晚材管孔弦列型；早材管孔含有树胶 ············ 臭椿 *Ailanthus altissima*
47. 心材浅栗褐色或浅红褐色；晚材管孔倾斜型；早材管孔含有侵填体 ·······························
   ·· 板栗 *Castanea mollissima*
48. 有宽木射线；管孔呈辐射状 ··· 49
48. 无宽木射线；管孔不呈辐射状 ·· 52

49. 宽木射线在肉眼下明显,分布均匀；管孔星散排列 ·· 50
49. 宽木射线在肉眼下不明显,分布不均匀；管孔径列排列 ·································· 51
50. 宽木射线窄,较密；离带状薄壁组织不明晰；管孔小、散生 ····························
　　·· 水青冈 *Fagus longipetiolata*
50. 宽木射线粗,较疏；离带状薄壁组织明晰；管孔略呈径列 ····· 青冈 *Cyclobalanopsis glauca*
51. 管孔排列呈径列型；聚合射线少；材质中等 ················· 栲树 *Castanopsis fargesii*
51. 管孔单独排列；聚合射线多；材质较重硬 ··············· 鹅耳枥 *Carpinus turczaninowii*
52. 在肉眼或放大镜下可见离管型轴向薄壁组织,排列呈弦列状或密而多的斑点状 ······ 53
52. 在肉眼或放大镜下轴向薄壁组织不明晰或为围管状 ···································· 61
53. 在肉眼下可见轴向薄壁组织；心材红褐色；管孔径列型；偶尔可见聚合射线 ···········
　　··· 红锥 *Castanopsis hystrix*
53. 在放大镜下可见轴向薄壁组织 ·· 54
54. 心材暗红褐色或紫褐色 ··· 55
54. 心材浅褐色或黄白至灰褐色 ··· 57
55. 心材红褐至暗红褐色；管孔在放大镜下明晰 ······················ 铁木 *Ostrya japonica*
55. 心材暗红褐或紫褐色；管孔在肉眼下明晰 ·· 56
56. 边材黄褐至红褐色；早材管孔中至略大,在肉眼下明晰至明显,多呈倾斜型；木射线少至
　　多,细至中,在放大镜下明显 ······································ 核桃楸 *Juglans mandshurica*
56. 边材浅黄褐色或浅栗褐色；早材管孔中等大小,在肉眼下可见；木射线少至多,细至中,
　　在肉眼下明晰 ··· 核桃 *Juglans regia*
57. 弦切面上有涟纹；木材黄褐至灰褐色；轴向薄壁组织离管弦列状；细木射线,径切面上射线
　　斑纹不明显 ··· 柿树 *Diospyros kaki*
57. 弦切面上无涟纹 ·· 58
58. 轴向薄壁组织在放大镜下不明晰,呈断续细弦线；管孔在肉眼下不明晰；细木射线,径切面
　　上射线斑纹可见 ·· 乌桕 *Sapium discolor*
58. 轴向薄壁组织在放大镜下明晰,呈连续细弦线 ·· 59
59. 管孔小,在放大镜下明晰,径列型 ···························· 千金榆 *Carpinus fangiana*
59. 管孔中至小,在肉眼下明晰 ·· 60
60. 木材褐色或灰褐色；轴向薄壁组织密集 ························ 枫杨 *Pterocarya stenoptera*
60. 心材灰红褐色；轴向薄壁组织稀疏 ···················· 黄杞 *Engelhardtia roxburghiana*
61. 管孔小至中；木射线细,径切面上有射线斑纹；新鲜材樟脑气味浓 ··················
　　··· 樟树 *Cinnamomum camphora*
61. 管孔中,排成弦列型或波浪状；木射线中；边材浅黄色,心材浅红褐色 ················
　　··· 楝木 *Melia azedarach*
62. 有宽木射线 ·· 63
62. 无宽木射线 ·· 66
63. 轴向薄壁组织不见 ·· 64
63. 轴向薄壁组织可见 ·· 78
64. 管孔在放大镜下明显,甚小较多,分布略均匀呈星散型；生长轮略明显,宽度不均匀；径切
　　面上有红褐色射线斑纹 ·· 悬铃木 *Platanus acerifolia*
64. 管孔在放大镜下明晰,甚小较少,分布不均匀呈径列型 ·································· 65
65. 生长轮不明显,宽度不均匀；径切面上有射线斑纹；材表为灯纱纹 ···················
　　··· 鸭脚木 *Schefflera octophylla*
65. 生长轮略明显,宽度略均匀；径切面上略有射线斑纹；材表特征介于灯纱纹与细纱纹之间

.... 冬青 *Ilex chinensis*
66. 细木射线，在肉眼下可见 67
66. 细木射线，在肉眼下不见 73
67. 年轮明晰 68
67. 年轮不明晰或略明晰 71
68. 年轮略呈波浪状；木材浅红褐色 .... 青榨槭 *Acer davidi*
68. 年轮不呈波浪状；木材浅红褐色；木材有光泽 69
69. 木材重硬；木材浅褐黄色略带红褐色 .... 坚桦 *Betula chinensis*
69. 木材硬度中等 70
70. 木材浅红色或浅褐红色；木材无芳香油，不具香气 .... 红桦 *Betula utilis* var. *sinensis*
70. 木材浅红褐色至略带紫色；木材含芳香油，具香气 .... 光皮桦 *Betula cylindrostachya*
71. 细木射线，肉眼下不见；木材具褐色的髓心，形状近似圆形 ....
.... 枫香 *Liquidambar formosana*
71. 细木射线，肉眼下可见 72
72. 木材浅黄白色或接近白色；端面硬度较低 .... 白桦 *Betula platyphylla*
72. 木材浅褐色；端面硬度较高 .... 西南桦 *Betula alnoides*
73. 年轮明晰 74
73. 年轮略明晰或不明晰 93
74. 轴向薄壁组织多呈单侧围管状 75
74. 轴向薄壁组织以离带状为主 76
75. 心边材区别明晰；材色从外向内逐渐加深，边材黄褐色，心材红褐色；管孔大小中等，在放大镜下明显；材表上有网孔 .... 银桦 *Grevillea robusta*
75. 心边材区别不明显；木材灰褐色或灰褐色微红；管孔较大，在放大镜下略明显；生长轮略明显，宽度不均匀；材表上有网孔 .... 山龙眼 *Helicia reticulata*
76. 轴向薄壁组织较多，以离带状为主，或有围管状 77
76. 轴向薄壁组织略多，断续离带状；材色从外向内逐渐加深，为红褐色；生长轮略明显，宽度略均匀；管孔少，大小中等，放大镜下明显，径列型 ...... 木麻黄 *Casuurina equisetifolia*
77. 心边材区别不明显；木材灰黄色、灰褐色或浅红褐色；管孔大小中等，肉眼下不见至略见，通常宽1~3列；径切面上射线斑纹明显 .... 青冈 *Cyclobalanopsis glauca*
77. 心边材区别略明显；边材红褐色或浅红褐色，心材暗红褐色或紫红褐色；管孔大小中等，肉眼下略见，放大镜下明显，通常宽1列；径切面上射线斑纹很明显 ....
.... 竹叶青冈 *Cyclobalanopsis bambusaefolia*
78. 轴向薄壁组织呈傍管型及离带状或轮界状 79
78. 轴向薄壁组织呈离管型 88
79. 轴向薄壁组织呈傍管型 80
79. 轴向薄壁组织呈离带状或轮界状 85
80. 管孔分散型 81
80. 管孔径列型或分散型 82
81. 管孔多至甚多，甚小至略小，在放大镜下可见，大小一致，分布均匀；木射线数目中至多，放大镜下略见 .... 垂柳 *Salix babylonica*
81. 管孔数多，甚小至略小，在放大镜下可见，分布不均匀；生长轮略明显 ....
.... 七叶树 *Aesculus chinensis*
82. 生长轮不明显 83
82. 生长轮略明显至明显 84

83. 心边材区别明显，边材黄褐色或浅红褐色，心材红褐至深红褐色；木射线多至很多，细至中，在放大镜下明显 ··· 蚬木 *Buerretiodendron hsienmu*
83. 心边材区别明显，边材黄褐或灰褐色，心材暗黄褐色；有油性感；微苦；木射线少至多，细至中，在肉眼下略见；径切面上有射线斑纹 ······················· 青皮 *Vatica astrotricha*
84. 生长轮明显，宽度较均匀；心边材区别不明显；新切面有香气，微苦；管孔略少，小至中，肉眼下略见；具侵填体；径切面上有射线斑纹 ······················· 桢楠 *Phoebe nunmu*
84. 生长轮不明显至略明显，宽度不均匀；心边材区别略明显；无气味和滋味；管孔略少，大小中等，肉眼下可见；有白色沉积物；射线斑纹不明显 ·············· 荔枝 *Litchi chinensis*
85. 心边材区别不明显 ··· 86
85. 心边材区别明显，边材黄褐色，心材深红褐色或暗褐色；管孔甚多，甚小，放大镜下可见，分布均匀；细木射线 ································· 枣木 *Zizyphus jujuba*
86. 木射线多至很多，中至细，放大镜下明显 ··· 87
86. 木射线少至多，宽射线，肉眼下可见；心边材区别不明显；木材红褐色微黄或红褐色；径切面上有射线斑纹 ·· 槭木 *Acer* spp.
87. 生长轮不明显至略明显，宽度略均匀；管孔数少，略小至中，肉眼下可见，分布均匀；木材浅红褐色或浅灰褐色；光泽弱 ···················· 琼楠 *Beilschmiedia fordii*
87. 生长轮不明显至略明显，宽度不均匀；管孔数少，中至略大，肉眼下可见；木材黄色或浅黄褐色至黄褐色；有光泽；偶尔含有树胶 ············ 黄檀 *Dalbergia hupeana*
88. 轴向薄壁组织轮界状 ·· 89
88. 轴向薄壁组织离带状或星散状 ··· 90
89. 心边材区别略明显；边材黄白色或浅红褐色，心材灰黄褐色或微带绿色；管孔略多，略小，放大镜下明显，散生或斜列；细木射线少至多，肉眼下可见
 ·· 鹅掌楸 *Liriodendron chinense*
89. 心边材区别明显；边材浅栗褐色或灰黄褐色，心材黄色或黄色微绿；管孔略少至略多，甚小至略小，放大镜下明显；细木射线多，放大镜下可见 ··· 绿兰(木莲) *Manglietia fordiana*
90. 轴向薄壁组织离带状 ··· 91
90. 轴向薄壁组织星散状；心边材区别明显；边材灰褐色或灰黄褐色，心材红褐色；管孔略少，肉眼下略见，分布均匀 ··························· 润楠 *Machilus leptophylla*
91. 心边材区别明显 ··· 92
91. 心边材区别不明显；木材浅黄褐色或深黄褐色；生长轮不明显或略见；管孔少至略少，肉眼下可见，分布不均匀 ·························· 黄梁木 *Anthocephalus chinensis*
92. 生长轮不明显；管孔少，略小至中，放大镜下明显，径列型；无侵填体；无气味和滋味 ·· 铁力木 *Mesua ferrea*
92. 生长轮不明显或略明显；管孔略小至中，放大镜下略明显至可见，倾斜径列型；心材有侵填体；木材具辛辣滋味 ································· 海南子京 *Madhuca* spp.
93. 年轮略明晰 ··· 94
93. 年轮明晰度多变 ··· 95
94. 木材浅灰色略带浅紫色；不具光泽 ··· 杜仲 *Eucommia ulmoides*
94. 木材红褐色；略具光泽 ··· 棠梨木 *Pyrus callervana*
95. 心边材区别不明晰至略明晰 ·· 96
95. 心边材区别不明晰；木材黄褐色至浅黄褐色；有少量髓斑 ············ 杜鹃 *Rhododendron fortunei*
96. 木射线极细；管孔甚小；材质较轻软；材色浅 ································· 杨木 *Populus* spp.
96. 木射线细，放大镜下可见；管孔小；材质中或较轻 ··· 97
97. 心边材区别明显；心材红褐色；木材较轻软 ···································· 柳木 *Salix* spp.

97. 心边材区别不明显 ··· 98
98. 木射线均匀分布；管孔分布不均匀或均匀 ·· 99
98. 木射线分布很密；管孔分布均匀 ·· 100
99. 管孔在肉眼下为浅色点状；有髓斑 ·· 桦木 *Betula* spp.
99. 管孔甚小，肉眼下不见，分布均匀；无髓斑 ··· 椴木 *Tilia* spp.
100. 年轮略明晰；木材浅黄色、白色略带微褐色，心材略现浅红褐色
 ··· 毛白杨 *Populus tomentosa*
100. 年轮略明晰至明晰；木材为浅褐黄色略带微红色 ································ 冬瓜杨 *Populus purdomii*

3.1.2 穿孔卡片检索表

穿孔卡片检索表(简称穿孔卡)是把木材的全部识别特征排列在一张卡片周围，并在每一特征上方打一小孔，一个树种制成一张卡片，凡该种木材所具有的特征上方的小孔剪穿，变成"U"形缺口，如果具有的特征不够明显的，则在"U"形下划横线。同时剪去每张卡片的右上角，使所有卡片按同一方向放在卡片盒内。检索时，按照特征的明显程度顺次用钢针穿卡片上相应特征的圆孔，轻摇抖落具有该特征的卡片，留在针上的放在一边，将抖落的卡片叠好，又按第二个特征再进行穿挑分离，逐次淘汰，直到最后几张时，再与定名的木材切面对照，以确保鉴定结果的可靠性。

3.1.3 计算机在木材识别(智能识别木材)上的应用

计算机和智能手机的迅速发展，为识别木材开拓了一条新的途径。从国内现有的软件来看，它主要是结合了对分检索表和穿孔卡片检索法两者的优点，采用木材树种名称及构造特征的数据，利用计算机数据库管理系统编制软件，开发成木材(树种)识别计算机检索系统和智能手机 App 识别软件，这种软件的应用必须有良好的木材学基础知识才能判断准确，接受识别结果。它具有处理信息快、运行效率高、综合功能强等特点，为今后应用于木材科学的发展奠定了良好的基础。

3 种检索方法各有利弊，主要异同点见表 3-1。

表 3-1 木材识别方法比较

检索方法	优点	不足
对分检索表	无需特殊设备 树种不多时较为适用	编制检索表具极强的专业性 增减树种或修改特征麻烦甚至要重新编制 不可跳跃或按照最显著特征进行检索 标本上观察不到表中所列特征则不易检索甚至错检
穿孔卡片检索法	鉴定程序简单，方便快捷，可按照最显著特征检索，结果准确性高，增减或修改也较为容易	木材特征设置受卡片大小限制 检验范围受卡片数量限制，当待检木材不在已有卡片之中时易造成漏检 卡片易损坏，使用寿命具有局限性
计算机检索	容量大、速度快、增减易、可一次检索多个特征	其要求编程人员必须同时具备木材识别和计算机应用两方面知识，否则会导致编制的程序可操作性不强

3.1.4 木材识别工具与设备

(1) 试样制作工具：木工锯刨、斧、刀片、切片设备等。

(2)观察用的工具与设备：主要包括用于宏观识别的放大镜和用于微观识别的光学显微镜、电子显微镜等。

(3)结果检索与判定用工具：检索表、穿孔卡片、经过正确定名的标本、木材识别的各种参考资料及数据库系统应用软件。

所谓经过正确定名的标本，就是经过正确定名的标本，它相当于工厂生产的"产品样本"，应注意搜集和积累，采集一套某地区所产木材的经过正确定名的标本，建立标本档案，对于教学、科研、木材识别均具有极为重要的现实意义。一般制作成长 12~15cm、宽 6~8cm、厚 1.5~2cm 的光面长方体，最好带有树皮，要求不含缺陷，心边材区别明显的应同时具备，窄面贴上标签，标注产地、中文名称、拉丁文名称等内容，条件许可时应与树木蜡叶标本配套。相关文献资料对鉴定结果的顺利得出起着至关重要的作用，已经出版的相关专著很多，如全国木材志、地方木材志、木材标准、进口木材的文献资料等，既有木材识别特征的记载，也有区域性的木材检索表。

3.1.5　木材识别步骤

3.1.5.1　试样选取与制作

现场识别一般对试样的形状要求不严，而是根据实际情况具体对待，但应以尽可能挖掘记载其所能体现的特征为原则，将表面削平后观察，如外形、颜色、气味、流胶(脂)等，甚至木材端头部位出现的菌丝、变色或层析的晶体形态也能为识别提供重要依据。实验室识别则对试样要求相对较高，不论是宏观识别与微观识别比较注重于木材的三个切面的截取与刨平，体现新切切面的特征，尤其微观识别一定要选取切面标准的健全材，否则所得切片不仅会影响构造特征记载，还会导致部分需定量测定的指标结果不准确，如管孔直径、胞壁厚度等。

3.1.5.2　识别原则与结果判定

要准确迅速识别木材，应在熟练掌握木材构造特征内涵的基础上，把握先宏观后微观、先看共性后查特性、先显著特征后潜在特征、先横切面后纵切面、先判定结果后做出结论(与模式标本对照后)、边观察记载边查找核对的原则。根据鉴定目的要求，观察、记载、检索、结果判定、对照模式标本、得出鉴定结论、出具鉴定报告，从而完成整个鉴定过程。实际工作中，应根据不同情况采取相应的步骤，如根据管孔有无区分针、阔叶材(某些科属例外)，根据有无正常树脂道判定是否为松科六属木材，根据波痕有无判断其进化程度，另外木材特征性颜色和气味、内含物特征性颜色和性状等都可为木材识别提供直接依据，能大大缩短鉴定周期，在具体工作中逐步积累经验，灵活运用，就能达到事半功倍之功效。

3.1.6　木材识别与鉴定注意事项

商品经济时代，木材识别与鉴定工作对判断木质商品价值特别重要。类似的木种，有时价值差异很大。如非洲产与东南亚产的花梨木、酸枝木。价值差异大。以下几点是值得注意的：

(1)准确把握木材构造特征的含义，理论与实践相结合，反复将理论上的描述与实物的宏观构造及显微镜下的微观特征相对照，领悟其内涵，才能保证实际操作中得心应手，当然这是一个长期工作经验积累的过程。

（2）鉴定前应做好以下几项工作，即弄清鉴定目的与要求，尽可能弄清试样来源（木材产地、取材部位、何种用途等），要求送检者在来样上签字（一般情况下不需要，当涉及刑事案件或民事纠纷案件则是必不可少的），这些工作不仅可以减少走弯路，也可以在出现对鉴定结果产生意见分歧时有据可查。

（3）将鉴定结果与经过正确定名的标本进行对照。只要条件许可都应根据检索结果，找出相应的经过正确定名的标本，将待检试样与经过正确定名的标本进行对比分析以确定鉴定结果的正确与否，否则不能轻易出具鉴定报告，以免造成不可预测的严重后果。

（4）作为生产方和销售方，应该主动出示实木家具包括红木家具的鉴定报告，明确标明商品名、树种名和拉丁学名。

（5）鉴定方出具报告，应附有鉴定的主要依据和照片关键特征说明，一般鉴定报告只写明木材所属类别，这点必须给消费者明确说明。如果消费者明确要求鉴定到树种并附拉丁学名，鉴定方则应该对照经过正确定名的标本进行比对，出具明确的结论，不能以行规只鉴定到类别来搪塞，否则不该接受委托鉴定项目。

3.2 木材宏观识别

3.2.1 方　法

木材宏观识别常用工具是锋利的小刀和 10 倍放大镜，此法较适合于现场识别。工作人员对木材构造知识的掌握程度、经验和判断能力对识别、鉴定结果的准确性起着至关重要的作用。观察前应弄清试样的三个切面所在位置，将其局部削平，然后用肉眼或放大镜在光滑的切面上观察所展现的特征，尤其横切面呈现的特征较多，应作为观察重点。放大镜使用因个人习惯、视力不同而不同，没有明确规定，以看得清楚为原则，一般用前用擦镜纸揩去灰尘，左手持木材标本，右手持放大镜，将木材标本切面对准光源，调整放大镜与标本距离，直到特征清晰为止，如特征不清楚或木材切面不光滑，可用凿刀再次削平或在切面上滴以清水，往往能增强特征的明显度，如轴向薄壁组织、波痕、气味等。木材颜色应该以气干状态的健康材为准，不能用腐朽或变色材。

现场识别一定要根据实际情况抓住显著特征，如树皮是原木识别的重要依据；原木剥去树皮后的木材表面即材表特征在观察时也是值得注意的，如壳斗科木材的槽棱、豆科木材的波痕等；原木端头呈现的心边材的明显度、边材的宽窄、早晚材的转变度、流胶（脂）现象等也可为现场初步判定提供参考依据，如落叶松早晚材的急变、龙脑香属克隆木材端头的流胶等。

3.2.2 木材宏观识别要点

裸子植物材其进化较为低等，结构较简单，识别特征相对较少，但不同木材特征差异较明显。被子植物材种类繁多，进化较为高等，木材构造远比针叶树材复杂，两者宏观观察的侧重点不同，具体情况见表 3-2。

表 3-2 针、阔叶树材宏观识别异同点

类别	相同点	侧 重 点
针叶树材	心边材差异；生长轮的明显度、宽窄及均匀度；颜色；气味；滋味；质量；硬度；结构、纹理与花纹	无孔材；树脂道的有无、多少；树脂的有无；早晚材转变度
阔叶树材		有孔材；管孔式类型；材表特征；环孔材晚材管孔的分布；管孔大小及组合；侵填体的有无；木射线宽窄及明晰程度；轴向薄壁组织的明晰程度及分布类型

3.3 木材的微观鉴定

微观鉴定无论是设备还是操作过程都比宏观识别复杂，必须在实验室完成，这也是准确识别木材的必要工序，尤其对于规格较小、变质（如发掘的古木）或不标准（如枝丫材）的试样，微观识别显得尤为必要，而切片质量好坏则是微观识别的关键所在。木材切片方法很多，以徒手法最为简单，不需要特别仪器，但不易切得很薄，因个人技术而异，不能供精细研究用，一般多用切片机切片。

3.3.1 木材切片的制作

3.3.1.1 试材选择及试样切取

尽可能自树干中部截取选择生长适中，无病腐及弯曲等严重缺陷的标本，不要在树根、树梢或侧枝上取材，试块不要距离髓心太近，一般应在距离髓心若干个年轮为好，除某种目的外，最好在边材的内缘部分取材，但试块也不能距离树皮太近，一个试块不能同时包括心材和边材两部分。试样大小可以固定于切片机上为好，可采用 1cm³ 见方的试块，在其上锯出横切面、径切面及弦切面三个突出的面，其中横切面最好包括一至数个年轮，如果年轮过宽，则将年轮界限处（早材晚材交界处）位于横切面中央，这三个切面必须取正确，而且不允许有任何缺陷。

3.3.1.2 切片前预备处理

切片前的预处理（包括软化处理）比较复杂，方法众多，各有利弊，其目的一为软化，二为排除细胞内的空气。常见的软化处理方法有水煮法、甘油—酒精混合液浸泡、过氧化氢和醋酸处理、氟氢酸处理等，其中最简单常用的是水煮法。将木块置于盛水的烧杯中煮，使之变热（不宜沸腾），后浸于冷水中冷却，如是反复数次，使细胞内的空气完全排除，全为水分所饱和，至最轻木材下沉为止，质轻木材一般煮 3~4h，水煮以后即可切片，质硬木材可适当延长水煮时间，如加入少量冰醋酸效果更好。

软化方法的选择主要根据材料的性质——软硬、湿度、针叶树材或阔叶树材以及对切片的要求等。如果一次切数种木材，混在一起处理，必须在每种试块上用小刀分别刻痕，以便区分。试样软化程度主要根据各种木材结构和强度而定，如硬材较软材需较长时间的软化处理；均匀结构或细结构比不均匀结构或粗结构需要较久的软化处理；多数散孔材比环孔材（很硬的木材除外）需要较久的软化处理。含有大量薄壁组织的阔叶材以及具有薄壁泌脂细胞的针叶树材、早晚材细胞壁厚度及细胞大小相差很大的木材，软化时以薄壁细胞为依据，而不以强硬组织如木纤维为依据，不可软化过度，否则薄壁细胞易破碎。

3.3.1.3 切 片

切片时,将平整而锋利的切片刀安装于切片机上,旋紧,刀略倾斜,其倾斜程度依木材硬度而定,一般刀的侧面与木块表面约成10°。切横切面时,一般刀子移动的方向应与木射线平行;如果有大量的带状薄壁组织,则与木射线垂直;针叶树材由早材开始切,阔叶树材先由晚材开始切。切纵切面时刀子移动的方向与木材纹理一致,木材软化过度时可略微倾斜,但一定要顺着纹理方向切。每切几片就要在显微镜下检验一下,看方向是否正确,尤其切径切面时,更要不断更换方向。木材切片的厚度一般为 $10\sim20\mu m$。

3.3.1.4 染 色

木材切片也有不染色的,但要作为解剖上精细的研究及便于显微照相,还是以染色为宜,用于木材切片染色的染色剂很多,如番红、固绿、亮绿、龙胆紫、苏木精等,其中以1%的番红水溶液染色最为常用,其优点为色泽鲜艳,经火不褪,使已木质化部分染为红色,若与苏木精作二重染色尤为美观,苏木精经铁钒媒染剂的作用,可将未木质化的部分染成淡蓝色。番红—固绿法则可将硬材中胶质纤维自纤维中区分开来。无论采取何种方式,最后均应经多级浓度的酒精脱水,并用相应的透明剂处理以备上片封固。

3.3.1.5 装片封固

经染色透明后的木材切片,可取横切面、径切面及弦切面各一,用胶封固于玻片上,供永久保存。封固剂常用的有加拿大树胶和甘油胶两种,加拿大树胶如为固体,则需溶解于二甲苯中,将三个切面的切片放在载玻片上,加2~3滴加拿大树胶,用镊子夹住盖玻片的一边,轻轻自一端盖上,在其上缓缓施加压力,压出多余的树胶及气泡,平置晾干,干后用绸布沾二甲苯将玻片各部分擦净,贴上标签,制片至此完备。甘油胶封固时取优质明胶5g加入烧杯中,加蒸馏水30g,用盖子盖上,放置2h,再加35ml的甘油和0.7g的石炭酸,在酒精灯上加热25min,须不断搅拌至无气泡为止,然后趁热用湿纱布过滤,由培养皿收集,如有气泡可用小刀刮去,胶液冷后凝固,视所需大小,切成小颗粒,每一颗粒以胶固一次切片为宜。封固时,取切片置于载玻片上,滴一滴5%的甘油,加一粒甘油胶,在火上烤化,再盖上盖玻片压实。此法的优点为免去了各种纯度的酒精脱水及丁香油、二甲苯等透明手续,因此使用简便经济,但其透明度及耐火性比前者要差。

3.3.2 徒手切片法与木材微观识别

徒手切片法是指不借助切片机械而直接用刀片将新鲜的或固定的材料(一般为木质化程度较低的植物材料)切成薄片的方法,因其操作方法简便、制片迅速并能及时观察植物组织生活状态下的结构而成为组织化学、生物鉴定、教学实验及科研选材的常用方法,尤其在医学及生物学领域的应用更为普遍,在木材这一类木质化了的生物质材料上的应用存在着其局限性,但仅就木材的微观特征记载及木材鉴定而言是切实可行的,尤其在进口木材识别中,与切片机切片相比,往往能体现出自身的优越性,徒手切片应掌握以下要领。

3.3.2.1 工具的选择与制作

切片工具好坏直接关系到切片质量的高低,选择一把平整、锋利而又具有较大硬度的切片刀对于通常具有较大硬度或较多内含物的木材而言是非常必要的。制作切片刀的材料应选择硬度较大(但太大又不便于磨刀)的如高速钢机用锯条的边角料等,其形状以方便手握切削为宜(图3-1),刃口尺寸一般小于20mm,其目的是减小切削阻力。材料选定后即可进行研磨,手工磨刀是比较传统的方法,是技术人员必备的技能。一般可制成单面刃磨刀片,研磨角 θ(前刀面与后刀面的夹角,相当于单板旋切中旋刀的楔角)一般为15°~30°,研磨角小,磨出的刀较为锋利,但耐久性较差,容易产生豁口,研磨角大则刚性大,比较适宜于切削硬重的木材如铁樟(*Eusideroxylon zwageri*)、重坡垒(*Hopea* spp.)等。

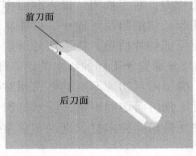

图3-1 切片刀模型(θ为研磨角)　　图3-2 切片示意图

磨刀时也应本着先粗磨,后精磨的原则,用力需适当,刀刃逐渐锋利,刀刃越锋利用力越小,刀应勤磨,这样每次砥磨时才会省时、省力,又易把握砥磨的程度,当用肉眼观察已很锋利时,可将刀擦净,右手持刀,迎着光线,背景宜暗,刀刃与视线约成30°(图3-2),眼睛瞄准刀刃最薄处,顺刀刃观察,如果为一虚线就说明刀刃已很锋利,较钝的刀则会看到一折光的亮线。如为间断性亮线,则亮处较钝,暗处较锋利,也可将刀刃置于10倍放大镜下刃口呈一条不间断的线条即见不到豁口时即可准备切片。

此外,市面上已有一次性专用刀片出售,可以节省大量的磨刀时间。

3.3.2.2 试样的制作与处理

徒手切片法最大的优点在于方便快捷,因其对材料的软化要求较低。根据木材材质状况不同,试样可采取相应的处理措施,见表3-3。

表3-3 徒手切片试样处理方法

方法	适宜木材	操作方法	树种示例
直接切取法	硬度较小的木材	找准三个切面依次切取,或将待切面用自来水或热水弄湿后立即切取	轻(软)坡垒 *Hopea* spp.、浅红娑罗双、筒状非洲楝(沙比利)*Entandrophragma cylindricum*、四数木 *Tetrameles nudiflora*、八果木 *Octomeles sumatrana*、四籽木 *Tetramerist* spp.、蒜果木 *Scorodocarpus borneensis*、柚木 *Tectona* spp.、胡桃木类 *Juglans* spp. 及一些针叶树材等
冷(热)水浸湿法	硬度较大、内含物相对较少的木材	从待检样上取1cm×1cm×5cm大小的试块,找准三个切面,将试块置于冷(热)水中浸至纤维饱和点含水率以上时即可,该种处理方法软化的只是试样表面,当切至内部未软化的部分时再次处理,如此循环	帕拉芸香 *Euxylophora paraensis*、李叶苏木类 *Hymenaea* spp.、古夷苏木 *Guibourtia demeusei*、紫心苏木类 *Peltogyne* spp.、橡胶木类 *Hevea* spp.、圭巴卫矛 *Goupia* spp.、蚁木类 *Tabebuia* spp. 等

(续)

方法	适宜木材	操作方法	树种示例
微波炉加热法	硬度较大、内含物尤其晶体丰富的木材	将制作好的试块用镊子夹住置于盛水的烧杯中，水的深度以将试块完全淹没为准，将微波炉调至蒸煮挡加热3~5min，也可视材质及软化程度适当延长或缩短加热时间，取出立即趁热切片	印茄 *Intsia* spp.、双柱苏木 *Dicorynia* spp.、香二翅豆 *Diperyx odorata*、龙脑香木类 *Dipterocarpus* spp.、坤甸铁樟 *Eusideroxylon zwageri*、绿心樟 *Ocotea* spp.、绿柄桑类 *Chlorophora* spp.、纤皮玉蕊类 *Couratari* spp. 等

3.3.2.3 切 片

一般左手握住试块，同时拇指用力向下按住切片刀；右手握刀，以刃磨面作为前刀面，在刀片做进给运动的同时将刀片向上用力托起，切削角尽可能小，以能从试样上切出薄片为宜，这样做能使切片的厚度降低从而保证切片质量。徒手切片一般很难切出很规整的切片，为便于装片，三个切面上的切片分别置于不同的盛水的培养皿中，盛水的目的是使切片能自由展开而便于后期装片。横切面对切片厚度的要求相对要低一些，切片较为容易。由于木射线的影响，径切面比弦切面切削困难，但木材识别时需由径切面切片提供射线组织类型等信息，而这往往是阔叶树木材识别的非常重要的依据，因而对徒手切片提出了更高的要求。

3.3.2.4 临时装片

因徒手切片法得到的切片尺寸较小，单个切片不可能全面反映木材的微观构造特征，为便于观察和客观的记载木材的微观特征，尽可能从培养皿中挑选较薄、面积较大的样品，同一载玻片上尽可能多的装载切片，以便于在视野下选择观察。每一载玻片上只装来自于同一切面的切片，每一切面一般装2~3个临时切片，纵切面切片装片前需用50%、70%、85%、95%及100%酒精进行逐级脱水，横切面切片则可直接装片，但应排除残留在盖玻片内的气泡。两者均依靠毛细管力使切片固定，应即装即观察，以免切片因干缩卷曲使盖玻片拱起而前功尽弃。

3.3.2.5 观察与记载

装好的切片在上镜前应用吸水纸将表面残留的液体（水或酒精）去除，以免对显微镜造成损伤。观察时应本着逐面进行、化零为整、多切片多视野观察、同切面不同切片相互补充和佐证的原则，并对所观察的特征进行详细记载，然后查阅相关资料进行检索，这与其他木材鉴定方法是一致的。对于疑似木种的某些在切片上未表现或表现不明显的特征可以有针对性的重新切片，观察，如此循环，直至得出最后结论。

3.3.2.6 徒手切片识别木材注意事项

（1）鉴定者对待检的样品的木材构造特征有一个正确的估价（可由宏观特征预测），并以此为依据确定采取何种处理方法，这将直接影响到后来切片的质量，从而影响到鉴定结论的准确性。

（2）整个操作过程中，切片刀的制作是极为关键的工序，如果条件许可，最好能做研磨角不等的一组刀片，切片时则可根据待检样材质状况选择不同的刀片。

（3）试样的处理可根据操作者的习惯及熟练程度进行选择，可不处理，也可采取常规切片的如双氧水—冰醋酸法等特殊处理方法，但对于较小的样品或从珍贵家具及工艺品上取样时不能采取该类风险较大的方法，以防软化失败而无法继续下一步工作甚至造成较大经济损失。

(4)特征记载及检索时，因采用徒手切片法得到的切片提供的信息不太全面，故在具体操作过程中一定要遵循化零为整的原则，完整挖掘试样能够提供的信息，才能得到准确的鉴定结论。

3.3.3 木材微观识别要点

针叶树材细胞径向排列整齐，个体间微观特征的微弱差异均有可能成为木材识别的重要依据，阔叶树材构造分子排列不规整，细胞类型更复杂，分工也更明确，但主要由导管分子、木纤维、轴向薄壁细胞及射线薄壁细胞四种细胞组成。两者微观识别要点见表3-4。

表3-4 针、阔叶树材微观识别观察记载要点

类 别	识 别 要 点
针叶树材	①管胞：形态特征及胞壁特征如纹孔的分布、列数、排列方式、形状、纹孔塞边缘形状；螺纹加厚的有无、显著程度、倾斜角度、早晚材分布情况 ②树脂道：有无、泌脂细胞壁的厚薄，泌脂细胞的个数等 ③木射线组织：列数、高度；细胞组成；射线管胞内壁特征；射线薄壁细胞形态特征、水平壁厚薄及有无纹孔、垂直壁形态特征 ④交叉场纹孔：类型、大小、数目 ⑤轴向薄壁组织：有无、丰富程度及排列方式 ⑥其他一些不稳定的显微特征，如径列条、澳柏型加厚、含晶细胞等
阔叶树材	①导管：导管分子形状、大小；穿孔的类型；侵填体及其他内含物的有无和形态特征；管孔组合方式；管间纹孔式的有无及类型；螺纹加厚的有无等 ②薄壁组织：类型、丰富程度、分室含晶细胞的有无及晶体的个数等 ③射线组织：类型、宽度、高度；与导管间的纹孔式；径向胞间道的有无等 ④木纤维胞壁：厚薄、分隔木纤维及胶质木纤维的有无 ⑤叠生构造：有无、出现叠生构造的细胞类型等 ⑥晶体及其他无机内含物，主要指晶体的有无、出现部位、数量、形状（菱形、柱状、晶簇、晶沙、针晶体或束等） ⑦其他特征如油细胞的有无（如樟科木材）、环管管胞明显与否（如壳斗科木材）、维管管胞的有无（如金缕梅科木材、云南龙脑香）等

3.4 进口木材识别

我国是一个少林缺材、人均森林资源量少的国家，人均占有森林面积及人均拥有森林蓄积量均远远低于世界平均水平。但经济建设的发展，人们生活水平的提高，特别是改善人们居住条件及国家基础建设力度加大对木材及其制品从量到质都提出了更高的要求，我国木材供需矛盾日益加剧。为既保护国内森林资源，又维持木材供需平衡，国家采取了鼓励木材进口的措施，目前我国已经成为世界林产品十大进口国之一。但由于进口木材种类繁多，来源广泛，不规范的中文名称也很多，木材市场非常混乱，进口木材识别显得非常重要。进口木材识别的依据主要是相关文献资料及国家标准如GB/T 16734—1997《中国主要木材名称》、GB/T 18513—2001《中国主要进口木材名称》等。

3.4.1 进口木材种类

随着我国木材进口贸易的发展，进口木材市场呈现多国别、多木种的态势，来源

表 3-5　进口木材分类

类别	主要分布区及其特点	常见输出原木	备注
东南亚、南太平洋木材	世界热带湿润林主要分布区，集中于印度尼西亚、马来西亚、菲律宾等国家和地区，为东南亚、南太平洋商品材的主要产地和输出国	东南亚以龙脑香科为主，约占总输出量78%左右；其次为夹竹桃科、橄榄科、楝科、漆树科、樟科、豆科、棱柱木科、梧桐科、肉豆蔻科、山榄科等；巴布亚新几内亚以番龙眼为主，其他木材有海棠树、榄仁树、普纳木等	我国木材进口主要地区
中美洲、南美洲热带木材	以热带雨林气候为主，兼有热带草原气候、亚热带森林气候、亚热带地中海式气候及山地气候，森林资源非常丰富，大部分由热带阔叶林构成，盛产各种珍贵的热带林木	白坚木类、南美红漆木、巴西玉蕊、巴西黑檀、红椿类、蚁木、圭亚那乳桑木、中美大叶桃花心木等	我国进口中高档木材的重要途径
非洲热带木材	世界第二大洲。森林面积约占全洲面积的21%，占世界森林总面积的19%，非洲西部热带雨林历史上为欧洲阔叶材的供应来源，目前以南部地区的中小径材为主要出口对象	非洲紫檀、奥克榄、绿柄桑、非洲楝等、山榄科、粘木科、樟科、豆科的木材等	我国20世纪50年代开始从非洲进口木材
欧洲木材	海岸线最曲折、平均海拔最低，冰川地形分布较广，高山峻岭汇集南部，大部分地区气候温和湿润。国家和地区之间森林和林地分布不均，俄罗斯是重要木材输出国	除传统的俄罗斯产的雪松、樟子松、落叶松外，产自德国、法国、荷兰、意大利等国的山毛榉、樱桃木、枫木、橡木等贵重木材的进口量呈逐年增加的势头	业内称俄罗斯所产木材为北洋材
北美木材	指美国、加拿大和墨西哥的一部分，该区森林工业发达，进口多，出口少，是世界木材产品主要生产国	北美黄杉、西部铁杉、西加云杉、冷杉、美国西部侧柏、北美山杨等	

遍及五大洲。根据产地不同，进口木材主要分类见表3-5。

3.4.2　常见进口木材识别要点

　　进口木材与国产材识别基本步骤相同，但由于目前进口木材市场存在进口来源广泛、种类繁杂、木材资料不全、检索工具稀少、木材从业人员对其不熟的现实问题，因而识别与鉴定难度比国产木材要大得多，操作过程中应注意以下几点。

　　(1)尽可能弄清进口来源，可大大缩小特征记载后的查找范围。

　　(2)进口木材除原木外，很多都是半成品，木材表达的特征信息不全，识别时应全面考虑，如木材颜色既有可能是边材的，也有可能是心材的，不能一概而论。

　　(3)中国作为一个少林国家的现状将会持续很长时间，木材进口大国的地位依然会继续保持，进口木材必将会成为识别与鉴定工作的重要对象，必须在实际工作中不断摸索，不断积累经验，相关文献资料也应该不断完善，这是木材科技工作者必须面临的课题。目前进口材以热带阔叶树木材为主，而国内尽管有不少专著，但由于没有检索表，查阅很不方便，平时除应注意积累比较明显的个性特征，这些特征可为快速识别提供重要依据，见表3-6。

表 3-6 常见进口木材个性特征一览表

特征	细类特征	常 见 木 材
树胶道	径向树胶道	漆树科伦格斯(Rengas，红心漆与黑漆树合称)；翅果漆(斯温漆，Swintonia spp.)；橄榄科橄榄类(克冬冬，Canarium spp.)
	轴向树胶道	龙脑香科 Dipterocarpaceae
	创伤树胶道	使君子科榄仁树 Terminalia spp.；梧桐科银叶树 Heritiera spp. 等
管孔沉积物	白色米粒状	夹竹桃科鸡骨常山 Alstonia spp.；梧桐科爪哇翅子树(翻白叶)Pterospermum javanicum、船形木 Scaphium spp.；豆科球花豆 Parkia spp.；肉豆蔻科肉豆蔻 Myristica spp.；漆树科高腰果木 Anacardium excelsum、巨腰果木 Anacardium giganteum；楝科香红椿 Cedrela odorata；木棉科五雄吉贝 Ceiba pentandra 等
	深褐色	橄榄科多花嘉榄 Garuga floribunda；山竹子科海棠木 Calphyllum spp.
	白色	卫矛科柯库木 Kokoona spp.；使君子科榄仁树 Terminalia catappa；五桠果(第伦桃)科五桠果 Dillenia spp.；樟科油丹 Alseodaphne spp.、湿地木姜子 Litsea palustris；龙脑香科大多数木材；大风子科天料木 Homalium foetidum；山榄科子京木(紫荆木)Madhuca spp.、胶木 Palaquium spp.、桃榄 Pouteria spp.；四籽树科光叶四籽树(印马四出茶)Tetramerista glabra；椴树科硬椴 Pentace spp.；马鞭草科柚木 Tectona grandis；豆科木荚豆 Zylia xylocarpa；木兰科埃梅木 Elmerrillia spp.；楝科兜状崖摩楝 Amoora cucullata；桑科木波罗 Artocarpus spp.；无患子科羽叶番龙眼 Pometia pinnata 等
	红色	豆科链状亚马孙豆 Cedrelinga catenaeformis；樟科红绿心樟 Ocotea rubra
	粉红色	山竹子科铁力木 Mesua ferrea
	褐色	龙脑香科双翅龙脑香 Dioterocarpus spp.
	绿色	柿树科柿木 Diospyros spp.
	黑色	豆科铁刀木 Cassia siamea；樟科红尼克樟(条纹樟)Nectandra rubra
	炭黑状	豆科宽叶黄檀 Dalbergia latifolia
	黄色	豆科印茄木 Intsia spp.、双柱苏木 Dicorynia guianensis，芸香科舍帝巨盘木(芸香木，Flindersia Schottiana，商业上又称丝光槭 Maple silkwood)；紫葳科齿叶蚁木 Tabebuia serratifolia
气味	有的木材气味清香宜人，有的则发出一些难闻的气味	南亚松等松科树种新鲜木材具松脂气味；樟科红尼克樟生材具芳香气味；木姜子树皮具清香气味；红绿心樟木材略具酸臭气味；铁刀木生材有中草药气味，干后消失；印度紫檀 Pterocarpus indicus 新切面略具清香气味；含笑 Michelia spp. 生材略具樟脑气味；芸香科黄色花椒木 Zanthoxylum flavum 鲜材有椰子气味，干燥后具清香气味；茜草科新乌檀 Neonauclea spp. 生材则具特殊辛辣气味；多柱树科光油桃木 Caryocar glabrum 鲜材略具酸醋气味；卫矛科平滑圭巴卫矛木 Goupia glabra 生材有恶臭气味，干燥后减退，但受潮又恢复；链状亚马孙豆生材发出难闻的气味；山榄科子京木鲜材略带皂角气味，马鞭草科的云南石梓 Gmelina arborea 生材有浓厚的酸臭气味，故称"酸树"，柚木略具皮革气味等
波痕	极其明显	龙脑香科赫氏棒果香 Balanocarpus heimii；椴树科硬椴 Pentace spp.；豆科宽叶黄檀 Dalbergia latifolia、阔萼达里豆(摘亚木)Dialium platysepalum、大甘巴豆 Koompassia excelsa、马来甘巴豆 Koompassia malaccensis、无刺甘兰豆 Andira inermis、巴那圭苏木 Caesalpinia paraguariensis、链状亚马孙豆、双柱苏木 Dicorynia guianensis；紫葳科蚁木 Tabebuia spp. 等
	肉眼下可见	龙脑香 Dryobalanops spp.；橄榄科山榄；梧桐科鹧鸪麻 Kleinhovia hospita、船形木 Scaphium spp.；豆科黑崖豆木 Mellettia leucantha、大花护卫豆 Alexa grandiflora、异味豆 Dinizia excelsa、二翅豆 Dipteryx odorata、大裂膜豆 Hymenolobium excelsum 等
	局部或镜下可见	梧桐科银叶树 Heritiera spp.；爪哇翅子树；豆科印度紫檀 Pterocarpus indicus、大果紫檀 Pterocarpus macrocarpus、角质油楠 Sindora coriacea；木棉科轻木 Orhroma lagopus；苦木科管状苦木 Simaruba amara；独蕊科玫瑰上位独蕊木(巴西四叶树)Qualea rosea 等

3.5 特类木材识别

特类木材识别主要指对来自涉案木材、古木、化石木或高档家具、工艺品、珍贵或古典木制品用材的识别，因其与常规木材识别相比具有自身的特殊性，如取样的局限性、试样特征的不完整性、试样软化等预处理的安全性要求、鉴定结论的准确性要求等，所以有必要单独作为一节加以讨论。

3.5.1 涉案木材

涉案木材系指在商品流通领域、使用过程中因木材产品质量、木材商品名称、木材虫害、腐朽、霉变、变形等引起的民事纠纷或在与木质材料相关的刑事案件中，需通过木材识别进而由木材种类提供直接或间接证据的一类特殊木材。前者常见于实木地板、家具或胶合板类装饰材料等方面，此类木材识别一般应由当事几方共同确认取样，采用常规方法鉴定并作出相应结论。当涉及红木类、柚木、楠木等名贵木材时，如条件许可，应结合树木学知识作出定论。另外，还应注意学科交叉，以便为相关问题的解决提供更可靠的依据。涉及刑事案件的木材，往往试样较小，甚至以木屑或碎片形式出现，与常规木材识别相比，具有试样唯一性、取样不可选择性、鉴定结果必须准确可靠性等特点，因此，不论是试样的制作与软化处理，还是鉴定结论的得出均应慎重，务求准确。一般采用徒手切片，以微观特征为主导、宏观特征为补充和验证，并与经过正确定名的标本对比最终作出结论较为安全，必要时也可采用纤维离析、冰冻切片、石蜡包埋切片等方法进行处理，以免造成误导甚至误判而产生不可估量的负面后果。

3.5.2 古木、化石木

古木指由于地壳运动、河水冲刷等原因，长时间被深埋在地下缺氧环境中仍然保存其完整组织结构的木材。因为树木是有机生物体，虽然木材本身的天然耐腐性，对木腐菌生存有抑制作用，但时日长久之后，仍然会发生腐朽。化石木是指古代树木的茎干、枝、根，在长期地质作用下，保存在岩层中，各个地质历史时期的树木遗体或遗迹。它的名称在我国没有统一，报刊或文献上有硅化木、矽化木或木化石等叫法。由于不同地区化石木所含矿物很不相同，所以有硅化木、钙碳木、炭化木之分，应依据化石木中所含的主要矿物含量，才能分别称为硅化木、钙化木或玛瑙硅化木、玉髓硅化木等，故未做矿物鉴定之前，统称化石木为宜。该类木材识别多在科技考古中用到，因试样处理与正常木材存在很大差异，有些树种因时代变迁，现在已经灭绝，因而鉴定起来难度较大。试样处理应根据实际情况采取相应措施，结果分析宜从地理学、历史学、地质学等多学科考虑，结合取样地的土壤、水文状况及周围小环境进行，鉴定结论视难易程度可以做定论，也可以出具鉴定分析意见。

3.5.3 高档实木制品用材识别

家具等木制品与一般锯材或原木的木材鉴定存在较大的不同之处，高档家具或工艺品、珍贵或古典木制品更是如此，操作时应特别注意以下几点：①以宏观识别为主，微观识别为辅，尽可能减少对木制品的破坏；②取样时既要考虑所取样品是否具有代表性，又要考虑是否会破坏木制品的外观质量及其结构的完整性，因而尽量不要从正面或可见部位取样，同时尽可能避免从其承重部位取样（当必须要取时，应尽可能减小试样规格），仲裁鉴定时所取样品应得到当事双方同时认可方可保证鉴定结果的有效性；③鉴定前应明确委托者的要求，一般定种（类）识别难度要大一些，对取样、鉴定要求也较高，而判定是非识别则可抓住主要特征进行判定，且可能减少取样对家具所造成的破坏；④因所取样品较小，因而木材切片的软化处理应该采用相对安全的方法如水煮等，也可徒手切片，以免软化过头重新取样造成不必要的损失。

复习思考题

1. 什么是木材识别与鉴定？其与树种识别有何异同？
2. 木材标本在木材识别与鉴定中的地位与作用如何？
3. 简述木材识别应遵循的原则及注意事项。
4. 针、阔叶树材宏观识别的识别要点有何不同？
5. 何谓徒手切片法？其与常规切片方法相比有何优势？采用徒手切片识别木材应注意哪些问题？
6. 简述针、阔叶树材微观识别观察记载要点。
7. 简述进口木材的类别，分别列举3种常见木材并说明其所具有的个性特征。
8. 与常规木材识别相比，高档木制成品用材识别时应注意哪些问题？

第4章
木材化学性质

【本章难点与重点】 木材是一种天然生长的有机高分子材料,主要由纤维素、半纤维素、木质素和木材抽提物等组成。通过本章内容的学习,要求重点掌握纤维素、半纤维素、木质素的化学结构及其与木材性质、加工工艺和利用的关系;同时了解木材抽提物的主要成分、木材的酸碱性质对木材的表面性质、木材加工、利用的影响,从而丰富木材科学知识,奠定木材加工的理论基础。

木材是植物利用太阳能,吸收土壤中的水分和矿物质进行光合作用,经过一系列复杂的化学反应后合成、形成的天然高分子有机化合物材料。要想合理加工利用木质材料资源,在营林活动中改良木材品质和加工利用时根据木材性质和利用要求进行改性处理及开发木质材料新产品,了解和掌握木材的基本化学成分及其化学性质是非常必要的。

4.1 木材的化学成分

木材是由碳、氢、氧、氮四种基本元素组成,此外还有少量和微量的矿物元素。其细胞壁的组成分为主要成分和次要成分两类。主要成分是纤维素(cellulose)、半纤维素(hemicelluloses)和木质素(lignin);次要成分有树脂、单宁、香精油、色素、生物碱、果胶、蛋白质、淀粉、无机物等。

不同的树种,木材主要化学成分含量稍有不同,但总的来说,针叶材和阔叶材纤维素含量相差不大,阔叶材半纤维素含量高于针叶材,而针叶材木质素含量高于阔叶材。表4-1是我国主要几种针叶材、阔叶材树种纤维素、半纤维素和木质素的含量。

表4-1 几种针叶材、阔叶材树木主要化学成分含量   %

序号	树　种	纤维素[①]	半纤维素	木质素	试材来源
1	色　木 Acer mono	59.02	25.31	22.46	黑龙江
2	樟　树 Cinnamomum camphora	53.64	22.71	24.52	福　建
3	白　桦 Betula platyphylla	60.00	30.37	20.37	黑龙江
4	大叶桉 Euealyptus robusta	50.05	20.65	30.68	福　建
5	水曲柳 Fraxinus mandshurica	57.81	26.81	21.57	黑龙江

(续)

序号	树种	纤维素[①]	半纤维素	木质素	试材来源
6	毛白杨 Populus tomentosa	60.02	24.61	23.03	安徽
7	毛泡桐 Paulownia tomentosa	53.92	21.32	21.37	安徽
8	麻栎 Quercus acutissima	61.30	27.77	21.59	安徽
9	臭冷杉 Abies nephrolepis	59.21	10.04	28.96	黑龙江
10	黄花落叶松 Larix olgensis	52.63	12.18	26.46	黑龙江
11	红松 Pinus koraiensis	53.98	9.48	25.56	黑龙江
12	马尾松 Pinus massoniana	61.94	10.09	26.84	安徽
13	黄山松 Pinus hwangshanensis	60.84	9.82	25.68	安徽
14	毛竹 Phyllostachys edulis	45.50	21.12	30.67	江西

① 表中的纤维素准确的叫法为"贝克纤维素"。系用氯气处理湿润状态下的湿料,然后用亚硫酸溶液及2%的亚硫酸钠溶液洗涤,除去木质素后剩下来的物质,实际上它是纤维素和部分半纤维素的混合物,有时还含有少量的木质素。

纤维素、半纤维素和木质素是构成细胞壁的物质基础,其中纤维素形成微纤丝 (micro fibril),在细胞壁中起着骨架作用,半纤维素和木质素则成为骨架间的粘结和填充材料,如图4-1所示,三者相互交织形成多个薄层,共同组成植物的细胞壁。

从木材细胞壁中化学成分的分布来看:初生壁中含有较少的纤维素,而半纤维素和木质素的浓度较高,相反次生壁纤维素含量高,而且呈现由外(S_1层)向内(S_3层)纤维素含量逐渐增加的趋势;利用电子显微镜直接观察云杉切片半纤维素的分布,结果表明总的趋势是由外向内逐渐减少,以S_2层中层半纤维素含量为最低。云杉管胞细胞壁各个部位的聚葡萄糖甘露糖含量和复合胞间层中聚阿拉伯糖含量均明显高于桦木细胞壁。复合胞间层中木质素浓度最高(60%~90%),利用紫外显微镜摄影分析云杉早材管胞细胞壁[图4-2(a)],沿虚线处对细胞壁进行断面扫描,结果如图4-2(b)所示,其峰值对应于复合胞间层处。次生壁中木质素浓度较低,但是由于次生壁总体积远高于

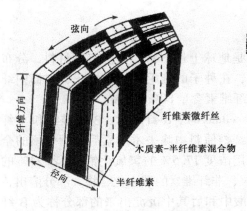

图4-1 纤维素、半纤维素和木质素结合构成细胞壁模型

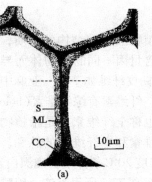 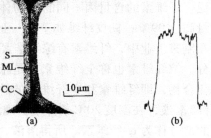

图4-2 云杉早材管胞细胞壁的木质素分布
(a) 240nm紫外光横切面显微摄影图
(b) 沿虚线断面扫描木质素分布曲线
S. 次生壁 ML. 复合胞间层 CC. 细胞间隙

复合胞间层，所以次生壁中木质素的含量至少占总量的70%。木材细胞壁中纤维素、半纤维、木质素的分布，与木材软化、纤维分离制浆以及热压成型有密切关系，在高温和水分作用下，木质素可以发生软化而塑化，当受到外力作用后，纤维可以分离，为达到单体纤维分离的目的，在制浆工艺中尽可能分解和软化复合胞间层的木质素。随着木质素和半纤维素的溶出，微纤丝暴露在纤维表面，经过打浆处理，使纤维细胞壁进一步破损，暴露更多的微纤丝，形成分丝帚化作用。

木材次要成分多存在于细胞腔内，部分存在于细胞壁和胞间层中，由于可以利用冷水、热水、碱溶液或者有机溶剂浸提出来，所以又称浸提物(extractives)。木材浸提物包含多种类型的天然高分子有机化合物，其中最常见的是多元酚类，还有萜类、树脂酸类、脂肪类和碳水化合物类等。木材浸提物与木材的色、香、味和耐久性有关，也影响木材的加工工艺和利用。

不同树种、同一树种不同树株，木材的化学成分都有差异。树干与树枝的化学成分差异很大，纤维素含量树干多于树枝，木质素含量树枝大于树干；半纤维素和聚戊糖含量树枝大于树干，热水抽提物(其中含有大量多元酚类物质)树枝也大于树干。除少数树种如桑树、构树和柘树外，纤维素在树皮中的含量比在木材中的低，约占树皮干重的35%。树皮中的灰分和浸提物的含量都比木材中的高。

组成木材的基本元素及其他们的平均含量分别是：碳49.5%~50%、氢6.3%~6.4%、氧42.6%~44%、氮0.1%~0.2%。此外，还有少量无机物即灰分组成，总含量为0.2%~1.7%，主要是钾、钠、钙、磷、镁、铁、锰等元素。这些矿物元素含量很少，对树木生长是必需的。林木采伐利用会消耗土壤中的矿物元素，在计算林地施肥量和施肥种类时既要考虑到大量元素，也要考虑到采伐木材所消耗的矿物元素。

碳汇，是指通过植树造林、森林管理、植被恢复等措施，利用植物光合作用吸收大气中的二氧化碳，并将其固定在植被和土壤中，从而减少温室气体在大气中浓度的过程、活动或机制。森林生态补偿机制中林业碳汇依据森林蓄积量(单株材积)、木材基本密度和含碳量进行计算，木材中含碳量可以按50.2%进行计算。

4.2 纤维素

纤维素是构成植物细胞壁结构的物质，是地球上最丰富的天然有机材料，分布非常广泛。纤维素的含量因不同的植物体而异，在种子的绒毛中，如棉花、木棉中纤维素含量高达99%；韧皮纤维如苎麻、亚麻中纤维素含量80%~90%。

在制浆工业中，纤维素有综纤维素(holo-cellulose)、α-纤维素、β-纤维素和γ-纤维素之分。综纤维素也称全纤维素，是指植物纤维原料中除去木质素后，所残留的全部碳水化合物，即纤维素和半纤维素的总和。用浓度17.5%的氢氧化钠(或者24%的氢氧化钾)溶液，在温度20℃条件下处理漂白浆，非纤维素的碳水化合物大部分溶出，不溶解的部分称为α-纤维素。所得溶液，用醋酸中和后其中沉淀出来的部分称为β-纤维素，未沉淀的部分称为γ-纤维素。α-纤维素、β-纤维素和γ-纤维素是技术概念，是聚合度不同的多分散性、非均一化合物。

4.2.1 纤维素的结构

纤维素属于多糖类天然高分子化合物，其化学式为 $C_6H_{10}O_5$，化学结构的实验分子式为 $(C_6H_{10}O_5)_n$，由碳、氢、氧三种元素构成，质量分数分别为 44.44%、6.17%、49.39%。纤维素是由葡萄糖单体聚合而成的，而葡萄糖属于己糖，经由 1～5 个碳原子和一个氧原子形成的六环结构称吡喃葡萄糖（glucopyranose），经由

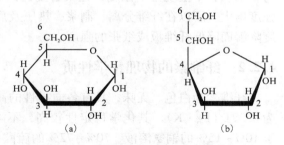

图 4-3　吡喃葡萄糖（a）和呋喃葡萄糖（b）

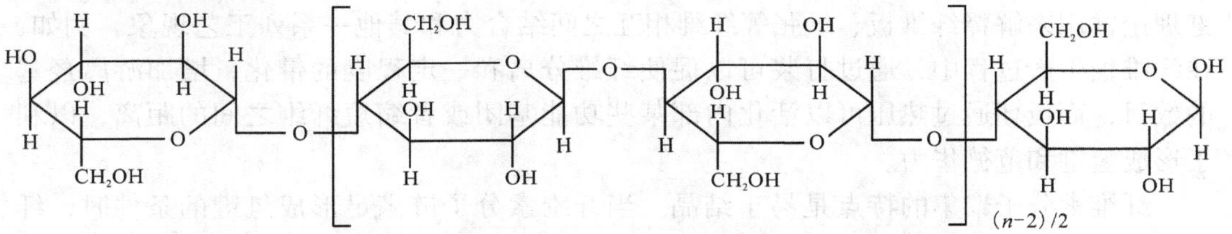

1～4 个碳原子和一个氧原子形成的五环结构称呋喃葡萄糖（glucofuranose），如图 4-3 所示。纤维素的重复单元是纤维素二糖（cellobiose），它的 C_1 位置上保持着半缩醛的形式，具有还原性，而在 C_4 位置上留有一个自由羟基，由此说明纤维素化学结构是由许多 β-D-吡喃葡萄糖基相互以 1-4-β-甙键连接而成的线性高分子，结构式如图 4-4 所示。它表明一个纤维素大分子中包含着 n 个葡萄糖基，n 称为聚合度，由此可以计算出纤维素的相对分子质量。

图 4-4　纤维素分子链结构式

根据大量研究，证明纤维素的化学结构具有如下特点：

第一，纤维素大分子仅由 1 种糖基即葡萄糖基组成，糖基之间以 1→4 苷键连接，即在相邻的两个葡萄糖单元 C_1 和 C_4 之间连接，在酸或高温作用下，苷键会发生断裂，从而使纤维素大分子降解；第二，纤维素链的重复单元是纤维素二糖基，其长度为 1.03nm，每 1 个葡萄糖基与相邻的葡萄糖基之间相互旋转 180°；第三，除两端的葡萄糖基外，中间的每个葡萄糖基具有 3 个游离的羟基，分别位于 C_2、C_3 和 C_6 位置上，其中第 2、3 碳原子上的羟基为仲羟基，第 6 碳原子上的羟基为伯羟基，它们的反应能力不同，对纤维素的性质具有重要影响；第四，纤维素大分子两端的葡萄糖末端基，其结构和性质不同，左端的葡萄糖末端基在第 4 个碳原子上多 1 个仲醇羟基，而右端的第 1 个碳原子上多 1 个伯醇羟基，此羟基的氢原子在外界条件作用下容易转位，与基环上的氧原子相结合，使氧环式结构转变为开链式结构，从而在第 1 个碳原子处形成醛基，显还原性。左端的葡萄糖末端基是非还原性的，由于纤维素的每 1 个分子链只有一端具有还原性，所以纤维素分子具有极性和方向性；第五，纤维素为结构均匀的线性高分子，除了具有还原性的末端基在一定的条件下氧环式和开链式结构能够互相转换外，其余每个葡萄糖基均为氧环式结构，具有较高的稳定性。

纤维素的聚合度与纤维的物理力学性质有关，聚合度越大，分子链越长，化学稳定性越高，越不易溶解，强度也越高。木浆纤维素分子聚合度为 7 000～1 000，韧皮纤

维为 7 000~15 000，棉花纤维次生壁为 13 000~14 000。当聚合度低于 200 时，纤维素为粉末状，不呈现力学强度，当聚合度达到 200 以上，随着聚合度的增大，纤维力学强度增大。所以在纤维分离、制浆、热压及后期处理工艺中，应避免纤维素分子链过度降解而降低纤维板或纸张的强度。

4.2.2 纤维素的物理化学性质

纤维素为白色、无味，具有各向异性的高分子物质，相对密度为 1.55，质量热容为 $0.32J/(kg \cdot K)$。其化学稳定性较高，不溶于水、酒精、乙醚和丙酮等溶剂。可溶于 10%~15% 的铜氨溶液、70%~72% 的硫酸、85% 的磷酸、41% 的盐酸、浓的氧化锌溶液。

纤维素大分子之间的结合键主要是氢键、范德华力和碳氧键，氢键的键能为 20.93~33.49kJ/mol，范德华力的能量为 8.37~12.56kJ/mol，碳氧键键能较大，为 334.94~376.81kJ/mol，但是由于纤维素的聚合度大，所形成氢键的数量多，键能的总和远远大于碳氧键。形成氢键的先决条件是纤维素分子中存在羟基，而且相距的距离要适当，如果距离超过 3×10^{-10}m，不能形成氢键，只能存在范德华力。氢键对纤维素和木材性质影响很大，尤其是对木材的吸湿性、溶解度、化学反应能力影响更大。氢键理论常用来解释纤维板、纸张等纤维相互之间结合力和其他一系列工艺现象。例如，在纤维板生产过程中，通过打浆可以促使纤维分离和一定程度的帚化，增加游离羟基的数目，而板坯通过热压可以活化内部某些功能基团或者缩短纤维之间的距离，以利于形成氢键和范德华力。

纤维素分子聚集的特点是易于结晶。当纤维素分子链满足形成氢键的条件时，纤维素分子链聚集成束。如果彼此间相互平行、排列整齐，就具有了晶体的基本特征，这一区段称为结晶区(crystalline regions)；不平行排列的区段称为非结晶区或称为无定型区(amorphous regions)(图 4-5)，结晶区和无定型区并无明显的界限。纤维素分子链长度可达 5×10^{-6}m，可以连续穿过几个结晶区和非结晶区。在纤维素结晶结构方面，涉及晶胞参数、分子链在晶胞中的排列等内容，并由此引申出结晶度、微晶大小和取向的概念。纤维素的结晶度(crystallinity)是指纤维素的结晶区占纤维素整体的百分数，它反映纤维素聚集时形成结晶的程度。测定纤维素结晶度的方法有 X 射线衍射法、红外光谱法和密度法等。微晶取向度(degree of orientation)是指所选择的择优取向单元相对于参考单元的平行排列程度。当纤维素受到拉伸外力作用后，分子链会沿着外力方向平行排列起来而产生择优取向，分子间的相互作用力会大大加强，其结果对纤维断裂强度、断裂韧性、弹性模量都有显著影响。纤维素分子链的取向可以利用光学双折射方法测定，结晶的取向可以利用 X 射线法测定。

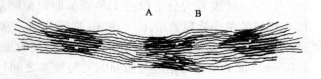

图 4-5 纤维素结晶区和非结晶区
A. 结晶区　B. 非结晶区

纤维素具有吸附水分子的能力。纤维素的吸湿直接影响到木材及其制品的尺寸稳定性和强度。非结晶区内纤维素分子链上的羟基，只有一部分形成氢键，另一部分处于游离状态。游离的羟基为极性基团，容易吸附空气中的极性分子而形成氢键结合。

纤维素吸湿仅发生于非结晶区内，吸湿能力的大小取决于非结晶区所占的比例。非结晶区所占比例越大，吸湿能力越强。如果经过处理，纤维素分子上的羟基被置换后，纤维的吸湿性则明显降低。

纤维素吸湿后，体积增大称为湿胀；解吸时体积变小，称为干缩。由于水分子能够进入非结晶区或结晶区的表面，引起纤维素分子链的间距增大或减小，从而发生湿胀和干缩现象，这是木材尺寸不稳定的主要原因。纤维素在受到水或其他溶剂的作用后，水或其他溶剂的分子最先进入非结晶区，使纤维素分子链间距增大而发生膨胀。溶剂的极性越强，这种现象发生得越明显。

4.2.3 纤维素的化学反应

纤维素的化学反应包括纤维素链降解和纤维素羟基反应两种情况。其化学反应能力与纤维素的可及度(accessibility)和反应性(reactivity)有关。可及度是指反应试剂到达纤维内部和纤维素羟基附近的难易程度，是纤维素发生化学反应的前提条件。一般认为，水分子或化学反应试剂只能穿透到纤维素非结晶区，而很难进入结晶区。所以大多数纤维素原料在进行化学反应前进行预处理，采用减压、加压，水、热和溶胀剂处理纤维原料，都可以增加纤维素反应的可及度。纤维素分子链每个葡萄糖基上都有3个活泼的羟基(1个伯羟基、2个仲羟基)，它们可以发生酯化、醚化等化学反应。纤维素的化学反应性就是指纤维素分子链上羟基的反应能力。不同的羟基、不同聚合度和结构都是影响纤维素反应性的因素。取代度(degree of substitution)是指纤维素分子链上平均每个失水葡萄糖单元上被反应试剂取代的羟基数目。纤维素取代度小于或等于3，是纤维素化学反应程度的一个指标。

4.2.3.1 纤维素的降解反应

纤维素是由许多葡萄糖基相互以苷键连接而成的线性高分子。在一定的条件下，苷键也会发生断裂，纤维素分子的聚合度下降，在溶剂中的溶解度提高，最后得到低分子的化合物，这个过程称为纤维素的降解反应。

纤维素的1-4-β-苷键是一种缩醛键，对酸敏感。在适当的氢离子浓度、温度和时间作用下，苷键断裂聚合度下降，这类反应称为纤维素的酸水解。部分水解后的纤维素产物称为水解纤维素(hydrocellulose)。完全水解时的产物则为葡萄糖。纤维素在浓酸($41\%\sim42\%$ HCl、$65\%\sim70\%$ H_2SO_4、$80\%\sim85\%$ H_3PO_4)中的水解是均相水解，首先是纤维素发生润胀和溶解，通过形成酸的复合物再水解成低聚糖和葡萄糖。稀酸水解纤维素发生于固相纤维素和稀酸溶液之间，属于多相水解，在高温高压作用下，纤维素逐渐水解成水解纤维素、可溶性多糖和葡萄糖。在丙酮(质量分数90%)的水溶液(含0.5%的无机酸)中，在180℃的温度下，纤维素能够快速地转化为葡萄糖。在酸性环境下(pH值5.0)，纤维素还可以被酶分解。酶是一种具有特殊催化作用的生物蛋白质，能使纤维素水解的酶称为纤维素酶。纤维素的酶水解包含3个阶段，首先是纤维素被内切葡聚糖酶(endo-β-glucanase)攻击生成无定型纤维素和可溶性低聚糖；然后被外切葡聚糖酶(exo-β-glucanase)作用直接生成葡萄糖，也可以生成纤维二糖；最后在纤维二糖酶(β-glucosidase)作用下生成葡萄糖。上述情况说明，当酸作用于纤维素时，纤维素便产生各种变化。并且，这种变化的大小取决于酸的浓度、作用时间、温度和酶的活性等情况。木材加工中常采用水热处理、切削、研磨等工艺措施来处理木材，但要注意尽量减少纤维素分子链过度降解，防止其固有强度严重下降，影响产品质量。

纤维素还会发生碱性降解。在化学法制浆中，随着木材蒸煮温度的升高和木质素的脱除，纤维素部分配糖键断裂，聚合度下降而发生碱性水解作用。随着配糖键的断裂，产生新的还原性末端基，不断从纤维素大分子链上掉下来，从而导致纤维素降解，这就是所谓的剥皮反应。

纤维素分子链上的羟基容易被空气、氧气和漂白剂等氧化剂所氧化，引起氧化降解。氯、次氯酸盐和二氧化氯常被用于纸浆和纺织纤维的漂白。但是这些氧化剂能使纤维素分子链上形成羰基。具有羰基的纤维素不稳定，在碱性溶液中易发生断裂，致使聚合度降低。在热碱溶液中，过氧化氢能将纤维素的还原性末端基氧化成羧基，也能将醇羟基氧化成羰基，造成糖苷键的断裂。纤维素氧化是纤维工业的一个重要工艺过程，除了漂白作用以外，利用碱纤维素的氧化降解转变纤维素上的羟基，形成新的基团得到再生纤维，这种再生纤维与其他物质发生酯化、醚化和接枝共聚反应，从而得到新型功能性纤维。四氧化二氮能够将纤维素伯醇羟基氧化成羧基，所得到的四氧化二氮纤维素有助于血液凝固，并能够为血液溶解，因而可用于制作有吸附能力的止血绷带。

纤维素的热降解是纤维素在热的作用下，首先发生脱水、氢键断裂，热容量增大。当进一步加热时，碳水化合物发生正位异构化，葡基转移（transglycosylation）或配糖基的解离和糖单体的聚合作用。糖单体是焦油馏分的主要来源。糖单体在热的作用下，伴随着脱水、分裂和歧化反应而分解，这一过程产生大量二氧化碳和挥发性物质。最后，由于分解产物的缩合、失去取代基以及游离基团的相互作用，导致生成一种碳素残渣。纤维素在140℃以下时，热稳定性较佳，水分和挥发性物质散失，但在水分存在条件下会发生水解，在空气中会发生氧化；高于140℃，纤维素变为黄色，在碱液中溶解度增大；温度高于180℃时，热裂解程度增大，超过250℃时，则发生剧烈降解，生成许多简单的有机化合物；温度超过370℃质量损失达到40%~60%，结晶区遭到破坏，聚合度下降。

在光的作用下，引起纤维素的化学键断裂和聚合度的下降，称为光降解。光降解有直接光降解和光敏降解两种形式。在有氧气存在的情况下，纤维素受到光的作用，产生羰基和羧基导致强度下降和聚合度降低。当纤维素中存在某些化合物（如氧化锌、氧化钛）时，能吸收近紫外或者可见光，引发纤维素降解称为纤维素的光敏降解。高能电子辐射能够使纤维素分子脱氢和破坏葡萄糖基产生降解，有研究显示纤维素随着辐射强度的增加，聚合度下降，羰基和羧基数量增加。

木材在锯、刨、制备木片和热磨加工过程中，纤维素也受到了外力的作用，产生纤维断裂变短、聚合度和强度下降等现象，这属于机械降解。

4.2.3.2 纤维素的酯化反应

纤维素与酸发生反应得到酯类化合物，称为纤维素酯化反应（esterification）。纤维素大分子每个葡萄糖基上有3个醇羟基，具有醇的性质，在某些酸溶液中能发生亲核取代反应，生成相应的纤维素酯。

纤维素硝酸酯又称为硝化纤维素，它是由纤维素和硝酸反应得到的，如果单用硝酸且浓度低于75%，纤维素几乎不发生酯化作用，当浓度达到77.5%时，大约50%的羟基被酯化。工业上采用硝酸和硫酸的混合物来制备高取代度的纤维素硝酸酯。纤维素硝酸酯主要用于涂料、黏合剂、日用化工、皮革、印染、制药和磁带等行业产品的制造。

纤维素黄酸酯是碱纤维素与二硫化碳反应得到的，它是再生纤维素的一个中间体，是黏胶纤维生产的主要方法。纤维素黄酸酯溶于稀碱溶液中成为黏胶液，通过纺丝得到黏胶人造丝，如果成膜就得到玻璃纸。

纤维素醋酸酯通常称为醋酸纤维素或者乙酰纤维素，它是与乙酸酐在硫酸作为催化剂作用下，在不同的稀释剂中生成不同酯化度的醋酸纤维素。稀释剂的作用是维持一定的液比，保证酯化均匀进行，常用的稀释剂有冰醋酸、乙酸乙酯等。目前不仅可以成功制备纤维素三醋酸酯，还可以制备单取代和二取代纤维素醋酸酯，它们在纺织、塑料、涂料和香烟用过滤嘴等方面应用广泛。

4.2.3.3 纤维素的醚化反应

纤维素的醇羟基可以与烷基卤化物在碱性条件下发生醚化(etherification)反应生成相应的纤维素醚。羧甲基纤维素是一种重要的纤维素衍生物，广泛用于石油、纺织、印染、医药、食品、造纸和日用化工工业中，它是碱纤维素与一氯乙酸进行醚化反应后得到的具有水溶性的白色粉状产品，在纺织工业中可以代替淀粉作胶黏剂和涂料。碱纤维素与氯代甲烷、氯代乙烷发生醚化反应，分别得到甲基纤维素和乙基纤维素。乙基纤维素可用于制造喷漆，这种漆耐酸又耐碱，对光及热稳定，不易燃烧，具有良好的电绝缘性。

4.2.3.4 纤维素的接枝和交联

天然纤维素的缺陷是尺寸不稳定、耐久性差和强度不高，采用接枝共聚(graft copolymerization)和交联(crosslinking)反应可以有效改善它的不足，获得某些特殊性能。接枝共聚是指在纤维素的分子链上接上另外一种单体，然后采用游离基或离子引发接枝聚合，实现将其他分子引入到纤维素分子链上的目的。将甲基丙烯酸甲酯注入木材内部，通过 γ 射线辐射使木材纤维素产生游离基，然后与单体接枝聚合是早期生产木塑复合材料(wood plastic composites)的重要方法。纤维素上的羟基与其他化学物质发生交联反应，可以增加木材的强度，减少木材的吸湿性，提高木材的尺寸稳定性。人造板胶黏剂的胶合作用实际就是一种交联反应，利用三聚氰胺甲醛树脂、脲醛树脂预聚体处理木材，然后高温聚合发生交联反应是木材改性的重要方法。

4.2.4 功能化纤维素材料

当今世界面临的主要问题是能源短缺、资源减少，人们正在积极探索新的技术和寻求新的资源以替代日益枯竭的化石资源，而纤维素是可再生的天然高分子材料，资源丰富。采用新技术、研究制备特殊功能性的高附加值纤维素新材料具有现实意义，成为国内外较活跃的研究领域之一。

天然纤维素含有大量羟基，具有一定的吸水性，但是吸水能力有限。通过醚化或者接枝共聚作用，将水溶性或亲水性基团聚合物接枝于纤维素分子链上，可得到高于纤维自身吸水性能几十倍至上千倍的高吸水性纤维材料，它在节水农业、干旱地造林和沙漠治理方面具有广阔的应用前景。纤维素也具有一定的吸附能力，但是吸附容量小，选择性低。纤维素吸附剂的制备首先是将黏胶纤维分散成球状液滴，制成纤维素珠体，然后采用交联剂与纤维素珠体进行交联反应，改变它的溶胀性质，最后采用酯化、醚化方法将磺酸基、羧基、胺基、氰基等具有吸附能力的官能团接枝于纤维素珠体上。球形纤维素吸附剂用于血液分析、酶和蛋白质的分离纯化等。丙烯腈接枝于球状纤维素，再用胺处理，可以得到吸附重金属离子的交换树脂，用于从海水中提取铀、金等贵金属，还可以吸附废水中的有害化学物质，用于环境保护事业。

纤维素酯、醚及其他衍生物可用于制备多种膜材料，早期的透析用人工肾膜材料采用铜氨纤维素膜和水解醋酸纤维素膜。超滤膜采用纤维素酯类制成，氰乙基取代醋酸纤维素超滤膜还具有抗霉菌的作用。醋酸纤维素还可以用于反渗透膜，用于海水的淡化。

微晶纤维素是由天然纤维素在较高温度（110℃）下通过酸催化得到的尺寸为 1 500～3 000nm，形状棒状、薄片状结晶体。它是一种水相稳定剂。适合作为食品纤维、膨化剂、乳化剂等，在医药、日用化工等方面有重要用途。从木材或者农作物秸秆中先分离出微晶纤维素微纤丝，然后对单个的微纤丝进行加工，从而合成具有特异性能的纳米高分子材料，它从纤维素组成角度探讨进行分离然后再合成纳米纤维材料，为纳米木材研究提供了良好的思路。

液晶（liquid crystal）纤维素材料是纤维素功能高分子材料重要研究方向之一。液晶态材料兼有液体和晶体的特性，但是与液态的区别是它具有一定的取向有序性，与晶态的区别是它部分缺乏或完全没有平移有序性，目前已经发现有几十种纤维素衍生物具有溶致或热致液晶性能。由于纤维素分子间存在氢键阻碍了分子链段的运动，同时纤维素的溶解度低，天然纤维素不显示液晶性，但是采用新型纤维素溶剂，在纤维素侧链中引入极性取代基，可以大大提高如羟丙基纤维素、氰乙基纤维素、对甲苯乙酰氧基纤维素等纤维素衍生物的溶解能力，在适当的溶剂里显示溶致液晶性。在纤维素侧链中引入柔性侧链或大体积的取代基，减弱氢键的作用，使纤维素衍生物分子链段受热时具有可移动性，能自发取向显示热致液晶性，例如正丁基纤维素、三苯甲基纤维素具有这种特性。液晶纤维素用于电子、分析仪器等工业领域，也可以用作记录存储材料。在工程塑料中加入液晶纤维素，可以改善工程塑料的尺寸稳定性、耐磨性、耐热性和加工性能等。

4.3 半纤维素

半纤维素是构成植物细胞壁三大成分之一，在自然界中不能单独存在，而是与纤维素和木质素紧密结合相互贯穿存在于植物细胞壁中。最初误认为它是纤维素的中间产物，所以称为半纤维素，现在研究证明，半纤维素与纤维素合成无关，但是这种称呼一直沿用至今。

4.3.1 半纤维素的成分和结构

半纤维素是由木糖、甘露糖、半乳糖、阿拉伯糖和葡萄糖等多糖基组成的一种聚合物。具有多而短的支链，主链上一般不超过 150～200 个糖基。所以半纤维素命名时，常常把支链上的糖基名字列于主链糖基名字前面，然后冠以"聚"字，如：聚 4-O-甲基葡萄糖醛酸木糖，其主链糖基为木糖、支链糖基为 4-O-甲基葡萄糖醛酸。

针叶材半纤维素中最多的是半乳糖基葡萄甘露聚糖，约占 20%，它是由 β-D-吡喃

式葡萄糖基和 β-D-吡喃式甘露糖基以 1,4 苷键连接成主链，α-D-吡喃半乳糖基作为侧链通过 1,6 苷键连接到主链上，如图 4-6 所示，一个重要特点是甘露糖和葡萄糖主链碳原子上，部分为乙酰基取代(图 4-6 中以 R 表示 CH₃CO 或者 H)，平均每 3~4 个己糖单元有一个取代基。半乳糖基葡萄糖甘露聚糖容易被酸水解，从半乳糖和主链之间断开。碱容易使乙酰基断裂脱落。针叶材另外一种半纤维素是阿拉伯糖基葡萄糖醛酸基木聚糖，约占 5%~10%。它是由 1，4 连接的 β-D-吡喃式木糖单元组成主链，在主链某个碳原子上面被 4-O-甲基-α-D-吡喃葡萄糖醛酸所取代形成一个支链。另外，主链上还有 α-L-呋喃阿拉伯糖单元。如图 4-7 所示，平均每 10 个木糖单元有 2 个 4-O-甲基-α-D-吡喃葡萄糖醛酸，1.3 个 α-L-呋喃阿拉伯糖单元。

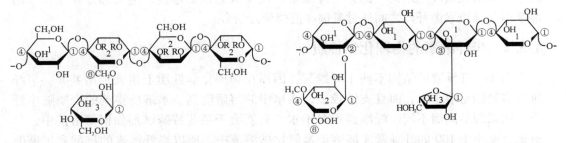

图 4-6　半乳糖基葡萄糖甘露聚糖结构
1. β-D-吡喃式葡萄糖　2. β-D-吡喃式甘露糖
3. α-D-吡喃半乳糖

图 4-7　阿拉伯糖基葡萄糖醛酸基木聚糖结构
1. β-D-吡喃式木糖　2. 4-O-甲基-α-D-吡喃葡萄糖醛酸　3. α-L-呋喃阿拉伯糖

阔叶材半纤维素主要由 O-乙酰基-4-O-甲基葡萄糖醛酸基-β-D-木聚糖组成，占除去抽提物后木材质量的 20%~35%。O-乙酰基-4-O-甲基葡萄糖醛酸基-β-D-木聚糖的主链是由 D-吡喃式木糖基以 1，4-β-苷键连接而成，支链为 O-乙酰基-4-O-甲基葡萄糖醛酸，桦木聚木糖至少含有 110 个 β-D-吡喃式木糖基，互相以 1，4 配糖键连接在一起，平均每 10 个脱水木糖单元带有一个 O-乙酰基-4-O-甲基葡萄糖醛酸，简单结构式如图 4-8 所示。研究表明，桦木木聚糖紧靠还原性木糖首端基的单元是 D-半乳糖醛酸，如图 4-9 所示，它通过一个碳原子连接于 L-鼠李糖，而鼠李糖单元连接于木聚糖主链上。

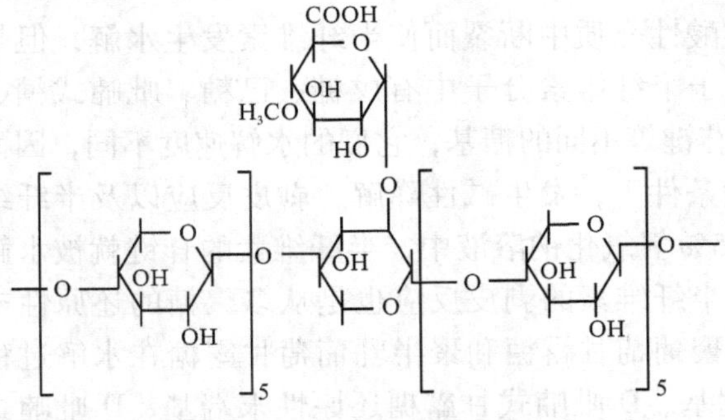

图 4-8　桦木木材木聚糖的结构片段

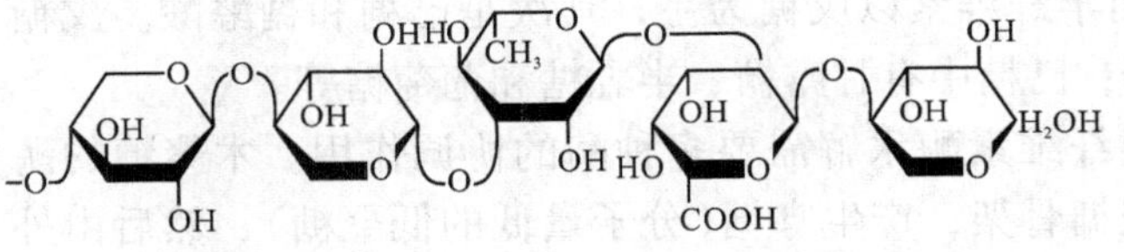

图 4-9　具有还原性首端基的桦木木聚糖结构

竹材半纤维素也是以木糖基以 1，4 β 苷键连接成主链，在主链上连接有 L-呋喃式阿拉伯糖基和 4-O-甲基-α-D-吡喃葡萄糖醛酸。麦草和稻草中的纤维素是聚阿拉伯糖葡萄糖醛酸木糖。

半纤维素和纤维素同属于多聚糖，同为苷键连接，共存于细胞壁内，具有相近的性质，但是两者也有不同，就其结构而言，其区别在于：第一，纤维素是单一葡萄糖基构成的均一多聚糖，而半纤维素是由两种或两种以上不同糖基以及少量醛酸基、乙酰基构成的非均一多聚糖。第二，纤维素是直链型结构的大分子，没有支链，而半纤维素主链是线型结构，但具有一个或多个支链。两者的聚合度差异巨大，半纤维素聚合度仅为150~200，它是分子量较低的多聚糖。第三，纤维素分子糖基之间均以1，4β苷键连接，半纤维素糖基之间除了1，4β苷键连接之外，还有α苷键连接，而且连接位置除了1，4外，还有1，6位置，个别半纤维素的糖基还以1，3位置连接形成主链。第四，纤维素以微纤丝状态存在于细胞壁中，有结晶区和非结晶区之分，一般认为半纤维素不形成微纤丝结构，而且与纤维素之间没有共价键连接，绝大部分存在于非结晶区内与纤维素微纤丝之间通过氢键和范德华力结合。

4.3.2　半纤维素的物理化学性质

由于半纤维素的结构不同于纤维素，因而在物理化学性质上也表现出差异。半纤维素多聚糖易溶于水，而且支链较多，在水中的溶解度高。水解所得到的产物随半纤维素的来源不同而不同。纤维素不溶于水，只能溶于某些特殊试剂如铜氨溶液中，只有聚合度小于100的纤维素才能溶于氢氧化钠溶液中，所以半纤维素的抗酸和抗碱能力都比纤维素弱。纤维素和半纤维素分子链中都含有游离羟基，具有亲水性，但是半纤维素的吸水性和润胀度均比纤维素高，因为半纤维素不能形成结晶区，水分子容易进入。

半纤维素可用抽提法从木材、综纤维素或浆粕中分离出来。二甲基亚砜适用于从综纤维素中抽提木聚糖，不会破坏它的结构，但是抽提度不高。碱溶液能抽提更多的木聚糖，但缺点是脱去了半纤维素的乙酰基，所以实验研究中采用在不同碱浓度下分段抽提，可以达到半纤维素各成分的粗分级目的，然后沉淀出来的半纤维素使用柱层析进一步精制。

与纤维素相似，半纤维素苷键在酸性介质中断裂而使半纤维素发生水解，但是半纤维素的结构比纤维素复杂得多。由于半纤维素分子中有戊糖、己糖、吡喃式糖、呋喃式糖、D-型、L-型以及α苷键、β苷键等不同的糖基，它们的水解速度不同，因而反应情况也比较复杂。半纤维素在碱性条件下，发生碱性降解、剥皮反应以及半纤维素分子链上的乙酰基脱落。在170℃的5%氢氧化钠溶液中，半纤维素的苷键就被水解裂开，发生水解反应。与纤维素一样，半纤维素的剥皮反应也是从多聚糖的还原性末端基开始，一个一个地进行。聚木糖、聚葡萄甘露糖和聚半乳葡萄甘露糖在水解过程中分别产生D-吡喃式葡萄糖还原性末端基、D-吡喃式甘露糖还原性末端基、D-吡喃式半乳糖还原性末端基等。当这些还原性末端基转化形成偏变糖酸基时，剥皮反应因末端基上的醛基消失而终止。半纤维素和纤维素水解后得到的产品不同，纤维素完全水解后最终得到的产物为D-葡萄糖，而半纤维素以戊糖为主，其次是己糖和糖醛酸。戊糖中又以木糖为主，其次为阿拉伯糖；己糖中有甘露糖、半乳糖和葡萄糖等。

半纤维素的复杂结构决定了半纤维素酶水解需要多种酶的协调作用。木聚糖的酶水解首先由内切木聚糖酶断开木聚糖骨架，产生寡糖(分子量低的低聚糖)，然后由外切酶将木寡糖和木二糖分解为木糖。阿拉伯糖甙酶能够水解阿拉伯木糖中的1，3和1，5阿拉伯糖苷键。在有木糖酶存在时，两者可以协同作用，可以快速的水解木聚糖。阿拉伯糖苷酶在秸秆纤维素降解中起着重要作用。木聚糖类半纤维素是可再生的碳水化合物资源，经生物降解后所产生的木糖和其他单糖，可以用作基本碳源生产各种发酵产品，包括有机酸、氨基酸、单细胞蛋白、燃料醇类等，它在解决当前能源危机、化石资源枯竭问题方面具有重要意义。

半纤维素与纸张、纤维板等木材加工生产工艺也有密切关系。在一定水热条件下，半纤维素易于水解生成酸，成为其他成分水解过程中的催化剂，加速水解进程，从而促使木材软化，这有利于纤维分离。半纤维素含量高，纤维易于润胀，有利于扩大纤维比表面积，增加游离羟基的数量，易于氢键结合，增强纤维交织性能，提高纤维板强度。但是原料损失多，另外这种浆料滤水困难，在湿法纤维板生产中会给板坯脱水与预压带来影响。半纤维素的耐热性差，在干法纤维板生产中，有时因为半纤维素含量高、导致板面产生焦糖块，从而影响板面外观质量。半纤维素的吸湿性强，容易引起纤维板尺寸变化和翘曲变形，因此需要对半纤维素含量高的浆料进行处理。

4.3.3 半纤维素的利用

半纤维素在自然界中储量丰富，但由于它不能单独存在，而是其他原料的一种伴生产品，所以没有像纤维素那样广泛应用，除了一部分用于造纸外，在其他方面利用有限。随着科学技术的发展，半纤维素在化学工业、食品工业、能源工业方面展现了广阔的应用前景。

4.3.3.1 在制浆造纸中的应用

半纤维素是纸浆的成分之一，它对制浆和纸张的性质有重要影响。半纤维素比纤维素容易水化膨胀，经过打浆后，有利于纤维的分丝帚化和细纤维化，所以半纤维素含量高，有利于提高纤维结合力，提高纸张的裂断长、耐破度和耐折度等。大量研究表明，凡是通过打浆能获得较高强度纸张的纸浆都有较高的半纤维素含量。根据对不同纸张性质的要求，在制浆时应尽量或者适当保留纸浆中的半纤维素。在制浆工艺中，半纤维素的含量应该控制在一个适当的水平内，半纤维素含量过大，尽管能增加纤维的结合强度，但是也相对降低了纤维素的含量从而降低了纸张的强度。杨木化学浆达到最大耐破度和抗张强度的适宜半纤维素含量约为20%。而此时纸张的不透明度和撕裂度最小。麦草、稻草、芦苇等草浆的半纤维素比木浆高得多，但是这些浆料中，纤维的尺寸、纤维细胞和杂细胞的比例等对纸张性能的影响比其化学成分对纸张性能影响大得多，就此而言，草浆造纸性能比木浆差。

4.3.3.2 生产乙醇

纤维素和半纤维素水解得到己糖和戊糖，通过发酵和蒸馏得到乙醇。利用亚硫酸盐纸浆厂废液中的葡萄糖、甘露糖和半乳糖经过发酵生产乙醇是造纸废液综合利用的主要方向。木糖属于戊糖，现在研究证实，木糖可以被一些微生物如细菌、真菌和酵母菌发酵生成乙醇，其中酵母菌对木糖的发酵能力最强，目前已经发现了三种最具有工业应用前景的木糖发酵酵母菌。木质纤维素发酵生产乙醇的技术路线如图4-10所示。

植物纤维原料水解液中含有戊糖和己糖，因此戊糖和己糖同步转化是提高原料利用率的关键。目前利用可再生植物纤维资源通过酶水解制取乙醇的主要问题是成本偏高。优选性能优良的纤维素水解酶和发酵菌株、完善生产工艺和降低成本是当前研究的重点。

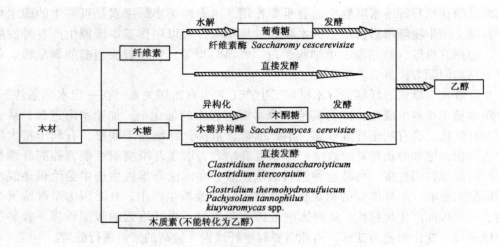

图 4-10　木材纤维素和半纤维素发酵生产乙醇路线图

4.3.3.3　生产木糖和木糖醇

木聚糖是半纤维素的主要成分，完全水解后可制得结晶的木糖，用作食品添加剂；不完全水解得到的低聚糖，又称寡糖，是由 2~10 个单糖通过糖苷键连接形成的具有直链和支链的低聚合度碳水化合物，相对分子量 300~2 000。具有生物学功能特性的低聚糖称为功能性低聚木糖，包括有水苏糖、棉子糖、麦芽糖、低聚木糖和低聚半乳糖等，它们能促进肠道内双歧杆菌的增殖，有利于人体健康。

工业化生产木糖醇的方法是首先水解富含木聚糖的植物纤维原料，得到富含木糖的溶液。在经过一系列分离、净化、催化加氢，重结晶等操作后，得到木糖醇。木糖醇是近年发展起来的一种新型甜味剂，为白色无臭的结晶粉末。其甜度和热容量与蔗糖相近，但是能量值低。木糖醇能够调整人体的糖代谢，用于糖尿病患者的营养和治疗。

4.3.3.4　生产糠醛

半纤维素的一个重要用途就是用来生产糠醛。糠醛，学名呋喃甲醛，是富含多缩戊聚糖的植物纤维原料，在一定温度和催化剂的作用下，水解成戊糖，再通过脱水而生成糠醛。糠醛是一种重要的有机化工原料，它在合成树脂、石油化工、染料、医药和轻化工等方面都有着广泛的用途。工业上糠醛的生产都是采用富含木聚糖的玉米芯、棉籽壳以及麦秸等植物纤维原料水解生成。

4.3.3.5　其他方面的应用

戊糖还可以用于生产饲料酵母，作为动物的营养饲料。膳食纤维是一种功能性食品，在预防和治疗便秘、肥胖、高血压、大肠癌等疾病方面有一定的效果，半纤维素占膳食纤维总量的 50% 以上，其中主要为阿拉伯糖和木糖，各占 40% 左右。从日本山毛榉木材中分离的 4-O-甲基葡萄糖醛酸木糖具有明显的抗发炎性和抑制恶性肿瘤的作用，含有羧甲基化聚木糖的木材半纤维素具有刺激淋巴细胞和免疫细胞的作用，具有抗癌功效。

半纤维素可以用于制备食品包装膜。半纤维素薄膜的透氧性（食品包装的重要特征）通常与其他生物聚合物薄膜如直链淀粉和支链淀粉的值相当。将半纤维素进行改性以产生更疏水的薄膜，降低了水蒸气渗透性。

半纤维素也已用于生产医用绷带。这种绷带具有基于半纤维素微纤维的聚合物结构，是通过生物技术方法由甘蔗生产的。

半纤维素还可以制备木聚糖微胶囊，用作药物传递系统，并用作如酶、药物和多肽等生物活性物质的保护物。这种微胶囊的制备方法需要两个步骤：乳化步骤在确定微粒的粒度分布和聚集排列中起着至关重要的作用，交联步骤在维持胶囊结构的稳定性中起着至关重要的作用。

改性后的半纤维素可以作为表面活性剂，应用于日用化学工业中。在食品工业中，半纤维素可作为食品黏合剂、增稠剂、稳定剂、水凝胶、薄膜形成剂、乳化剂等。

4.4 木质素

木质素作为细胞间固结物质填充在细胞壁的微纤丝之间，也存在于胞间层，把相邻的细胞黏结在一起，起到加固木质化植物组织的作用。木质化后的细胞壁不仅能够增加树木茎干的强度，也能减少微生物对树木的侵害。木质素来源丰富，商业木质素作为制浆造纸工业的副产品从造纸废液中分离和提取，例如亚硫酸盐法制浆可以得到木质素磺酸盐，它广泛用于制革、染料、食品、建筑等领域，作为工业生产原料和添加剂。

4.4.1 木质素的分离和定量

木质素的结构比纤维素复杂得多，目前采用的所有分离和提取木质素的方法，都会改变天然木质素的化学结构。采用深度球磨的方法，然后用溶剂萃取，得到的磨木木质素，一般认为不会引起木质素的化学改变，最接近天然木质素的本来结构。但是目前还不知道研磨到何种程度才会发生化学改变，而且有研究认为，当研磨过程中存在氧气时，所得到的木质素羰基含量会升高。磨木木质素的分离方法是将木材样品悬浮在甲苯溶液中，用水冷式振动球磨机研磨48~72h，研磨罐温度低于35℃；用离心作用除去甲苯，然后用二氧六环-水混合溶剂萃取，最后用氯仿进行纯化，将混合物离心直到有机层完全澄清。如果在溶剂萃取前，用纤维素酶处理，除去磨木粉中的多聚糖，那么溶解的木质素量会增加，可以得到纤维素水解酶木质素。通常得到的磨木木质素和纤维素水解酶木质素的得率较低，且主要是从细胞壁的胞间层分离得到，不能完全代表原本木质素。近年来，一种新型的木质素分离方法得到了发展，该方法先将木材原料球磨，然后将球磨后的原料用纤维素和半纤维素复合酶进行水解以去除大部分碳水化合物，水解后的固体再次球磨，再用复合酶水解固体中残留的碳水化合物，最后通过离心分离得到两次球磨两次酶解木质素。该木质素与磨木木质素和纤维素酶解木质素相比，得率提高了5~10倍且含有较多的β-O-4连接键，得率和结构完整性更高。

木质素的定量是为了定性木质纤维素原料，评估木质素对木材和纸浆化学、物理和生物处理的影响，监控化学制浆的废液以及估计漂白化品的用量。木质素的定量方法有3种：第1种是强酸水解或酶水解除去碳水化合物，使木质素沉淀而分离出来；第2种是使木质素溶解后用分光法测定；第3种是用氧化剂分解木质素并根据氧化剂用量来推测木质素的含量。

4.4.2 木质素的结构与特点

利用不同波长的紫外显微镜研究木材薄片取得的光谱,具有典型的芳香族化合物特征,从而证实了木材木质素中含有苯基丙烷基本结构的观点。目前普遍认为木质素是由愈疮木基型、紫丁香基型和对羟苯基型结构单元聚合而成的高聚物。它们的共同特点是都含有苯基丙烷的基本结构,如图4-11所示。针叶材木质素中主要含愈疮木基丙烷和少量的对羟苯基丙烷结构单元;阔叶材木质素中主要含紫丁香基丙烷、愈疮木基丙烷和少量的对羟苯基丙烷结构单元。

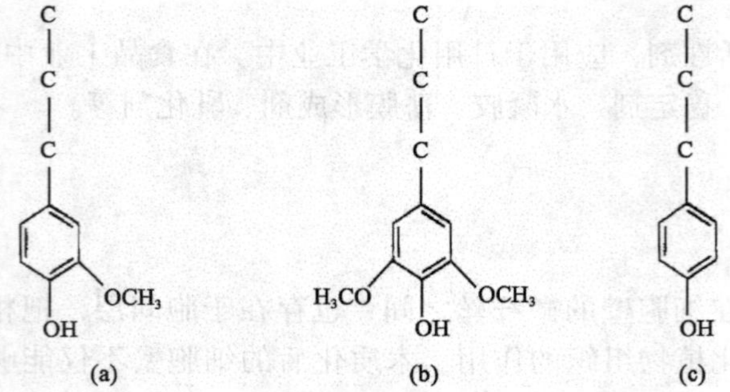

图4-11 木质素的基本结构单元
(a)愈疮木基丙烷 (b)紫丁香基丙烷 (c)对羟苯基丙烷

木质素化学结构的复杂性、不均匀性给木质素结构的研究带来了困难。人们通过磨木木质素、纤维素水解酶木质素的分离、萃取和纯化,然后对样品进行分析研究,证实和推测木质素上的基团和连接的形式。同时在实验室条件下,模拟合成木质素脱氢化合物,结合同位素标记,研究木质素的结构与形成机制,以证明这种推测。已经证实,木质素分子上具有甲氧基、羟基、羰基等基团。经过定性和定量测定,一般针叶材木质素中甲氧基含量为13.6%~16%,阔叶材木质素中的甲氧基含量为17%~22.2%。木质素中的羟基有两种类型,一种为存在于木质素结构单元侧链的脂肪族上,另一种是酚羟基存在于木质素结构单元的苯环上,小部分以游离酚羟基形式存在,大部分以醚化的形式与其他木质素结构单元连接。木质素中的羰基一部分为醛基,另一部分为酮基,存在于木质素结构单元的侧链上。木质素是由苯基丙烷结构单元组成的,各个单元基环之间的连接方式有两种,一种是醚键连接,另一种是碳—碳键连接,其中以醚键连接为主。

随着科学技术的进步,特别是紫外光谱(UV)、红外光谱(IR)和核磁共振(NMR)技术的应用,为木质素结构的定性和定量研究提供了先进的技术手段,特别是它们能够非破坏性地直接测定木质素的天然结构,研究结果更加真实可靠。紫外分光光度研究广泛用作木质素的定性研究,因为木质素作为芳香族化合物,在紫外区域有强烈的吸收光谱,针叶材松木木质素在280~285nm之间有一个最大的吸收峰,而阔叶材山毛榉在274~276nm有最大的吸收峰。核磁共振技术能给出木质素分子多种信息,对木质素研究是有用的,尤其是一般化学方法对化学键定量数据不完善时,它能够弥补这一不足。通过得到的核磁共振谱图,了解化学位移,从而判断相关原子的化学环境,证实与邻近元素的结合和化学键情况。

红外光谱也用作木质素的定性研究,样品准备方便、操作简单。

图4-12是采用溴化钾压片法制备样品,观测红松和山毛榉木材的红外光谱图。在愈疮木基和愈疮木—紫丁香基木质素中,大多数吸收峰位于1 000~1 800波数之间。研究者们对主要的吸收峰对应的基团或者化学键给予了最大可能的解释。

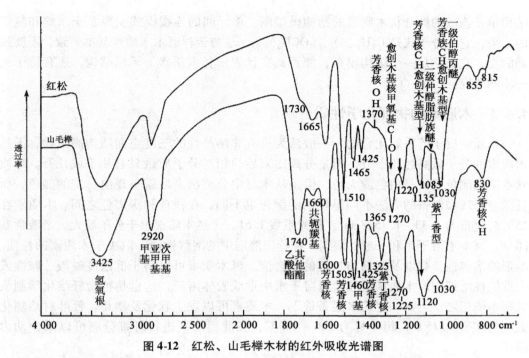

图 4-12 红松、山毛榉木材的红外吸收光谱图

随着木质素研究的深入，人们对木质素的认识和知识积累越来越多。结合上述的研究，研究者提出了许多木质素结构模型物，图 4-13 就是人们提出的由 28 个苯基丙烷

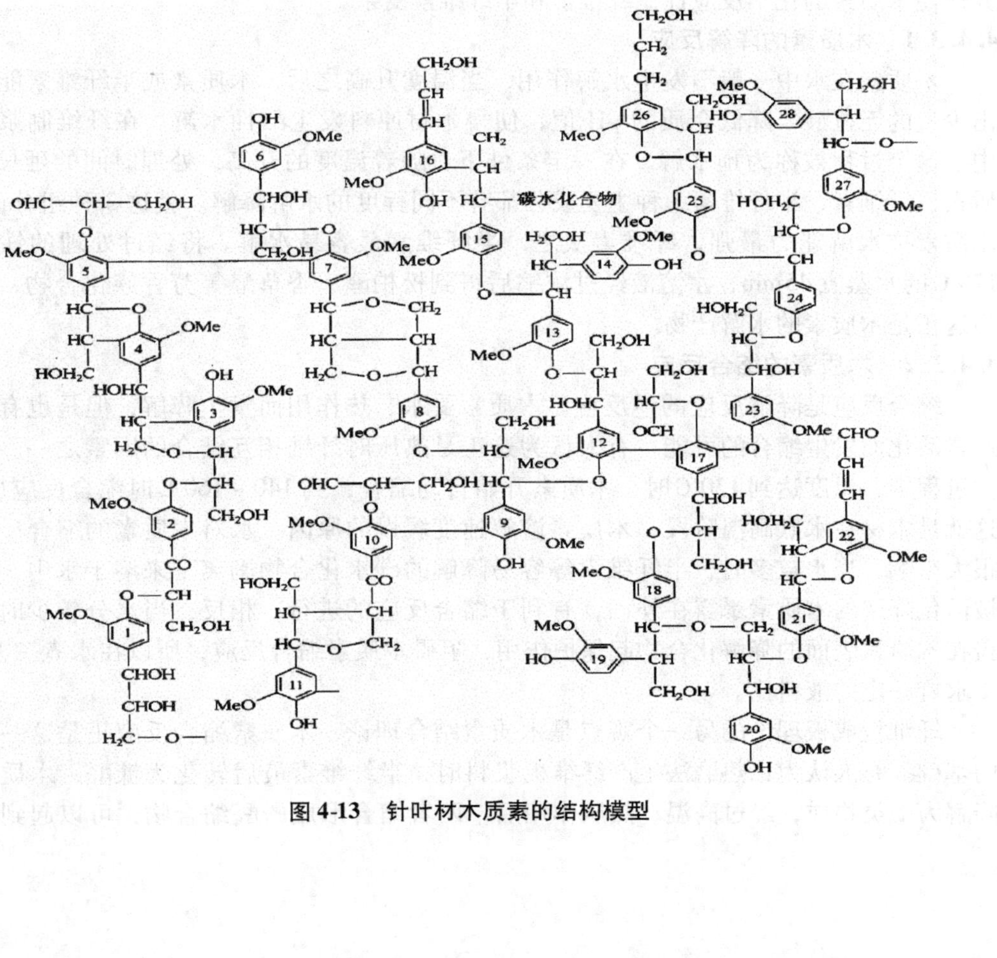

图 4-13 针叶材木质素的结构模型

结构单元构成的针叶材木质素的结构模型图。单元间的连接模式主要基于水解和氢解的结果，它的分子式是 $C_9H_{7.95}O_{2.41}(OCH_3)_{0.93}$，这与云杉磨木木质素基本一致。需要强调的是，它仍然是一个结构模型，能否真实代表云杉木质素的天然结构，还有待于进一步的研究。

4.4.3　木质素的物理化学性质

木质素属于芳香族化合物、一般认为具有非结晶性的三度空间结构高聚物，天然木质素的分子量高达几十万，但是分离出来后的相对分子质量只有几千或几万。木质素本来的颜色应该是白色或无色，但是从木材中分离出来后就呈现出一定的颜色，而且随着分离和制备的方法不同呈现出的颜色也不同，在浅黄和深褐色之间。木质素在25℃时比重为 $1.33\sim1.45g/cm^3$，折光系数1.61。天然木质素由于分子量大、亲液性基团少，基本不溶于水和一般的溶剂。在特定溶剂中的溶解性能，取决于木质素的性质、溶剂的溶解性参数以及溶剂与氢键的结合能。碱木质素可以溶于低浓度碱液、碱性或中性极性溶剂中。木质素磺酸盐可溶于水中形成胶体溶液，这也是植物纤维化学制浆的基本依据之一。在一定的水温条件下，木质素可以发生软化及塑化。针叶材热塑化温度为170~175℃，阔叶材为160~165℃，在此温度下进行纤维分离可以减少动力消耗。

木质素是由苯基丙烷结构单元通过醚键和碳—碳键连接而成的高分子化合物，不同形式的连接和基团的存在，使木质素具有一定的化学反应活性，但是众多基团的差异性使木质素的化学反应性比纤维素和半纤维素复杂。

4.4.3.1　木质素的降解反应

木质素在水中一般不发生水解作用，当温度升高之后，木质素或半纤维素能分解出少量的无机酸，降低介质的pH值，使得木材原料发生酸性水解。在纤维制浆工业中，这个过程被称为预水解。在一定条件下，随着温度的升高，处理时间的延长，木质素、纤维素、半纤维素3种主要成分都有不同程度的水解降解。就这3种组分而言，木质素抗水解能力最强，纤维素次之，半纤维素最容易水解。将经过处理的铁杉用175℃的水蒸煮45min，水溶液经过浓缩后得到松柏醛、香草醛等芳香族化合物，据认为这正是木质素的水解产物。

4.4.3.2　木质素的缩合反应

缩合反应是降解反应的逆反应。木质素受水、热作用而发生降解，但是也有因木质素活化而发生缩合的可能，有人认为这正是热压时纤维相互结合的因素之一。在水煮过程中，温度达到130℃时，木质素开始自动缩合，到140~160℃时缩合反应加速，这就是木材在水煮高温阶段，木质素溶解速度缓慢的原因。水对木质素的缩合反应有很大影响，当水较多时，半纤维素等容易降解的碳水化合物剥离下来溶于水中，而使被活化降解的木质素暴露在外面，有利于缩合反应的进行；相反，当水分较少时，覆盖在木质素表面的降解化合物起保护作用，阻碍木质素缩合反应，所以在水煮工艺中，要求有一定的液料比。

纤维板成板理论的另一个观点是木质素结合理论，木质素缩合反应正是这一理论的基础。有人认为，热磨法生产纤维板浆料时，半纤维素最后转化为糠醛，木质素则降解为酚类物质，经过高温、热压作用后，两者缩合形成酚醛缩合物，可以起到酚醛树脂的作用，这是纤维板具有一定强度和防水性的原因之一。

4.4.3.3 木质素的磺化反应

在化学法纤维制浆中，木材在亚硫酸盐和过量的 SO_2 溶液中蒸煮，其工艺过程大致有 3 个阶段，即蒸煮药液对木材的渗透阶段、木质素磺化阶段和木质素成为木质素磺酸盐溶出阶段。在木质素磺化阶段，反应体系中存在多种离子的协同作用，产生磺化和水解两种反应。磺化使亲水性的磺酸基进入木质素高聚物内，而水解则打开醚键，产生新的酚羟基，降低分子量，两者的共同作用都是增加木质素的亲水性，使木质素从木材中不断溶解出来。

4.4.3.4 木质素的氧化反应

次氯酸盐、二氧化氯和过氧化氢是漂白剂，用于木材和纸浆的漂白，所发生的化学作用主要是对木质素的氧化反应。据研究，次氯酸盐与木质素发色基团的反应是形成环氧乙烷中间体，最后进行氧化降解，最终产物为羧酸类化合物和二氧化碳。二氧化氯对木质素的作用是使木质素芳香环氧化裂开生成其他衍生物，能够选择性地氧化木质素和色素，而对纤维素损伤较少。过氧化氢对木质素的作用是在溶液中产生过氧酸根离子，使木质素的发色基团脱色。

4.4.3.5 碱对木质素的作用

在高温条件下，植物纤维原料中的木质素与氢氧化钠水溶液反应，木质素中的多种醚键受氢氧根离子的作用而发生水解降解。

4.4.4 木质素的利用

由于木质素的结构中具有多种活官能团，因此木质素的用途非常广泛。

4.4.4.1 木工胶黏剂的合成

木质素的结构中既含有酚羟基又含有醛基，这为木质素应用于胶黏剂工业奠定了理论基础。木质素可以部分替代苯酚参与酚醛树脂的合成，它的磺酸盐也可以直接用作木工胶黏剂。

木质素参与木工胶黏剂合成的方式很多，其产品的使用效果也很理想。纸浆造纸厂的黑液就成功的被用来生产木工胶黏剂用于制造三合板、刨花板和纤维板。

4.4.4.2 合成橡胶工业

木质素在合成橡胶工业上，可以作为填充剂使用，又可以替代昂贵的炭黑作为合成橡胶的补强剂。一般的木质素在经过改性后使用，效果较好。使用木质素的合成橡胶制作的军用鞋，具有穿着舒适、弹性好、轻便、不臭等特点。

4.4.4.3 石油开采工业

木质素在石油开采工业的用途很大。就我国而言，木质素在这方面的使用量每年达 2 万 t。木质素主要作为钻井泥浆添加剂、堵水剂和调剖剂、稠油降黏剂和三次采油用表面活性剂。

4.4.4.4 建材工业

木质素在建材工业主要应用于下列几个方面：①减水剂。减水剂可以减少混凝土拌合时水的用量，提高了混凝土的强度，具有早强的效果。②水泥助磨剂。碱木质素是一种阴离子表面活性剂，与其他非离子表面活性剂混合，在水泥磨机上使用，可以大大提高水泥磨机的产量，节约电能，降低钢球消耗，且不会造成水泥使用中钢筋的锈蚀。③沥青乳化剂。乳化后的沥青在使用时不需要加热至170~180℃，也不需要将砂石烘干，从而可以节约燃料，节约沥青，提高工效。木质素作为沥青的乳化剂使用可以大大降低乳化沥青的价格。

4.4.4.5 香料工业

木质素的结构中，含有紫丁香基和愈创木基。因此，木质素也被用来生产香草醛和紫丁香醛，而这两种醛都是重要的香料生产原料。

4.4.4.6 活性炭制造

木质素也是重要的活性炭生产的原料。特别是在化学法生产活性炭的工艺中，由于木质素可以与一些有机物质反应，可以改变活性炭孔内的一些基团。对于某些物质吸附选择性很高的活性炭的制造，木质素具有不可替代的作用。

4.4.4.7 木质素基重金属吸附材料

木质素中含有丰富的羟基和羧基等有效的重金属吸附官能团，且具有来源广、廉价、可再生和生物可降解等优点，因此，在重金属吸附剂材料的制备中，木质素基吸附剂被认为是最具应用前景的吸附材料。

4.4.4.8 木质素基纳米材料

木质素是不规则的大颗粒，可以通过以下3种反应类型制备纳米微球：①木质素通过自组装聚合形成纳米微球；②木质素经过物理作用剪切成纳米颗粒；③木质素通过交联形成木质素纳米微球。木质素纳米材料具有比表面积较大、表面原子数占有比较高以及表面可修饰性等优良的性能，可用于生物基载体、抗紫外线和抗菌材料以及纳米填料等方面。

4.4.4.9 其他方面

木质素除上述应用外，在轻工、农业等方面也有着重要的用途。比如用木质素硝化合成植物生长调节剂以及作为土壤改良剂使用等。

4.5 木材抽提物

木材中的抽提物是指用水、酒精、乙醚、苯、丙酮等有机溶剂浸提出来的物质。这里的抽提物是广义的，指除组成木材细胞壁结构物质以外的所有木材内含物。抽提物的含量随树种、树龄、树干位置以及树木生长的立地条件不同而不同。含量少者约为1%，多者高达10%~40%，一般在5%左右。许多木材抽提物是在边材转化心材过程中形成的，它们不是木材细胞壁的组成部分，但存在于细胞腔和细胞壁的微毛细管或者木材的特殊细胞中。

4.5.1 木材抽提物的种类与化学成分

木材抽提物包含多种类型的天然有机化合物，其中最常见的是多元酚类，此外还有树脂酸类、萜类、酯类、碳水化合物等。

4.5.1.1 多元酚类化合物

许多木材包含有酚类物质，植物单宁属于多元酚的衍生物，分子量在3 000~5 000之间，能够与蛋白质发生变性反应的单宁称为鞣质，它能将动物生皮鞣制成革。植物单宁分为水解类和凝缩类单宁。水解类单宁大多是多元酚酸与糖类形成的酯，分子中的酯键容易受稀酸、稀碱或者酶(单宁酶)的作用，水解分裂成为糖类和多元酚酸，有时在温水中也能水解，五倍子单宁、漆树单宁和橡椀单宁属于水解类单宁。凝缩类单宁是由简单的烷醇类化合物经过分子间脱氢缩合形成的多元酚类聚合物，在酸的作用下，凝缩类单宁不但不能水解，反而进一步缩合，形成暗红色或棕红色不溶于水的红粉沉淀，黑荆树单宁、儿茶酚单宁属于凝缩类单宁。

单宁广泛存在于树木的叶、果实、木材、树皮和根部，多数以树皮含量最高，在木材中心材含量高于边材，并且多聚集于木射线和薄壁细胞中。树皮中的单宁多属于水解类单宁，木材中的单宁因树种而异，栎木和栗木的单宁属于水解类，而坚木和桉树心材单宁属于凝缩类单宁。单宁能杀菌，含单宁的木材耐腐性强。单宁遇蛋白质沉淀，可提高酒的醇香程度，所以蒙古栎可用作贮存酒的酒桶。将植物单宁经过浸提、浓缩处理和干燥后得到的工业品称为栲胶，栲胶不仅用于制革工业，还用于锅炉除垢。落叶松栲胶或树皮粉，可代替苯酚制造酚醛树脂胶。

4.5.1.2 树脂类化合物

树脂类化合物包括树脂酸、脂肪酸及其酯类、萜类、醇类等复杂的化合物。木材中的树脂含量因树种不同而有差异，一般针叶材比阔叶材树脂含量高，针叶材树脂含量最高可达到25%。阔叶材树脂几乎完全存在于射线薄壁细胞内，而针叶材树脂主要存在于树脂道内，某些针叶材的射线薄壁细胞也含有树脂。同一树株，不同部位的树脂含量也有差别，例如：长叶松边材树脂含量2%，而心材达到7%～10%，近根基部心材树脂含量高达15%。

松木采脂所得的透明粘液为松脂，经过蒸馏得到松香和松节油，松香的主要成分就是树脂酸，松节油是萜烯类化合物，主要成分是 α-蒎烯、β-蒎烯，分子式为 $C_{10}H_{16}$。松香与碱进行皂化形成松香乳剂，它是纤维板制造过程中使用的一种防水剂，并可用于造纸施胶，使书写墨水不洇。

4.5.1.3 生物碱及黄酮类化合物

生物碱是存在于树木体内具有重要生理活性的一类天然化学物质。有些树木含有的生物碱，如金鸡钠树含有奎宁，可用于治疟疾。黄波萝韧皮的生物碱用于治疗白喉、肠胃病等。紫杉醇是从红豆杉中发现的二萜生物碱，结构新奇，对多种癌症具有明显疗效。

黄酮类化合物是树木中存在的另一大类化学物质，树木的木材、枝叶、花果、种子、树皮都含有黄酮类化合物，它不仅属于天然色素物质，而且普遍认为还具有多种生理活性，对治疗和预防心血管疾病具有相当的功效。

4.5.1.4 碳水化合物

构成木材细胞壁的纤维素和半纤维素属于碳水化合物，但是它不溶于一般中性溶剂，许多木材抽提物里包含有可溶性的碳水化合物，主要有糖类、淀粉类和果胶类等。有些针叶材的边材和心材含有阿拉伯糖，白桦木材中含有多种类型的糖类物质，桦木树液制糖有很高的营养价值，不仅味美，而且对缺少维生素的疾病有良好的医疗作用。某些阔叶树，如桃树、李树可以分泌树胶，为透明黏液经干燥后成为胶块，可溶于水，其主要成分是聚戊糖、聚己糖和糠醛酸化合物。糖槭树树液的含糖量为0.5%～7%，高的可达10%。用糖槭树液熬出的糖浆，俗称"枫糖"，主要成分是蔗糖，其余还有葡萄糖和果糖，营养价值很高，可与蜜糖媲美，除供食用外，还可用于食品工业。

有些阔叶材的边材中含有淀粉，含量可以高达5%。淀粉主要存在于木材的薄壁组织和木射线内，有些树木的髓部也有淀粉的存在。有时针叶材和阔叶材的抽提物里还含有果胶，存在于细胞胞间层和初生壁内，木材内的果胶物质是复杂的聚合物，大部分是半乳糖醛酸甲酯和少量半乳糖醛酸通过苷键结合形成线性主链，并在主链上附有阿拉伯聚糖和半乳糖侧链的高分子聚合物。

4.5.2　木材抽提物与木材颜色的关系

过去认为木材的颜色是由于木材中存在具有色素的物质或其他物质在外界条件作用下而产生的，后来研究发现，木质素结构中缔合有发色结构物质，所以木材颜色产生的原因有两个方面，一是与木质素有关，二是与抽提物有关。具有不同颜色的木材抽提物存在于细胞腔内或者沉积于细胞壁内使得木材显示一定的颜色。心材中的抽提物明显高于边材，所以心材的颜色往往比边材深得多。

木材色素是重要的木材抽提物之一，某些树种木材颜色明显，从中可以提取色素。紫檀心材为红色，可以提取紫檀香（santalin）色素，美国鹅掌楸木材里可以提取黄色染料鹅楸黄（liridenine）。桑橙素（maclurin）为黄色微晶粉，产于桑科某些木材中。拉帕醇（lapachol）为黄色柱晶，存在于紫葳科某些木材中。树皮中的色素物质以黄酮类化合物最多，主要有槲皮素（quercetin）、香橙素（aromadendrin）、杨梅皮素（myricetin）等。某些木材色素本身没有颜色，如果暴露在空气中后发生氧化作用使木材产生颜色或者转变成为其他的颜色，栎属木材、泡桐木材含有单宁物质，在空气中久置后木材表面颜色变深。桑色素（morin）为无色针晶，存在于桑树中，而暴露在空气中的木材则为黄色。苏木质素（brazilin）和苏木精（haematoxylin）为无色针状结晶，存在于豆科苏木中，在碱性条件下氧化，显示红色，利用这种性质，苏木精常用于纤维染色技术中。

富含单宁的木材在加工过程中，与铁接触后会发生铁变色，其颜色从浅灰到蓝黑色，随铁与木材接触情况而变化；与铜或者合金接触后产生微红色。

4.5.3　木材抽提物对木材酸碱性质的影响

木材酸碱性质是木材重要化学性质之一，它与木材的胶合性能、变色、着色、涂饰性能以及对金属的腐蚀性等加工工艺密切相关。研究表明，绝大多数木材呈弱酸性，这是由于木材中含有醋酸、蚁酸、树脂酸以及其他酸性抽提物。木材在贮存过程中，也不断产生酸性物质。有人根据木材的酸碱性质将木材pH值小于6.5的木材称为酸性木材，而把pH值大于6.5的木材称为碱性木材。极少数木材或者心材属于碱性木材。木材的pH值随树种、树干部位、生长地域、采伐季节、贮存时间、木材含水率以及测试条件和测试方法等因素的变化而有差异。例如：同一株树木不同部位的pH值有变化，边材与心材的pH值相差明显。

对木材pH值的测定，我国的国家标准GB/T 6043—2009《木材pH值测定方法》中规定：将试材破碎后置于通风良好、无酸、碱气体的室内气干，均匀混合后取约200g，用植物原料粉碎机全部制成通过40目筛的试样，置于广口瓶中备用。称取试样3g（精确至0.01g）置于50ml烧杯内，加入新煮沸并冷却至室温的蒸馏水30ml，搅拌5min，放置15min后再搅拌5min，静置5min测定pH值，精确至0.02。每一试样平行测定两次，误差不得超过0.05，取其算术平均值为结果，准确到小数点后第二位。

木材的主要成分是高分子的碳水化合物，它们是由许许多多失水糖基联结起来的高聚物。每一个糖基都含有羟基，其中的一部分羟基与醋酸根结合形成醋酸酯，醋酸酯水解能放出醋酸，它使木材中的水分常带有酸性，而且因为有挥发性的醋酸使水解反应不断向生成醋酸的方向移动。木材中含有醋酸根，阔叶树材比针叶树材含量高。醋酸根的含量越高，体系内形成的醋酸就越多，木材的酸性就越强。木材水解时释放出醋酸的快慢因木材树种而异。对同一种木材而言，其释放速度取决于周围的温度和木材自身的含水率。除醋酸外，木材中还含有树脂酸以及少量的甲酸、丙酸和丁酸。木材含有 0.2%～4% 的矿物质，其中，硫酸盐占 1%～10%，氯化物占 0.1%～5%，它们电离、水解后也可使木材的酸性提高。

影响 pH 值的因子较多，据研究，生长在酸性土壤的木材 pH 值较低；春季采伐的木材 pH 值较高，秋季采伐的则 pH 值较低，采伐后随水分降低而略平衡；木材由纤维饱和点干燥至含水率为 10% 时，通常 pH 值要降低 1 左右；针叶材树干上部比下部的 pH 值略高；边、心材也有差别，如柳杉、赤松、大青杨、榆木等的边材的 pH 值比心材低，山毛榉、扁柏边材的 pH 值比心材也有差别，如柳杉、赤松、大青杨、榆木等的边材的 pH 值比心材低，山毛榉、扁柏边材的 pH 值比心材稍高等。

4.6 木材化学成分与木材加工利用的关系

木材的成分和结构是认识木材的基础，它们决定了木材的性质，最终影响了木材的加工工艺和利用途径，因此木材的化学成分是影响木材材性和加工利用的重要因素。木材抽提物对木材的性质、加工工艺、人体健康和木材的合理利用有一定影响，研究和了解其中的变化规律，对于科学地确定木材加工工艺、提高产品质量具有重要意义。

4.6.1 纤维素、半纤维素与木材加工利用的关系

纤维素分子链在细胞壁中形成的微纤丝沿细胞的轴向排列，赋予了木材较高的顺纹抗拉强度和弹性；半纤维素和木质素将纤维素黏结在一起，起着支持纤维素骨架的作用，因而使木材具有很高的抗压强度。除去木质素或半纤维素后，木材的强度显著降低。

木材在水热处理时，由于高温高湿作用，半纤维素比纤维素、木质素容易分解和破坏，使木材的力学强度降低。木材在高温作用下，抗冲击强度下降。而且由于阔叶材中半纤维素的含量高于针叶材，强度下降幅度更大，木材的抗弯强度、抗拉强度也均将减小。但是另一方面，在高温作用下，有人认为由于多糖裂解成糠醛并与其他糖类及木质素聚合成不吸水的树脂，这是降低木材的吸湿性，改善木材体积稳定性的另一个原因。

木材加工中半纤维素对纤维板的生产工艺有一定的影响。在纤维分离之前，用水煮和汽蒸的办法使木材软化。软化过程与半纤维素的水解有关，半纤维素水解生成的酸又成为水解过程的催化剂。半纤维和木质素含量高，易于润胀，容易制浆。当然，原料中半纤维素含量多，也容易造成纤维板吸湿性强、耐热性差、浆料滤水困难等问题。湿法纤维板生产废水中溶解的糖类，大部分是半纤维在热磨、热压过程中降解生成的低分子量己糖和戊糖。这些低聚糖经水解成单糖后，可经酶的作用产生单细胞蛋白，变废为宝。采用废水封闭循环与利用废水生产饲料酵母相结合，有利于废水综合

治理，保护生态环境。

木材细胞壁主要成分有机组合在一起，很难进行分离。从生物质化学利用角度来看，最有效的方法是先将主要成分分离开来，再单独利用。目前，低压爆破技术和汽爆技术分解生物质原料及其废弃物，制取能源、纤维素和半纤维素，引起广泛的重视。低压爆破技术是向生物质物料中加水混合均匀后，进行超临界 CO_2 爆破处理：通入 CO_2，加压，维持温度和压力稳定后，迅速卸压；热水抽提；蒸煮抽提分离出部分木质素，得到的固体剩余物的主要成分为纤维素。该爆破预处理方法具有物理和化学两方面的效果：物理上可以极大破坏物料的表观结构，促进后处理对化学试剂等的可及性，提高处理效率；化学上 CO_2 和水提供的酸性环境，促进了对半纤维素及果胶质的水解及木质素的降解，降低了后处理的强度。该方法能耗低、处理效率高且对环境污染小。

汽爆技术原理与低压爆破技术类似，汽爆过程中不添加任何化学药品，消除了污染源；在汽爆过程中所降解的半纤维素，可使之资源化，生产高附加值的双歧生长因子。其原理是：具有细胞结构的植物原料在高压(1.5 MPa)、高温(190℃)介质下汽相蒸煮，半纤维素和木质素产生一些酸性物质，使半纤维素降解成可溶性糖，同时复合胞间层的木质素软化和部分降解，从而削弱了纤维间的黏结。然后突然减压，介质和物料共同作用完成物理的能量释放过程。物料内的汽相介质喷出瞬间急速膨胀，同时物料内的高温液态水迅速暴沸形成闪蒸，对外做功，使物料从胞间层解离成单个纤维细胞。汽爆可分成两个阶段，首先是汽相蒸煮，高压蒸汽渗透到物料内的空隙，使半纤维素降解成可溶性糖，同时木质素软化和部分降解，降低纤维连结强度，为爆破过程提供选择性的机械分离；其次是爆破过程，利用汽相饱和蒸汽和高温液态水两种介质共同作用于物料，瞬间完成绝热膨胀过程，对外做功。在爆破过程中，膨胀的气体以冲击波的形式作用于物料，使物料在软化条件下产生剪切力变形运动。

由于物料变形速度较冲击波速度小得多，使之多次产生剪切，使纤维有目的分离。二者相辅相成，汽相蒸煮条件的选择决定着汽爆目的性。汽相蒸煮的温度和蒸煮时间之间存在交互作用，根据 Arrhenius 定律，温度每升高 10℃，热化学反应的速率加倍，温度升高从而蒸煮时间缩短，但爆破机械作用只有在汽相蒸煮临界点以上才能发挥出来。

总之，低压爆破技术和汽爆技术方面的研究已有一百多年的历史，有很多专利，但真正进入生产应用阶段的成功案例几乎没有。主要原因在生物质材料包括木材，其细胞壁主要成分通过化学键有机交织在一起，很难有效分离。

4.6.2 木质素与木材加工的关系

纤维板板面产生颜色的原因有两个：一是原料本身的颜色；二是在加工工艺过程中，由于受热、氧化作用而使原料中的某些成分发生变化而引起的。木质素中含有发色基和助色基，其中木质素单元中的松柏醛基是由3个发色基组成的。因此，多数学者认为木质素是木材产生颜色的主要来源。

木质素是热塑性物质，当有水存在时，在热作用下，木质素发生软化。随温度升高，软化程度提高。木质素是各种不同聚合度的酚类组成的，熔点各不相同，在不同温度时，软化程度也不同。木质素全部熔化的温度，针叶材为 170~175℃，阔叶材为 160~165℃，冷却后凝结、变硬、变脆。

热磨法纤维分离,就是利用蒸汽(180℃以上)处理,木质素熔融,从而使木材的细胞间失去结合力来分离纤维的。湿法硬质纤维板热压,也充分利用了木质素的这一性质。木质素分子上存在有甲氧基($CH_3O—$)、羟基(—OH)、羰基(—CO)等多种功能基团,具有较强的化学反应能力。

4.6.3 木材抽提物对木材加工的影响

木材气味的来源,一是木材自身所含的某种抽提物化学成分所挥发出的气味;二是木材中的淀粉、糖类物质被寄生于木材中的微生物进行代谢或分解时而生成的产物具有某种气味。树种不同,木材中所含抽提物的化学成分不同,木材的气味也不同。檀香木、白香木、香椿具有香味,新伐杨木有香草味,椴木有腻子味等。木材的滋味不同也是木材中含有不同抽提物所致,如板栗和栎木具有涩味,檫木具有辛辣味,苦木、黄连木具有苦味。

尽管心材抽提物高于边材,心材的渗透性低于边材,但要说明抽提物对木材渗透性的影响,目前的研究报道不多。有人研究将木材心材分别经热水、甲醇-丙酮、乙醇-苯和乙醚等溶剂提取后,其渗透性可增加3~13倍。

有研究认为,木材抽提物处于木材表面或者在热压胶合向胶合面运动时,改变了胶黏剂流动性、润湿性等,在胶合界面形成有碍胶合的表面层,从而降低了胶合强度。抽提物对碱性胶黏剂固化及胶合强度的影响不是十分敏感,而对酸性胶黏剂,抽提物可能会抑制或加速胶黏剂的固化速度,这取决于缓冲容量和树脂反应的pH值,如柚木和红栎的水溶性抽提物会延迟脲醛树脂和脲醛-三聚氰胺树脂的胶凝时间。木材抽提物对木制品油漆也有一定的影响,桦木抽提物中含有酚类化合物,水青冈木材抽提物中含有类木质素化合物,龙脑香木材抽提物中含有棓酸和单宁类化合物,它们对油漆的聚合反应具有阻碍作用。木材单宁含量高时,会妨碍亚麻仁油的油漆固化。当木材含水率增高时,木材内部的抽提物向表面迁移,使漆膜发生变色。

抽提物对木材强度的影响尚无定论,有人研究了美国红杉、北美香柏和刺槐木材,结果认为木材的抗弯、顺压和冲击强度随着木材抽提物含量的增加而增加,而另外也有人研究表明,北美红杉木材的抗弯强度与抽提物的含量无关,而弹性模量则随抽提物含量增加而减少。有研究报道,含树脂和树胶较多的热带木材,其耐磨性较高。木材抽提物含量对顺纹抗压强度影响最大,对冲击韧性影响最小,而对抗弯强度的影响介于两者之间。

抽提物中多酚类含量高的木材,在加工过程中,切削刀具的磨损严重,这是由于木材中多酚类化合物使铁离子从酸-金属平衡体系中不断移出,对锯片产生了腐蚀作用。有些木材的细胞腔内含有结晶二氧化硅,容易引起木材切削刀具变钝。

有些木材抽提物含有毒性的化学成分,如松木心材抽提物中含有3,5-二羟基苯乙烯,柏木类木材中含有窨酚酮,均具有较强的毒性。含有毒性的抽提物的木材可能对木材加工操作人员引起某些疾病,所以在加工这些木材时应考虑采取适当的防护措施。气味浓厚的木材制造的包装箱不宜盛装食品,含有毒性成分的木材不宜制造室内家具。

木材抽提物对水泥刨花板、石膏纤维板生产工艺影响最大,例如兴安落叶松心材含有高达8.73%的阿拉伯半乳聚糖,边材含有5.75%,由于还原糖的阻聚作用,可使水泥的凝固时间延迟或不易凝固,影响制品质量。

复习思考题

1. 木材的主要成分和次要成分是什么？
2. 什么是综纤维素、α-纤维素、β-纤维素和γ-纤维素？
3. 纤维素、半纤维素和木质素在木材细胞壁内分布有何特点？
4. 纤维素的组成单体是什么？试述纤维素分子结构的特点。
5. 什么是纤维素结晶区和非结晶区？试述纤维素的物理性质。
6. 纤维素可以发生哪些化学反应？它们在纤维素利用上具有什么作用？
7. 比较纤维素和半纤维素结构上的异同，说明半纤维素结构和性质的特点。
8. 半纤维素有哪些用途？
9. 木质素的结构单元有哪些？木质素结构具有哪些特点？
10. 研究木质素的方法有哪些？
11. 木质素有哪些化学反应？
12. 木质素的主要用途？
13. 木材抽提物主要有哪些种类？对木材性质有什么影响？
14. 木材主要成分对木材加工有什么影响？
15. 木材抽提物对木材加工有什么影响？

第 5 章
木材物理性质

【本章难点与重点】 木材中的吸着水、纤维饱和点、吸着滞后现象和平衡含水率概念及其生产上的指导意义；木材干缩湿胀发生规律、原因、对木材利用的影响及其有效控制途径；木材密度种类及其意义；木材声学、电学等物理学特性与人类居住环境特性间的关系等。

5.1 木材中的水分

研究木材与水分的关系，必须先了解木材中水分的来源、水分存在的状态、水分的分布规律以及木材中水分的测定和计算方法，这是研究木材与水分关系的基础和起点。现代木材加工处理技术或理论研究，很大程度上都与水分有关。

树木中水分使细胞壁处于膨胀状态以支持其自身的质量和抵抗自然界风力的变化而造成的破坏。树木通过叶片光合作用进行生长，其生长过程离不开水、二氧化碳和各类矿物营养元素。树木体内的水分是处于连续不断的状态，根系从土壤中吸收含有矿物营养的水分，通过边材输送到树木各个器官；同时，树叶光合作用产生的碳水化合物通过韧皮部向下输送到根系和树干各部位。树木中水分以液体形式出现，是矿物质和有机质的混合液，其水分含量随着树种、季节、部位及生长环境的不同而有差异。因此刚采伐的树木(伐倒木)体内有很高的含水率。伐倒木中水分含量不仅与树种和树干部位有关，不同季节采伐对其体内含水率也有很大的影响。伐倒木造材的产品——原木及其解锯后制成的板方材在存放和储运过程中，其水分含量都会发生变化。木材是由木质细胞组成多孔性的材料，干燥的木材具有一定的吸湿性，对于液态水和水蒸气均具有亲和力，这也会导致木材及其产品含水率的变化。

水分对木材本身性质、木材储运保存、木材使用性能及以木质材料为基材的人造板性能和加工工艺等均有很大的影响，因此，掌握理解木材中水分对木材的合理加工与利用有着重要意义。

5.1.1 木材含水率及其测定

5.1.1.1 木材中水分存在的状态

木材中的水分按其存在的状态可分自由水(毛细管水)、吸着水和化合水三类。

(1) 自由水(free water): 是指以游离态存在于木材细胞的胞腔、细胞间隙和纹孔腔这类大毛细管中的水分,包括液态水和细胞腔内水蒸气两部分。理论上,毛细管内的水均受毛细管张力的束缚,张力大小与毛细管直径大小成反比,直径越大,表面张力越小,束缚力也越小。木材中大毛细管对水分的束缚力较微弱,水分蒸发、移动与水在自由界面的蒸发和移动相近。自由水多少主要由木材孔隙体积(孔隙度)决定,它影响到木材质量、燃烧性、渗透性和耐久性,对木材体积稳定性、力学、电学等性质无影响。

(2) 吸着水(bound water): 是指以吸附状态存在于细胞壁中微毛细管的水,即细胞壁微纤丝之间的水分。木材胞壁中微纤丝之间的微毛细管直径很小,对水有较强的束缚力,除去吸着水需要比除去自由水要消耗更多的能量。吸着水多少对木材物理力学性质和木材加工利用有着重要的影响。木材生产和使用过程中,应充分关注吸着水的变化与控制。

(3) 化合水: 是指与木材细胞壁物质组成呈牢固的化学结合状态的水。这部分水分含量极少,而且相对稳定,是木材的组成成分之一。一般温度下的热处理是难以将木材中的化合水除去,如要除去化合水必须给予更多能量加热木材,此时木材已处于破坏状态,不属于木材的正常使用范围。因此,化合水对日常使用过程中的木材物理性质没有影响。

5.1.1.2 木材含水率种类与测定方法

(1) 木材含水率种类: 木材干与湿主要取决于其水分含量的多少,通常用含水率来表示。木材中水分的质量和木材自身质量之百分比称为木材的含水率(moisture content of wood or M.C.)。木材含水率分为绝对含水率和相对含水率两种。以全干木材的质量为基准计算含水率称为绝对含水率(absolute moisture content),以湿木材的质量为基准计算的含水率称为相对含水率(relative moisture content)。其计算式为:

$$W = [(G_w - G_0)/G_0] \times 100\%$$
$$W' = [(G_w - G_0)/G_w] \times 100\%$$

式中: W——绝对含水率(%);
W'——相对含水率(%);
G_0——全干木材的质量(g);
G_w——测定时木材的质量(g)。

绝对含水率式中,绝干质量是固定不变的,其结果确定、准确,可以用于比较。因此生产和科学研究中,木材含水率通常以绝对含水率来表示。

相对含水率式中,是以含水木材质量为基数。木材初期质量是变化的,增减相同质量水分时,其含水率的变化并不相等,计算出的结果也不确定,生产上用得较少,仅在造纸工业和纤维板工业及计算木材燃料水分含量时作为参考。

(2) 木材含水率测定方法: 木材含水率的测定有干燥法、蒸馏法及导电法3种,以干燥法和导电法应用最为广泛。

①干燥法: 干燥法(oven-drying method)又名质量法,是将待测含水率的木材称其初重(G_w)后放入烘箱,先在60℃低温下烘干2h,之后将温度调至103±2℃,连续烘干8~10h后至质量(G_0)不变。其间每隔2h试称一次,至最后两次称重之差极小(不超过0.3%),即可认为达到全干。按上式即可计算出木材的含水率。此法时间较长,对树

脂等挥发性物质含量高的树种木材，测定出来的结果稍为偏大。但此法操作简便，结果准确，广泛应用。

②蒸馏法：对于树脂含量较高的树种木材或经油剂浸注处理后的木材，使用烘干法测定含水率，树脂或油类会因温度升高而随水分一起蒸发，导致出现水分量增大的假象而使结果误差较大。为了较准确地测定此类木材的含水率，可以利用蒸馏法（distillation method）。

测定装置如图5-1，将注有二甲苯的三角瓶与带刻度的受器、冷却器互相连接，然后将2～3mm厚度的碎木置于三角瓶中，在水浴锅中加热蒸馏；水蒸气与二甲苯蒸汽进入冷却器，经冷凝的液体即流入受器中，于是水分重沉至下部，多余的二甲苯则沿侧管返回瓶中，二甲苯约灌至瓶容积的3/4，蒸馏速度为每秒流至受器中2～4滴，蒸发至水分的体积测至精确度$0.1cm^3$，因$0.1cm^3$的水重1g，故蒸发出的水分以cm^3表示时，即表示克重（G_q）。

含水率按下式计算：
$$W = [G_q/(G_w - G_q)] \times 100\%$$

式中：G_w——试验时试样质量（g）；

G_q——水分的体积，即水的质量（g）。

此法由于将木材切成小的碎片，在切碎的过程中，木材中的水分也会发生蒸发，造成含水率降低，这点必须注意。

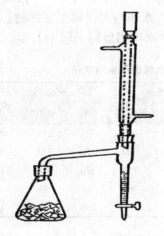

图5-1 蒸馏法测定木材含水率

图5-2 木材含水率测湿仪

③导电法：导电法是利用木材电学性质如电阻率、介电常数和功率等因素与木材含水率间有规律的关系设计出的一种测湿仪。特制的木材含水率测湿仪（electrical moisture meter）如图5-2所示。测湿仪上有刻度表或电子显示屏，通电后即可直接读出木材的含水率。

木材含水率测定仪主要有直流电阻式和交流介电式。前者是利用木材中所含水分的多少对直流电电阻的影响，实际是一种欧姆计，故又称直流电表含水率测湿仪。当含水率测定仪的两个尖的触角插入木材时，指示灯给出相对应档次的含水率。后者是根据交变电流的功率损耗与木材含水率的关系而设计出的交流电木材含水率测湿仪。当含水率测定仪与木材试样接触时，通过磁场感应，测定仪上可转动的指针或显示屏上就会直接标出或显示出木材含水率数值。

电表测湿仪测定木材含水率，简便而快捷，可立即测出木材含水率，无需破坏样木，并免去制作含水率试样，特别适合于生产现场使用。但木材含水率与电阻率的关系仅在某一含水率范围内呈有变化规律的关系，超过了此限度它就不明显了。理论上，电阻式测湿仪的测定范围为 7%~30%，交流介电式测湿仪的测湿范围可由绝干材至饱和含水率。但由于制造上的困难，实际上测湿范围是有所限制。为了提高精度，有时需作树种、温度和木材密度等因子修正。生产上，木材及其制品含水率在 7%~23% 范围内，导电法测定较准确。

5.1.1.3 木材含水率的变化与不同含水率状态下木材的分类

（1）木材含水率的变化：木材中含水率不仅因树种和同种树木植株条件不同而有变化，即同株内亦因树木部位和季节之不同而有变化。

①树种与含水率的关系：生长的树木或新伐倒的树木，其含水率之多少，随树种而异。一般树木体内含水率大于 40%（表5-1，表5-2），多的可达 200% 以上，如毛枝冷杉的边材含水率为 215%，夏秋季节意杨树干内木材含水率达 300%。

②树木部位与含水率的关系：树木部位一般分水平方向与垂直方向两种。水平方向上，针叶树材的生材含水率一般为边材多大于心材（表5-1），而阔叶树材的心边材含水率差异与树种有很大的关系，有的树种心边材含水率近似，有的树种心材含水率大于边材的，亦有小于边材的（表5-2）。含水率在树木中的垂直分布，一般来说梢端含水较多，如表5-1 中的红松和臭冷杉，梢端心边材含水率均大于树干下部的心边材，而表5-1 中阔叶树如春榆、槭木和紫椴树干下部木材含水率明显高于树干上部。

表 5-1 不同树种由根部向上木材含水率的变化　　　　%

树 种	0.5m		4.5m		8.5m		12.5m		16.5m	
	心材	边材	心材	边材	心材	边材	心材	边材	心材	边材
红 松	80	195	80	195	65	200	70	210	65	200
臭冷杉	75	185	135	195	145	220	155	230	140	225
春 榆	130	120	135	110	135	110	120	80	115	70
槭 木	95	100	85	95	80	90	65	80	—	—
紫 椴	140	150	135	140	120	135	110	130		

表 5-2 树木的生材含水率　　　　%

树 种	边材	心材	平均	树 种	边材	心材	平均
毛枝冷杉	215	174	195	高山锥	78	76	77
红 杉	127	38	82	厚壳桂	71	77	74
高山松	124	44	84	乌椿（琼岛柿）	58	56	57
云南松	106	55	81	荷 木	91	91	91
云南铁杉	139	123	131	白橡木	78	64	71
枫 香	137	79	108	苦 梓	60	142	101
白 桉	44	46	45	紫 树	72	130	101
拟赤杨	117	117	117	小果香椿	112	88	100
长叶槭	62	55	59				

(2) 不同含水率状态下木材的分类：为了更好地合理加工利用木材，生产加工企业对含水率状态不同的木材有不同的称谓，如生材、湿材、气干材、炉干材（窑干材、室干材）和绝干材等，其细胞壁中水分状态如图5-3所示。

①生材：树木新伐倒的木材称为生材（green wood），含水率多在50%以上，在伐木运材及人工干燥中对生材含水率很有检定之必要。生材含水率与季节、树种、树龄、树干部位有关。刚伐倒木材如果不进行自然堆放干燥，含水率很大，则增加运输成本，每次单车运材只能运一小部分，生产率低。生材直接人工干燥，能耗大，成本高。人工干燥前应进行自然堆放干燥。木材加工企业在林区收购人造板和造纸工业原料——木材和木片时多以质量计算，含水率计量要求标准不同，对收购方与生产方的经济利益有很大的影响。

②湿材：长期浸泡在水中的木材。湿材（wet wood）含水率高于生材，如贮木场内木材。农村习惯将木材放入水中浸泡，不生虫，不腐朽，主要是将木材内部浸提物浸出，没有淀粉等营养物质适合菌类生存。同时纹孔打开，透气性好，原木解锯成板材后干燥快、尺寸稳定、变形小。

③气干材：生材或湿材放置于大气中，水分逐渐蒸出，最后与大气湿度平衡时的木材称为气干材（air-dried wood）。气干材含水率随大气的温度和湿度而变化。我国地域辽阔，气干材含水率多在12%~18%之间。日常生活中所用的木材都是气干材。过去我国气干材含水率多以15%为标准，现在结合室内空调环境、木制品实际使用情况以及与国际上各国相一致便于比较的原则，我国气干材标准含水率已调整为12%。因此，科研上不同含水率试样所测定的材性数值，必须调整到 $W=12\%$ 进行比较。

④炉干材（窑干材）：木材在利用上为缩短干燥时间，常用人工干燥法。经过人工干燥的木材称窑干材，含水率4%~12%。板材具体含水率根据要求而定，如地板用材要求含水率8%~12%。炉干材可缩短木材在大气中的干燥时间，及时利用木材，减少木材变形。

⑤绝干材：绝干材（oven-dried wood）系将木材放在103℃±2℃的温度下干燥几乎可以逐出木材的全部水分，使木材含水率接近于零，此种含水状态的木材，称为绝干材。绝干材仅应用于木材科学试验中，在利用上应用价值甚小。绝干材若暴露于空气中，将从空气中吸收水分。

5.1.2 木材的纤维饱和点

5.1.2.1 纤维饱和点及其意义

纤维饱和点（fiber saturation point，F. S. P）指木材胞壁含水率处于饱和状态而胞腔无自由水时的含水率（图5-3）。它具有非常重要的理论意义和实用价值。纤维饱和点时的含水率因树种、温度以及测定方法的不同而有所差异，其变异范围为23%~33%，但多数树种木材的纤维饱和点时的含水率平均为30%。因此，通常以30%作为各个树种纤维饱和点含水率的平均值。

纤维饱和点是木材材性变化的转折点，如图5-4所示。就大多数木材力学性质而言，如含水率在纤维饱和点以上，其强度不因含水率的变化而有所增减。当木材干燥含水率减低至纤维饱和点以下时，其强度随含水率的降低而增加，两者成一定的反比

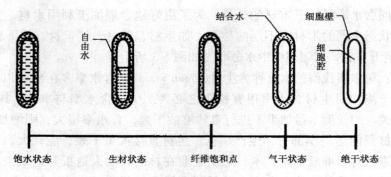

图 5-3 木材胞壁各种含水率状态

关系,仅木材韧性和抗劈力不太显著。

木材的含水率在纤维饱和点以上时,无论含水率增加或减少,除质量有所不同外,木材完全无收缩或膨胀,外形均保持最大尺寸,体积不变。当木材含水率减低至纤维饱和点以下时,随着含水率的增减,木材发生膨胀或收缩。含水率减少越多,收缩率越大,二者呈一定直线关系。至绝干时,收缩至最小尺寸。

木材本身是绝缘体,水是导电体。木材含水率在纤维饱和点以上时,其胞壁含水率为饱和状态,因水是导电体而使木材具有较强的导电性,此时木材中水分增减变化发生在细胞腔中,对木材导电性能影响相对来说不大。通常从纤维饱和点最大含水率,木材电导率仅增加几十倍;而纤维饱和点以下时,绝干材的电导率为几乎为0,随着水分含量的增加,至纤维饱和点时电导率要增加几百万倍。因此纤维饱和点以上时至最大含水率,相比较而言其导电性增加可忽略不计,可视为常数。电测木材含水率基于这一原理,其有效范围在7%~23%之间,因此区间木材含水率与导电性二者是直线关系,电测木材含水率测定较为精确。

5.1.2.2 纤维饱和点的测定

基于上述纤维饱和点含水率对木材性能的影响,可以用测定木材强度、干缩性和导电性与含水率间的关系来测定纤维饱和点。

(1)用顺纹抗压强度与含水率的相关性测定纤维饱和点:即用许多不同含水率(包括在纤维饱和点以上或以下)的顺纹抗压试件测定其顺纹抗压强度值(图5-4),并求出相应的含水率,然后根据顺纹抗压强度与其相应的含水率,绘出曲线图,再求纤维饱和点。

(2)木材的导电性与含水率的关系求纤维饱和点:木材含水率在纤维饱和点以上时,其导电呈一常数;在纤维饱和点以下时,木材的导电性随含水率之不同而变异,并呈一定的比例关系(图5-4)。据此以求各种不同含水状态试样的含水率与导电性的关系曲线,从纤维饱和点以上与以下时导电曲线的交点,定出纤维饱和点。

(3)用干缩率与含水率的相关性测定纤维饱和点:根据试样含水率的变迁,定时测定干缩率,再绘制含水率与干缩率的关系曲线图,从图上定出纤维饱和点(图5-5)。

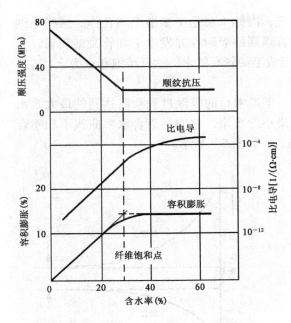

图 5-4 木材纤维饱和点与材性间的关系

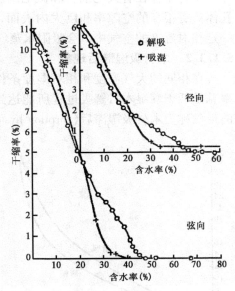

图 5-5 木材径弦向干缩率与纤维饱和点间的关系

5.1.3 木材的吸湿性

5.1.3.1 木材吸湿性及其产生原因

木材的吸湿性（adsorption of wood）是指木材从空气中吸收水分或向空气中蒸发水分的性质。木材中水分含量多少与周围空气的相对湿度和温度有很大的关系。当空气中的水蒸气压力大于木材表面水蒸气压力时，木材从空气中吸收水分，这种现象叫做吸湿（adsorption）；反之若空气的蒸汽压力小于木材表面的水蒸气压力时，木材中水分向空气中蒸发叫解吸（desorption）。

组成木材细胞壁的物质——纤维素和半纤维素等化学成分结构中有许多自由羟基（—OH），它们具有很强的吸湿能力。在一定温度和湿度条件下，胞壁纤维素、半纤维素等组分中的自由羟基，借助氢键力和分子间力吸附空气中的水分子，形成多分子层吸附水。水层的厚度随空气相对湿度的变化而变化，当水层厚度小于它相适应的厚度时，则由空气中吸附水蒸气分子，增加水层厚度；反之，当水层厚度大于它相适应的厚度时，则向空气中蒸发水分，水层变薄，直到达到它所适应的厚度为止（图 5-6）。

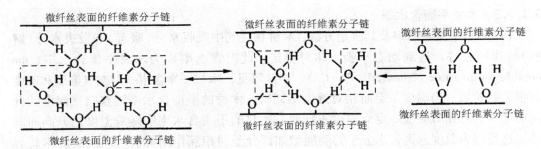

图 5-6 木材胞壁上微纤丝表面纤维素分子链间距离与水分子变化间的关系

木材中存在着大毛细管和微毛细胞系统，因此木材是个多微毛细孔体。这些毛细孔体具有很高的空隙率和巨大内表面，具有强烈的吸附性并发生毛细管凝结现象。在一定相对湿度的空气中，会吸附水蒸气而形成毛细管凝结水，达纤维饱和点为止。

5.1.3.2 木材吸湿滞后现象

在相同的大气温度和相对湿度条件下，干燥木材的吸湿过程所能达到的最大含水率总是低于潮湿木材解吸过程所能达到的最小含水率，它的平衡含水率曲线不相吻合的现象称为木材吸湿滞后（sorption hysteresis），如图 5-7 所示。

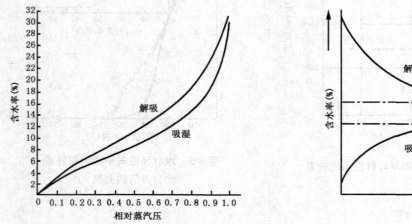

图 5-7　木材吸湿与解吸曲线间的关系

吸湿滞后现象主要发生在干燥后的木材上。木材在干燥状态下失去水分而解吸，其尺寸逐渐收缩减小。微观上，木材细胞壁微纤丝上纤维素链状分子彼此靠近，当微纤丝链之间距离很近时，部分羟基与羟基之间形成新的氢键结合；再次吸湿时因部分相互吸引、价键满足的羟基不能再从空气中吸收更多的水分，因此吸附量减少。

吸湿滞后的差值与树种无关，但随木材尺寸的增大而加大。当木材尺寸增至一定程度，即木材长度达 10cm，厚度至 1.5cm 时，将变为恒定值。木片、单板及短而薄的木料，其吸湿滞后数值不大，可以忽略不计。对于窑干长而厚的成品材而言，其吸湿滞后差值随着温度的升高而增大，通常在 1%～5% 之间，平均为 2.5%，生产上应考虑其影响。

利用木材吸湿滞后现象人工干燥木材，使用时木材尺寸稳定，不会从空气中吸收很多水分而发生体积变化，引起翘曲变形。

5.1.3.3 木材平衡含水率

（1）木材平衡含水率及其测定方法：木材在空气中吸收水分（吸湿）和散失水分（解吸）的速度相等，达到动态平衡、相对稳定，此时含水率称为木材平衡含水率（the equilibrium moisture content，E. M. C.）。由此可见，木材平衡含水率与空气温度和湿度有很大的关系。当温度一定而相对湿度不同时，木材的平衡含水率随着空气湿度的升高而增大；当相对湿度一定而温度不同时，木材的平衡含水率则随着温度的升高而减小。这是因为温度升高，水分子的动能增加，分子间相互作用减弱，从而脱离木材界面向空气中蒸发的水分子增多的缘故。研究表明：相对湿度每升高 1%，木材的吸湿率便增加 0.121%，而温度每降低 1℃ 时，木材的吸湿率仅增加 0.071%。木材平衡含水率与空气湿度和空气湿度关系如图 5-8 所示，由此即可查出任一温度、湿度条件下的平衡含水率。

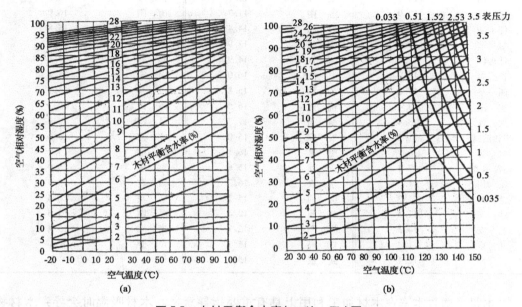

图 5-8　木材平衡含水率（t—1b—W_0）图
(a) 温度范围 -20 ~ 100℃　　(b) 温度范围 20 ~ 150℃

（2）木材平衡含水率测定方法：木材平衡含水率的测定可按下列步骤进行，气干后的木材按要求加工试样，其尺寸为 2cm×2cm×30cm 的长方体（后者为顺纹方向），四面刨光，长度尺寸容许误差为 ±1cm，宽度与高度准确至 0.1cm。每种木材取 10 个试样，捆成一束，每两个试样之间夹以隔条，将捆好的试样悬挂于室内通风良好之处，直至与空气湿度平衡，并随空气的温度与相对湿度的变化而变化。要求试样不受雨雪所淋和日晒夜露。试样每周称重一次，至少要观测记载一年以上，最后将试样置于干燥箱中，按称重法测出试样绝干重量。按下式计算出不同时期含水率，再取均值作为某地区的平衡含水率。

$$W_E = [(W_a - W_0)/W_0] \times 100\%$$

式中：W_E——平衡含水率（%）；
　　　W_a——试样在空气中质量（g）；
　　　W_0——绝干材重（g）。

（3）木材平衡含水率的意义：同一环境下，不同树种的木材，其平衡含水率稍有差异，但差异不大，在生产上可不考虑树种间的差异。不同地区空气的温度和湿度差异很大，地区间木材平衡含水率差异很大。我国北方地区木材平衡含水率明显小于南方，东部沿海大于西部内陆高原（表 5-3）。我国北方地区木材平衡含水率 12% 左右，南方多数在 15% 左右，海南岛为 18%。对于同一地区来说，所处湖泊和大江、大河等水湿环境周围，其木材平衡含水率较远离水湿环境要大。

表5-3 我国53个城市木材平衡含水率　　　　　　　　　　　　　　　　　%

地 名	木材平衡含水率	地 名	木材平衡含水率	地 名	木材平衡含水率
克 山	14.3	太 原	11.7	长 沙	16.5
齐齐哈尔	12.9	济 南	11.7	衡 阳	16.9
佳木斯	13.7	青 岛	14.4	九 江	15.8
哈尔滨	13.6	徐 州	13.9	南 昌	16.0
牡丹江	13.9	南 京	14.9	桂 林	14.4
长 春	13.3	上 海	16.0	南 宁	15.4
四 平	13.2	芜 湖	15.8	广 州	15.1
沈 阳	13.4	杭 州	16.5	海 口	17.3
大 连	13.4	温 州	17.3	昌 都	10.3
呼和浩特	11.2	崇 安	15.0	成 都	16.0
包 头	10.7	南 平	16.1	雅 安	15.7
乌鲁木齐	12.1	福 州	15.6	重 庆	15.9
银 川	11.8	永 安	16.3	康 定	13.9
兰 州	11.3	厦 门	15.2	宜 宾	16.3
西 宁	11.5	郑 州	12.4	昆 明	13.5
西 安	14.3	洛 阳	12.7	贵 阳	15.4
北 京	11.4	宜 昌	15.1	拉 萨	8.6
天 津	12.1	武 汉	15.4		

木材平衡含水率在木材加工利用上具有重要指导意义。木材吸湿时会导致木材物理力学性质变化，严重时会导致板面翘曲变形。木材加工成木制品前，必须干燥到与所在地区或使用地区空气温、湿度相适应的木材平衡含水率。这样才可避免因受使用地区温度、湿度的影响而发生木材含水率变化，也就不会引起木材尺寸或形状的变化，以保证木制品的质量。木材产品板材、方材调运时，也应将其干燥到使用地区的平衡含水率。例如：哈尔滨市（13.5%）制材厂供应板材给武汉市，则板材干燥到 $W=15.4\%$ 即可。反之，武汉市板材供应给哈尔滨市，则板材干燥到 $W=13.5\%$。

实际使用时，用材所要求的含水率与木制品用途有很大的关系（表5-4）。不同类型的用材，对木材含水率的要求不一，通常要求达到或低于平衡含水率。同一用途木材含水率既要考虑地区间木材平衡含水率的差异，又要考虑室内外间的差异。加工前，干燥后的木材原料含水率应小于或等于木制品用途要求的含水率（低1%~2%），室内木制品含水率应较室外低1%~2%，这样可避免木制品因干缩出现的缝隙和脱榫现象。

表5-4 部分用途木材含水率　　　　　　　　　　　　　　　　　%

用途	含水率	用途		含水率	
民用箱板	6~18	建筑附件　特级		10	
车辆材	12	其他		12	
门芯板	10	门窗　针阔叶材		针叶材	阔叶材
家具及细木工板	8~12	特级		12	12
实木地板	8~13	高级		15	15
铅笔材	6	普通		15	15
乐器材	3~6	枕木、建筑等大方		<18	

5.1.4 木材中水分的移动

处于空气中的木材，其含水量变化是一个动态平衡，木材中水分不断地与空气中水分处于交换状态，最终达到平衡含水率。

5.1.4.1 木材内部水分传导扩散移动的主要通道

木材内部，其水分传导扩散移动的主要通道有三种：相互连通的细胞腔（导管腔）、细胞间隙和细胞壁纹孔膜上的小孔。阔叶树材导管间液态水或水蒸气是沿着导腔移动的，未被侵填体或树胶之类内含物堵塞的导管，水和水蒸气可以自由地由一个导管分子移向另一个导管分子。针叶树材没有导管，也就没有细胞腔间的水分移动通道。针叶材和阔叶材各类细胞的胞壁上均具纹孔，纹孔膜上有许多极微细的小孔，水和水蒸气可通过纹孔膜上极微细的小孔移动。如针叶材管胞纹孔产生闭塞，这部分途径就受堵塞。水蒸气和液态水各自遵循不同的规律，借助于扩散和毛细管张力，通过木材内的各种空隙而移动。但是，通过细胞壁和纹孔膜上的微细空隙通道的水分移动，则仅限于吸着水的扩散。

木材中水分移动的原因有毛细管作用、液体或蒸汽的不同压力差和不均衡的水层或气体厚度的影响。因此，在木材中产生水位梯度，水位高的向水位低的移动。

5.1.4.2 不同含水率状态下木材中水分的移动

木材中水分的移动，可分为含水率在纤维饱和点以下以及在纤维饱和点以上两种情况。

（1）含水率低于纤维饱和点时木材中水分的移动：此种状态下，木材内部不含自由水，所有细胞腔内皆为空气所充满。由于木材表面水分的蒸发，其内部就会形成含水率梯度，出现相应的水蒸气分压梯度。在这种梯度的作用下，水蒸气开始沿着细胞腔并通过纹孔及纹孔膜上的小孔，由内向外扩散。水蒸气移动的速度主要取决于纹孔膜上小孔的数量和直径，因为胞腔和纹孔腔的直径远远大于纹孔膜上小孔的直径，水蒸气不会在通过前两者时形成多大的阻力。因此，如果纹孔膜上的小孔极小或者被堵塞时，木材内水分呈蒸汽状态的移动，则是十分缓慢的。

木材中水分的移动，在其含水率低于纤维饱和点时，除了上述呈蒸汽状态移动以外，还会因毛细管的作用，吸着水沿着细胞壁内微毛细管系统的移动。由于木材表面水分的蒸发，使表面部位毛细管的张力变大，水层变薄，张力差异促使吸着水从含水率高的部位向含水率低的部位移动。

在含水率低于纤维饱和点时，木材内水分的移动还会有第三种传导方式，即蒸汽状态与液体状态不断地相互交替，亦即沿着邻近的细胞壁内的微毛细管与细胞腔形成的大毛细管之间，呈水蒸气或液态水相互交替式的移动。

上述水分的移动方式，对于一切树种的木材都是适用的。但是，具体到各种水分传导途径的相对效率，会因树种、密度以及木材的构造特征、含水率变化、温度高低等而有较大的变动。

（2）含水率高于纤维饱和点时木材中水分的移动：此种状态下，水分在木材细胞腔内主要呈液体状态，水蒸气也以饱和状态存在于细胞腔内。由于各个部位的水蒸气压力是一致的，此种情况下，理论上是没有蒸汽状态的水分在木材内部移动，只有因毛细管张力差引起的液态水——自由水沿着细胞腔与纹孔的移动。如果木材内所有细胞腔都充满了水分，水分由一个细胞腔移动到另一个细胞腔的情况几乎不会发生。当木材外表面有一部分含水率因干燥降至纤维饱和点含水率以下时，木材内部就会发生水分由内向外的移动现象。开始仅为木材表层几排细胞向外蒸发水分，其胞腔内水膜厚度逐渐变小，使得毛细管内新月形液面的弯曲度急剧地增大，蒸发面与木材内部形成了毛细管张力差，促使自由水由内部几排细胞移向蒸发面。这一过程的不断进行，使蒸发面逐渐移向木材内部，构成了上述三种水分传导方式扩散移动的机构，木材才得以逐渐干燥。

5.1.5 木材的吸水性

任一树种木材，如其含水率没有达到最大含水率状态，如被放入水中，就会吸收水分。木材浸于水中吸收水分的能力，称为木材的吸水性。单位时间内木材吸水的数量，称吸水速度。木材吸水的最大数量占干材质量的百分率，称为水容量或最大含水率。

木材吸水性与树种、木材在水中停留的时间有关。不同树种木材孔隙度不一样，木材吸水的最大数量不一样。在相同含水率情况下，单位体积木材越重，其密实程度越大，木材密度大，孔隙度小，吸收的最大含水率就越小。

木材密度与吸水性之间的关系可以用下式表示：

$$W_{\max} = W_f + W_k = 30\% + (1.54 - \rho_0)/1.54\rho_0$$

式中：W_f——吸着水最大含率（约为30%）；

W_k——自由水最大含率；

ρ_0—— 基本密度。

此外，木材的吸水性，还与木材构造和内含物状况有关。针叶树材含有树脂或阔叶树材内含有树胶的树种，都因此而减少其水容量。心材树种的水容量，一般心材往往因存在数量较多的侵填体或其他内含物，而使其水容量小于边材。就吸水速度而言，密度小的树种快于密度大的树种。含水率高的木材，其吸水速度显然低于含水率低的木材。此外，木材的形状和大小，对吸水速度也起着相当大的作用。实验表明，水分的吸收主要是通过端面进行的，径面和弦面通过吸水分明显小于端面，这说明顺纹理方向的吸水速度最快。

木材吸水性的测定：试样放入烘箱内烘干称重，尺寸为20mm×20mm×20mm。将烘干的试样放入盛有蒸馏水的容器内，用一金属网罩住试样，在网上置以重物，使试样全部压入水面以下，水的温度应保持在20℃±2℃范围内。浸入水中6h后第一次称重，以后经1、2、4、8、12、16、20昼夜各称重一次，此后每隔10昼夜再进行称重，至最后两次含水率之差小于5%时，即可认为木材试样已充分吸水，并可结束测定。按下式计算吸水率：

$$A = [(m - m_0)/m_0] \times 100\%$$

式中：A——试样的吸水率（%）；

m——试样吸水后质量（g）；

m_0——试样全干时的质量（g）。

5.1.6 木材的透水性

液体或水借其本身的吸力或外界的压力渗入木材内部的能力称为木材的透水性。

木材的透水性又名木材的液体渗透性或液体贯透性。透水性与木材防腐、注入阻燃剂、油漆、着色、涂胶、树脂的浸出和纸浆的蒸解等关系密切。木材透水性大，有利于木材防腐、油漆、着色、涂胶、树脂的浸出和纸浆的蒸解等。木制水管、水桶和船舶用材应选用渗透小的木材。

在改性和防腐处理木材时，其透入性包括两个方面：一为吸收，二为贯透，二者相似又不尽相同。木材对水或液体吸收的多少，常以单位体积木材吸收水分或液体的质量表示。贯透则是以液体透入木材的深度表示。生产上常要求木材尽量减少吸收量而有较大的贯透深度，既节约药剂的使用量，又可达到要求的深度。这样才能提高处理效果，取得一定效益。

水分或液体渗入木材的深度，因压力大小、加压时间、液体性质、温度、树种、心材、边材、纹理方向及木材干燥程度等而异。欲使液体在一定时间内渗入木材一定深度，必须加压；压力越大，则液体透入木材越深。但压力过高，易破坏木材结构、降低力学性质。若减轻压力延长加压时间，可避免损伤木材强度的情况下，使液体透入所需深度。

一般水溶液较油类易于渗进木材，黏度较小的油类较黏度较大的易渗入木材。煤焦油黏度大，故难渗入木材。

液体温度高，则透入木材容易，因温度增加液体的流动性。同时温度使纹孔膜上超显微小孔扩大，从而促进液体渗透。但液体温度过高，则又易损木材力学性质。

阔叶树材环孔材中，侵填体少或无侵填体的木材，液体较容易渗入，如红栎(*Quercus rubra*)与榆木(*Ulmus japonica*)；侵填体多的木材，液体渗透较难，如白栎(*Quercus fabri*)、刺槐(*Robinia pseudoacia*)。针叶树材的渗透性，主要决定于纹孔的纹孔托，当纹孔托位于中间时则渗透易，如为闭塞纹孔则渗透甚难。

边材浸提物含量少，心材浸提物含量高，边材渗透性比心材容易。

纤维方向对木材的渗透性有大的影响。顺纤维方向较横纤维方向的渗透性大，防腐时药液从木材两端注入较侧面为深，有横向树脂道的木材，药液容易透入，例如马尾松(*Pinus massoniana*)、落叶松(*Larix dahurica*)、云杉(*Picea asperafa*)及黄杉(*Pseudotsuga chiensis*)等最为明显，但径向透入深度仅为纵向的1/4~3/4。不具树脂道的树种，则透入深度更小。径向与弦向的透入度一般仅为纵向的1/20~1/120。

干燥的木材渗透性显著高于湿材。如木材的含水率高于25%，液体难以透入。如用油类防腐剂，木材必须气干。

5.2 木材的干缩湿胀

干缩湿胀是木材的固有性质，干缩湿胀使木制品尺寸变化。干燥后的木材尺寸会随着周围环境湿度、温度的变化而变化，生产和生活中常会见到木制产品发生翘曲、变形现象。干缩湿胀为木材利用的重大缺点，掌握理解其产生原因与发生规律，研究其防止方法对木材加工和利用来说具有重要意义。

5.2.1 木材干缩湿胀的现象与影响因素

5.2.1.1 木材干缩湿胀现象

(1)木材干缩湿胀的概念：湿材因干燥而缩减其尺寸与体积的现象称之为干缩(shrinkage)；干材因吸收水分而增加其尺寸与体积的现象称之为湿胀(swelling)。干缩和湿胀现象主要在木材含水率小于纤维饱和点的情况下发生，当木材含水率在纤维饱和点以上，其尺寸、体积是不会发生变化的。

木材干缩与湿胀是发生在两个完全相反的方向上，二者均会引起木材尺寸与体积的变化。对于小尺寸而无束缚应力的木材，理论上说其干缩与湿胀是可逆的；对于大尺寸实木试件，由于干缩应力及吸湿滞后现象的存在，干缩与湿胀是不完全可逆的。

干缩湿胀对木材利用有很大的影响。干缩对木材利用的影响主要是引起木制品尺寸收缩而产生的缝隙、翘曲变形与开裂；湿胀不仅增大木制品的尺寸如发生地板隆起、门窗关不上，而且还会降低木材的力学性质，唯对木桶、木盆及船等浸润胀紧有利。

(2)木材干缩(湿胀)的种类：木材的干缩分为线干缩与体积干缩二大类。线干缩又分为顺着木材纹理方向的纵向干缩和与木材纹理相垂直的横向干缩。在木材的横切面上，按照直径方向和与年轮的切线方向划分，横向干缩分为径向干缩与弦向干缩。

纵向干缩(longitudinal shrinkage)是沿着木材纹理方向的干缩，其收缩率数值较小，仅为 0.1%~0.3%，对木材的利用影响不大。横纹干缩中，径向干缩(radial shrinkage)是横切面上沿直径方向的干缩，其收缩率数值为 3%~6%；弦向干缩(tangential shrinkage)是沿着年轮切线方向的干缩，其收缩率数值为 6%~12%，是径向干缩的 1~2 倍。由于木材结构特点使得它在干缩和湿胀性质上表现出明显的方向性，各个方向干缩湿胀的不均匀性对木材加工利用有重要影响，不可忽视。

由于木材径向干缩、弦向干缩数值均较大，导致其体积干缩数值大，通常木材体积干缩数值在 1%~20% 范围内变化。大的体积变化，对于含水率高的板材、方材和原木等产品来说，在贸易上会产生材积数量的短缺，木材流通领域应注意此问题。

5.2.1.2 影响木材干缩湿胀主要因素

木材干缩湿胀除了明显的各个方向的异性外，还与下列因素有关。

(1)树种：树种不同，其构造和密实程度不同，干缩湿胀树种间差异很大(表5-5)。有的树种很容易干燥，干缩湿胀和变形都很小，而有的树种很难干燥，其干缩湿胀很大，使用和干燥过程中特别易发生开裂变形。

表5-5 部分树种木材的干缩率 %

树 种	径向干缩	弦向干缩	体积干缩	树 种	径向干缩	弦向干缩	体积干缩
云南松	4.46	9.55	13.86	白桦	4.9	7.8	13.3
杉 木	2.99	7.35	10.35	北方红栎	4.0	8.6	13.7
长白落叶松	3.28	8.83	12.11	黑核桃	5.5	7.8	12.8
马尾松	3.69	8.95	12.62	美国侧柏	2.4	5.0	6.8
海岸花旗松	4.8	7.6	12.4	杨 木	3.15	7.28	11.01
加州铁杉	4.2	7.8	12.4	西岸云杉	4.3	7.5	11.5

(2) 微纤丝角度：木材管胞或纤维胞壁 S_2 层微纤丝角度对木材各向干缩有较大的影响，如图 5-9 所示。微纤丝角增大，纵向干缩变大，而弦向干缩变小。特别是微纤丝角大于 30°，木材纵向干缩明显增大，会引起板材翘曲现象。人工林短周期小径材或带有髓心的板材易发生此种现象，直接影响到板材的利用。

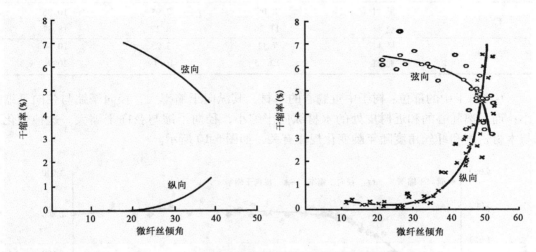

图 5-9　木材纵向干缩和弦向干缩与微纤丝角度间的关系

(3) 晚材率：木材年轮内早、晚材颜色差异大，反映出其密实程度差异大。现代技术 X 射线密度仪显示晚材最大密度要比早材最小密度大 2~3 倍。表 5-6 为马尾松晚材率与其横纹干缩间的关系，随着晚材率的增大，径弦向干缩率增加，并且弦向干缩始终大于径向干缩。表 5-7 中 3 个树种为分离后的早、晚材分别测定的结果，早、晚材弦向干缩也大于其径向干缩。这也反映出密实程度大的晚材干缩性，要比密实程度小、松软的早材干缩大得多。木材的顺纹干缩与此相反，即木材顺纹干缩率与密度成反比。当晚材率增加时，顺纹干缩减小，即木材密度越小，早材相应增多，顺纹干缩亦因而越大。之所以如此变异，为早材次生壁的中间层较薄，微纤丝的排列相对的成较大角度，木材顺纹干缩与此角度成正比，所以早材率越大，木材顺纹干缩也越大；晚材率大，木材顺纹干缩小。

表 5-6　马尾松晚材率与横纹干缩的关系　　　　　　　　　　　　　%

晚材率	干缩率		晚材率	干缩率	
	弦向干缩率	径向干缩率		弦向干缩率	径向干缩率
20~25	6.6	3.4	35~40	8.6	4.8
25~30	7.4	4.2	40 以上	8.6	5.8
30~35	8.1	4.3			

表 5-7　早、晚材与干缩的关系　　　　　　　　　　　%

树　种	年轮中早材与晚材	干　缩　率		
		弦向	径向	体积
冷杉	早材	5.68	2.89	8.77
	晚材	10.92	9.85	19.97
松树	早材	8.05	2.91	10.86
	晚材	11.26	8.22	18.87
落叶松	早材	7.11	3.23	10.34
	晚材	12.25	10.19	20.96

（4）树干中的部位：树干中近髓心的木材，其纵向干缩率大，径向干缩与弦向干缩小；而远离髓心的和近树皮处的木材纵向干缩小，径向干缩与弦向干缩大。这种变化与木材密度和纤丝角度随年龄变化规律有关，如图 5-10 所示。

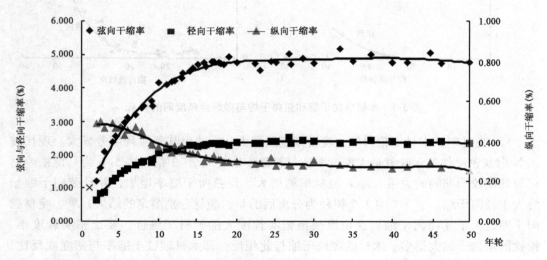

图 5-10　油松（*Pinus tabulaeformis*）株内木材纵向、径向和弦向干缩率与年轮间的关系

5.2.2　木材干缩湿胀各向差异的原因

木材干缩湿胀之所以有纵向、横向不同及径向与弦向的差异，主要与组成木材这种材料的细胞种类、细胞壁构造和化学成分特性相关。针叶材主要是由管胞组成，有少量的木射线组织。阔叶材主要组成分子是木纤维、导管、轴向薄壁组织和木射线。它们细胞壁主要化学组成是纤维素、木质素和半纤维素及少量浸提物。理解这些细胞壁结构特性和化学成分的性质，就不难理解木材干缩与湿胀各向差异的原因。

5.2.2.1　纵向干缩与横向干缩差异的原因

木材纵向干缩小，横向干缩大，形成此种现象的原因关键在于木材的构造和化学组成成分的特性。木材中仅有木射线细胞是横向排列，绝大部分细胞是纵向排列。而细胞壁以次生壁占绝大部分，次生壁中 S_2 层占绝对优势（70%～90%），因此木材干缩主要取决于次生壁 S_2 层微纤丝的排列方向。微纤丝是由纤维素长链状分子组成，纤维素与水有很大的亲和力，木材的含水率在纤维饱和点时，细胞壁完全充满水，如图 5-

11(a)所示。当含水率在纤维饱和点以下时，木材开始干燥，水分蒸出，微纤丝之间的距离逐渐缩小，如图 5-11(b)所示；至绝干材时达到最大干缩量，如图 5-11(c)所示。反之绝干材吸收水分后，微纤丝之间的距离逐渐增大，木材膨胀，直至纤维饱和点时达到最大湿胀量。

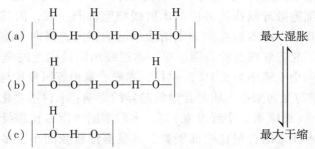

图 5-11　干缩与湿胀时木材胞壁 S_2 层微纤丝之间距离的变化

木材细胞壁次生壁中间层微纤丝主轴是由 C—C、C—O 键连结，水分子无法进入到纤维素分子链内的长度方向。微纤丝链状分子上的碳、氧原子只能在原子核范围内活动，其本身轴向不发生收缩。由于正常木材细胞次生壁中层微纤丝排列方向与主轴不完全平行，而成 10°~30°的夹角，横纹收缩时在轴向会产生微小的分量（0.1%~0.3%）。因此轴向收缩很小，横向干缩大于纵向（图 5-12）。纵向收缩的大小主要取决于微纤丝角的大小。由于 S_1 层、S_3 层微纤丝排列方向与主轴近于垂直，S_2 层微纤丝在内层起着支架作用，限制 S_2 层向内收缩；S_1 层微纤丝在外层圈着 S_2 层，限制 S_2 层向外过度膨胀，因此木材不会发生无限膨胀和无限收缩。

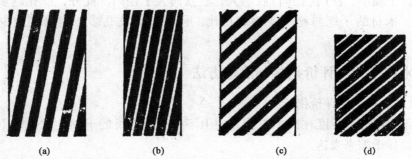

图 5-12　不同纤丝角度的木材干燥前后纵、横向尺寸的变化
(a)试样干燥前尺寸　(b)试样干燥横向尺寸变化
(c)试样干燥前尺寸　(d)试样干燥纵向尺寸变化

5.2.2.2　径向与弦向干缩差异的原因

木材径向干缩是弦向干缩的一半，产生这种现象的原因复杂，不是单一理论可以解释，而且与不同的树种、木材的构造有关。目前，解释其原因主要有早材与晚材的影响、径向木射线的抑制作用、细胞径向壁与弦向壁木质素含量的差异及纹孔数量多少的影响等理论。

（1）早材与晚材的影响：木材收缩量与其细胞壁所含物质含量多少成正比。早材材质轻软，细胞壁物质含量少，密实程度低，干缩小；晚材材质较硬，细胞壁物质含量多，密实程度大，干缩大。横切面上径向，年轮中早材与晚材是串联的，径向干缩是早材干缩和晚材干缩的加权平均值。而弦向，年轮中早材与晚材是并联的，弦向干缩主要受晚材的影响，干缩大的晚材迫使整个年轮均随晚材干缩，因而使弦向干缩接近于晚材的干缩，而这样就造成木材的弦向干缩大于径向。

(2) 径向木射线的抑制作用：木材中木射线是唯一横向排列细胞所组成。木射线细胞呈径向排列，其细胞微纤丝排列方向与木射线细胞轴向一致，因其纵向收缩小，机械地抑制木材径向收缩；而木材弦向为木射线细胞的横向，横向干缩大。这使得木材径向收缩小于弦向。北美红栎实验表明，单一木射线组织径向上的全干缩率为 2.5%；而无射线的部分径向全干缩率为 5.1%。柳杉、赤松、扁柏等树种均与假设相等。

(3) 细胞径向壁与弦向壁中木质素含量的差异的影响：木材主要化学成分中，木质素的刚度比综纤维素（纤维素、半纤维素）高，木质素的吸湿性比综纤维素小。木材纵向细胞的径面壁上木质素的含量比弦面壁高，其吸湿性较弦面小，多少限制了木材径向干缩。

(4) 木材各种细胞干燥过程本身不均匀收缩：木材细胞分子中，导管、薄壁细胞弦向干缩大于径向干缩，木射线宽度方向干缩（木材弦向）较长度方向（木材径向）大，致使弦向干缩大于径向。早、晚材管胞弦向干缩大于径向。木纤维各向干缩几乎相同。

(5) 径壁、弦壁纹孔数量及其周围纤丝角度变大的影响：纹孔是细胞次生壁局部未能加厚而留下的孔道。纹孔的存在使其周围微纤丝的排列方向偏离了细胞主轴方向，纤丝角度变大，导致纹孔周围纵向干缩大，横向（径向）收缩小。径切面纹孔多（针叶材特别明显），其纤丝角度大，纵向干缩大，横向（径向）收缩小。弦切面纹孔少，纤丝角度小，纵向干缩小，横向（径向）收缩大，故弦向大于径向。此外，纹孔越多，胞壁实质就越少，木材的干缩与胞壁实质成正比。径面壁上纹孔多，胞壁实质少，横向干缩小。

5.2.3 木材干缩的评价指标与测定方法

5.2.3.1 木材干缩的评价指标

木材干缩湿胀的程度在三个不同方向上不一样，木材的干缩性质常用干缩率、干缩系数和差异干缩来表达。

(1) 气干干缩率：从生材或湿材在无外力状态下自由干缩到气干状态，其尺寸和体积的变化百分比称为木材的气干干缩率，可按下式分别计算径向、弦向和体积气干干缩率。

$$\beta_W = [(L_{max} - L_w)/L_{max}] \times 100\%$$
$$\beta_{v_W} = [(V_{max} - V_w)/V_{max}] \times 100\%$$

式中：β_W——木材的径向、弦向和纵向气干干缩率(%)，精确到 0.1%；

L_{max}——木材含水率高于纤维饱和点时径向、弦向和纵向尺寸(mm)；

L_w——木材气干含水率状态下的径向、弦向和纵向尺寸(mm)；

β_{v_W}——木材的气干体积干缩率(%)，精确到 0.1%；

V_{max}——木材含水率高于纤维饱和点状态下的体积(cm^3)；

V_w——木材气干含水率状态下的体积(cm^3)。

(2) 全干干缩率：木材从湿材状态干缩到全干状态下，其尺寸和体积的变化百分比称为木材的全干干缩率，可按下式分别计算径向、弦向和体积全干干缩率。

$$\beta_{max} = [(L_{max} - L_0)/L_{max}] \times 100\%$$

$$\beta_{v_{max}} = [(V_{max} - V_0)/V_{max}] \times 100\%$$

式中：β_{max}——木材的径向、弦向和纵向全干干缩率(%)，精确到0.1%；

L_{max}——木材含水率高于纤维饱和点时径向、弦向和纵向尺寸(mm)；

L_0——木材绝干状态下的径向、弦向和纵向尺寸(mm)；

$\beta_{v_{max}}$——木材全干体积干缩率(%)，精确到0.1%；

V_{max}——木材含水率高于纤维饱和点状态下的体积(cm^3)；

V_0——木材绝干状态下的体积(cm^3)。

木材干缩率中，三个方向干缩大小顺序为弦向、径向和纵向；木材体积干缩率为最大，近似等于径向、弦向和纵向干缩率之和。

(3) 干缩系数：为了能比较在不同含水率区段下的干缩值，采用干缩系数(coefficient of shrinkage)这一指标，以计算确定出木材加工过程中板材尺寸和湿单板剪切时应留出的干缩余量。生材和湿材干缩值计算，其起点含水率可取纤维饱和点30%的数值进行计算。

干缩系数是指吸着水每变化1%时木材的干缩率变化值，用K来表示。弦向、径向、纵向和体积干缩系数分别记为$K_{T、R、L}$和K_V。

$$K_{T、R、L} = \beta_W/(W_1 - W_2)$$

$$K_V = [(V_w - V_0)/(V_0 W)] \times 100\%$$

式中：$K_{T、R、L}$——弦向、径向、纵向干缩系数，准确到0.001%；

β_W——气干状态下木材的弦向、径向、纵向干缩率(%)；

W_1、W_2——木材两个状态下的含水率(%)；

K_V——体积干缩系数，精确到0.001%；

V_w——木材气干含水率状态下的体积(cm^3)；

V_0——木材绝干状态下的体积(cm^3)；

W——木材气干含水率(%)，一般小于30%。

(4) 差异干缩：木材弦向干缩与径向干缩的比值称为差异干缩(ratio of tangential shrinkage to radial shrinkage)。弦径向干缩之比小，纵向干缩小，木材尺寸稳定。收缩率大小是估量木材稳定性好坏的主要依据，差异干缩是反映木材干燥时，是否易翘曲和开裂的重要指标。根据木材差异干缩的大小，大致可决定木材对特殊用材的适应性。为了比较横向两个不同方向上，径向和弦向干缩差异程度，常用D来表示差异干缩。

$$D = \beta_T/\beta_R = K_T/K_R$$

根据D值大小分成3级：$D > 2$为大，如栲木为2.16；$1.5 \leq D \leq 2$为中，如水曲柳为1.79；$D < 1.5$为小，如蚬木为1.3。

5.2.3.2 木材干缩的测定

(1) 试样要求：用饱和水分的湿材制作，尺寸为20mm×20mm×20mm，其各向应为标准的纵向、径向和弦向。

(2) 方法与步骤：测定时，试样的含水率应高于纤维饱和点，否则应将试样浸泡于温度20℃±2℃的蒸馏水中，至尺寸稳定后再测定。在每试样各相对面的中心位置，分别测量试样的径向和弦向尺寸，精确至0.01mm。测定过程中应使试样保持湿材状态。

将测量后的试样进行气干，在气干过程中，用2~3个试样每隔6h试测一次弦向尺寸，至连续两次试测结果的差值不超过0.02mm时，即可认为达到气干。然后，分别测出各试样的径向和弦向尺寸，并称量试样的质量，精确至0.001g。

将测定后的试样放至烘箱中，开始时保持温度60℃ 6h；然后，升温至103℃±2℃，使试样达到全干，并测出各试样全干时的质量和径、弦向尺寸。

在测定过程中，凡发生开裂或形状畸变的试样，应予舍弃。按上述评价指标有关公式分别计算。

5.2.4 木材干缩湿胀对木材加工利用的影响及控制方法

5.2.4.1 影 响

木材干缩湿胀的各向异性是木材的固有性质，木材干燥不均匀引起的缺陷大致分为3类，即变形、开裂及干燥应力。这不仅直接影响到木材加工质量，而且影响到木材的有效使用。了解木材干燥缺陷产生的原因及其解决办法，对合理使用木材，避免浪费木材资源是极为重要。

5.2.4.2 变 形

木材干燥后，因为各部分的不均匀干缩而使其形状改变，称为变形(deformation)。

(1)板方材横断面上的变形：生材或湿材干燥时，由于木材弦向干缩远大于径向干缩及两者干缩不一致的共同影响，促使原木解锯后的方材、板材、圆柱等的端面发生多种形变(图5-13)。

若为径切板(包含髓心)其两端干缩甚大，中间干缩较小，结果变为纺锤状，见图5-13中1。

若为径切板(不包含髓心)干缩颇为均匀，其端面近似矩形，见图5-13中2。

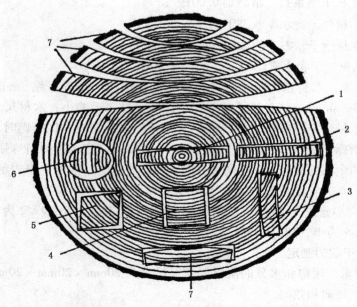

图5-13　生材状况下原木横切面上各部位下锯后板材断面形状的变化

若板材表面与年轮成45°角，干缩后两端收缩甚大，长方形变为不规则形状，图5-13中3。

原为正方形，年轮与上下两边平行，干缩后，因平行于年轮方向的干缩率较大，垂直于年轮的干缩率较小，变为矩形，图5-13中4。

木材端面与年轮成对角线，干缩后，正方形变为菱形，图5-13中5。

木材端面为圆形，干缩后，变为卵形或椭圆形，图5-13中6。

若为弦切板端面，干缩后，两侧向上翘起，图5-13中7。

(2)板方材长度方向上纵切面的变形：原木锯成板材后，如不合理干燥，会导致其长度方向(纵切面)上发生很大的变形，表现形式主要为弯曲，其形状与其在木材横切面上的位置有很大的关系，主要有下列4种(图5-14)。

①翘弯：板材干燥后，近似瓦状，两边翘起，原因在于板材干燥时，弦向干缩大，直径方向干缩小，距离髓心越远的一面越接近弦向，而越近髓心的一面越接近径向。图5-13横切面上7的位置，原木解锯后板材会有这种变形(图5-14)。

②顺弯：板材干燥后，两端高起，如弓形，称为顺弯，发生于木板的长向，由于木板过长，在堆积干燥时，受本身的质量影响下垂而成，或者是由于在干燥过程发生表面硬化，木板再锯开以后而成，或者是由于木材本身的缺陷，或者板材干燥时，一面通风好，干燥快，相对的一面不通风，干燥慢，因而弯曲。此外，应力木亦可能形成顺弯(图5-14)。

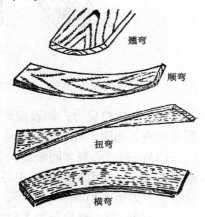

图5-14 板材纵向上变形

③扭弯：板材干燥后四角不在同一平面上，称为扭弯或扭曲(图5-14)。由于木板构造的不正常，造成扭弯，例如，螺旋纹理与交错纹理的板材，其相对两面细胞排列的角度不同，干缩后发生扭弯；或者应压木密度不均匀的木材亦易造成扭弯。

④横弯：板材干燥后，板面仍保持平直，但其侧边弯曲，一边中央凹入，另一边中央凸起，板材侧边的端头所引直线偏弯，主要是应压木干燥时，产生此种缺陷(图5-14)。

5.2.4.3 开 裂

木材因干燥的不均匀与各方向干缩的差异，造成开裂，裂缝大多垂直于年轮而平行于木射线，此乃木材纵向分子与木射线相交之处的结合力弱所致。如图5-15所示，木材的开裂有以下几种。

(1)端裂：为木材干燥时最易发生的缺陷，因为木材水分沿顺纹蒸发的速度约为横纹的12~15倍，同时外表的水分比内部的蒸发快，所以木材两端的水分蒸发甚快，而侧面的水分则蒸发迟缓，故两端先行干燥而开裂。木材端裂自外面向髓心方向发展，起初很小，随干燥的继续进行而逐渐扩大，并沿顺纹方向而向内延展，如图5-15(a)、(b)所示。

(2)表面裂：木材干燥时，表面水分通常先行蒸发，而内部水分逐渐外移，以作补充。如木材干燥过急，内部水分的移动不能与干燥速度相适应，则木材内外含水率差异很大；表面水分已降至纤维饱和点以下，而木材内部含水率仍然在纤维饱和点以上，

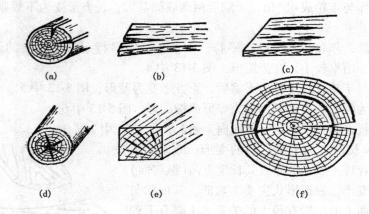

图 5-15　木材各种开裂形式

于是表面形成拉应力；如表面形成拉应力大于细胞间的结合力，则木材表面开裂，称为表面裂，如图 5-15(c)所示。

（3）心裂：心裂如同端裂，裂缝横过年轮，但自髓心向外辐射，而端裂则由外面向髓心扩展，其原因主要是由于心材的干缩，心裂有时自髓心辐射出数条裂缝，称为星状心裂，如图 5-15(d)所示。

（4）蜂窝裂：蜂窝裂为木材内部沿木射线的开裂，在木材外部不易看见。当木材锯开，能见到许多裂缝，称之为蜂窝裂。这是因为木材干燥的不均匀，致使内部产生的拉应力大于分子间的结合力，于是木材内部裂开，如图 5-15(e)所示。

（5）轮裂：原木断面上裂缝沿着年轮方向开裂，如榆木类木材，如图 5-15(f)所示。轮裂发生的主要原因是由于早晚材材性和干缩性的差异，或树木生长风的影响，或树木伐倒摔振所致。

防止木材开裂的方法，主要是根据开裂发生的原因，分别采取不同的措施。例如：防止端裂，可在木材干燥前用石蜡或油漆或桐油石灰或煤焦油等，涂刷于木材两端，或者以"S"形或"C"形铁器钉于木材的两端，或者用铅丝固紧。防止表面裂与蜂窝裂要控制温度与湿度。总之，防止木材开裂的基本措施为合理的堆积，通风良好，使之干燥均匀。

5.2.4.4　木材干燥产生的缺点

木材在干燥过程中，如表面水分的蒸发和内部水分的扩散，互相适应，木材便能正常干缩，不致产生任何应力，若木材在开始时即急剧干燥，则内外含水梯度甚大，因而产生应力，造成下列各种缺点。

（1）表面硬化：为木材人工干燥过程中易产生的缺陷，特别是硬质木材干燥速度过快情况下易发生（图 5-16）。

①表面硬化第一阶段：生材急速干燥，使含水梯度增大，外层细胞壁的水分因蒸发首先降至纤维饱和点以下，开始干缩。但内层的水分仍在纤维饱和点以上，不干缩，外层因内层的牵制使干缩受阻碍而产生拉应力，内层则受压应力，在此情况下，如干燥继续进行，外层的水分越减少，干缩亦应随之增加。但因内部含水率尚未到纤维饱和点以下而不能干缩，或稍低于纤维饱和而不能像外部一样的干缩，故只增加压应力与拉应力，此时外壳的密度增加，继而稍为硬化，形成表面硬化的第一阶段（图 5-16）。

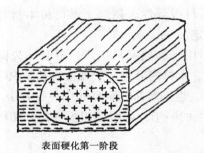 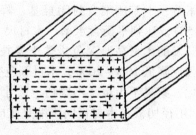

| 表面硬化第一阶段 | 表面硬化第二阶段 |

图 5-16　木材表面硬化

通常情况下，针叶树材因水分移动容易，表面硬化甚少；阔叶树材因水分移动困难，容易形成表面硬化。已经表面硬化的木材，可用通蒸汽方法处理，利用温度与湿度的共同作用，使木材因湿润塑化而解除硬壳，获得正常的干缩。但若喷蒸汽时间过短，无济于事，喷蒸汽时间过长，则作用相反。

②表面硬化的第二阶段：木材到达表面硬化第一阶段，如不设法补救，继续进行不适当的干燥，则因外壳已硬化固定，内部却能自由干缩，故在水分梯度渐缓时，内部的干缩率理应增加，由于压力与拉力相互易位，称为表面硬化的第二阶段（又称逆表面硬化）（图 5-16）。表面硬化的第二阶段，不但降低木材的力学性质，而且使木材产生蜂窝裂等缺陷，因此木材干燥时，应尽可能避免发生表面硬化现象发生。

（2）压缩僵化与拉伸僵化：含有饱和含水率的木材，在外力的压迫下，进行干燥，则因外力的作用产生一种新的形状，此新形状与无外力而在自然状态下干燥的不同，此种现象，称为僵化。作用的外力如为压力，则新形状比自然状态下干燥的小，称为压缩僵化（或称压缩硬化），作用的外力如为拉力，则新生形状比自然状态下干燥的长，称为拉伸僵化（或称拉伸硬化）。僵化以后，并不避免干缩与膨胀。压缩僵化，可反复进行，拉伸亦复如此。

僵化现象，常见于木材应用中，为木材利用的一大缺点，如木桶木盆经久漏水，农具锄柄脱落等。但僵化现象在木材利用上亦有优点，如弯曲木、拱梁，就是利用木材僵化的特点。僵化木材可用喷蒸汽处理，使其恢复原状。

（3）木材的凹陷（溃陷）：含有饱和含水率的木材，在高温急剧干燥下，水分因扩散作用迅速向外散放，在此瞬间，细胞腔出现减压现象。由于木材在高温与高含水率下可塑性很大，又因在瞬间空气不能进入细胞腔以补充其压力，木材即因内外压力相差很大，产生凹陷现象，有如一个橡皮管骤然将管内水分抽出，而不放入空气，则橡皮管必然扁平。细胞凹陷的木材，往往极度歪斜，如方形木材变为金刚面形，径切板的板面形状如同洗衣板。凹陷一般均沿木射线产生。

防止木材凹陷，必须注意干燥，如已发生，则用喷蒸汽处理。如木材凹陷甚深，目前尚无有效地恢复方法。

5.2.4.5　控制方法

目前，稳定木材尺寸的途径主要有下列几种方式。

（1）高温干燥、降低木材吸湿性：高温干燥处理木材是目前减少木材干缩湿胀的主要方法，应用广泛。高温干燥主要是使木材干缩微纤丝之间的距离逐渐缩小，减少非晶区纤维素分子链状分子上游离羟基数目，形成新的氢键结合；同时，半纤维素降解物与木质素分子上基团聚合封闭羟基，降低木材吸湿性。高温干燥可将木材含水率减至10%~15%，达到平衡含水率，木材尺寸稳定。

近期开发的木材高温深色炭化干燥技术，用于高档家具生产。短时间高温处理木材，木材强度降低10%~20%，木材颜色变深，木材内部有利于微生物和昆虫生活的营养物质炭化，家具不生虫、不腐朽，尺寸稳定，是生产深色家具的一种好方法。

(2) 利用径切板：木材径向干缩是弦向干缩的一半，利用径切板可比弦切板木材干缩少一半。

(3) 利用木芯板：将细木条用合成树脂胶黏成合木，这样不过分考虑木材的年轮方向，杂乱相胶，结果总是趋于径切板，很少为弦切板。此种方式已广泛用于地板、木芯板及木材工业生产。

(4) 机械抑制：机械抑制即利用胶合板，胶合板中将单板纵横交错用胶压合而成，这样就能以干缩极小的纵向，机械地抑制横纹干缩，将胀缩减小到最小。同时木材横纹方向强度小，顺纹方向木材强度高，可以弥补木材横纹方向强度小的特点，使材料趋于均匀一致。

(5) 表面涂饰油漆：利用涂料、油漆涂刷木材表面，减少木材与湿空气接触，阻碍水分的渗入，从而使纤维表面包裹起来，可以降低木材对大气湿度变化敏感性，延缓木材吸湿速度，减少胀缩。

(6) 充胀与改性：用苯乙烯单体浸渍木材或用易溶于水的盐类如$NaCl$、$MnCl_2$、$BaCl_2$及$MgCl_2$等，蔗糖以及有机化合物浸注木材后，木材体积增加，质量增加25%（化学药剂量），木材体积几乎等于纤维饱和时的体积，试样已达到纤维饱和时，木材再与水接触，体积几乎不再增加。

用聚己二醇、尿素、醋酸酐等低分子的聚合物注入木材，置换木材中的水分，对木材起有效地膨胀作用，从而使木材干缩极小。

用水溶性的酚醛树脂溶解于水，稀释到能渗透到细胞壁内，然后将木材浸于其中，以后又将木材取出缓慢干燥，当水分散发后，树脂所形成的化合物逐渐扩散至细胞壁内，于是增高温度，使树脂凝固在细胞壁内，此法对于稳定木材尺寸，效果良好。

(7) 利用指接材：将容易变形开裂的木材锯裁成小木方或利用小径材加工成木方、板材，通过有缝或无缝指接方式胶合成大木方或长板材，基本上消除了木材变形和开裂的缺陷。目前国内外指接材应用领域很广，如实木家具、楼梯、实木复合地板等。

5.3 木材的密度

5.3.1 木材物质比重与空隙度

5.3.1.1 木材物质比重

物体质量与同体积水(4℃)的质量之比称为比重(specific gravity)。木材为多孔性物质，除了组成木材的基本物质——细胞壁外，还包含空气和水分。木材物质比重为木材除去细胞腔等孔陷所占空间后实际木材物质的比重，即细胞壁的比重(density of dry wood substance or cell wall density)。由于组成木材各种细胞壁的成分主要是纤维素、半纤维素、木质素，它们的成分和比例大体上一致，因此木材物质比重与各个树种关系较小，各个树种的木材物质的比重数值差异不大，为 1.49~1.57，平均为 1.53。表 5-8 为我国部分树种木材细胞壁的物质比重，其值在以上变动范围内。

表 5-8　木材细胞壁的物质比重与木材的绝干密度

树　种	细胞壁物质比重(g/cm^3)			木材绝干密度 (g/cm^3)	木材体积空隙度 (%)
	心材	边材	平均		
陆均松 Dacrydium pierrei	1.512	1.535	1.523	0.581	61.8
鸡毛松 Podocarpus imbricatus	1.515	1.517	1.516	0.486	67.9
杉木 Cunninghamia lanceolata	1.511	1.519	1.515	—	—
马尾松 Pinus massoniana	—	—	1.534		
子京 Madhuca hainanensis	1.513	1.520	1.516	1.033	31.9
红稠 Lithocarpus fenzelianus	1.543	1.531	1.537	1.032	32.8
轻木 Ochroma lagopus	—	—	1.518	0.244	83.9

5.3.1.2　木材的空隙度

木材空隙所占的体积称为木材的空隙度(porosity)，它包括细腔、细胞间陷和微纤丝之间的空隙等。它分为体积空隙度和表面孔隙度两种。体积空隙度是指木材在绝干状态时其空隙体积占总体积的百分率，表面空隙度则是其横切面上空隙面积占总面积的百分率。一般木材空隙度是指体积空隙度。表 5-8 列出国产 5 种木材的体积空隙度，空隙度越小，木材的绝干密度越大，两者呈明显的负相关。

木材体积空隙度 C 可以根据木材绝干密度 ρ_0、木材物质比重 ρ_{0w} 的数值求出，其公式为：

$$C = (1 - \rho_0/\rho_{0w}) \times 100\%$$

当胞壁密度取平均值 $1.53 g/cm^3$ 时，C 则简化为

$$C = (1 - 0.6536\rho_0) \times 100\%$$

5.3.1.3　木材物质比重的测定方法

木材物质比重测定时，必须用流体介质置换木材中的空隙，常用的置换流体介质是水、氦、苯等，三者测定所得数值并不相同，呈依次降低趋势。如以水、氦和苯为置换介质，所测得的木材物质比重分别为 1.53、1.46 和 1.44。其差异的原因主要在于水是一种极性物质，胞壁成分对水有吸附作用，水能深入除纤维素结晶区以外的胞壁结构中，造成木材吸着水密度增大，从而在测定中加大了木材内部的空隙体积，即减小了胞壁的体积，使木材胞壁物质的密度增大。氦为非极性、非润胀性物质，不易进入细胞壁空隙，也不为纤维素所吸附，所以用氦作为置换介质结果偏小。由于水作置换介质比较方便，故多采用以水置换得出的数值。

先将木材削成锯屑，置于 103℃±20℃ 的烘箱中烘干，称其绝干质量(G_0)后，再将锯屑放于比重瓶中加水，使锯屑下沉，并加满水后称其质量(P')；然后将锯屑倒出，冲洗清洁，再盛满水，称其质量(P)。根据浮力定律和水的特性，可得下式直接计算出木材物质的比重。

$$\begin{aligned}木材物质的比重 &= 锯屑绝干重/锯屑胞壁体积\\ &= G_0/[P - (P' - G_0)]\\ &= G_0/(P + G_0 - P')\end{aligned}$$

式中：G_0——锯屑绝干重(g)；

P——充满水后，水与比重瓶的总质量(比重瓶重 + 充满比重瓶中的水质量)(g)；

P'——比重瓶重、锯屑重和除取锯屑所占同体积水之后瓶中其余水的质量之和(g)；

$P' - G_0$——比重瓶重 + 除去锯屑在比重瓶中排出的体积水后其余水的重(g)；

$P - (P' - G_0)$——与锯屑同体积的水重，即是锯屑实际胞壁体积(g)。

5.3.2 木材密度

5.3.2.1 木材密度定义

单位体积内木材的质量称为木材密度(wood density)，单位为 g/cm^3，kg/m^3。木材是一种多孔性物质，木材密度计算时，木材体积包含了其空隙的体积。木材的密度除极少数树种外，通常小于 $1g/cm^3$。木材密度与其物质比重是有着本质上的区别，两者不能混同。

5.3.2.2 木材密度种类及其测定方法

木材中水分含量的变化会引起质量和体积的变化，使木材密度值发生变化。根据木材在生产、加工过程中不同阶段的含水特点，木材密度分为以下4种，常用的是木材基本密度和气干密度。

(1)基本密度：全干材质量除以饱和水分时木材的体积为基本密度(basic density)。它的物理意义是，单位生材体积或含水最大体积时，所含木材的实际质量。

$$基本密度 = 绝干材质量/浸渍体积$$

基本密度浸测定时对试样形状无要求，测定方法简单，最重要的是试样的干重和最大体积衡定准确，不随着测定人和环境的变化而产生误差，因此在木材材性研究、林业生产评价营林措施对木材性质的影响、森林培育计算单位面积上生物量及林木育种优良品系筛选和评价时都要用到基本密度，它是材性比较和林木育种等方面的一个重要指标。

值得关注的是生长锥锥心样品测定基本密度时，不能用生长锥锥心直径计算样品体积。因为生长锥在锥取木心样品时，生长锥本身摩擦受热变形，其直径变大，用生长锥锥心直径计算样品的体积误差大，所得结果不准确。

(2)生材密度：生材质量除以生材的体积。实验室条件下，用水浸泡可使木材达到形体不变，测出生材体积的相等值(与浸渍体积相同)，但其质量已不是生材状态时的质量，这点要注意。

$$生材密度 = 生材质量/生材体积$$

生材密度(green density or density of green wood)，主要用于估测木材运输量和木材干燥时所需时间与热量。过去伐木场利用水流运输木材，如生材密度很大，沉于水中，损失会很大。

(3)气干密度：气干材质量除以气干材体积为气干密度(air-dried density)。

$$气干密度 = 气干材质量/气干材体积$$

由于各地区木材干衡含水率及木材气干程度不同，气干状态下木材含水率数值有一范围，通常在8%~15%之间。为了树种间进行比较，需将含水率调整到统一的状态，我国规定气干材含水率为12%，即把测定的气干材密度，均换算成含水率为12%时的值。换算公式为：

$$p_{12} = p_w[1 - 0.01(1-K)(W-12)]$$

式中：p_{12}——含水率为12%时的气干材密度(g/cm^3)；

p_w——试样含水率W%时的木材密度(g/cm^3)；

K——试样的体积干缩系数(%)；

W——试样含水率(%)。

日常生活中所使用的木材都是气干材，因此生产中用气干密度估算木材质量。

(4) 全干材密度：木材经人工干燥，使含水率为零时的木材密度，为全干材密度或绝干密度(oven-dried density)。由于绝干材在空气中会很快地吸收水分而达到平衡含水率，其密度用得很少，只是科研比较时用此值。

绝干密度 = 绝干材质量/绝干材体积

5.3.2.3 木材密度的测定

任一含水率状态下的木材，测出其质量和体积，就可计算出它的木材密度。由于木材质量易于测定，且比较准确，因此关键在于精确测定木材试样的体积。目前，木材密度的测定用以下4种方法。

(1) 直接量测法：试样加工成尺寸为20mm×20mm×20mm的标准的立方体，相邻面要互相垂直。在试样各相对面的中心线位置划圈，用螺旋测微尺分别测出其径向、弦向和顺纹方向的尺寸，准确至0.01mm，用千分之一的天平称重，精确至0.001g。

气干密度试样以气干材制作，测量气干尺寸后立即称气干重，然后放入烘箱，用烘干法测出试样的绝干质量。试样烘干后，可立即测出全干状态下体积。按有关公式计算气干密度和绝(全)干密度。

基本密度和生材密度试样以生材(或浸水材)制作。

木材气干密度、绝(全)干密度和木材的干缩性测定可采用同一试样。

(2) 水银测容器法：水银测容器如图5-17所示，最下部为底座1，底座上部为水银槽2，水银槽上端为螺纹压盖5，压盖上装有可移动标记的玻璃管6，圆柱状活塞3与水银槽相通，它能随手柄8或左或右转动，伸出或缩进，转筒外部附测微计7，测微计每刻度(手柄旋转一周)读数为0.3cm^3。

使用时打开带玻璃管的压盖5，将试样放入水银槽中，拧紧压盖，转动手柄8使活塞3移动，直至水银上升到玻璃管可移动的固定记号处，记下测微计的读数A_1；再转动手柄使水银退回槽中，务使其降至低于槽口，方可打开压盖，取出试样；重新拧紧压盖并转动手柄，使水银再上升至玻璃管移动记号的原处，记下测微

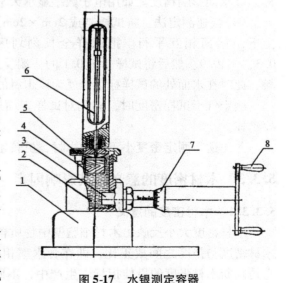

图 5-17　水银测定容器

1. 底座　2. 水银槽　3. 活塞　4. 试样　5. 压盖
6. 玻璃管　7. 测微计　8. 手柄

计的读数 A_2。两次读数之差乘以一常数(瑞士 Amsler 产品，此值为 0.3)即为试样的体积(cm^3)。称重与直接量测法同。

此法适用于不规则试样体积的测定。但管孔较大的木材，水银易进入管孔而影响测定精度。

(3) 排水法：利用水的密度为 $1g/cm^3$，试样入水后排出水的质量，与试样体积数值相等的原理而设计的。其试验装置如图 5-18 所示。

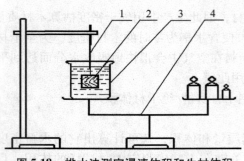

图 5-18 排水法测定浸渍体积和生材体积
1. 金属针　2. 试样　3. 烧杯　4. 千分之一托盘天平

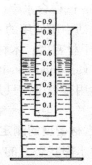

图 5-19 快速测定法试样的密度

测定时，将烧杯盛水至适当深度放置于天平托盘上，把金属针浸入水下 1~2cm 后，在天平的另一端放置砝码使之平衡。然后将金属针尖插固于已称重的试样上并浸入水中，再加砝码使之重新平衡。托盘前、后两次砝码质量(g)之差，即为试样的体积(cm^3)。操作时应注意试样不得与烧杯壁接触，并使金属针在两次平衡时的浸水深度相同。

该方法对形状不规则的试样适合，尤其适合测定饱水状态(生材或湿材)下试样的体积。测定气干材或全干材体积时，须在试样入水前涂以石蜡，操作应迅速，防止试样因吸水而影响精度。如用电子数字显示天平则更为方便。

(4) 快速测定法：将试样制成 $2cm \times 2cm \times 20cm$ 的长方体，要求试样平直、规整，上下两端面相互平行。把试样全长刻划区分成 10 等分，依次标记为 0.1，0.2，0.3，…，0.9。然后将试样标记 0.1 的一端浸入盛有水的玻璃筒中，勿使其与量筒壁接触，此时在水面处的试样标记，就为该木材的密度(图 5-19)。

测定气干试样密度时，应先对试样表面进行涂蜡，防水渗入木材内部。测定操作要迅速。

此法适于测定密度小于 1 的木材，虽较粗放，但可用于林区或木材加工现场。

5.3.3　木材密度的意义及其影响因素

5.3.3.1　木材密度的意义

木材密度大小反映出木材细胞壁中物质含量的多少，是木材性质的一个重要指标。木材密度与强度之间成正比，即在含水率相同的情况下，木材密度大则木材强度高，它是判断木材强度的最佳指标。生产中，不同用途选择树种木材时就要考虑到木材质量。木材密度大小对木材合理的加工工艺的确定、林木材性育种与遗传改良和营林培育有着重要的指导意义。

5.3.3.2 影响木材密度的因素

木材是自然界中树木生产的产物。树木生长除与遗传因子有关外，又与其所在的栽培环境、立地条件有很大的关系。一切影响树木生长的外界因素对木材密度大小均有影响。从木材自身条件和使用方面考虑，影响木材密度大小变化的主要因素有树种、晚材率、含水率、树干部位等。

(1) 树种：树种不同，木材结构上有差异，组成木材的细胞组织比例不同，细胞壁与孔隙度所占的比例也不同，这种内在因素上的差异造成木材密度不同。

木材密度主要取决于木材空隙度，木材空隙度越小，则其密度越大，反之，则密度越小，见表5-9。此外，木材密度还与木材抽提物含量有关。树种不同，木材浸提物如单宁、油类、树脂、树胶、糖类及淀粉等含量不同，亦影响木材的密度。特别是松属木材中的松脂，有时含量竟达9%以上，当然会增高密度。

表 5-9 木材的密度与孔隙度

密度(g/cm^3)	细胞壁体积百分率(%)	孔隙度体积百分率(%)
0.3	19	81
0.4	26	74
0.5	32	68
0.6	39	61
0.7	45	55

就目前所知，国产木材最重的是蚬木(*Burretiodendron hsienum*)，气干密度1.130g/cm^3；密度较大者有麻栎(0.93g/cm^3)；最轻的为轻木(*Ochroma lagopus*)，气干密度0.24g/cm^3。泡桐只有0.27g/cm^3。世界上，木材密度最轻的为髓木(*Aeschynomene hispida*)，气干密度0.04g/cm^3，最重的为胜斧木(*Krngiodendron ferreum*)，气干密度为1.42g/cm^3。

(2) 年轮宽度与晚材率：各树种生长快慢有明显的差异，其年轮宽度和晚材率大小均不一样，两者的关系因树种不同而表现各异。

对于早晚材区别明显的针叶树材与阔叶树材的环孔材，早材与晚材的密度大不相同。年轮内早材细胞腔较大、壁薄、质软；晚材细胞壁较厚、质硬、致密，晚材的密度是早材的3倍左右(表5-10)。

表 5-10 松木早材与晚材的木材密度之比较

树种	早材绝干密度(g/cm^3)	晚材绝干密度(g/cm^3)	早材、晚材绝干密度之比
松 树	0.343	0.830	1:2.4
落叶松	0.360	1.040	1:2.9

木材密度大小取决于晚材率大小(表5-11)，晚材率高，木材密度大，强度也高。针叶树年轮宽度适中，木材密度大、强度高。因为针叶树晚材宽度大致不变，年轮越宽，早材增加，木材密度减小。但年轮太窄为树木生长不正常，木材密度亦减少。阔叶材中，环孔材早材固定，年轮加宽增加的部位是晚材，因此密度增大。散孔材早晚材分布均匀，大小近似一致，年轮宽度对木材密度影响不大。

表 5-11 晚材率与密度的关系

晚材率(%)	21	25	28	32	38	44
密度(g/cm³)	0.40	0.45	0.50	0.55	0.60	0.65

(3) 树木体内不同的部位：同一树种，其树干中不同部位的木材，木材密度也有较大的差异。

阔叶树材密度沿半径方向的变化规律与管孔分布类别有关。散孔材木材密度的变异是由髓心向树皮方向逐渐增大，如桦木、欧洲山杨、椴木等，其边缘部分比靠近髓心处木材的密度可增大 15%~20%，11 年生木麻黄木材密度由髓心向树皮方向增大，可高达 31.5%。环孔材具心材者，心材密度大，年轮宽度与密度成正比关系，但靠近髓部及靠近树皮的边缘部分，木材的密度则较小。

针叶树通常是树干基部木材的密度最大，自树基向上逐渐减小，但在树冠部位由于枝丫小节的存在，木材密度则略有增大。株内直径方向的变化，针、阔叶树材木材密度其变化规律大不相同。对针叶树材而言，成熟树干中，一般来说密度的变化规律：髓心木材密度值较小，幼年材中由髓心向外木材密度逐渐增大，在成熟林阶段达最大值后保持相对稳定(图 5-20)，过熟林阶段木材密度值有逐渐减小的趋势。对于树龄较大的松类木材，髓心附近木材松脂类浸提物含量很高，如没有浸提除净，其木材密度因树脂含量高而明显偏大。

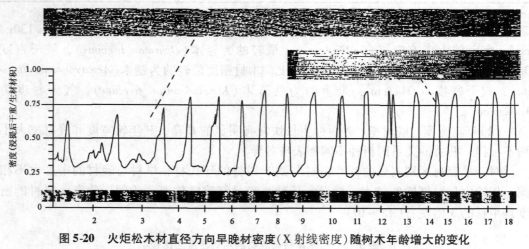

图 5-20 火炬松木材直径方向早晚材密度(X 射线密度)随树木年龄增大的变化

(4) 栽培环境：同一树种，栽培环境差异大，其木材细胞组织比例不同，同体积内细胞孔隙度和细胞壁物质含量有差异，导致木材密度有较大的差异(表 5-12)。同一树种，木材密度不同，对木材的利用是有影响的。培育时，选择适合的栽培环境是很重要的。

表 5-12 不同环境下同一树种木材密度的差异

树种	产地	导管(%)	轴向薄壁组织(%)	木射线(%)	木纤维(%)	基本密度(g/cm³)
木麻黄	湛江	12.3	17.6	13.2	60.6	0.674
	海南岛	13.7	13.7	14.9	57.7	0.596
	汕头	12.1	17.6	16.4	53.9	0.576

(续)

树种	产地	导管(%)	轴向薄壁组织(%)	木射线(%)	木纤维(%)	基本密度(g/cm³)
10年生火炬松	湖北荆州	—	—	—	—	0.388
	浙江富阳	—	—	—	—	0.407
	福建南屿	—	—	—	—	0.440

（5）含水率：含水率高于纤维饱和点时，木材体积固定，含水率增加，木材密度直线增加。小于纤维饱和点时含水率和木材密度增减较为缓和，木材体积与含水率成正比。生材含水率大，多达200%，生材密度大，大于1时下水即沉，水运木材时应注意这个问题。

木材密度与含水率的关系可按下式进行换算：

$$\rho_M = \frac{\rho_0(100+M)}{100+Y_0-Y_M}$$

式中：ρ_M——含水率为M时的木材密度(g/cm³)；

ρ_0——绝干密度(g/cm³)；

M——木材含水率(%)；

Y_0——生材达气干时的体积干缩率(%)；

Y_M——生材达M含水率时的体积干缩率(%)。

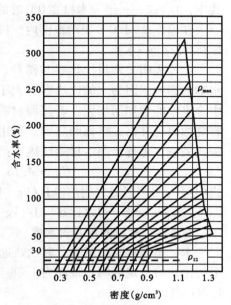

图5-21 木材密度与含水率的关系

利用图5-21，可查出任意含水率时的木材密度。其方法为某一含水率（如12%）的横线，与该含水率时的密度（如ρ_{12}）的交点，沿该交点处的斜线延伸到与需换算的含水率代表的横线的交点，过交点作横坐标的垂线，交于横坐标所示的密度值即为要换算含水率下的密度值。

5.4 木材的热学性质

木材的热学性质(thermal properties of wood)主要用比热、导热系数和导温系数等指标来表达。这些物理参数对指导木材人工干燥、木材防腐改性、木材软化、曲木生产工艺，人造板板坯加热预处理、胶合、纤维干燥，胶合板生产时原木解冻、木段蒸煮及单板的快速干燥等方面重要意义。此外，木材热学性质与人们生活、环境材料方面息息相关，如人对地板和家具的触觉性能和建筑上隔热和保温设计（住宅壁面和天花板的隔热、保温性能）等。

5.4.1 木材的热容与比热容

某物质平均温度升高1℃所需的热量称为该物质的热容。通常用$Q/\Delta t$表示，单位为J/K，其中Q表示所需热量，Δt为温差。

某物质单位质量的热容与相同质量水的热容之比值称为比热容(C)。1kg水在15℃时的热容为4.18kJ，因此比热容又可简化为单位质量的物质在温度升高1℃时所需的热量[4.18kJ/(kg·K) = 1kcal/(kg·℃)]。

1913年,邓洛普(F. Dunlap)利用热量计法测定了20个树种100个试样在0~106℃之间的比热,推算得出绝干木材比热容(specific heat of wood)的经验式:

$$C_0 = 4.18 \times (0.266 + 0.00116t)$$
$$= 1.112 + 0.00485t \ [kJ/(kg·K)]$$

式中:1.112——绝干木材在0℃时的比热容。

在温度0~100℃变动范围内,按50℃平均温度计算可知绝干木材的平均比热容为1.354kJ/(kg·K)。

上式表明,木材比热容与树种、木材密度和在树干中的部位无关,仅受温度和含水率的影响。因为水的比热容远大于木材和空气的比热容,所以木材的比热容随木材中含水率的增加而加大。若将湿材看作是木材、水分和空气所组成的三相系统,按热容叠加原理并略去空气的热容,利用湿木材热容量等于水的热容与绝干材热容之和的等式关系,可得出湿木材的比热容:

$$C_W = 4.18(W + 100C_0)/(W + 100)$$

式中:C_W——湿材之比热[kJ/(kg·K)];
C_0——绝干材之比热[kJ/(kg·K)];
W——木材的绝对含水率(%)。

木材是多孔有机材料,其比热远比金属材料大。我国红松、水曲柳等33种树种气干材比热容测定表明,最高为1.88 kJ/(kg·K),最低为1.62 kJ/(kg·K),平均值为1.71kJ/(kg·K)。

5.4.2 木材的导热系数及其影响因素

5.4.2.1 木材的导热系数

木材被局部加热时,其加热部位的分子振动,能量增加。分子在振动碰撞过程中,将能量传递给邻近分子,这样顺次传递能量,将外加的热量向木材内部扩散,称为木材的热传导(thermal conductivity of wood)。如加热面和冷却面均能保持一定温度,即热面和冷面间的木材保持恒定的温度梯度状态下的热传导称稳态热传导。稳态热传导通常用导热系数(λ)来表示。它表示物体以传导方式在没有系统外热量损耗条件下,传递热量的能力。

木材的导热性用导热系数(λ)表示,导热系数为在单位时间内,通过木材单位面积和单位长度,在木材两面间所引起温度1℃的差异所需的热量。传导的热量Q用下式表示:

$$Q = \lambda A t (\theta_2 - \theta_1)/d$$
$$\lambda = Q d /[(\theta_2 - \theta_1) A t]$$

式中:λ——导热系数[W/(m·K)];
Q——传递的热量(J);
A、d——面积(m^2)和二面间距离(厚度,m);
$\theta_2 - \theta_1$——试样相对面间的温度之差(℃);
t——热传递时间(s)。

木材的导热系数不仅在评价热绝缘方面有重要意义,而且在木材加工方面也很重要。木材具多孔性，空隙中充满空气，各空隙虽不完全独立，但空气也不能在空隙间进行自由对流，此外自由电子少也不能形成流畅的热传递。

表5-13 木材导热系数与其他材料的比较

材料	导热系数[W/(m·K)]	材料	导热系数[W/(m·K)]
铝	218	玻璃	0.6~0.9
铜	348~394	松木(横纹)	0.16
铁	46~58	松木(顺纹)	0.35
花岗岩	3.1~4.1	椴木(横纹)	0.21
混凝土	0.8~1.4	椴木(顺纹)	0.41

由表5-13可以看出，铜、铝、铁的导热系数为木材的1 000倍、5 000倍、300倍以上，所以木材在建筑、保温和隔热方面有广泛的用途。

5.4.2.2 影响木材导热系数的因素

(1)木材密度：木材导热系数随木材密度的增加而增大，二者近成线性关系。全干木材的横纹导热系数与密度间的关系是成正比的。木材密度越小，空隙率越大，则导热系数越小，绝热性越好。轻软的杉木、泡桐和巴塞木等木材具有良好的保温性，故可用作保温材料。

(2)木材含水率：20℃时，水的导热系数为0.582W/(m·K)，此值约为空气导热系数的25倍。木材中随着含水率的增加，部分空气被水分替代，因而木材的导热系数将增大。密度大的木材这一增大效应更明显，特别是横纹导热系数。

(3)温度：导热系数与热力学温度成正比，导热系数随温度升高而增高。其原因是温度升高，木材分子运动加剧，热阻减少，从而使导热系数增加。

(4)热流方向：木材顺纹方向的导热系数远较横纹大。含水率在6%~15%范围内，木材纵向导热系数比横向大2~2.5倍。这种差异随含水率增加而减少。红松、柞木等5种木材纵、横导热系数的比值在2.5~3.1之间，云杉、栎木等5种木材比值在1.8~3.5之间。

木材纵、横导热系数差异与木材与细胞壁的纤维素分子链长轴方向有关。其原因为热的传导依靠分子能量的平衡来完成，在构成木材细胞壁的纤维素分子链长轴方向上，分子能量平衡的阻抗明显小于垂直方向。

由于横向木射线的缘故，木射线组织比量高的木材，其径向和弦向导热系数存在一定的差异，径向导热系数比弦向导热系数大5%~10%。但在早晚材区别明显的针叶材和阔叶树环孔材，晚材密度大，早材密度小，导热系数与木材密度成正比，有时出现弦向导热系数大于径向。在实际使用时，由于径向与弦向导热系数的差异，较木材纵向与横向差异要小的多，因此常以径、弦向的平均值作为横向导热系数的数值。

总之，木材的导热系数受木材密度、含水率、温度等因素的影响。木材的密度增大、含水率增加和温度上升，都将导致导热系数的增大。作为隔热保温材料时，密度小、孔陷度大、材质轻软、干燥的木材，其绝热效果好。

5.4.3 木材的导温系数

导温系数又称为热扩散率，它表征材料在加热或冷却非稳定状态过程中，各点温度迅速趋于一致的能力。导温系数越大,材料中各点达到同一温度的速度就越快。温度在木材中均衡传播的能力称木材的导温系数,它表示木材在加热或冷却过程中温度上升或下降快慢的指标。

木材的导温系数(a)与导热系数(λ)、比热容(C)和密度(ρ)之间关系如下:

$$a = \lambda/(C \cdot \rho) \quad (m^2/s)$$

导温系数与导热系数一样,在一定程度上也受含水率、密度、温度和热流方向的影响。但总的来看,木材的导温性与木材含水率有关,温度对导温系数的影响较小,一般工程计算时可不考虑。

导温系数公式中,木材导温(diffusivity of wood)系数与导热系数成正比,与木材比热容、密度成反比。由于 λ、ρ 和 C 这三者都是随含水率的增加而增加,所以导温系数随含水率的增加而减低。因为空气的导温性比水的导温性大,干材比湿材热得快的原因在于此。含水率达纤维饱和点时,导温系数变化缓慢。当含水率大于50%时,则 a 变化极为微小。

我国红松、麻栎等32种木材弦向导温系数变化范围为 $11.76 \times 10^{-8} \sim 17.54 \times 10^{-8}$ m²/s,平均值 13.9×10^{-8} m²/s。各种树种间差异木材导温系数不如导热系数那样显著。

5.4.4 木材的热膨胀

温度升高,木材也会产生热膨胀(thermal expansion),但因木材中常含有一定的水分,加热引起木材温度升高,水分加速蒸发引起木材干缩而减小其尺寸,木材干缩数值较热膨胀大得多,所以在木材加工时多考虑干缩值,而少注意木材的热膨胀。日常生活中,木材处于气温环境下,温度对木材的使用影响小。除非木材与其他材料组成的新的复合材料,一般可不予考虑温度对木材的影响。但在木材内部有温度梯度时,会因热膨胀产生内部应力而可能造成木材的变形。

木材的热胀系数很小,要用精密的石英膨胀计才能测定。木材纵向、径向和弦向热胀系数比例约为(8~10):(6~7):1。

由于木材细胞壁中纤维素结晶部分的长宽比约为10:1,垂直于纤维素分子链方向的分子振动为链长度方向的10倍,使得横向热胀系数明显大于其他方向。实验表明,纵向热胀系数与木材密度无关;而横向热胀系数,随密度的增加而增加。由于木射线对径向热膨胀的制约,通常弦向大于径向。

木材的热胀系数在常温范围内常显示一稳定值。但到达某一温度以上的高温区域时,可看到木材组织的热软化,全干木材横纹软化点为80~110℃。热软化是木材塑性的重要性质,在热软化温度以上,木材的热胀系数会增加。

5.4.5 木材的耐热性及热对木材性质和使用的影响

5.4.5.1 木材的耐热性及不同温度段木材热分解

在加热情况下,不同温度段对木材性质与使用有很大的影响。

木材加热到180℃左右,就有一氧化碳 CO(27.88%)、氢 H_2(4.21%)、甲烷 CH_4(11.36%)、乙烷 C_2H_6(3.09%)和乙烯 C_2H_4(3.72%)等可燃性气体释放出;此外还有不燃性气体二氧化碳 CO_2(50.74%)释出。此时若将木材靠近火焰口,这些气体就能产生瞬间火焰，但这种火焰不能持续，因为木材在此阶段中是吸热反应，此点温度称为引火点温度。因此在木材工业方面处理温度一般不宜高出 180℃，超过 180℃ 木材本身热解，产生可燃性气体。

当继续加热使木材温度上升到 250~290℃ 时，木材开始产生放热反应，分解出更多易燃性气体，气体能产生持续的火苗，但仍不是木材本身的燃烧。把产生这种火苗的燃烧状态称为无火苗着火，把这一温度称为着火点温度。若将温度升到 350~450℃ 时，木材能自动着火，把这一温度称为发火点温度。

木材的燃烧与木材的导热性、密度、内含物等因素有关，与木材的形状、断面积、表面平滑度和含水率等因素也有关。

此外加热时间的长短对木材燃烧影响也十分显著，如木材长期受热，即使在 200℃ 以下，也会造成低温着火。

5.4.5.2 热对木材性质的影响

常温下，热对木材使用影响小。但如将木材长期处于 40~60℃ 下，木材材色会呈现暗褐色，木材强度逐渐降低，这些表明木材外部与内部的化学成分已有所改变。

在一定温度下，木材热处理可使非晶纤维素中部分结晶化，降低木材吸湿性和提高木材力学强度。但继续加热和高温处理，就会造成纤维素的非晶化和各类化学成分的分解，使木材力学性质降低。

蒸煮加热处理对木材塑性和强度有一定的影响，但若利用得当则可转化成有利因素。100℃ 温度下长期蒸煮加热处理木材，其质量会发生明显的损失，并且可导致木材弹性模量减小，力学强度下降，冲击韧性降低更多。这种减小和强度降低，在木材处理初期和时间较短的情况下并不明显。只是随着时间的增长，尤其是随温度上升，这种质量减小和强度降低变化加剧。原因在于木材长期受热后部分半纤维素分解而引起的，蒸煮加热引起半纤维素和纤维素分解的影响要比木材在空气中受热大，故木材力学强度下降的程度也大。木材软化、木材密实化处理、曲木家具加工和木材干燥等生产上根据木材的这种特性，可采用适合的温度和较短时间内水煮或蒸汽处理木材，不仅可释放木材内部应力、减小木材变形与开裂，还降低木材的吸湿性，将木材变化的形状固定，以生产出满意的木制品。

5.5 木材的电学性质

木材气干状态下，其导电性是极小的，特别是绝干材可视为绝缘体，因此木材为交通、电力及其他行业上重要的绝缘材料之一。但如果木材中含有水分，特别是在纤维饱和点以下含水率越高，木材导电性越强。生材为电的导体，雨中树木被雷电击倒，原因在此。

木材电学性质（electrical properties of wood）包括直流电和交流电的导电性、电绝缘强度、介电常数、介电损耗等，这些特性理论与应用研究对发展木材学基础理论有重要意义，对木材加工生产线上木材含水率连续无损检测技术、木材高频电热技术、木材微波干燥技术的发展与应用具有实用价值。

5.5.1 木材的导电性

5.5.1.1 电阻率与电导率

导体的电阻(electrical resistance)与组成该导体的材料有关,即材料的本性。评价材料导电性好坏主要用电阻率或电导率(conductivity)来表示。物理学中,电阻等于材料两端的电压(V)除以流过该材料的电流(I)。

$$R = V/I$$

电阻率 ρ 等于单位长度(L)单位截面积(A)的均匀导线上的电阻值,单位为 $\Omega \cdot m$。

$$\rho = RA/L = VA/IL$$

电导率是电阻率的倒数,用 K 表示,单位为 s/m。

电阻率小于 $10^{-5}\Omega \cdot m$ 的称导电体,如金属材料等。电阻率大于 $10^8\Omega \cdot m$ 的称绝缘体,如陶瓷、橡胶、塑料等材料。介于两者之间的称半绝缘体。在室温下饱湿木材的电阻率为 $10^2 \sim 10^3 \Omega \cdot m$,属半绝缘体范围。绝干木材的电阻率大于 $10^{12}\Omega \cdot m$,为绝缘体。

5.5.1.2 木材的导电机制

木材中因没有自由移动的电子,它的导电性表现出很弱的特性。木材导电中起作用的主要是移动的离子,这些离子来源于木材胞壁成分中的离子基,或木材无机成分中的某些物质。木材在直流电场中的极化是呈现电离现象的典型特性,说明在直流电场下木材中的离子移动在导电中起重要作用。

木材中,导电木材内有吸附在结晶区表面的结合离子;还有处于游离状态,在外电场作用下可产生电荷移动的自由离子。电导率与自由离子的数目成正比。木材和纤维素的电导率,在吸湿范围内,除取决于自由离子数目外,还与离子的迁移率,即与离子在电场作用下的移动能力有关。低含水率情况下,自由离子数目起主要作用;而高含水率情况下,离子迁移率起主要作用。由于木材的电传导依靠木材中的离子,所以离子的浓度和分布,或两者之一发生变化时,均能使木材的电导率变化。

5.5.1.3 影响木材直流电导率的因素

木材的直流电导率不仅受木材构造、含水率、密度、温度和纤维方向等的影响,而且受电压和通电时间等电场条件的影响,见表5-14。

表5-14 木材含水率、方向与电阻率的关系

树 种	含水率(%)	电阻率($\Omega \cdot cm$)	树 种	含水率(%)	电阻率($\Omega \cdot cm$)		
					顺纹	径向	弦向
雪 松	0	2.5×10^{14}	落叶松	7.95	3.8×10^{10}	19.0×10^{10}	14.5×10^{10}
雪 松	22	2.7×10^6	桦 木	7.93	4.2×10^{10}	8.6×10^{11}	
雪 松	100	1.8×10^5	马尾松	11.0	2.55×10^9	5.11×10^9	6.21×10^9
落叶松	0	8.6×10^{13}	苦 楝	10.6	4.94×10^9	5.73×10^9	8.50×10^9
落叶松	22	6.6×10^6	红 松	10.0	8.63×10^9	18.8×10^9	26.0×10^9
落叶松	100	2.0×10^5					
桤 木	7.5	1.6×10^{12}					
桤 木	14.3	1.5×10^9					

(1) 含水率:含水率与直流电导率之间有极其密切的关系,从绝干状态到纤维饱和点含水率,木材电导率随含水率增加而急剧上升,要增大几百万倍;从纤维饱和点至最大含水率,电导率的上升较缓慢,仅增大几十倍。国内生产的多种型号数字式木材电导测湿仪,其测定含水率范围为6%~30%,以8%~17%的含水率范围较为准确。

(2) 温度:木材电阻率 ρ 随温度的升高而变小,这与金属等良导体正相反。因木材属离子导电,在一定含水率范围内($W<10\%$)的温度效应也可说明木材导电是借助于离子的活化过程。

$\lg\rho$ 与热力学温度的倒数($1/T$)是直线关系,经验式如下:

$$\rho = 10^{(0.8+5\,000/T)} \quad (\Omega \cdot m)$$

(3) 纹理方向:木材横纹理的电阻率较顺纹理大,针叶材横纹理的电阻率为顺纹理的2.3~4.5倍;阔叶材为2.5~8.0倍。横纹方向,木材弦向电阻率大于径向。

(4) 树种与木材密度:阔叶材树种间木材电阻率的差异大于针叶材,这与阔叶材树种间木材密度变化大及其木材内部水溶性电解质含量高低等有关。

针叶材木材密度中等,其弦向电阻率比径向大10%~12%;密度大的树种,其木材弦向与径向电阻率差异小。通常密度大者,电阻率小,电导率高,原因在于密度大的树种,其木材实质多,空隙小,而木材细胞壁实质的电阻率远较空气要小。由于密度的影响较含水率的影响要小得很多,在直流电传导中往往可忽略不计密度的影响。

水溶性电解质含量对木材的电导率影响较大。心材水溶性电解质含量高,其电导率比边材高。各个树种木材中水溶性电解质含量差异大,这种差异明显大于木材密度的影响,因此电阻(或电导)式木材含水率测定仪设有树种校正挡。

利用木材的焦耳热进行低频加热时,电压过高有放电的危险,而干燥木材的电阻也非常高,传导的电流强度就受到限制。因此,提高干燥木材的发热量是困难的。为了采用一定限度内的电压进行加热,需干燥的木材至少必须具有纤维饱和点以上的含水率。

利用直流电和交流电的焦耳热进行木材干燥时,在直流的情况下,只在阳极一侧,在交流的情况下,只在中央部分干燥进行得比较快,并且电流停止后含水率梯度大,作为木材的干燥方法是不恰当的。

5.5.2　木材的介电性质

在交流电低频区域,木材交流电性质与直流电性质呈现同样特性:全干状态木材电阻极高,为绝缘材料;木材电阻随含水率的增加显著地减小,当达到纤维饱和点以上时,电阻变化率很小。在低频区,欧姆定律对木材介质也成立,产生的焦耳热与直流情况相同。

木材的介电性质主要研究在射频范围内的介电常数和介电损耗等性质。木材工业中常利用高频交变电场进行木材的干燥、胶合、曲木加工和木材含水率的测定。为了减低木材导电性能,增强其绝缘性能,常用石蜡、亚麻仁油及合成树脂等注入木材。

5.5.2.1　介电常数

介电常数 ξ 是表征木材在交流电场下介质极化和储存电荷能力的一个量。木材的介电常数(dielectricconstant)是在交流电场中,以木材为介质所得电容量(C_W)和在相同条件下以真空为介质所得电容量(C_0)之比值,用 ξ 表示。

当电压固定不变时

$$C_W = Q_W/V \qquad C_0 = Q_0/V \qquad \xi = \frac{C_W}{C_0} = Q_W/Q_0$$

式中：Q——电容器每一块式极板的电量；
V——电容器两极板间的电势差。

由于空气为介质和真空为介质两者相差甚微，为了简化起见，常以空气的电容或电量代替真空电容或电量。全干木材的介电常数约为 2，水的介电常数为 81。介电常数值越小，电绝缘性越好(表 5-15)。

木材横纹介电常数小于顺纹，湿材介电常数大于干材。全干水青冈木材顺纹介电常数为 3.63；横纹为 2.51。全干栎木顺纹介电常数为 3.64；横纹为 2.46。它们比硬质陶瓷(5.73)和云母(7.1~7.7)等的电绝缘性都好。

表 5-15 我国常见的 9 个树种木材的介电性质

树 种	含水率(%)	绝干密度(g/cm³)	电阻率(MΩ·m)	介电常数 ξ	损耗角正切 $\tan\delta$
红 松	12.1	0.420	0.154	2.80	0.046
杉 木	12.0	0.400	0.138	2.67	0.049
马尾松	12.6	0.530	0.096	3.77	0.050
泡 桐	11.4	0.260	0.136	1.95	0.066
糠 椴	14.8	0.380	0.220	3.28	0.220
小叶杨	15.5	0.450	0.051	3.64	0.111
白 桦	16.9	0.590	0.060	5.11	0.059
水曲柳	18.5	0.650	0.009	6.41	0.312
柞 木	18.1	0.680	0.009	7.51	0.269

5.5.2.2 影响介电常数的因素

木材的介电常数受含水率、密度、纹理方向、频率等多种因素的影响。

(1)含水率：含水率对介电常数的影响十分明显。在温度和频率不变的条件下，木材介电常数随含水率的增加而增大。这是因为水的介电常数为 81，远大于绝干木材介电常数 2 的缘故。当含水率为 5% 以下，细胞壁内表面以单分子层吸附水分子时，介电常数随含水率增加变化较小，仅为 2~3。含水率在 5% 至纤维饱和点的范围内，介电常数随含水率的增加呈指数函数的形式增大。含水率在纤维饱和点以上时，介电常数随含水率增加呈直线形式增大。介电法测定木材含水率的范围大，就是利用这个性能。

(2)密度：各种木材的介电常数随木材密度增加而变大，同一密度的不同树种木材介电常数几乎没有差别。其原因是密度增大时，胞壁物质含量增多，从而偶极子数目也多，导致介电常数增大。

(3)纹理方向：在温度、频率、密度和含水率相同时，电场方向为顺纹时其介电常数比横纹大 30%~60%，这主要是木材构造上差别所致。纤维素大分子的排列方向大多与纤维轴的方向相近，因羟基在平行于纤维方向上比垂直方向上具有更多的自由度。横纹径向介电常数常略高于弦向，或近似相等。究其原因除木射线的影响外，还因木材细胞的弦面壁木质素含量高，而木质素的介电常数比纤维素小，所以木材的介电常数随木质素含量的增加而减小。

(4)频率：一般说来，介电常数随频率的增加而减小。在射频范围内(相当于无线

电短波频率范围 $10^6 \sim 10^9 Hz$），木材含水率越低，介电常数受频率的影响越小，曲线较平缓。只有在很大的频率差异时，才显示出较明显的差别。若含水率较高，尤其是含水率在 20% 以上时，频率对介电常数的影响才变得很明显。

5.5.2.3 利用介电常数测定木材含水率

交流介电式水分测定仪的基本原理是在一定频率下木材的介电常数和损耗角正切随木材含水率的不同而变化。这种水分测定仪所用的频率在射频范围内，如继续提高频率，使用波长 1~1 000mm 范围内的水分测定仪称微波水分测定仪。介电式水分测定仪，其含水率测定范围比电阻式大，理论上可测定全干至饱和水状态的任一含水率，但要能适应含水率很高，则制造上尚有一定难度。总之，其测定范围比直流电导式要大，但电容式必须进行密度修正，因为密度对介电性影响较电导式更大。

5.5.2.4 木材的介电损耗

(1) 功率因数和损耗角正切：施加交流电压于以木材为介质的电容器极板上，施加的电压和电流间有一相位角 θ。它是总电流 I_T 和电阻电流 I_R 之间的夹角。功率因数（power factor）就是该相位角的余弦，以 $\cos\theta$ 表示。因电流是以这个相位角通向电压，功率因数在数值上等于一个振动周期内木材的吸收功率（消耗能量）与该周期材料所贮存的总表观功率（电容内贮存全部能量）的比值。

消耗电功功率 $P = I_R E = I_T E \cos\theta$，则 $I_R/I_T = \cos\theta$。由于损耗角 δ 和相位角 θ 之和为 90°，而木材作介质时，一般损耗角 δ 极小，损耗角正切 $\tan\delta \approx \cos\theta$。工程上常用功率因数替代损耗角正切。功率因数 $\cos\theta$ 取决于频率 f、电阻率 r 和介电常数 ξ 可用以下关系式表达：

$$\cos\theta = 1.8 \times 10^{12}/(f \cdot r \cdot \xi') = \tan\delta$$

木材的介电常数 $\xi' = 2 \sim 8$ 范围时，$\tan\delta$ 的范围为 $2 \times 10^{-4} \sim 700 \times 10^{-4}$。

利用介电常数和损耗角正切双重指标随含水率变化规律的水分仪称功率损耗水分仪。木材功率损耗 P 与介电常数 ξ 和损耗角正切 $\tan\delta$ 成正比，有 $P = K \cdot \xi \cdot \tan\delta$ 的关系式，K 为比例常数。

(2) 介电损耗率（损耗因数）：介电损耗率 ξ''，是与能量损失成正比的量，数值上等于介电常数与损耗角正切的乘积，$\xi'' = \xi' \cdot \tan\delta$，$\xi'$ 为木材的介电常数。木材的介电损耗率 ξ'' 主要为 $\tan\delta$ 所左右。木材作为介电材料时，希望介电损耗尽量小；当在高频加热和胶合木材时，希望介电损耗大，功率因数高，发热量大，使木材的加热和胶合效果好。

木材介电损耗率主要决定于损耗角正切的大小，而损耗角正切 $\tan\delta$ 随木材含水率 M，密度 ρ、电场频率 f 和木材纹理方向的变化而变化。

(3) 高频电热干燥木材与高频胶合技术：木材置于高频电场中，在交变电流作用下，木材中的水分从原来不规则位置，到按电流和磁场方向作有规律地运动，由于电流方向的迅速改变，水分子被迫随之转动，这种转动每秒可达 1 000 万次以上，由于水分子急剧运动，相互摩擦产生热量，使水分汽化，从而提高了木材内部蒸汽压向外蒸发，木材逐渐干燥。高频干燥有速度快、木材含水率梯度和温度梯度均匀等优点，但也存在电能消耗大、成本高、对电视接收有干扰，并须注意操作者的劳动保护等缺点。

木材干燥需用的高频频率为 2~40MHz，常用是 7~13.6MHz。为了取得更好的加热效果，我国尚有采用 915~2 450MHz 的微波干燥木材，它具有速度快、热效率高、木材变形小，适于自动化等优点。通常可比湿空气为介质的干燥快 25~30 倍。

高频电热应用在胶合上，可使胶合剂获得选择加热。湿胶和干木材的介电性不同，湿胶比干木材更易接受高频电能，使高频能量集中在胶合线上，胶合剂很快热聚合，一般只需几秒到几十秒，但这种胶合只适用于热固性树脂胶。酚醛和脲醛胶胶合时，采用频率为 13.5MHz 和 27MHz 两种。胶合时，木材含水率不高于 12% 为宜，其中以 8%~12% 为最好。木材密度不宜过大，如木材密度过大或含水率过高时，选择性加热效果差。因它们均能增加介电损耗，使木材吸收电场能量增大。此外，木材密度和水分增加，还能提高木材的热传导性，从而降低胶缝的加热温度。

5.6 木材的声学性质

木材声学性质（acoustical properties of wood），包括木材传声特性、空间声学性质、木材的振动特性和乐器声学性能品质等与声波有关的固体材料特性。

5.6.1 声音的基本特性

声音是传播中的能量，它的强度是通过垂直于传播方向上单位面积的功率，单位为 W/cm^2。声音强度级可用声学仪器来度量。人耳对声音的感觉与它的频率有关，同样强度较低频率的声音比高频率的声音响度大。人耳平均可听到的最微弱的声音强度叫做听觉阈，在 1 000Hz 时是 10^{-8} W/cm^2。测量一个声音的强度级时，可将它的强度与这个听觉阈的强度进行比较。由于人耳能感觉到的声音强度范围很广，通常用对数强度级来反映。

声音的强度级公式如下：

$$\beta = 10 \lg(I/I_0)$$

式中：β——强度为 I 的声音用分贝（dB）表示的强度级；

I——以 W/cm^2 来测量；

I_0——听觉阈的强度，即 $10^{-18} W/cm^2$。

人耳听觉阈的声强级为 0dB；感觉疼痛的声强级为 120dB；通常人们交谈的声强级约 70dB。

5.6.2 木材的传声特性

木材传声（sound transmission in wood）特性的主要指标为声速 v。木材是各向异性材料，木材传声特性具有明显的方向性和规律性。木材顺纹方向声音传播速度 $v_{\parallel}$ 明显大于横纹方向 $v_{\perp}$（表 5-16），两者关系如下：

$$v_{\parallel}/v_{\perp} = (E_{\parallel}/E_{\perp})^{1/2}$$

式中：$E_{\parallel}$、$E_{\perp}$——木材的顺纹和横纹动弹性模量。

表 5-16 中木材顺纹传声速度是横纹传声速度（径向与弦向均值）的 3 倍以上。木材顺纹传声速度是径向、弦向传声速度的 1.8 倍、2.3 倍以上（表 5-17）。顺纹传声速度大，与木材中大部分细胞纵向排列和细胞壁 S_2 层微纤丝纤维素链状分子结构方向有关。

表 5-16 5 种国产木材动弹性模量与传声速度

树 种	平均密度 (g/cm³)	顺纹动弹性模量 (GPa)	横纹动弹性模量 (GPa)	顺纹声速 (m/s)	横纹声速 (m/s)	$v_\parallel / v_\perp$
鱼鳞云杉	0.450	11.55	0.26	5 298	783	6.7
红 松	0.404	10.09	0.27	4 919	818	6.0
槭 木	0.637	12.66	1.23	4 422	1 368	3.2
水曲柳	0.585	12.43	1.61	4 638	1 642	2.8
椴 木	0.414	12.21	0.61	5 370	1 360	3.9

注：表中数据是中国林业科学研究院木材工业研究所的试验结果。

表 5-17 声在木材各个方向的传播速度

树 种	顺纹声速 (m/s)	径向声速 (m/s)	弦向声速 (m/s)	$v_\parallel / v_R$	$v_\parallel / v_T$
松 树	5 030	1 450	850	3.47	5.92
冷 杉	4 600	1 525	860	3.02	5.35
栎 木	4 175	1 665	1 400	2.51	2.98
桦 木	3 625	1 995	1 535	1.82	2.35

横纹方向上，木材径向声速比弦向声速稍大一些（表 5-17），这与木射线组织比率、早、晚材密度差异程度以及晚材率等木材构造因素的影响有关。

木材的声速还受含水率的影响，在纤维饱和点以下，声速随含水率的增加呈急剧下降的直线关系；在纤维饱和点以上这种变化缓和了许多，呈平缓下降的直线关系。

5.6.3 木材的振动特性

当一定强度的周期机械力或声波作用于木材时，木材按照其固有频率发生振动，其连续振动的时间、振幅的大小取决于作用力的大小和振动频率。由于内部摩擦的能量衰减作用，木材这种振动的振幅不断地减小，直至振动能量全部衰减消失为止。这种振动为衰减的自由振动或阻尼自由振动。

共振是指物质在强度相同而周期变化的外力作用下，能够在特定的频率下振幅急剧增大并得到最大振幅的现象。共振现象对应的频率称为共振频率或固有频率。物体的固有频率由它的几何形状、形体尺寸、材料本身的特性（弹性模量、密度等）和振动的方式等综合决定。但是，在给定振动方式、几何形状和形体尺寸条件的情况下，则固有频率完全决定于材料本身的特性。

木材等固体材料通常有三种基本的振动方式：纵向振动、横向振动（弯曲振动）和扭转振动（图 5-22）。

5.6.3.1 纵向振动

纵向振动是振动单元（质点）的位移方向与由此位移产生的介质内应力方向相平行的振动［图 5-22（a）］。运动中不包含介质的弯曲和扭转的波动成分，为纯纵波。叩击木材的一个端面时，木材内产生的振动和木

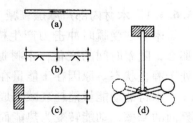

图 5-22 木材振动的三种基本类型
(a) 纵向振动 (b) 二端自由的在节点处支撑的横向振动 (c) 一端被固定另一端自由的横向振动 (d) 扭转振动

材的一个端面受到超声脉冲作用时木材内产生的振动都是纵向振动。

设木材长度为 L，密度为 ρ，动弹性模量为 E，则长度方向的声速 v 和基本共振频率 f_r，有下列关系：

$$v = (E/\rho)^{1/2} \quad f_r = v/2L = (E/\rho)^{1/2}/2L$$

木材的纵向振动，除了在基本共振频率 f_r（以下简称基频）发生共振之外，在 f_r 的整倍数频率处亦发生共振，称高次谐振动或倍频程谐振动。

5.6.3.2 横向振动

横向振动是振动元素位移方向和引起的应力方向互相垂直的运动。横向振动包括弯曲运动。通常在木结构和乐器上使用的木材，在工作时主要是横向弯曲振动，如钢琴的音板（振动时以弯曲振动为主，但属于复杂的板振动）与木横梁静态弯曲相对应的动态弯曲振动等，可以认为是横向振动。

木材横向振动的共振频率通常比它的纵向共振频率低得多。横向共振频率，不仅取决于木材试样的几何形状、尺寸和声速，且与木材的固定（或支撑）方式，即振动运动受到抑制的方式有关。矩形试件的共振动频率可由下式表示：

$$f = \beta^2 h v / (4\sqrt{3}\, \pi L^2) = \beta^2 h (E/\rho)^{1/2} / (4\sqrt{3}\, \pi L^2)$$

式中：L——试件长度（m）；
　　　h——试件厚度（m）；
　　　v——试件的传声速度（长度方向）（m/s）；
　　　β——与试件边界条件有关的常数。

5.6.3.3 扭转振动

扭转振动是振动元素的位移方向围绕试件长轴进行回转，如此往复周期性扭转的振动[图 5-22(d)]。此情况下，木材试件内抵抗这种扭转力矩的应力参数为刚性模量 G，或称作剪切弹性模量。如果木棒的惯性矩与外加质量的惯性矩相比可以忽略不计的话，则试件基本共振频率取决于该外加质量的惯性矩 I，试件的尺寸和刚性模量 G，公式表示如下：

$$f_r = r^2 [G/(8\pi I L)]^{1/2}$$

式中：r——圆截面试件的半径（m）；
　　　L——试件的长度（m）。

5.6.4 木材的声辐射性能和内摩擦衰减

5.6.4.1 木材内部声摩擦衰减

木材在受瞬时冲击力产生横向振动，或在受迫振动过程中突然中止外部激振力，那么，随着时间的变化，木材振动能量会逐渐减小、消失，而振幅会逐渐降低，直至处于静止状态。原因在于能量在振动过程中被消耗而衰减。

木材的动能量消耗衰减分成两个部分：内摩擦衰减（克服木材内部分子间摩擦和与界面的摩擦，动能转变为热能而被消耗）和声辐射衰减（以声波的形式向空气中辐射能量以克服空气阻力）。如消耗于内摩擦等热损耗因素的能量越小，用于声辐射的能量越大，则声振动的能量转换效率就越高。

木材因为摩擦损耗所引起的能量损耗用对数衰减率 δ 来表示（表 5-18）。受外部冲击力或周期力作用而振动的木材，当外力作用停止之后，其振动处于阻尼振动状态，振幅随时间的增大按负指数规律衰减。其中两个连续振动周期振幅值之比的自然对数，为对数衰减率 δ（又称对数缩减量），用公式表示如下：

$$\delta = \ln A_1 / \ln A_2 = \alpha T_0$$

式中：A_1、A_2——两个连续振动周期的振幅；

α——内部阻尼系数（衰减系数）；

T_0——自由振动周期。

木材的对数衰减率随树种的不同有一定程度的变异，变化范围为 0.020～0.036。针叶材的对数衰减率较低。一般来说，对数衰减率较低的木材较适于制作乐器的共鸣板。因为 δ 低，说明振动衰减率低，有利于维持一定的余音，使乐器的声音饱满而有余韵。同时，δ 较低，则振动能量损失小，振动效率高，乐音饱满宏亮。

表 5-18 常见树种木材的振动性质

树种	密度 (g/cm³)	动弹性模量 (GPa)	顺纹声速 (m/s)	声辐射常数 ×10⁻² (m⁴/kgs)	对数衰减率 δ	声阻抗 ×10⁻² (dyns/cm³)
杉木	0.418	11.6	5 198	1 245	0.022 3	2 180
黄花落叶松	0.675	11.0	5 079	1 225	0.020 7	2 157
云杉	0.388	7.9	4 474	1 109	0.027 4	1 749
红松	0.442	11.9	5 127	1 155	0.022 6	2 262
马尾松	0.523	13.2	4 958	954	0.024 7	2 597
西南桦	0.667	16.5	4 879	731	0.023 9	3 311
白桦	0.571	14.4	4 957	868	0.035 1	2 836
苦楝	0.445	9.6	4 532	1 000	0.030 9	1 941
泡桐	0.252	5.0	4 386	1 767	0.024 6	1 100
水曲柳	0.673	16.5	4 882	729	0.030 7	3 291
麻栎	0.862	17.4	4 433	515	0.030 2	3 828

5.6.4.2 木材的声辐射性能

木材及其制品的声辐射能力，即向周围空气辐射声功率的大小，与传声速度 v 成正比，与密度 ρ 成反比，用声辐射阻尼系数 R 来表示：

$$R = v/\rho = (E/\rho^3)^{1/2}$$

声辐射阻尼系数又称声辐射品质常数（简称声辐射常数），常用于评价材料声辐射品质的好坏。木材的声辐射常数，随树种不同有很大的变化。通常密度高的树种，其弹性模量也高，但声辐射常数往往比较低。木材用作乐器的共鸣板（音板）时，应尽量选用声辐射常数较高的树种（表 5-18）。

5.6.4.3 木材的声阻抗

木材声阻抗 ω 为木材密度与木材声速 ρ 的乘积，由下式表达：

$$\omega = \rho v = (\rho E)^{1/2}$$

木材声阻抗数值见表 5-18。

木材声阻抗对于声音的传播，特别是两种介质的边界上反射所发生的阻力是有决定意义的。两种介质的声阻抗差别越大，向声阻抗小的介质一方反射就越强烈。从振动特性的角度来看,它主要与振动的时间响应特性有关。与其他固体材料相比,木材具有较小的声阻抗和非常高的声辐射常数,是一种具有优良声辐射特性的材料。

5.6.5 木材对声的反射、吸收和透射

任何材料对入射到其表面上的空气声波,都能产生反射、吸收和透射三种作用。声波作用在木材表面,一部分被反射回来,一部分被木材本身的振动吸收,还有一部分被透过。

5.6.5.1 木材对声的反射

木材的声阻抗比空气约高出 10^4 的数量级,入射的声能可大部分反射回来。木材是可以利用声反射造成最佳音质的室内材料。在要求声学质量的大厅、音乐厅和录音室等处所,其内壁大多用木材和木质材料装饰以改善室内的音响条件。大厅中,声学条件可应用声学板来增强,如北京音乐厅,不仅内壁采用木材,并在大厅后方还悬吊一些木板,即声学板。

5.6.5.2 木材对声的吸收和透射

木材的吸音性能可用吸声系数表示,它是吸收入射能的百分率,亦即吸收和透射的能量与入射能量之比值的百分率。2cm 厚的冷杉板材,其平均吸声系数约为 0.1,说明其木材有 90% 左右的入射声能被反射。

打开的窗口,空气分子自由移入和逸出,它与孔壁间摩擦生热的量很小,其吸声系数为 1.0 或 100%。因此声音吸收性能好的材料,要求质地较软、多孔。软质纤维板、木丝板和吸音板是声音吸收性能较好的材料。

人耳能感觉到的声音频率范围是 20~20 000Hz。木材和木质材料的声吸收效果还与声源频率有关。软质纤维板对频率较高部分的吸收较多,效果随板增厚而加大,但这一作用仅至 20mm。木丝板由于孔隙体积大和表面孔隙度高,具高的声吸收能力,对声波频率变化的反应也较显著。软质纤维板还可用打孔、开槽的方法来进一步提高对声的吸收性能。

5.6.5.3 隔 声

声隔离与声吸收是完全不同的问题,声隔离要求密实质重的材料。材料的声隔离性能可用透射的声强度损失分贝数(D)来表示。单层壁隔声效果不如两层或多层组成密封墙壁的隔声效果好。

透过单层壁的声透射损失,取决于两个因素:

(1)如要求单层壁中声压有较大降低,壁层就须重强。

(2)对频率高的声波隔离效果比对频率低的要好。这是由于惯性的作用,频率越高的声音在壁层中的声压变化越小,声隔离效果也就越好。

单层壁透射的声强度损失分贝数(D)可用下式计算:

$$D \approx 20 \lg (0.004 W f)$$

式中:W——单位面积壁层质量(kg/cm^2);

f——声音频率(Hz)。

隔音效果与材料种类有关。由图 5-23 可看出,厚 27cm 砖墙,对频率为 100Hz 声音,可减低 35dB;随频率加大,声强度损失分贝数 D 增大,中间也有起伏。5mm 厚胶合板,对频率为 100Hz 的声音可减低 11dB;随频率加大,声强度损失分贝数 D 增大,

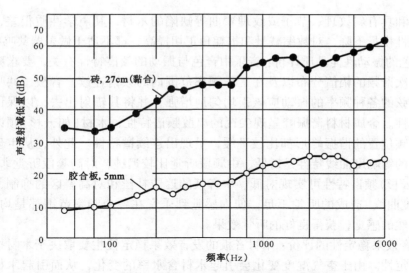

图 5-23 黏土砖与胶合板材料隔声效果与频率间的关系

中间有起伏。在研究木材和木质材料中应注意这一问题。

两层或多层组成密封墙壁，声绝缘效果较好。这种结构的透射损失不能用它们各自构成部分的透射强度损失为依据来计算，而必须用试验来确定。常见的木材和木质材料组合制造木门，隔声效果很好。木材共振性较高，具有很好扩音共振性能。我国很早以前就利用木材制造乐器，如木鱼、琵琶、钢琴、小提琴等，但并不是所有木材都能作乐器。

5.6.6 木材振动声学特性的应用

5.6.6.1 合理选择乐器用木材

木材具有优良的声共振性和振动频谱特性，为制造乐器的主要材料。琵琶、扬琴、月琴、阮、钢琴、提琴、木琴等，均采用木材制作音板（共鸣板）或发音元件（如木琴），就是利用了木材的振动特性和良好的声学性能品质。电声乐器系统中，常利用木材的良好音质特性，制成各种类型特殊的音箱，以调整扬声器的声学性质，创造出优美动听的音响效果。

木材的共振性依木材的发音强度与内摩擦力而定，音响系数越大，则共振性亦随之变大。在冲击力作用下，木材能够由本身的振动辐射声能，发出优美音色。作为共鸣板，木材能够将弦振动的振幅扩大并美化其音色向空间辐射声能。根据乐器对音板的要求合理选材，就必须运用木材声学性质的指标参数，合理地评价各树种木材声学性能，以指导乐器共鸣板的合理选材。

共鸣板材料的声学性能品质评价，可从下面3个方面考虑。

(1) 振动效率的评价：振动效率要求音板应该能把从弦振动所获得的能量，大部分转变为声能辐射到空气中去，而损耗于音板材料内摩擦等因素的能量应尽量小，使发出的声音具有较大的音量和足够的持久性。因此，应选用声辐射品质常数较高、内摩擦损耗小的木材。

从声辐射阻尼及的表达式 $R = (E/\rho^3)^{1/2}$ 来看，应选用动弹性模量较大、密度 ρ 较小的木材，这是一种比较简便的方法。

应力木和具有斜纹理、节子或纹理弯曲等缺陷的木材，其声学性质很差，声辐射常数和比弹性模量下降，对数缩减量和损耗角正切提高，都不适于做乐器共鸣板。

(2) 音色的振动性能品质评价：音乐中音色与振动的频谱特性有关，要求频率轴上基频与各高次谐频的幅值分布以及在工作频率范围内的频谱连续。音板、共鸣箱等乐器要求来自弦的各种频率的振动应该很均匀地增强，并将其辐射出去，以保证在整个频域的均匀性。金属材料谐振峰呈现尖锐的离散频谱特性，木材（如云杉）频谱特性及其各高次谐频位置的谐振峰形都比较平缓，呈现出连续谱特性。此外，从生理学角度考虑，人耳的等响度曲线特性是对低、中频段听觉比较迟钝，对高频段听觉非常敏锐；而木材（如云杉）频谱特性可实现对低、中音区的迟钝补偿和对高音区的抑制，补偿了人耳"等响度曲线"造成的听觉不足，使人感觉到乐音在各个频率范围都是均匀响度，有亲切、自然的感觉，获得良好的听觉效果。

(3) 发音效果稳定性的评价：木材音板的发音效果稳定性主要取决于木材抗吸湿能力和尺寸稳定性。由于空气湿度变化会引起木材含水率的变化，从而引起木材声学性质参数的改变，而导致乐器发音效果不稳定。如果音板含水率过度增高，动弹性模量下降、损耗角正切增大以及尺寸变化产生的内应力等原因导致乐器音量降低，音色也受到严重影响。因此制作音板的木材应进行改性处理，增大其抗吸湿性和尺寸稳定性。目前，甲醛化处理、水杨醇处理和水杨醇—甲醛化等方法处理的木材作音板材料，既能保持木材原有发音稳定等声学性能品质，又能大幅度地提高其抗吸湿性，效果好。

由于各树种木材性质差异大，不是所有木材都能作乐器。乐器材料对年轮的选择，有一定标准，最适宜的年轮宽度为 2mm，而且要求在两个毗邻年轮宽度的差异不超过 30%，即年轮宽度均匀，纹理通直。如张辅刚归纳出制琴音板的木材，要求 2cm 间隔内，生长轮宽度偏差不宜超过 0.5mm；整块面板上，最宽和最窄的生长轮宽度差，不宜超过 2mm（高级小提琴 1.0mm，高级大提琴 1.5mm，倍大提琴 2.0mm）等。

云杉结构致密，材质均匀，年轮宽度适中，它的共振性很高，音色好，发音效果稳定性，是极好的乐器材料。

5.6.6.2 木材共振与无损检测

木材生产及利用上，木材的声音是鉴别木材健全与否的依据，人们常以斧背敲击木材，如为健全木材，发音铿锵；如木材腐朽中空，则发嘶哑声，这是利用声音定性检验木材质量有效快速的方法。木材中的纵波传递速度和弯曲振动的共振频率，均与木材的动弹性模量具有明确的函数关系，采用声学方法或超声波方法测量动弹性模量或刚性模量，或两者同时测量 FFT 方法，依据木材动弹性模量等声学指标与木材静力学弹性模量和抗弯强度间密切的相关关系，可在一定精度范围内实现木材强度的无损检测。

(1) 振动法（共振法）：振动法（共振法）检测是基于木材共振频率与弹性模量具有数学关系的原理进行的。利用振动（通常为弯曲振动）测量得到共振频率，进而得到动弹性模量，并分析它与木材静力学抗弯弹性模量、抗弯强度的关系。国内外大量研究结果表明，振动测量得到的动弹性模量与抗弯强度呈正相关。超声波检测是基于纵波在木材中的传递原理进行工作的，通常采用脉冲式超声波，故称超声脉冲法。

(2) FFT 分析：FFT 分析无损检测运用了 FFT（快速傅里叶变换）分析仪和电子计算机，拾取受敲击后木材试件的振动信号进行瞬态频谱分析，求出共振的基频和各次谐频（取前5次）；应用Timoshonko理论，用电子计算机算出试件的弹性模量E和刚性模量G。FFT检测的优点在于：与传统测量方法相比，速度快，操作简单，并且同时检测出动弹性模量和刚性模量。

（3）超声波方法：超声弹性模量与木材的静力学弹性模量、强度之间均为紧密的正相关关系。根据木材力学强度与弹性模量具有相关性的特点，通过实验测定和数据分析，确定超声弹性模量E_u与各种力学强度之间的相关方程表达式，可计算出木材的静力学弹性模量与强度，从而实现无损检测。此外，超声波在通过不连续介质的界面时会强烈反射，在通过松软区域时其声速明显降低，波幅大为下降。根据这种特性，利用接收到穿过木材的超声波速和幅度的综合检测分析，还可以对木材的内部空眼和内部腐朽等缺陷进行无损检测。

（4）冲击应力波检测：冲击应力波检测是基于纵波（或表面波）振动的原理进行工作。用固定能量的摆锤敲击木材试件一端的端面，因内应力产生的纵波沿试件长度方向传递，通过应力波速度v的测量及v与弹性模量E的关系，进一步对木材的强度进行估测。应力波检测的优点在于不受被测物形状和尺寸的影响，而且检测技术简便易行。

5.7 木材的环境学特性

木材作为一种与环境和谐相一致的优良材料，已被广泛地应用于建筑、家具等工作和生活环境之中。木质材料装饰的空间，人们感到舒适和温馨，不仅提高了人们的工作效率、学习兴趣和生活乐趣，更重要的是改善了人们的生活质量。本节从木材的视觉特性、触觉特性、调湿特性、气味等方面介绍木材环境学特性与装饰效应。

5.7.1 木材的视觉特性

木材不仅具有质轻、强重比大，传热性小和导电性差等优良特性，而且木材对光有柔和的反射，使得木材呈现出美丽的自然木纹和赏心悦目的颜色。木材成为室内环境装饰的主要材料，这与木材美好的视觉特性是密不可分的。

木材的视觉特性（visible characteristics of wood）研究有重要意义。木材的视觉特性主要由木材的材色、光泽度、图案纹理等物理量参数以及与人类视觉相关并可定量表征的心理量组成，是多方面因素在人眼中的综合反映。这方面的研究目前尚处于起步阶段。特别是模仿木材视觉特性制造人造板表面装饰材料，已成为一个新兴行业，对人造板行业的发展有直接的促进作用。

5.7.1.1 木材的颜色

木材的颜色是由于细胞内含有各种色素、树脂、树胶、单宁及油脂并可能渗透到细胞壁中，致使木材呈现不同的颜色。如云杉为白色；乌木为黑色；香椿、厚皮香、红柳、桃花心木、翻白叶、红豆杉为红色；黄柳、黄胆、野漆、波罗蜜、黄连木、桑树为黄色或黄褐色。木材颜色变化很大，一般材色的表征是凭借主观的视觉判断，用词汇定性描述。这很不确切，应该定量用数值表示。

木材颜色（材色）是木材视觉特性中的一个重要特征。色觉是人眼在可见光谱范围内对光辐射的选择性反应，属心理物理现象；它随观察者的心理状态、记忆、观察时间以及观察的环境而有所不同。因此，色觉与光谱组分并不完全对应。严格地说，颜色是难以用仪器测定的。但在特定的标准条件下，正常观察者的色觉与某些物理量之间存在一定的关系。颜色的定量可按国际照明委员会修改后制定的标准色度系统测量。色度学是物理学方面的一个新专门学科，我国也有关于木材材色定量表征的研究，刘一星等人在这方面做了不少工作。

木材颜色是反映木材表面视觉特性最为重要的物理量，人们习惯于用颜色的三属性即明度、色调和色饱和度来描述木材的材色。

明度表示人眼对物体明暗度的感觉。随着明度值的升高，人们心理中明快、素雅、轻松的感觉增强。明度高的木材如白桦、鱼鳞云杉、白榉、枫木，使人感到明快、华丽、整洁、高雅和舒畅；明度低的木材如红豆杉、紫檀，使人有深沉、稳重、肃雅之感，说明了材色明度值的改变对心理感觉产生影响。

色调表示区分颜色类别、品种的感觉（如红、橙、黄、绿等）。木纹颜色值与视觉心理量温暖感之间有一定的关系。材色中，暖色调的红、黄、橙黄等色调给人以温暖之感。

色饱和度是表示颜色的纯洁程度和浓淡程度，其数值与一些表示材料品质特性的词联系在一起。色饱和度值高的木材，给人以华丽、刺激之感；色饱和度值低的木材，给人以素雅、质朴和沉静的感觉。

木材的颜色与地理纬度有一定的关系。低纬度地区，颜色偏深木材的树种所占比例高；随着纬度的增加，浅色木材的树种所占比例增大。目前，我国地板市场，实木多来自热带低纬度地区，它们的颜色多变，丰富多彩，绝大多数是偏深色调。

装饰时，人们根据自己的喜爱和文化习惯，选择自己喜爱的木材颜色品种。木材加工上，采用特殊工艺对低价值木材进行调色（如漂白和染色）和改性处理，以满足木制品装饰市场的需求。

5.7.1.2　木纹图案和节子

木纹（木材表面纹理）是天然生成的图案，它是由生长轮、木射线、轴向薄壁组织等解剖分子相互交织，且因其各向异性而当切削时在不同切面呈现不同图案。人们对其有一种自然的喜爱是有深刻的原因。通常，木材的横切面上呈现同心圆状花纹，径切面上呈现平行的带荆条形花纹，弦切面上呈现抛物线状花纹。木材表面上这些互不交叉、平行条形花纹构成的图案，给人以流畅、井然、轻松自如的感觉，并且木材不同部位的木纹图案呈现着"涨落"周期式变化节律（$1/f$ 谱分布形式）暗合人体生物钟涨落节律（如 α 脑波的涨落、心动周期的变化也为 $1/f$ 谱分布形式），给人以多变、起伏、生命运动的感觉，充分体现了变化与统一的造型规律。可以说木纹是自然界呈现给人类的美好图案。木纹图案用于室内装饰环境，经久不衰，百看不厌，而工业化时代的一些人工材料产品因为缺少了木材的这种特性，一直无法得到人们的信任和喜爱。

节子自然存在于木材表面，是树木生长必不可少的。人类对节子感觉与其文化背景和追求自然理念有着直接的联系。有节子的面材装饰与房间装饰整体格调有关，不是所有节子都可以给人以美感。

5.7.1.3　木材表面光泽与透明涂饰

光泽是由外界光线照射到材料表面引起反射而产生的，反射率与材料表面特性有很大的关系。白色磁砖表面光滑，对光线定向反射率可达 80%~120%；当强烈的太阳光照射到这类贴有白色磁砖的建筑物上时，反射光线之强烈使人难以睁眼。多孔性木材，其表面无数个微小的细胞切断后就是无数个微小的凹面镜，在光线的照射下，木材具有各向异性的内层反射现象，会漫反射或吸收部分光线。这样，不但会使令人眩晕的光线变得柔和，而且凹面镜内反射的光泽有着丝绸表面的视觉效果。人眼感到舒服的反射率为40%~60%。木材对光的反射柔和，符合人眼对光反射率的生理舒适度要求。可见，木材较柔和的光泽特性源于其独特的微观构造。目前市场上不断出现的木材的仿制品，仍代替不了木材真实的表面效果，这与仿制品缺乏木材真实的光泽有直接的关系。

光泽度大小与对物体光滑、软硬、冷暖的感觉有一定的相关性。光泽度高、光滑的木材，硬、冷的感觉强；光泽度曲线平滑，温暖感就强一些。可见，温暖感不仅与颜色有关，而且与光泽度有关。

涂饰对木材具有一定的保护和装饰效果，不透明涂饰会掩盖木材的视觉效果，而透明涂饰则可提高木材的光泽度，使光滑感增强；增强木材纹理的对比度，使纹理线条表现得更清晰、更具动感和美感。但同时涂饰也会带来其他一些方面的影响，如涂饰会减弱木材的温暖感，减弱木材表面的柔和光感效果，从而降低了木材的质感，并且由于清漆本身都不同程度地带有颜色，涂在木材表面也会使木材颜色变深。因而，涂饰会使木材的豪华、华丽、光滑、坚硬、寒冷、沉静等感觉增强。

5.7.1.4 木材对紫外线的吸收性与对红外线的反射性

紫外线（380nm以下）和红外线（780nm以上）是肉眼看不见的，但其对人体的影响是不能忽视的。强紫外线刺激人眼会产生雪盲病；人体皮肤对紫外线的敏感程度高于眼睛。

木材给人视觉上感受非常的和谐：不仅仅是木材柔和的反射特性，更重要的是因为木材可以吸收阳光中的紫外线（380nm以下），减轻紫外线对人体的危害；同时木材又能反射红外线（780nm以上），这一点也是木材使人产生温馨感的直接原因之一。图5-24是几种室内装饰材料的分光反射曲线，也充分说明这点。商店、体育馆、饭店、旅馆、办公室和住宅等场所室内装修所用的木材用量比

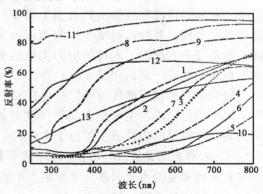

图5-24 室内装饰材料的分光的反射曲线
1. 未装饰扁柏径切面 2. 涂饰扁柏径切面 3. 未涂饰红柳桉 4. 未涂饰柚木 5. 未涂饰花木 6. 大漆涂饰 7. 木塑复合材 8. 白纸 9. 丝绸 10. 人造革 11. 石膏 12. 大理石 13. 不锈钢

率（木材装饰表面积与总表面积之比，简称木材率），对人的心理感觉有直接影响。木材率的高低与人的温暖感、沉静感和舒畅感有着密切关系。

5.7.2 木材的触觉特性

触觉特性包括冷暖感、粗滑感、软硬感、干湿感、轻重感、舒适与不适感等。木材的这些触觉特性使其成为人们非常喜爱的特殊材料。

木材的触觉特性（touchable characteristics of wood）与木材的组织构造，特别是与表面组织构造的表现方式密切相关。不同树种的木材，其触觉特性也不相同。目前，西

方一些国家流行的显孔亚光装饰及我国人造板装饰业出现的木材导管孔压槽的装饰材料，不仅有其视觉作用，也有良好触觉的功能。久负盛名的明代家具，其表面一般都采用擦蜡而不涂漆，其道理就在于要保持木材的特殊质感。

5.7.2.1　木材表面的冷暖感

用手触摸材料表面时，界面间温度的变化会刺激人的感觉器官，使人感到温暖或冰冷。人对材料表面的冷暖感觉主要由材料的导热系数的大小决定。导热系数大的材料如混凝土构件等呈现冰冷的触觉，导热系数小的材料如聚苯乙烯泡沫、轻木和软质纤维板呈温热感。

人对木材的冷暖感觉主要受皮肤与木材界面间的温度、温度变化或热流速度的影响，实际上归根结底受材料的导热系数控制。材料表面上的冷暖感觉和导热系数的对数一般来说是呈线性的关系。由于木材顺纹方向的导热系数一般为横纹方向的 2~2.5 倍，所以木材的纵切面比横断面的温暖感略强一些。木材导热系数适中，正好符合人类活动的需要，给人的感觉最温暖，这是木材给人触觉上的和谐，这也就是人们喜爱用木质地板铺装地面改善居住环境的重要原因。

5.7.2.2　木材表面的粗滑感

（1）木材表面的粗糙度与粗糙感：粗糙感是指在粗糙度刺激作用下人们的触觉。它源于材料表面具有的各种细微形态以及在其表面上滑移时所产生摩擦力的变化。一般说来，材料的粗滑程度是由其表面上微小的凹凸程度所决定的。木材是由细胞组成的特别管状结构，其断面就赋予木材表面一定的粗糙度。经过刨切或砂磨的木材，其表面也不是完全光滑的。木材组织的类型也刺激人的视觉，因此触觉和视觉就使人感觉到木材表面具有一定的粗糙度。

研究表明木材粗糙度与导管直径有关，含有大导管的木材显示了较高的粗糙度值。对于阔叶树材来说，主要是表面粗糙度对粗糙感起作用，木射线及交错纹理有附加作用。而针叶树材的粗糙感主要源于木材的年轮宽度。

（2）木材表面光滑性与摩擦阻力：用手触摸材料表面时，摩擦阻力大小及其变化是影响表面粗糙度的主要因素。摩擦阻力小的材料其表面感觉光滑。在木质地板上行走，人们的步行感觉平稳，就与木材表面适度的摩擦力和适度的光滑性有关。

木材顺纹方向上，针叶材早材与晚材光滑性不同，晚材光滑性好于早材。木材表面的光滑性与摩擦阻力有关，它们均取决于木材表面的解剖构造，如早晚材的交替变化、导管大小与分布类型、交错纹理等。

5.7.2.3　木材表面的软硬感

不同的木材硬度大小不一，其表面接触感觉到的轻与重和软与硬就不一样。通常多数针叶树材的硬度小于阔叶树材，不同断面的木材，其硬度差异较大。

木材表面的软硬感涉及到木质材料的使用性能。漆膜硬度及漆膜抗冲击性，这两项指标与木材的硬度有着直接关系。当木材的硬度较高时，漆膜的相对硬度也会提高。例如，桌面经常会出现一些划、压等痕迹，它们的出现既有漆膜硬度较低的原因，也有木材本身强度低的缘故。各种桌面用较硬的阔叶树材较好，地板用材应采用中等偏上的硬度较好，如太硬，人步行感觉也很生硬，舒适感就有所下降。

5.7.2.4　木材使人的听觉和谐

声波作用在木材表面时，一部分被反射，一部分被木材本身的振动吸收，还有一部分被透过。被反射的占90%，主要是柔和的中低频声波，而被吸收的则是刺耳的高频率声波。因此在我们的生活空间中，合理应用木材，可令我们感受到听觉上的和谐。

5.7.3 木材的调湿特性

5.7.3.1 湿度在人类居住环境的作用

相对湿度在人类居住环境中有着重要作用，对人体通过皮肤所进行的新陈代谢有着非常重要的影响。这种新陈代谢若不能顺利进行，就会容易导致内脏疾病的产生。正常人每天要通过皮肤和气管蒸发出 700~900mL 的体内水分，用于调节体温，其水分蒸发量正比于皮肤表面湿度与环境湿度之差。

湿度同样关系到浮游菌类的生存时间。菌类在相对湿度为50%左右的条件下，几分钟内会有一大半死亡，但在高湿度及低湿度时，可生存2h以上。为了防止细菌感染，相对湿度应调节到55%~60%。此外，湿度还与霉菌、虫害等的发生有直接关系。

从流行性感冒病毒的生存率与湿度的关系来看，空气的温度、湿度低时，流行性感冒病毒生存率高，则引起流行性感冒盛行。如温度在10℃，相对湿度为25%~35%时，其流行性感冒病毒生存率最高，达60%。如果湿度增高到50%时，其病毒的生存率则减少到30%。一间木屋等同于一个杀菌箱的说法，并非言之无理。

大量的研究结果证明，人类居住环境的相对湿度保持45%~60%为适宜，其中相对湿度保持在60%左右较为适宜。适宜的湿度既可令人体有舒适感，也可令空气中浮游细菌的生存时间缩至最短。人们居住的室内空间，不希望湿度有过大的忽高忽低的变化，湿度稳定在一定的范围之内，对于人身健康及物体的保存都是非常有利的。

5.7.3.2 木材调湿原理

木材调湿(humidity conditioned by wood)功能是其独具的特性之一，是其作为室内装饰材料、家具材料的优点所在。木材在某种程度上能起到稳定湿度的作用，这也是人们为什么喜欢用木材作室内装饰材料及用木制品贮存物品的重要原因之一。

当其周围环境湿度发生变化时，木材自身为获得平衡含水率，能够吸收或放出水分，直接缓和室内空间湿度的变化，起到调节室内湿度的作用。

木材表层和心层含水率同样受室内温湿度变化的影响，但由于水分传导需要一定的时间，心层将滞后于表层。同样，由于表层与室内空气直接接触，表层含水率的变化比心层大。图5-25是不同厚度白桦木材在百叶箱中放置时平均含水率的变化情况。

木材、牛皮浆纸、硝化纤维素涂饰皮膜、聚氯乙烯板等4种内装材，湿度为100%时，从其吸湿和解吸时的水分变化率来看：柳桉木材的含水率最高；其次是牛皮浆纸板，均在20%左右；硝化纤维素涂饰皮膜就相当低，其含水率仅为3%；而聚氯乙烯板则更低，仅为1%，可见木材显示了相当良好的吸湿性。

5.7.3.3 木材调湿效果与厚度间的关系

木材越厚，其平衡含水率的变化幅度越小(图5-25)。室内装饰木材的厚度具体应用多大厚度，需要由实验来测定。从实验结果来看，3mm 的木材，只能调节一天内的湿度变化，5.2mm 可调节3天，9.5mm 可调节10天，16.4mm 可调节1个月，57.3mm 可调节1年。室内的湿度处于动态变化状态，它与外界湿度一样有其周期性的变化，大周期是以年为单位，再小一点是以季为单位，更小一点则是以月或天为单位。要想使室内湿度保持长期稳定，则必须增加装修材料木材的厚度。

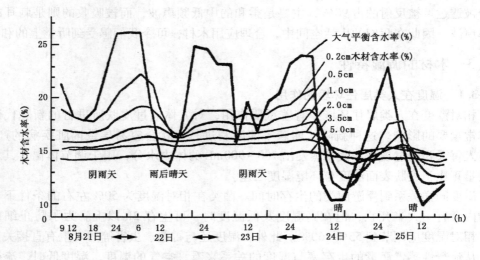

图 5-25　不同厚度木材含水率的变化过程（白桦）

当室内地板、天花板、壁板及木制家具等木材用量少时，如室内温度提高，尽管木材可解湿，但因木材量少，室内湿度仍会降低，起不到调节湿度作用。相反，当室内的木材量多时，室内湿度几乎可以保持不变。

5.7.4　木材气味与居室环境

我国自古以来有用樟木、檀木制作衣箱、衣柜、书架等的习惯，就是利用两者的气味具有杀菌防虫的特点。有些木材的气味具有抑制真菌、腐朽菌等微生物生长、驱赶白蚁等啃食木材害虫的作用。最近，人们发现有些木材的气味还具有杀灭螨虫、除臭、增进环境舒适性的作用。

5.7.4.1　杀灭螨虫

与居住环境关系最密切的螨虫是生存于室内尘埃中的螨虫。室内尘埃中螨虫的数量有逐年增加的倾向，易引起支气管哮喘等过敏症状。由于螨虫而引起的过敏症，近来已成为了一个大的社会问题。

日本研究表明：某些木质材料具有使螨虫数量减少的作用。他们曾在苦恼于螨虫的人家里，将地板全部换成实木地板。与改装前相比，改装后螨虫数量急剧减少了。改装后一年跟踪调查中也是同样的结果。他们进一步试验证明：日本柳杉、美洲松、扁柏、红雪松等具有抑制螨虫繁殖的作用。用这些木材（如扁柏）的香精（精油）饲养螨虫，螨虫则死亡，说明这些木材的气味具有杀灭螨虫的作用。树木精油是多成分的混合物，其中的哪个成分具有杀灭螨虫或抑制其繁殖的作用，还有待进一步研究。

5.7.4.2　去臭作用

木材气味中，大多数是很清爽的。这样的气味带来轻快、舒适的感觉。此外，木材气味还具有消除难闻气味的除臭作用。木材精油具有消除氨、二氧化硫、二氧化氮等公害恶臭的功效。$60\mu L/L$ 三种恶臭流过时，扁柏、冷杉的叶油（从树叶中提炼出来的精油）以及日本罗汉柏的材油（从木材中提炼出来的精油）对氨的除臭率达90%以上。用5%浓度的扁柏、冷杉的叶油或扁柏的材油对亚硫酸气体就有100%的除臭效果。

5.7.4.3 保健与调养功能

有些木材含有生理活性成分，如冷松、鱼鳞云杉、樟树中的龙脑和樟脑使人有兴奋作用，扁柏、柳杉中的沉香醇有降血压作用，日本花柏、鲜柏、罗森扁柏中的萜二烯有镇痛和舒张血管作用，红松、黑松等松树木材中的松节油有利尿、去痰作用等。

通过对老鼠在木材气味下睡眠时的脑波测定，发现安静、深睡的脑波出现量增多。

业已证明，在木材中含有的 α-松油萜的气味下睡觉，能提早恢复疲劳，第二天的工作效率也得到提高。与没有香气相比，有低浓度的香气飘过时，流过人体指尖的血液量增加、脉搏数减少、心情安定、精神紧张性发汗减少。这是由于紧张时出现的交感神经的兴奋在香味下得到抑制，沉着、安稳状态下出现的副交感神经发挥作用的缘故。

5.7.4.4 木材气味的应用

(1) 建材方面：日本等发达国家已开始生产、销售芳香型建材。所谓芳香型建材，即将具有杀灭螨虫、防霉、除臭作用，特别是具有增进健康作用的树木精油注入建材中，以充分发挥精油的作用。在胶合板等木质建材中注入香味的试验，早在40年前就已经开始了。当时的目的是为了消除从胶黏剂中散发出来的甲醛臭味、添加天然的木材气味。最近的芳香型建材则是以利用精油具有杀螨虫、防霉、增加舒适性等多种生物活性机能为目的的。

芳香型建材装修的居室，不但能抑制螨虫、真菌繁殖、驱赶蟑螂，生活在这样的居室中，更使人仿佛置身于森林之中，清香扑鼻，令人心旷神怡。

(2) 具有森林清香的纤维：在纤维里加香料的制品并不少见，但令人满意的产品非常少。所用香料的类型、香味的强弱、有效释放时间等方面都有改进的余地。由于这种制品是穿(盖、围)在身上的，因而控制从制品散发出来的香味浓度是至关重要的。淡雅的清香能使人神轻气爽、心旷神怡，但香味哪怕稍浓一点，长时间在身上就叫人难以忍受，容易产生紧张和疲劳。

制造香纤维是将精油封入约 $10\mu m$ 的胶囊中，然后使之附着于纤维之上。纤维制品在穿用时，微型胶囊由于摩擦等物理刺激而遭破坏，精油便向空中散发。因为添香纤维可以长时间持续保留一定的香味，所以添香纤维可望用于制作棉被、衣服、毛巾、手绢等多种制品。

(3) 室内芳香剂：芳香剂制品层出不穷，室内、汽车和厕所使用的芳香剂、沐浴剂、防虫剂、宠物异味消除剂、枕头、蜡烛等都添加了香味剂。随着回归自然、健康第一的世界潮流，传统香味芳香剂和给人以自然、健康印象的森林香味芳香剂使用最多。机能方面，已不是停留在消除不好闻的气味上，而是要创造出满屋留香、心旷神怡、舒适、健康的环境。香料的消费量与经济的增长有着密切的关系，目前其年消费总量处于领先地位的是美国，日本第二。改革开放以来，我国人民的生活水平不断提高，其香料消费量也在逐年大幅度增加，室内芳香剂的使用日益普及。我国居民在家中度过的时间普遍较长，因而与室内芳香剂接触的时间必然很长，因此使用品质优良的芳香剂是十分重要的。

现在的室内芳香剂，大多为花香型和柑橘香型。人们喜欢的香型会随时间的迁移而发生变化。木材发出的香味使人感到舒适与宁静、对身体有益，将越来越受到人们的欢迎。

(4) 环境香味：由于香味的喜好因人而异，对于公共场所选择合适的芳香剂使人人满意有点难度。具有森林气息的木材香味,给人以清爽、淡雅、富于自然的印象,可以为绝大多数人所接受和喜爱,因而广泛使用于公共场所。

　　与私人空间的室内香味相对,具有广阔空间的公共场所使用的香味,被称为环境香味(environmental fragrance)。该词由美国人在10多年前创造,可以说是芳香剂在使用方法上出现的一次大的变革。由于环境香味是以广阔的空间为对象,因此需要有散发香味的装置。在日本,已有十几家公司的产品走进了市场。从小型空气净化机,到使整座大楼包裹在香味之中的控制系统,产品内容非常广泛。事实证明,因长时间单纯作业而感到疲劳时,适当流量的、清爽的香味能使人头脑清醒,减少作业差错。与均匀的、全方位散发的香味相比,不知不觉中忽然闻到的香味更具效果。因此,今后将普遍使用计算机控制系统来控制芳香剂的种类、浓度、发生时间等,最大限度地使在环境香味中的人们都得到满足。

　　木材是人们十分喜爱的材料,随着人民生活水平的提高和对木材气味的不断认识,木材气味会在人类居住和工作环境中更好地得到应用。

复习思考题

1. 简述木材细胞壁中水分存在的形式及其对材性和利用的影响。
2. 简述纤维饱和点、吸着滞后现象和平衡含水率概念及其生产上的指导意义。
3. 简述木材各向干缩差异现象及其发生的原因。
4. 简述木材干缩湿胀对木材加工利用的影响及其有效控制途径。
5. 简述木材密度种类及其在林业和木材加工上的指导意义。
6. 简述木材声学和电学性质及其应用。
7. 木材环境特性对人类居住环境有何影响?如何合理利用其特性来改善人类的居住和工作环境?

第 6 章
木材力学性质

【本章难点与重点】 理解木材力学性质基本概念、特点及其影响因素，重点掌握木材主要力学性质种类受力方式、测定方法和木材允许应力确定的原理。

木材力学性质（wood mechanical properties）是指木材抵抗使其改变大小和形状的外力的能力，也即木材适应外力作用的能力。

木材的力学性质主要分为弹性、塑性、蠕变、抗拉强度、抗压强度、抗弯强度、抗剪强度、冲击韧性、抗劈力、抗扭强度、硬度和耐磨性等，其中以抗弯强度、抗弯弹性模量、抗压强度、抗剪强度及硬度等较为重要。木材是生物材料，其构造导致木材的各向异性，因此木材的力学性质也是各向异性的，这与各向同性的金属材料和人工合成材料有很大的不同。例如木材强度视外力作用于木材纹理的方向，有顺纹强度与横纹强度之分；而横纹强度视外力作用于年轮的方向，又有弦向强度与径向强度之别。因此学习木材力学性质，掌握其材料的特性，对合理使用木材有着重要意义。

6.1 木材力学基础理论与特点

6.1.1 应力与应变

6.1.1.1 应力

物体受外力作用，其内部分子间产生抵抗力以抵抗外力作用产生的破坏，这种物体内部抵抗力称为内力。物体单位截面上的内力称为应力（stress），用 σ 表示，单位为 MPa（或 kg/cm^2）。

$$\sigma = P/A$$

式中：P——外力（N 或 kg）；

A——物体受力面积（mm^2 或 cm^2）。

物体在平衡状态时，内力与外力的大小相等方向相反。当外力的大小超过物体所能承受的力时，物体即失去平衡，发生大小和形状的变化或破坏。

按照物体受力状况和物体受力产生的变形，应力分为 3 种基本类型：拉应力、压应力、剪应力（图 6-1）。

（1）拉应力：两个大小相等而方向相反的外力沿着木材同一方向线作用，引起木材拉伸变形，此时外力垂直木材的截面上应力称为拉应力（tension stress）[图 6-1(a)]。

图 6-1 应力类型
(a)拉应力 (b)压应力 (c)剪应力

(2)压应力：两个大小相等而方向相反而相对的外力，沿着木材同一方向作用引起木材压缩变形。此时外力垂直于木材截面上产生应力称为压应力(compression stress)[图 6-1(b)]。

(3)剪应力：两个大小相等方向相反接近平行外力作用于木材，促使木材一部分相对于另一部分发生错动的剪开现象，此时错开面上产生应力称为剪应力(shearing stress)[图 6-1(c)]。

6.1.1.2 应变

物体受外力作用后所发生大小和形状变化称为变形，一定的外力就产生一定的形变。物体单位长度上变形称为应变(strain)，用 ε 表示。

$$\varepsilon = \Delta L/L \text{（无量纲单位）}$$

式中：L——物体原来的长度；

ΔL——物体受外力作用后，其长度上变化量。

如果物体受拉力作用，长度增加，ΔL 为正值。反之，受压长度变短，ΔL 为负值。所以，习惯上拉应力用"+"表示，压应力用"−"表示。

6.1.1.3 应力、应变的关系

物体受随外力作用产生形变，一定外力产生相应的应力、应变，应力、应变是同时产生的。外力在某一限度内，应变与应力成正比，二者呈线性关系；外力超过某一范围，二者直线关系就转变为呈曲线关系。随着外力逐渐增大，物体最终出现破坏，此时应力达到最大值。以应力为纵坐标，应变为横坐标，表示应力和应变关系的曲线称应力-应变图(stress-strain curve)，如图 6-2 所示。

按照胡克(Hook)定律，在应力与应变直线关系范围内，大多数材料的应力和应变之间存在着一定的指数关系：

$$\varepsilon = a \times \sigma^n$$

式中：ε——应变；

σ——应力；

a、n——常数，取决于材料的性质。

试验表明铸铁、铜、花岗石、砂石和混凝土等刚性材料 $n>1$，皮革和麻绳等柔性材料 $n<1$，铝和木材等材料 $n=1$，因此木材的应力和应变关系，可用下式表示：

$$\varepsilon = a \times \sigma$$
$$\sigma = \varepsilon \cdot 1/a = E \cdot \varepsilon$$

式中：$E = 1/a$，为木材弹性模量，它是衡量材料刚性的指标，单位为：GPa(或 kg/cm^2)；E 数值大，材料的刚性大，变形小，不易破坏。

图 6-2 是杉木弯曲时的应力—应变图。木材在比例极限应力下可近似看作弹性，在

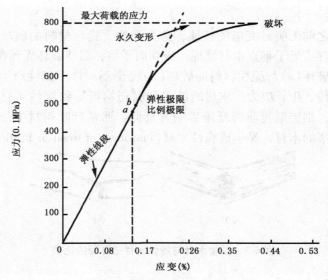

图 6-2 应力与应变间的关系（杉木）

这极限以上的应力就会产生塑性变形或发生破坏。木材的弹性和塑性还受水分、温度和时效的影响。随着水分的增加，温度的升高，作用时间延长，原弹性变形部分可转化为塑性变形。

木材的抗压、抗拉和抗弯弹性模量大致相等，但抗压弹性极限比抗拉的小得多。

6.1.2 比例极限、弹性变形、永久变形

6.1.2.1 比例极限（应力）

图 6-2 应力与应变关系中，作用于木材的外力继续增大，应力与应变成正比例直线关系破坏时转折点应力称为比例极限（P_p, limit of proportionality）。

6.1.2.2 弹性变形

图 6-2 应力与应变关系中，不超过比例极限的外力作用于木材所产生的变形随着外力除去而消失，即能够恢复原来的形状、尺寸，这种变形称为弹性变形（elasticity deformation）。弹性变形多发生在比例极限内，弹性变形是可以恢复的，就像橡胶拉伸压缩一样。

6.1.2.3 塑性变形

作用于物体的外力超过比例极限时产生的变形，不随外力除去而消失，而保留变形后形状，这种变形称为永久变形即塑性变形（plasticity deformation）。永久变形（塑性变形）发生时，外力已超过比例极限应力，不能恢复到原来形状和大小。

开始产生永久变形的一点称为弹性极限。木材的弹性极限微高于比例极限，但相差无几，通常二者不分，只测定比例极限时的荷载。

6.1.3 刚度、脆性、韧性和塑性

6.1.3.1 刚 度

物体受外力作用时保持其原来形状和大小的能力，称为刚度（stiffness）。木材具有较高的刚度—密度比，故适用于建筑材料。

6.1.3.2 脆 性

材料在破坏之前无明显变形的性质,称为脆性。脆性材料的破坏强度低于正常木材,其破坏面垂直或近于垂直木材纹理,破坏面平整,骤然破坏无预兆。图6-3中正常木材的拉伸撕裂破坏(a)与脆性材料的破坏(b)完全不一样。脆性产生的原因不一,树木生长不良、遗传、生长应力、木材的缺陷和腐朽均可导致脆性木材。脆性木材较正常木材的质量轻,细胞壁物质即纤维素的含量低。通常针叶树材生长轮特别宽、阔叶树材生长轮特别窄的木材,易形成脆性木材(brashness of wood or brittleness of wood)。

图6-3 正常木材与脆性木材破坏面的比较

6.1.3.3 韧 性

韧性(toughness of wood)是木材吸收能量和抵抗反复冲击荷载,或抵抗超过比例极限的短期应力的能力,其单位为kJ/m^2。木材的韧性与木材的抗冲击性和抗劈性密切相关,韧性大的木材其抗冲击性和抗劈性也佳,所以木材的韧性可用木材的抗冲击性和抗劈性来表示。韧性木材与脆性木材相反,其破坏面呈纤维状,破坏前多有征兆。

6.1.3.4 塑 性

物体受外力作用产生变形,当外力解除后能保持变形后形状的性质,称为塑性(plasticity)。木材不是完全的弹性材料,仅在一定限度内具有弹性。木材之所以具有永久变形,是由于木材具有塑性的缘故。

木材塑性大小与温度、含水率、树种和树龄有一定的关系。木材是以纤维素、半纤维素、木质素等主要成分组成的高分子材料,其性质既具有弹性,也具有热塑性。木质素是热塑性物质,全干状态下其热软化点在为127~193℃之间;而在湿润状态下则显著降低到77~128℃之间。半纤维素由于吸着水的存在,其软化点的降低和木质素有着相似的情况。骨架物质纤维素,其热的软化点大于232℃,它的结晶性不受水分的影响,但其玻璃态转化点随含水率的增加而降低。可见木材塑性受温度和含水率的影响很大。温度在0℃以上,木材的塑性随含水率的增加而增大,特别是当温度升高和含水率增加的情况下,木材的塑性则更大。

气干状态下,木材塑性变形小,这与木材细胞壁构造有关。木材细胞壁是以纤维素所组成的微纤丝为骨架,它埋在由木质素和半纤维素所组成的基体之中。在气干状态下,这种骨架体系对抵抗外力作用非常有效,抗变形能力强。因此在木材顺纹拉伸断裂时几乎不显塑性。但若能给予基体物质可塑性时,如水热处理,微纤丝就很易产生变形,木材的塑性就能显著提高。

木材加工生产中,压缩木、弯曲木和人造板成型加工时就是利用木材的塑性性质,产生永久变形。不同树种和不同树龄的木材,其塑性有差异。栎木、白蜡、榆木、水曲柳等木材在水热作用下,可塑性明显增强,特别适合加工弯曲木构件。

微波加热作木材弯曲处理时,基体物质塑化,变形可增加到原弹性变形的30倍,并在压缩侧不出现微细组织的破坏,能产生连续而又平滑的显著变形,保证弯曲质量,这也是木材塑性加工利用中一个很好的例证。

6.1.4 木材的黏弹性

6.1.4.1 弹性固体与黏性流体变形特性

弹性固体具有确定的构形，在静载荷作用下发生的变形只与外力大小有关，与时间无关；当外力卸除后，变形消失而能完全恢复原状。黏性流体没有确定的形状，取决于容器；外力作用下，变形随时间而发展，产生不可逆的流动现象。

6.1.4.2 木材的黏弹性

木材为生物高分子材料，具有弹性固体和黏性流体的特性。木材具有弹性和黏性两种不同机制的变形，并体现着弹性固体和流体的综合特性，木材的这种特性就称作木材的黏弹性(viscoelesticity of wood)。它包括木材蠕变和松弛等现象，主要与木材使用环境下的温度、负荷时间、加荷速率和应变幅值等有关，其中温度和时间的影响尤为明显。

(1)木材蠕变现象：木材在长期荷载下，讨论应力和应变时，必须考虑时间等因素。讨论材料变形时，必须同时考虑弹性和黏性两个性质的作用。在恒定的应力下，木材的应变随时间增长而增大的现象称蠕变(creep)。

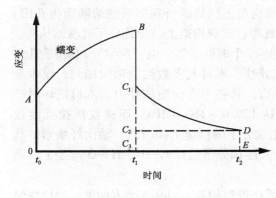

图 6-4 木材蠕变现象

OA 段施力产生变形后此作用力大小不变情况下，变形逐渐增大产生蠕变 AB。解除应力后，t_1 产生弹性恢复 BC_1，C_1D 是弹性后效恢复变形 C_1C_2；t_2 产生永久变形 DE，C_2C_3。

木材属高分子结构材料，它受外力作用时有3种变形：瞬时弹性变形、弹性后效变形及塑性变形。木材承受载荷时，产生与加荷进度相适应的变形称为瞬时弹性变形，它服从于胡克定律。加荷过程终止，木材立即产生随时间递减的弹性变形，也称黏弹性变形(弹性后效变形)，它是因纤维素分子链的卷曲或线伸展造成，这种变形也是可逆的，与弹性变形相比它具有时间滞后。而因外力荷载作用使纤维素分子链彼此滑动所造成的变形为塑性变形，是不可逆转的(图6-4)。

(2)木材松弛现象：木材这种材料在外力作用下产生变形，长时间观测就会发现，如果变形不变，对应此恒定变形的应力会随着时间延长而逐渐减小(图6-5)。木材这种恒定应变条件下应力随着时间延长而逐渐减小的现象称之为应力松弛(relaxation)现象。松弛现象随树种和应力的种类不同而有差异。实验表明：松弛现象与木材密度成反比，轻软的木材松弛现象比硬重的木材大得多；木材松弛现象随着含水率的增加而增大，湿材的松弛系数大。

产生蠕变的材料必定会产生松弛，与此相反的过程也能进行。两者主要区别在于：蠕变中应

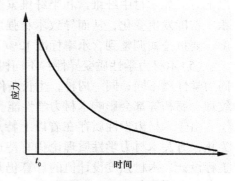

图 6-5 木材松弛现象

力是常数，应变随时间延长而增大；而在松弛中，应变是常数，应力逐渐减小。发生的根本原因就在于木材是既有弹性又有塑性的特性的材料。

建筑物木构件在长期承受静荷载时，要考虑蠕变所带来的影响。Denton 和 Riesenberger 试验证明，若木梁承受衡载达到最大瞬间荷载能力的 60%，因蠕变的影响，大约 1 年的时间木梁就遭到破坏。针叶树材在含水率不发生变化的条件下，施加静力荷载小于木材比例极限强度的 75% 时，可以认为是安全的。但在含水率变化条件下，大于比例极限强度 20% 时，就可能产生蠕变，随时间延长最终会导致破坏。含水率增大会增加木材的塑性和变形，这种变形是累加的效应。温度对蠕变有显著的影响，木材温度越高，纤维素分子链运动加剧，变形也大，木梁夏季变形大。因此木材作为承重结构材使用时，设计应力或荷重应控制在弹性极限或蠕变极限范围之内，必须避免塑性变形的产生。此外，人造板生产中，要考虑木质材料的黏弹性问题。

6.1.5 木材力学性质的特点

(1) 木材性质的层次性：针、阔叶树木材端面上层次状明显，木材横切面上可以见到致密的晚材与组织疏松的早材构成年轮而成同心圆状。径切面上早晚材交替为平行的条纹；弦切面上则交替为"V"形花纹；木材力学性能具有一定的各向异性。

(2) 多孔性：木材主要是细胞组成，微观构造上横切面所观察到细胞断面为孔眼；径切面、弦切面上为中空管状及细胞壁上纹孔等；宏观构造上，导管分子孔状结构等。

(3) 木材力学性质各向异性：木材物理性质（干缩性、热、电、声学等）和构造性质各向异性，同样木材力学性质亦存在着各向异性。木材大多数细胞轴向排列，仅少量木射线径向排列。木材为中空的管状细胞组成，其各个方向施加外力，木材破坏时产生的极限应力不同。例如顺纹抗拉强度可达 120.0~150.0MPa，而横纹抗拉强度仅 3.0~5.0MPa（C—H，H—O），这主要与其组成分子的价键不同所致。轴向纤维素链状分子是以 C—C、C—O 键连接，而横向纤维素链状分子是以 C—H、H—O 连接，二者价键的能量差异很大。

木材抗拉、抗压和抗弯弹性模量 E，可看作近似相等。但在 3 个方向上，弹性模量因显微和超微构造的不同而异。纵向弹性模量远大于横向，横向中径向弹性模量大于弦向。针叶树材，径向弹性模量与弦向之比为 1.8，纵向弹性模量与径向之比为 13.3，纵向弹性模量与弦向之比为 24；阔叶树材对应模量比值分别为 1.9，9.5 和 18.5。

(4) 木材的亲湿性：前述纤维饱和点是材性变化转折点，木材含水率在纤维饱和点以下时，如木材中纤维素和半纤维素分子上游离羟基吸收空气中水分子，会使木材体积、密度发生变化，从而导致木材强度发生变化。因此在某一含水率状态下的木材强度，要按公式调整到含水率标准 12% 下的强度值，以便比较。

(5) 木材力学性质变异性：不同树种，木材力学性质不同。同一树种，不同部位不同力学性质不同；同一树种，生长条件不同力学性质不同；同时木材各种缺陷如节子、纹理、腐朽等都会影响木材力学性能。

由于木材力学性质存在着以上特点，给木材力学性质研究带来很大困难。到目前为止，有关木材力学性质理论仍有待进一步深化研究与探索。要指出的是当前木结构工程设计，木材强度设计值的计算仍是采用材料力学中有关均匀材料的原理、公式和考虑安全性进行。

6.2 木材主要力学性质

木材力学性质研究，涉及到力学种类、受力方向、静力荷载与动力荷载以及加工工艺等。木材的强度像其他材料一样，可分为抗拉、抗压、抗剪、抗弯、抗扭、抗劈、耐磨性、抗冲击和硬度等。木材是非均质性的各向异性材料，其纵向、径向和弦向3个方向力学强度具有明显的差异。木材主要力学性质的测定主要采用静力荷载进行。

6.2.1 木材的抗拉强度

外力作用于木材，使其发生拉伸变形，木材这种抵抗拉伸变形的最大能力，称为抗拉强度。视外力作用于木材纹理的方向，木材抗拉强度分为顺纹抗拉强度和横纹抗拉强度。

6.2.1.1 顺纹抗拉强度

木材顺纹抗拉强度(tensile strength parallel to grain of wood)，是指木材沿纹理方向承受拉力荷载的最大能力。木材的顺纹抗拉强度较大，各种木材平均约为 117.7~147.1MPa，为顺纹抗压强度的 2~3 倍。木材在使用中很少出现因被拉断而破坏。

木材顺纹拉伸破坏主要是纵向撕裂粗微纤丝和微纤丝间的剪切。微纤丝纵向的 C—C、C—O 键结合非常牢固，所以顺拉破坏时的变形很小，通常应变值小于 1%，而强度值却很高。即使在这种情况下，微纤丝本身的抗拉强度也未充分发挥。因为木材顺纹抗剪强度特别低，通常只有顺纹抗拉强度的 6%~10%。顺纹拉伸时，微纤丝间的撕裂破坏是微纤丝间的滑行所致，其破坏断面常呈锯齿状，或细裂片状和针状撕裂。其断面形状的不规则程度，取决于木材顺纹抗拉强度和顺纹抗剪强度之比值。一般来说，正常木材该比值较大，破坏常在强度弱的部位剪切开，破坏断面不平整，呈锯齿状；而腐朽材和热带脆心材，两者比值较小，且由于腐朽所产生的酸质使纤维素解聚，对大气湿度敏感性增加，这两个因素大大削弱了木材的顺纹抗拉强度，微纤丝很容易被拉断而直接破坏，断面处平整，不会出现正常材断面拉伸破坏时出现的微纤丝滑行的锯齿状纤维。

木材顺纹抗拉强度的测定比较困难，试样的形状不仅特殊不易加工，而且试验时容易产生扭曲，对结果影响很大。试验时试样受拉后变形很小，试验用的夹具形状及试样端部过渡到工作部位的曲率半径均左右应力的分布。因为木材的顺纹抗拉强度不低于抗弯强度，所以设计时可以直接用抗弯强度代替顺纹抗拉强度。我国国家标准规定的木材顺纹抗拉试样的形状和尺寸如图 6-6 所示。对于软质木材的试样，必须在两端受夹持部分的窄面，用胶合剂或木螺钉固定尺寸为 90mm×14mm×8mm 的硬木夹垫于试样上。

试验时采用附有自动对直和拉紧夹具的试验机进行，试验以均匀速度加荷，在 1.5~2.0min 内使试样破坏。顺纹抗拉强度按下式计算：

$$\sigma_w = P/(a \cdot b)$$

式中：P——最大荷载(N)；
　　　a、b——试样断面尺寸(mm)。

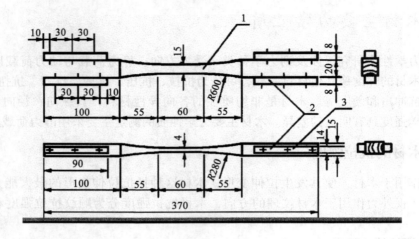

图 6-6　木材顺纹抗拉力学试样及其受力方向（单位：mm）

6.2.1.2　横纹抗拉强度

木材横纹抗拉强度（tensile strength perpendicular to grain of wood），是指垂直于木材纹理方向承受拉力荷载的最大能力（图 6-7）。木材的横纹拉力比顺纹拉力低得多，一般只有顺纹拉力的 1/30～1/40。因为木材径向受拉时，除木射线细胞的微纤丝受轴向拉伸外，其余细胞的微纤丝都受垂直方向的拉伸；横纹方向微纤丝上纤维素链间是以氢键（—OH）接合的，这种键的能量比木材纤维素纵向分子间 C—C、C—O 键接合的能量要小得多。此外，横纹拉力试验时，应力不易均匀分布在整个受拉面上，往往先在一侧被拉劈，然后扩展到整个断面而破坏，并非真正横纹抗拉强度。因此，我国木材物理力学试验方法国家标准没有列入该项试验。

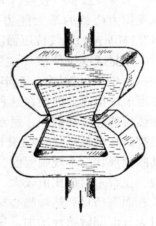

图 6-7　木材横纹抗拉试样及其受力方向

6.2.2　木材的抗压强度

6.2.2.1　顺纹抗压强度

木材顺纹抗压强度（compressive strength parallel to grain of wood）是指木材沿纹理方向承受压力荷载的最大能力，主要用于诱导结构材和建筑材的榫接合类似用途的容许工作应力计算和柱材的选择等，如木结构支柱、矿柱和家具中的腿构件所承受的压力。

木材顺纹抗压强度是重要的力学性质指标之一，它比较单纯而稳定，并且容易测定，常用以研究不同条件和处理对木材强度的影响。根据试样长度与直径之比值，木柱有长柱与短柱之分。当长度与最小断面的直径之比小于 11 或等于 11 时为短柱，大于 11 时为长柱，长柱亦称欧拉柱。长柱以材料刚度为主要因素，受压不稳定，其破坏不是单纯的压力所致，而是纵向上会发生弯曲、产生扭矩，最后导致破坏，它已不属于顺纹抗压的范畴。本节不讨论长柱受压，仅就短柱试样的抗压强度加以叙述。

顺纹抗压既可测定其最大抗压强度，又可测定比例极限纤维应力及弹性模量。测定单项或多项材性指标,视用途的需要而定。我国国家标准 GB/T 1928—2009《木材物理力学试验方法总则》规定,只测定短柱的最大抗压强度。其试样尺寸为 20mm × 20mm × 30mm,长度平行于木材纹理;试验时,以均匀速度加荷,在 1.5 ~ 2.0min 内使试样破坏。压头要有球面活动支座,以调整受压面平整、均匀受力。顺纹抗压强度按下式计算:

$$\sigma_w = P/(a \cdot b)$$
$$\sigma_{12} = \sigma_w [1 + 0.05(W - 12)]$$

式中：P——破坏荷载(N);

a、b——试样断面尺寸(mm);

W——试验时的木材含水率(%);

σ_w、σ_{12}——木材气干状态、标准含水率 12% 时的强度(MPa)。

我国木材顺纹抗压强度的平均值约为 45MPa;顺压比例极限与强度的比值约为 0.7,针叶树材该比值约为 0.78,软阔叶树材为 0.70,硬阔叶树材为 0.66。针叶树材具有较高比例极限的原因是,它的构造较单纯且有规律;硬阔叶树环孔材因构造不均一,使这一比值最低。

6.2.2.2 横纹抗压强度

横纹抗压程度指垂直于木材纹理方向承受压力荷载,在比例极限时的纤维应力。木材横纹抗压(compression perpendicular to grain of wood)只测定比例极限时的压缩应力,难以测定出最大压缩荷载。木材横向与纵向构造上有着显著的差异,其最大压缩荷载不可能在试样破坏时瞬间测得,主要与木材管状细胞的排列结构有关。

横纹抗压强度的测定有两种方式：横纹全部抗压和横纹局部抗压强度。荷载作用于试样的全部,称为横纹全部抗压强度;荷载作用于试样的局部,称为横纹局部抗压强度。依荷载作用于年轮的方向,分为弦向抗压和径向抗压。外力相切于年轮的方向为弦向,垂直于年轮的方向为径向。因此横纹抗压强度有径向全部抗压、弦向全部抗压与径向局部抗压、弦向局部抗压四种形式(图6-8)。不同的受力方式,其比例极限应力大小不同。实际应用中,局部抗压较为普遍,如枕木就是常见的一种形式。

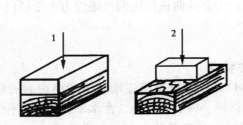

图 6-8 木材横纹抗压强度测定试样与受力方向
1. 径向全部抗压 2. 径向局部抗压

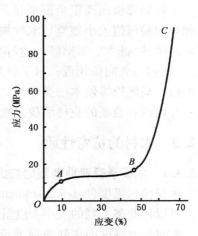

图 6-9 针叶材及阔叶树中环孔材径向受压时应力与应变间的关系

木材横纹抗压强度只能测定比例极限时的压缩应力,可从下面分析进行理解。木材承受横纹全部抗压时,宏观上其纵向管状排列的细胞(管胞或纤维等)受压逐渐变得紧密而被压实,压力越大,管状细胞被压缩的越密实,最大值出现的位置难以确定;木材管状细胞在被压紧密实化的同时,已产生了永久变形,理论上木材管状细胞已处于破坏状态。横纹局部抗压试验时,压板两侧的纤维承受拉伸和剪切作用;当承压板凹陷入木材,上部的纤维先破坏,而较内部的纤维未受影响;当荷载继续增加时,试样未受压的端部会突出,或呈水平劈裂;试样突出部分增加了直接荷载下的木材强度。在木材径向受压时,由于早材强度低于晚材,其抗压曲线由早材弹性阶段($O—A$)、早材破坏阶段($A—B$)和晚材弹性阶段($B—C$)三段曲线组成(图6-9),这样的情况下很难确定出最大值的位置。木材弦向受压时,早晚材同时受力,不会出现上述三段式曲线。可见木材的横纹抗压强度测定不出最大压缩荷载,因此只能测定比例极限时的压缩应力。

横纹抗压强度试验时采用一种或两种方式,各国不一,我国采用两种方式。国家标准 GB/T 1928—2009《木材物理力学试验方法总则》中规定,全部横纹抗压试样尺寸为 20mm × 20mm × 30mm,局部抗压强度的试样尺寸为 20mm × 20mm × 80mm,局部抗压是通过尺寸 10mm × 30mm × 50mm 的钢板施加荷载。

试验以均匀速度加荷,在 1~2min 内达到比例极限荷载。横纹抗压因无法准确测定破坏强度,故需从绘制的荷载——变形图上确定比例极限荷载 P,分别以下式计算横压比例极限应力。

全部横压　　$\sigma_W = P/(b \cdot L)$　　(MPa)
局部横压　　$\sigma_W = P/(b \cdot t)$　　(MPa)

式中:P——比例极限荷载(N);
　　　b——试样宽度(mm);
　　　L——试样长度(mm);
　　　t——加压钢板宽度(mm)。

木材局部横压高于全部横压。局部横压应用范围较广,故试验测定以它为主。径向和弦向横压值大小差异与木材构造有极其密切的关系,具有宽木射线和木射线含量较高的树种(栎木、米槠等),径向横压比例极限应力高于弦向;其他阔叶树材(窄木射线),径向与弦向值相近;对于针叶树材,特别是早晚材区分明显的树种如落叶松等、火炬松、马尾松等硬木松类木材,径向受压时其松软的早材易形成变形,而弦向受压时一开始就有较硬的晚材承载,故这类木材大多弦向抗压比例极限应力大于径向。

6.2.3　木材的抗弯性质

6.2.3.1　木梁承受弯曲荷载时应力的分布特点

木材抗弯强度(bending strength of wood)是指木材承受逐渐施加弯曲荷载的最大能力,可以用曲率半径的大小来度量。它与树种、树龄、部位、含水率和温度等有关。

木材抗弯强度亦称静曲强度或弯曲强度,是重要的木材力学性质之一,主要用于家具中各种柜体的横梁、建筑物的桁架、地板和桥梁等易于弯曲构件的设计。静力荷载下,木材弯曲特性主要决定于顺纹抗拉和顺纹抗压强度之间的差异。因为木材承受静力抗弯荷载时,常常因为压缩而破坏,并因拉伸而产生明显的损伤。对于抗弯强度来说，控制着木材抗弯比例极限的是顺纹抗压比例极限时的应力，而不是顺纹抗拉比例极限时应力。根据国产40种木材的抗弯强度和顺纹抗压强度的分析得知，抗弯比例极限强度与顺纹抗压比例极限强度的比值约为 1.72，最大荷载时的抗弯强度与顺纹抗压强度的比值约为 2.0。针叶树材的比值低于阔叶树材。密度小的木材，其比值也低。

当梁承受中央荷载弯曲时，梁的变形是上凹下凸，上部纤维受压应力而缩短，下部纤维受拉应力而伸长，其间存在着一层纤维既不受压缩也不受拉伸长，这一层长度不变的纤维层称为中性层。中性层与横截面的交线称为中性轴。受压和受拉区应力的大小与距中性轴的距离成正比，中性层的纤维承受水平方向的顺纹剪应力。由于顺纹抗拉强度是顺纹抗压强度的 2~3 倍，随着梁弯曲变形的增大，中性层逐渐向下位移，直到梁弯曲破坏为止。图 6-10 为梁弯曲时的应力分布。

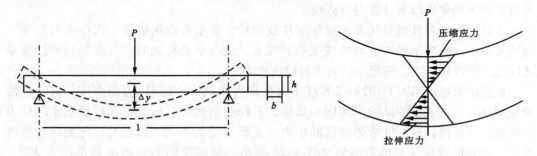

图 6-10　木材承受弯曲荷载时受力方式与应力分布情况

6.2.3.2　抗弯强度的测定

各树种木材抗弯强度平均值约为 90MPa。针叶树材径向和弦向抗弯强度间有一定的差异，弦向比径向高出 10%~12%；阔叶树材两个方向上的差异一般不明显。

抗弯强度的测定方法各国不同，区别在于试样的尺寸、加荷方式和加荷速度的差别。我国国家标准规定：试样断面为 20mm×20mm，长度为 300mm，跨度为 240mm；中央荷载，弦向加荷；试验以均匀速度加荷，在 1~2min 内使试样破坏。试验时为避免试样在支座和受力点产生压痕，影响试验结果，在支座和受力点上应加钢质垫片。垫片的尺寸为 30mm×20mm×5mm。抗弯强度试验装置如图 6-11 所示。

抗弯强度用下式计算：

$$\sigma_w = 3PL/2bh^2$$
$$\sigma_{12} = \sigma_w[1 + 0.04(W-12)]$$

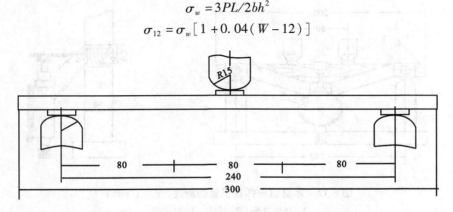

图 6-11　木材抗弯强度的测定（单位：mm）

式中：σ_w——木材试样气干状态下的抗弯强度(MPa)；
$\quad\quad$ P——破坏时的荷载(N)；
$\quad\quad$ L——跨度(240mm)；
$\quad\quad$ b——试样宽度(mm)；
$\quad\quad$ h——试样高度(mm)；
$\quad\quad$ σ_{12}——木材试样含水率12%时的抗弯强度(MPa)；
$\quad\quad$ W——试验时试样的含水率(%)。

6.2.3.3 抗弯弹性模量及其测定方法

木材抗弯弹性模量，又称静曲弯弹性模量(the modulus of elasticity in static bending of wood)，是指木材受力弯曲时，在比例极限内应力与应变之比，用于计算梁及桁架等弯曲荷载下的变形以及计算安全荷载。

木材的抗弯弹性模量代表木材的刚性或弹性，表示在比例极限以内应力与应变之间的关系，也即表示梁抵抗弯曲或变形的能力。梁在承受荷载时，其变形与弹性模量成反比，弹性模量大，变形小，其木材刚度也大。

根据国家标准GB/T 1928—2009《木材物理力学试验方法总则》的规定，抗弯弹性模量测定与抗弯强度的试验采用同一试样，只作弦向试验。抗弯弹性模量测定时外力为中央二点载荷，这与抗弯强度试验中央一点载荷受力不同。试验时，先测抗弯弹性模量，再测抗弯强度。试验装置如图6-12所示，测定变形的外力荷载范围为300～700N，即下限为300N，上限为700N。对于甚软的木材可取200～400N。上下限载荷时间控制在15～10s内，重复4次，计算最后3次上下限荷载间的变形平均值。

用下式计算抗弯弹性模量：

$$E_w = 23PL^3/108bh^3f \quad (\text{MPa})$$
$$E_{12} = E_w[1 + 0.015(W - 12)] \quad (\text{MPa})$$

式中：P——上、下限荷载之差，是一定值(200～400N)，因树种软硬大小而异。
$\quad\quad$ L——跨度(240mm)；
$\quad\quad$ b——试样宽度(mm)；
$\quad\quad$ h——试样高度(mm)；
$\quad\quad$ W——试验时试样的含水率(%)；

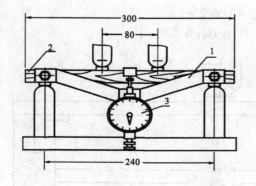
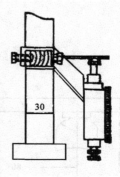

图6-12 木材抗弯弹性模量的测定(单位：mm)
1. 百分总架 2. 试样 3. 百分表

f——试验时上、下荷载间试件中部的变形均值(mm)。

从抗弯弹性模量的方程式可知,梁的变形与下列因素有关:梁的宽度和高度不变,变形与跨度的立方成正比;梁的跨度和高度不变,变形与梁的宽度成反比;梁的跨度和宽度不变,变形与梁的高度的立方成反比。

6.2.3.4 抗弯弹性模量与抗弯强度间的关系

对所有树种正常木材来说,其抗弯强度与抗弯弹性模量间成正比关系。抗弯强度大,抗弯弹性模量大。目前所试验过的国产树种中,针叶材抗弯强度最大树种为长苞铁杉 122.7MPa,最小的为柳杉 53.2MPa;阔叶材抗弯强度最大的树种为海南子京 183.1MPa,最小的为兰考泡桐为 28.9MPa;抗弯强度最大值与最小值之比,针叶材为 2.3:1,阔叶材为 6.3:1。针叶材抗弯弹性模量最大树种为落叶松 14.5GPa,最小的为云杉 6.2GPa;阔叶材抗弯弹性模量最大的树种为蚬木 21.1GPa,最小的为兰考泡桐为 4.2GPa;抗弯弹性模量最大值与最小值之比,针叶材为 2.3:1,阔叶材为 5.0:1。木材抗弯强度,我国针叶材大多数树种在 60~100MPa 之间,阔叶材大多数树种在 60~140MPa 之间。木材抗弯弹性模量,我国针叶材大多数树种在 8.0~12GPa 之间,阔叶材大多数树种在 8.0~14.0GPa 之间。

我国 356 个树种木材在含水率为 15% 情况下,抗弯弹性模量 E 与抗弯强度 σ 间关系为线型函数,方程如下:

$$E = 0.086\sigma + 33.7, \quad r = 0.84$$

两者高度密切相关。抗弯强度测定要容易得多,利用此式可估测木材的抗弯弹性模量。同时,在非破坏的情况下测得木材的抗弯弹性模量,也可利用此式估测木材的抗弯强度。

6.2.4 木材的抗剪强度

木材抵抗剪应力的最大能力,称为抗剪强度(shearing strength)。

木材抗剪强度视外力作用于木材纹理的方向,分为顺纹抗剪强度(shearing strength parallel to grain of wood)和横纹抗剪强度(shearing strength perpendicular to grain of wood)。在实际应用中发生横纹剪切的现象不仅罕见,而且横纹剪切总是要横向压坏纤维产生拉伸作用而并非单纯的横纹剪切,因此通常不作为材性指标进行测定。木材的横纹抗剪强度为顺纹抗剪强度的 3~4 倍。

顺纹抗剪强度合理试验方法,应该是支座与试样之间的摩擦力最小,试样剪切面上剪应力应均匀应受剪应力而破坏,破坏的特点应是木材纤维在平行于纹理方向发生了相互滑行。按我国旧的木材标准试验时,很难避免支座与试样之间的摩擦力;此外,试样纤维的弯曲应力、压缩应力、应力集中及试样的形状等均可影响试验结果,难以求得单纯的剪应力。因此在国家标准 GB/T 1937—2009《木材顺应抗剪强度试验方法》中,对顺纹抗剪试样的形状和装置作了特殊的规定,试样缺角部分的角度应是 106°40′(误差为正负 20′),受力方向与剪切面的 θ 角为 16°40′,如图 6-13 所示。试验以均匀速度加荷,在 1~2min 内使试样破坏。

用下式计算抗剪强度:

$$\tau_w = P_{max}\cos\theta/bl \quad (MPa)$$
$$\tau_w = 0.96P_{max}/bl \quad (MPa)$$

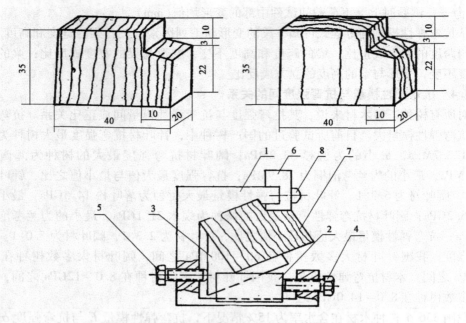

图 6-13　木材抗剪试样与受力支架（单位：mm）
1. 附件主杆　2. 楔块　3. L形垫块　4、5. 螺杆　6. 压块　7. 试样　8. 圆头螺钉

式中：P_{max}——最大荷载（N）；
　　　θ——荷载方向与纹理之间的夹角，为 16°40′；
　　　b——试样的宽度（mm）；
　　　l——试样受剪面长度（mm）。

木材的顺纹抗剪强度视木材受剪面的不同，分为弦面抗剪强度和径面抗剪强度，如图 6-13 所示。剪切面平行于年轮的弦面剪切，其破坏常出现于早材部分，在早材和晚材交界处滑行，破坏表面较光滑，但略有起伏，面上带有细丝状木毛。剪切面垂直于年轮的径面，剪切破坏时，其表面较为粗糙，不均匀而无明显木毛。在放大镜下，早材的一些星散区域上带有细木毛。

木材顺纹抗剪强度较小，平均只有顺纹抗压强度的 10%~30%。纹理较斜的木材，如交错纹理、涡纹、乱纹等，其顺纹抗剪强度会明显增加。阔叶树材顺纹抗剪强度平均比针叶树材高出 1/2。阔叶树材弦面抗剪强度较径面高出 10%~30%，如木射线越发达，这种差异更加明显。针叶树材径面和弦面的抗剪强度大致相同。

6.2.5　木材的硬度

木材硬度（hardness of wood），是指木材抵抗其他刚体压入的能力。木材硬度测定方法有布氏硬度法和金氏硬度法两种。我国国家标准 GB/T 1941—2009《木材硬度试验方法》规定用金氏法，采用电触控制附件测定（图 6-14）。试样尺寸为 50mm×50mm×70mm，试验是以每分 3~6mm 的均匀速度将钢压头的半球完全压入木材，直至 5.64mm 深度为止。对于加压后试样易裂的树种，钢半球压入的深度允许减至 2.82mm，此时截面积为 75mm^2。

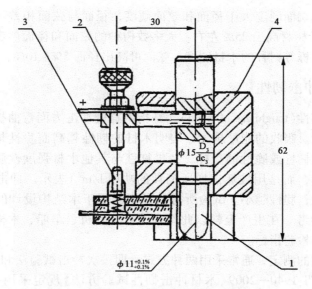

图 6-14 木材硬度测定方法
1. 半圆形的钢压头　2. 调整螺钉(上触点)　3. 具有弹簧装置的下触点　4. 套筒

对于含水率为 W 的木材，其硬度按下式计算：

$$H_W = KP$$
$$H_{12} = H_W[1 + 0.03(W - 12)]$$

式中：H_W——试样含水率为 W 时木材的硬度；

K——压入试样深度为 5.64mm 或 2.82mm 时的系数，分别等于 1 或 4/3；

P——钢半球压入试样一定深度时的荷载(N)。

木材的硬度与木材的密度密切相关，密度大其硬度则高，反之则低，见表 6-1。木材的硬度除与木材的密度相关以外，还受木材构造的影响。密度相近的木材，构造不同其硬度也有差异，例如黄波罗与紫椴的密度分别为 $0.451g/cm^3$ 和 $0.458g/cm^3$，非常相近，但它们的硬度却相差十分悬殊。黄波罗的硬度，端面为 34.4MPa，径面为 21.4MPa，弦面 23.5MPa；紫椴的硬度，端面为 20.6MPa，径面为 16.0MPa，弦面 15.6MPa。黄波罗比紫椴三个端面的硬度分别高达 67%、33%、50%，这种现象与黄波罗的晚材率高而密度大有关。

表 6-1　木材密度与硬度的关系

树　种	密　度(g/cm^3)	端面硬度(MPa)	产　地
泡　桐	0.283	19.5	河　南
杉　木	0.376	26.5	湖　南
紫　椴	0.451	34.4	黑龙江
香　樟	0.535	40.2	安　徽
水曲柳	0.643	59.9	黑龙江
柞　木	0.748	72.9	黑龙江
槭　木	0.880	108.8	安　徽
黄　檀	0.923	112.4	浙　江
蚬　木	1.128	142.3	广　西

同一树种，其端面硬度大于径面和弦面硬度，径面与弦面相差不大。针叶树材平均高出35%，阔叶树材高出25%左右。大多数树种的弦面和径面硬度相近，但木射线发达的麻栎、青冈栎等树种的木材硬度，弦面可高出径面5%~10%。

6.2.6 木材的冲击韧性

木材的冲击韧性（toughness of wood），是指木材受冲击力而弯曲折断时，试样单位面积所吸收的能量。吸收的能量越大，表明木材的韧性越高而脆性越低，因此，冲击韧性是检验木材的韧性或脆性的指标。冲击韧性与其他木材强度性质不同，不是用破坏试样的力来表示，而是用破坏试样所消耗的功（kJ/m^2）表示。冲击破坏消耗的功越大，木材韧性越大，脆性越小。试验所得数据不能用于木结构设计的计算，只能作为衡量木材品质的参考。在生产上常以此作为枪托、飞机、车船、木梭、木桶、球棒及运动器械等用材的检验指标。

木材冲击韧性的测定，通常采用两种方式，即一次冲击试验法和连续冲击试验法，我国国家标准 GB/T 1940—2009《木材冲击韧性试验方法》规定采用一次冲击试验法。用于一次冲击试验法的试验机，国际上有几种类型，我国采用 Amsler 4t 万能力学试验机上的摆锤进行试验。试样尺寸为 20mm × 20mm × 300mm，两支座间距离跨度为240mm，中央荷载，只作弦向试验，一次冲断。摆锤质量10kg，起始高度为1m，自由落下，试样被冲击折断后，摆锤自由摆动到另一个高度，两次高度势能之差，即为试样折断时所吸收的能量，可直接从力学试验机上读出。

试验结果用下式计算：
$$T = 1\,000Q/bh$$
式中：Q——试样吸收的能量（kJ/m^2）；

b——试样的宽度（mm）；

h——试样的高度（mm）。

国产针叶木材，其冲击韧性数值多在 17.9~67.5kJ/m^2（0.179~0.675$kg \cdot m/cm^2$），阔叶材多在 16.0~182.2kJ/m^2（0.160~1.822$kg \cdot m/cm^2$）。木材冲击韧性受木材密度、温度和木材缺陷等因素的影响。有关含水率对木材冲击韧性的影响，说法不一。我国标准规定，木材冲击试验结果不进行含水率的测定和校正。

冲击韧性与年轮宽度有一定关连。年轮特别宽的针叶树材，因木材密度低，冲击韧性也低。而白蜡树、栎木等环孔材，年轮宽、晚材率大，其木材致密，冲击韧性高。早、晚材区别明显的树种，其弦向和径向冲击韧性有明显的差别，如落叶松径向冲击比弦向高50%，云杉35%，水曲柳高20%。早晚材区别不明显的树种，径、弦向几乎相同。阔叶材冲击韧性比针叶材平均高 0.5~2 倍。冲击韧性可分为 5 级：30kJ/m^2以下为甚低；31~60kJ/m^2 为低；61~90kJ/m^2 为中；91~120kJ/m^2 为高；120kJ/m^2 以上为甚高。

木材韧性与木材组织构造和化学组成有关。如果针叶材管胞壁较薄或阔叶树材导管和薄壁组织的组织比量过高，均可成为木材脆性的原因。次生壁中层微纤丝的倾角过大，也会降低木材的韧性。白蜡树冲击韧性破坏试件显微观察表明，破坏几乎都发生在高木质素含量的胞间层，说明木质素含量过高会增加木材脆性，热带木材比温带木材韧性低，就是由于这一原因。

木材韧性不同，其破坏形状不同。韧性高的木材，断裂时伴有较大变形和振颤，断口裂纹长，裂片粗糙，至破坏需较长的时间。中等韧性的木材其断口裂纹较短，裂片在受拉侧比受压侧要长。脆性木材破坏面平坦光滑，偶成波状或梯状，破坏过程时间短，变形也很小。带有髓心的板材，易发生脆心破坏。

6.2.7 木材工艺力学性质

6.2.7.1 抗劈力

木材的抗劈力（cleavage strength of wood），是指木材的一端沿纹理方向抵抗劈开的能力，木材端部在尖楔的作用下可被顺纹劈开。抗劈力属于工艺性质，而且关系到其他的工艺性质，如开榫性。抗劈力大的木材，其握钉力也强。木材抗劈力像其他力学性质一样，受木材密度、木材构造的影响。通常密度大的木材，其抗劈力也大，这种关系表现得非常密切，呈直线关系。在密度相同的条件下，由于细胞的组成不同，阔叶树材的抗劈力大于针叶树材的抗劈力。交错纹理、木节可增大抗劈力。木材的含水率对抗劈力的影响不明显。我国国家标准 GB/T 1942-2009《木材抗剪力试验方法》规定，测定木材抗劈力的试样形状如图 6-15 所示。

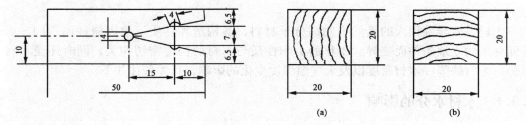

图 6-15 木材径面(a)与弦面(b)抗劈力的试样形状（单位：mm）

试验时均匀施加荷载，在 0.2~0.5min 内使试样破坏，记下破坏是的荷载（N）。为保证试验结果的准确性，凡破坏线不在试样中心线两侧各 2mm 以内的试样，应剔除不予计算。

抗劈力的计算公式为：

$$C = P/a$$

式中：C——抗剪力（N/mm）；

P——破坏荷载（N）；

a——试样抗劈的宽度（mm）。

阔叶树材径面抗劈力较弦面为小。这种差异在木射线发达的树种上表现尤为显著。针叶树材恰恰相反，即弦面小于径面，这是由于早材部分强度小，其弦面抗劈力主要决定于早材强度的缘故。

6.2.7.2 木材的握钉力

木材的握钉力（nail-holding ability, or nail-holding power, or screw-holding power）是指木材抵抗钉子拔出的能力。木材具有固着钉子的性能，握钉力亦即木材与钉子之间的摩擦力。当钉子钉入木材时，钉子周围的木材纤维被分开，因为木材具有弹性，被分开的纤维对钉子形成压力，造成抵抗钉子拔出的摩擦力。握钉力的大小取决于木材的种类、含水率、密度、硬度、弹性、纹理方向、钉子的形状及其与木材接触面的大小等。例如水曲柳的径面握钉力为 2 130N，而端面为 1 460N（圆钉 $\phi = 3.0$mm）。密度大的木材其握钉力也强，例如含水率15%时，紫椴的密度为 0.49g/cm³，其握钉力为 420N，水曲柳的密度为 0.69g/cm³，其握钉力为 1 460N。钉子的形状关系到钉子与木材的接触面积，所以螺钉的握钉力比较大。

6.2.7.3 耐磨性

耐磨性（abrasion of wood）是木材抵抗磨损的能力。木材磨损是在其表面受摩擦、挤压、冲击和剥蚀等，以及这些因素综合作用时，所产生的表面化过程。其特点为磨损部分只有表面形状和体积等物理状况的变化，而化学性质不发生改变。变化的大小是以磨损部分所损失的质量或厚度（体积）来衡定。它与树种、密度、方向、硬度、含水率等有关。这一性质对评价木质地板和耐磨木构件有一定作用。

6.2.7.4 弯曲能力

弯曲能力指木材弯曲破坏前的最大弯曲能力，可以用曲率半径的大小来度量，它与树种、树龄、部位、含水率和温度等有关。木材塑性大，其弯曲能力也大。

6.3 影响木材力学性质的因素

木材是变异性很大的天然生物高分子材料，其构造和性质不仅因树种而不同，而且随林木的立地条件而变异。木材的力学性质与木材的构造密切相关，同时还受木材水分、木材缺陷、木材密度以及大气温湿度变化的影响，具体叙述如下。

6.3.1 木材水分的影响

木材含水率对木材力学性质的影响，是指纤维饱和点以下木材水分变化时，给木材力学性质带来的影响。含水率在纤维饱和点以下，木材强度随着木材水分的减少而增高，随着水分的升高而降低，主要是由于单位体积内纤维素和木素分子的数目增多，分子间的结合力增强所致。含水率高于纤维饱和点，自由水含量增加，其强度值不再减小，基本保持恒定。经过长期的研究证实，含水率在纤维饱和点以下，强度的对数值与含水率成一直线关系（图6-16）。

木材力学试样制作要求用气干材，气干材含水率不是恒定的。因此，当测定木材的强度时，必须测定试验时木材试样的含水率，并将强度调整为标准试验方法所规定的同一含水率下的木材强度，以便于不同树种或不同树株间木材强度的比较。我国国家标准 GB/T 1928—2009《木材物理力学试验方法总则》中规定的统一标准含水率，过去为15%，1990年后标准考虑到居民室内空调环境，并与国际标准接轨，标准含水率改为12%。

调整公式为：

$$\sigma_{12} = \sigma_w [1 + \alpha(W - 12)]$$

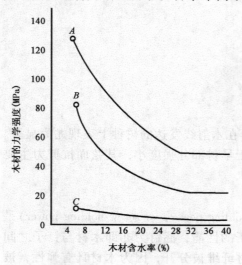

图6-16 含水率对松木力学强度的影响
A. 横向抗弯　B. 顺纹抗压　C. 顺纹抗剪

式中：σ_{12}——含水率为12%时的木材强度；

　　　σ_w——含水率为试验时的木材强度；

　　　α——含水率每增减1%时木材强度的变化值，α值随强度的性质而不同。

上式适用的含水率范围为8%~15%，试验时应采用气干材。从表6-2所列值的大小可知，α值越大，说明含水率对该强度性质的影响也越大，反之则小。另外还可看出树种与含水率的影响无明显关系。

表6-2　我国木材物理力学试验方法中各种强度含水率调整系数α值

强度性质	α值	强度性质	α值
顺纹抗拉	0.015	顺纹抗剪	0.03
抗弯	0.04	横纹抗压	0.045
抗弯弹性模量	0.015	横纹抗压弹性模量	0.055
顺纹抗压	0.05	硬度	0.03

注：顺纹抗拉含水率的调整只限于阔叶树材，针叶树材不进行调整。

6.3.2　木材密度的影响

木材密度是决定木材强度和刚度的物质基础，是判断木材强度的最佳指标。密度增大，木材强度和刚性增高；密度增大，木材的弹性模量呈线性增高；密度增大，木材韧性也成比例地增长。测定木材的力学强度，工作繁重，而测定木材的密度则简便得多，因此对木材的密度与强度的关系需要进行研究，对于选材适用、评价林木培育措施对材性的影响和林木育种有重要指导意义。在通常的情况下，除去木材内含物如树脂、树胶等，密度大的木材，其强度高，木材强度与木材密度两者存在着下列指数关系方程：

$$\sigma = K\rho^n$$

式中：σ——木材强度；

　　　ρ——木材密度；

　　　K、n——常数，随强度的性质而不同。

木材力学性质和密度的关系除指数曲线外，也可以用直线关系$\sigma = a\rho + b$来表达。

木材的强度与密度之比称为木材的品质系数，是木材品质优劣的标志之一，通常强度与密度成正相关。但树种和强度性质不同，其变化规律也有变异。另外，应力木的强度与密度的关系不成正相关，如应压木密度大，但其抗弯特性却很低。

6.3.3　温度的影响

温度对木材力学性能影响比较复杂。一般情况下，室温范围内，影响较小；高温和极端低温情况下，影响较大。

正温度的变化，在导致木材含水率及其分布产生变化同时，会造成木材内产生应力和干燥等缺陷。正温度除通过它们对木材强度的有间接影响外，还对木材强度有直接影响。主要原因在于热促使细胞壁物质分子运动加剧，内摩擦减少，微纤丝间松动增加，引起木材强度下降。如水热处理情况下，温度超过180℃，木材物质会发生分解；或在83℃左右条件下，长期受热，木材中抽提物、果胶、半纤维素等会部分或全部消失,从而引起木材强度损失,特别是冲击韧性和抗拉强度会有较大的削弱。前者是暂时影响,是可逆过程;后者是永久影响,为不可逆。长时间高温的作用对木材强度的影响是可以累加的。总之,木材大多数力学强度随温度升高而降低。温度对力学性质的影响程度由大至小的顺序为:压缩强度、弯曲强度、弹性模量、抗拉强度。

负温度对木材强度的影响如下:冰冻的湿木材,除冲击韧性有所降低外,其他各种强度均较正温度有所增加,特别是抗剪强度和抗劈力的增加尤甚。冰冻木材强度增加的原因,对于全干材可能是纤维的硬化及组织物质的冻结;而湿材除上述因素外,水分在木材组织内变成固态的冰,对木材强度也有增大作用。

6.3.4 木材缺陷的影响

木材中由于立地条件、生理及生物危害等原因,使木材的正常构造发生变异,以致影响木材性质,降低木材利用价值的部分,称为木材的缺陷,如木节、斜纹、裂纹、虫眼、变色和腐朽等。木材缺陷破坏了木材的正常构造,必然影响木材的力学性质,其影响程度视缺陷的种类、质地、尺寸和分布等而不同。

6.3.4.1 木 节

木节(knot)即包被在树干中枝条的基部。木节在树干中呈尖端向着髓心的圆锥形,在成材中视节子被切割的方向可呈圆形、卵圆形、长条形或掌状(图6-17)。根据木节与树干的连生程度,木节分为活节、半活节和死节(图6-18)。与树干紧密连生的木节称为活节;与树干脱离的木节称为死节;与树干部分连生的木节称为半活节或半死节。

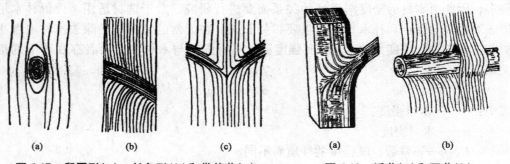

图6-17 卵圆形(a)、长条形(b)和掌状节(c)　　图6-18 活节(a)和死节(b)

从图6-17、图6-18节子的形成明显地看出,节子的纤维与其周围的纤维成直角或倾斜,节子周围的木材形成斜纹理,使木材纹理的走向受到干扰。节子破坏了木材密度的相对均质性,而且易于引起裂纹。节子对木材力学性质的影响决定于节子的种类、尺寸、分布及强度的性质。

木节对顺纹抗拉和顺纹抗压强度的影响,决定于节子的质地及木材因节子而形成的局部斜纹理。当斜纹理的坡度,大于1/15时,开始影响顺纹抗压强度。木节对顺纹抗拉强度的影响大于对顺纹抗压强度的影响。

木节对抗弯强度的影响,当节子位于试样的受拉一侧时,其影响程度大于位于受压一侧的影响,尤其当节子位于受力点下受拉一侧的边缘时,其影响程度最大。当节子位于中性层时,可以增加顺纹抗剪强度。木节对抗弯强度的影响程度,除随木节的分布变异以外,还随木节尺寸而变化。

徐有明等(2002年)对加拿大黑云杉(black spruce)大尺寸建筑材测试表明,梁中央

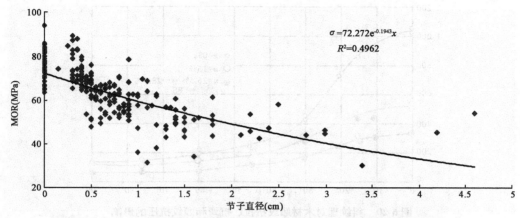

图 6-19　云杉大实体尺寸板材梁上中心受力区域节子直径与其抗弯强度间的关系

受力区域节子位于尺寸对抗弯强度和抗弯弹性模量的影响极为显著（图 6-19），它们间的关系可用下列指数方程来表示：

$$\sigma = 72.272e^{-0.1943x} \quad (n = 140, r = 0.7044)$$
$$E = 14370e^{-0.1018x} \quad (n = 140, r = 0.5259)$$

式中：σ——抗弯强度（MPa）；

E——抗弯弹性模量（MPa）；

x——梁中央区域节子直径大小（cm）。

戴澄月等（1981）就兴安落叶松木节对受弯构件承载力的影响进行研究，得到木节尺寸与抗弯强度和抗弯弹性模量的相关方程分别为：

$$\sigma = 634 - 577\alpha$$
$$E = 125 - 79\alpha$$

式中：σ——抗弯强度（MPa）；

E——抗弯弹性模量（MPa）；

α——节径比（木节直径与其所在材面宽度之比）。

木节对横纹抗压强度的影响不明显，当节子位于受力点下方，节子走向与施力方向一致时，强度不仅不降低反而出现增高的现象。

木节对抗剪强度的影响研究得还不多，当弦面受剪时，节子起到增强抗剪强度的作用。

6.3.4.2　斜纹理

斜纹理是指木材纤维的排列方向与树轴或材面成一角度者。在原木中斜纹理呈螺旋状，其扭转角度自边材向髓心逐渐减小。在成材中呈倾斜状。关于斜纹理形成的原因，说法很多，其中以遗传形成斜纹理的现象比较明显，其次有人认为树木无主根特别是为蔓生根者形成斜纹理，也有人认为是风、光、重力等因素单独或共同作用的结果。对于斜纹理的解释尚无公认的统一说法。落叶松、桉树及马尾松的斜纹理十分明显。

斜纹理对木材力学强度的影响程度，决定于斜纹理与施力方向之间夹角的大小以及力学性质的种类。图 6-20 中，斜纹理对于顺纹抗拉强度的影响最大（最上面线），抗弯强度次之（中间线），顺纹抗压强度（下面线）更次之，如正常木材横纹抗拉强度为顺

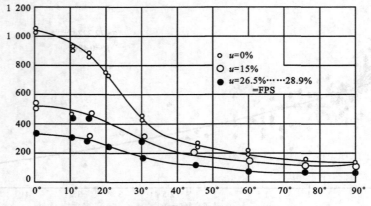

图 6-20 斜纹理对木材顺纹抗拉、抗弯和顺纹抗压的影响

纹抗拉强度的 1/30~1/40，大者为 1/13，小者为 1/50；由此可以推知，当纹理的倾斜度达到 1/25 时，顺纹抗拉强度便明显的降低。

正常木材，横纹抗压强度为顺纹抗压强度的 1/5~1/10，这种关系显然比横纹抗拉强度与顺纹抗拉强度之间的关系小得多，所以斜纹理对横纹抗压强度的影响比对顺纹抗拉强度的影响也小得多。木材的含水率不同，斜纹理对抗压强度的影响也不同，如图6-20所示。

罗良才(1972)就云南省产蓝桉和云南松斜纹理对冲击韧性的影响进行研究，结果表明斜纹理对冲击韧性的影响非常明显，见表 6-3。

表 6-3 斜纹理对冲击韧性的影响　　　　　　　　　　　%

木材树种	斜纹率				
	10%	20%	30%	40%	50%
蓝桉	10	—	—	—	—
云南松	9	37	65	76	86

注：表中数据为冲击韧性降低率。

6.3.4.3 树干形状的缺陷

树干形状的缺陷包括弯曲、尖削、凹兜和大兜。这类缺陷有损于木材的材质，降低成材的出材率，加工时纤维易被切断，降低木材的强度，尤其对抗弯、顺纹抗拉和顺纹抗压强度的影响最为明显。

6.3.4.4 裂 纹

木材的裂纹，根据裂纹的部位和方向分为径裂和轮裂。裂纹不仅发生于木材的贮存、加工和使用过程，而且有的树木在立木时期已发生裂纹。例如东北产的白皮榆(*Ulmus propinqua*)，该树种大部分树木在立木时期就已发生轮裂；落叶松(*Larix* spp.)树种林分内也有一部分树木发生轮裂。立木的轮裂在树干基部较为严重，由下向上逐渐减轻。径裂多在贮存期间由于木材干燥而产生。当木材干燥时原来立木中的裂纹还会继续发展。裂纹不仅降低木材的利用价值，而且影响木材的力学性质，其影响程度的大小视裂纹的尺寸、方向和部位而不同。魏亚等(1957)对白皮榆木材裂纹的试验，结果表明裂纹对抗弯和握钉力的影响很大。就抗弯强度来说，轮裂的影响大于径裂。

6.3.4.5 应力木

林分中生长正常的林木，通常其干形通直。但当风力或重力作用于树木时，其树干往往发生倾斜或弯曲；或者，当树木发生偏冠时，树干中一定部位会形成反常的木材组织。这类因树干弯曲形成的异常木材(abnormal wood)被称为应力木(tension wood)。针叶树中，应力木形成于倾斜、弯曲树干或树枝的下方，称之为应压木(compression wood)。阔叶树中，应力木产生于倾斜、弯曲树干或树枝的上方，称之为应拉木(tension wood)。应力木在木段的横断面呈偏心状，年轮偏宽的一侧为应力木部分，如图6-21所示。

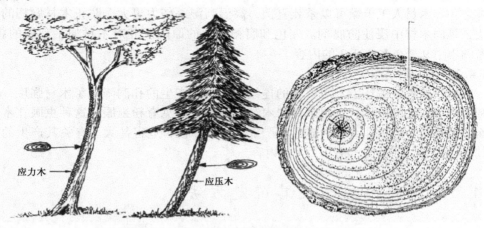

图 6-21　针叶树应压木和阔叶树应拉木

应力木的构造，性质与正常木材不同，其加工、利用也不理想。应拉木中纤维变化多发生在早材，但桉树全年轮都会发生变化，其特征是形成胶质层(G层)，它是向着胞腔的一层内衬，与正常次生壁没有紧密结合而是松弛附着，用亮绿和番红套染后呈亮绿色，而正常次生壁为暗红色。G层厚度相当于或大于正常胞壁S_2层厚度；应力木中，纤维比例比正常木材高，而且直径小，胞壁稍厚，其木材密度较正常材高5%~10%，有时达30%，刚性大；其纤维素含量高，因木质化程度低导致木素的含量低，其造纸纸浆得率高，但其成纸强度低。应拉木纵向干缩较正常材大1~2倍(但很少超过1%)，板材易发生翘曲。加工时表面不光滑，有毛刺。一般来说，应拉木抗压强度低于正常材，其生材的抗拉强度低于正常木材，但在气干状态下胶质层纤丝与胞壁纤丝排列一致而且连接在一起，其气干材抗拉强度显著增高。

树干中，应压木与应拉木发生的部位正好相反。横切面上，应压木部位年轮特别宽，早材很少，不正常晚材比例极高，其晚材管胞呈圆形，而正常管胞是四边形、矩形或多角形。应压木年轮中，圆形管胞大小、壁厚几乎没有差异，其管胞之间有明显的细胞间隙，胞壁厚度为正常胞壁的1倍。正常细胞次生壁有3层，而应压木次生壁无S_3层或很薄。应压木管胞长度较正常木材短10%~40%，并且管胞微纤丝间有螺纹裂陷，其S_2层纤丝角度达45°，明显大于正常材。应压木纵向干缩明显增大，有时较正常材高10倍，板材特别容易发生变形和翘曲。其木质素和半纤维素含量较正常材高，一般高8%~9%，其纤维素的含量明显降低，纸浆得率低，其抗压强度明显高于正常材，但其顺纹抗拉、抗弯性能和冲击韧性明显降低，可以用作柱材，但不适合用于弯曲承重的建筑用材。

林分中，树木横切面不完全是标准的圆形，部分树木应力木偏心的发生也许是树木横切面形状上一种特殊极端形式，林业生产上如造林苗木要栽正，林分内树木要均匀分布等，以应尽可能避免应力木的发生。

6.3.4.6 木材的变色和腐朽

木材为天然有机材料，在保管和使用过程中易遭受菌类的危害，发生变色和腐朽，给木材的利用造成极大的不良影响。将木材浸没于水中或向木材喷水，使木材保持湿润状态与空气隔绝，均可免受真菌的危害。木材干燥，是防止木材变色和腐朽的有效措施之一。木材人工干燥可以杀死真菌，高温高湿杀伤力更大。防止木材腐朽的有效方法，是向木材中浸注防腐剂。变色和腐朽产生的原因及其对木材加工利用的影响，请参阅本书9.2.2和9.2.3的内容。

6.3.4.7 虫　眼

木材中的虫眼破坏了木质材料的连续性，其所产生的孔洞降低了木材强度，对木材利用产生很大的破坏。木制家具和木结构构件中常见有粉虫眼，这种虫眼在木材的表面只见有微小的虫孔，但内部危害严重，一触即破，危害甚大。有关其产生的原因及其具体危害，请参阅本书9.2.4的内容。

6.4　木材容许应力及其确定方法

6.4.1　木材容许应力概述

木材力学性质研究主要是为木构件安全设计服务。木结构设计目的是正确处理安全与经济之间的关系，既要保证结构的安全，使之在一定的年限内正常使用，又要最小限度的耗费材料。因此研究木材的容许应力和合理使用木材有着重要意义。

欧美、新西兰、澳大利亚和日本等国家居民用房多为2~3层小楼的木构件房屋。为了更真实地反映实际使用状况，这些国家木材力学强度试验所用试样尺寸都以实际木结构尺寸(full size)为准进行强度试验。由于大尺寸木材试样中含有各种缺陷，为了安全，他们在大尺寸力学试验结果的基础上，以95%可靠性进行安全设计。此外，这些国家在现代化的锯材车间，利用动弹性模量与静弹性模量间显著的线性关系原理，采用机械应力分(machine-stress-grading)等，直接在车间将锯制好的板材按对应的应力大小进行盖章、分等与归类，用于建造木结构建筑。

我国木材力学强度通常是以小而无疵的试样，在实验室中按照国家标准试验方法求得，与实际使用中的木构件尺寸、质地、荷载情况均有极大的差别。因此，在实验室求得的木材强度，不能直接用于木构件的设计。设计时，必须考虑各种因素对木构件正常工作的影响，将木材强度予以合理的折减，方可作为木结构设计时的木材计算强度。这种将小而无疵木材试样所测得的力学强度进行合理折扣后所得的强度值称为木材的容许应力(allowable stress, permissive stress, safe design stress, working stress)。

6.4.2　确定木材容许应力应考虑的因素

6.4.2.1　木材强度的变异

木材是生物材料，变异较大。因树种、产地和木材在树干中的部位不同，木材强度存在着变异。因此除了解木材的平均强度以外，还应了解木材强度的变异范围，用变异系数(V)来表示。

一个地区，某一树种木材强度变异与统计学上常态曲线分布是相符合的。例如，落叶松(*Larix gmelinii*)抗弯强度分布曲线(图6-22)。多数试样的强度接近于平均值，少数试样的强度低于平均值。设计时，平均值最有代表性，但如不考虑低于平均值部分试样力学强度，就不能保证结构的安全。为保证木结构的安全，考虑到木材强度的变异性，引入折减系数 K。

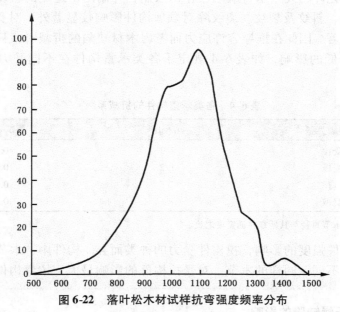

图6-22 落叶松木材试样抗弯强度频率分布

当可靠性为99%时，K用下式确定：

$$K = 1 - 2.33V$$

式中：V——平均变异系数。

我国木材抗弯强度、顺纹抗压强度、顺纹抗拉强度和顺纹抗剪强度变异系数均值(V)分别为13%、12%、21.7%和14.8%，它们相应的折减系数 K 分别为0.70、0.72、0.50和0.66。

6.4.2.2 荷载的持久性

木材强度试验，规定了一定的加荷速度。从开始受力试验到破坏，其过程十分短暂。这与实际使用中的木构件长期承受荷载的作用有着明显的不同。在荷载长期作用下，木材强度要比荷载短期作用状态下低得多，而建筑结构一般都有部分恒载，因此在木材容许应力取值时，必须考虑长期荷载的影响，否则会危及结构的安全。在木材力学性质中，长期荷载对木材抗弯强度影响最为明显，木材承受荷载时，短时间的变形为弹性变形，但在荷载长期作用下，木材塑性流动就成为支配变形的更主要的因素，以致在荷载较低的情况下就达到木材抵抗荷载的最大变形。

目前长期荷载对木材强度的影响，许多国家都采用小而无疵试样强度的2/3(即0.67)作为长期荷载强度的数值；若为恒载，则用1/2。建筑结构物大部均为恒载和活载的共同作用，故在 GB 50005—2017《木结构设计标准》中，引用的长期荷载强度折减

系数 $K_2 = 0.67$。

6.4.2.3 木材缺陷对强度的影响

作为木材强度试验用的小而无疵试样，实际使用的木构件上缺陷是无法避免的。与实际使用的构件比较，木构件截面尺寸较大，包含某些天然缺陷如木节等，增大了木材的不均匀性，影响木构件的强度。因此在确定木材的容许应力时必须加以考虑。

不同类型木构件对材质的要求不同，我国 GB 50005—2017《木结构设计标准》对不同类型木构件所允许的天然木材缺陷已作出限制，并制定出适当的材质标准。木材缺陷主要考虑节子、斜纹及裂纹。裂纹除对顺剪构件影响较显著外，对受拉、压、弯构件的影响并不显著。因此在推导容许应力而考虑木材缺陷的折减时，只着重考虑节子对木构件强度降低的影响，如表6-4规定了各类承重构件在不同受力情况下的折减系数。

表 6-4 各类承重构件的折减系数

构件的受力类型	节径比	折减系数 K_3
顺纹受拉	1/3	0.38
顺纹受压	1/2	0.67
抗 弯	2/5	0.52
顺纹受剪	—	0.80

注：节径比是指木节直径与其所在材面宽度之比。

木节对木构件强度的影响，视构件受力的种类而异。构件中，木节的分布部位和大小不同，影响不同。同样的木节，对受拉构件的影响最大，抗弯构件次之，抗压构件则较小。

6.4.2.4 构件干燥缺陷的影响

用来推算木材容许应力的木材强度，是以木材含水率为12%为基准。木结构工程中，因条件限制大部分使用湿材作构件。当湿材在气干过程中，一般都要发生开裂和挠曲，从而降低构件的强度。因此也要考虑木材干燥产生缺陷的影响。

6.4.2.5 荷载偏差的折减

荷载的超载、结构设计与施工的偏差以及构件缺口处引起的应力的集中（应力集中主要考虑顺纹拉伸），均可影响构件的强度，对于这些因素，GB 50005—2017《木结构设计标准》均确定了折减系数。

6.4.3 木材容许应力和安全系数的确定

小而无疵试样的木材强度，与实际木结构构件的计算强度之间，之所以存在差异，主要受上文所述中木材强度的变异、木材的缺陷、荷载的持久性、不可预计的超载、设计和施工中可能出现的偏差以及构件缺口处应力的集中等因素的影响。为保证木结构设计的安全可靠，这些因素对木材强度的影响，必须加以综合考虑，予以合理的折扣。目前，各国木材容许应力的推导，具体方法虽有不同，但基本原则大体相近。目前，我国木结构设计所采用的木材容许应力是根据多年来国产木材材性研究的结果，木结构设计和使用的经验，经过多次方法上的改进而确定的，是可行安全的。

木材容许应力 $[\sigma]$ 可按下式计算：

$$[\sigma] = \sigma_{12} \cdot K_1 \cdot K_2 \cdot K_3 \cdot K_4 \cdot K_5/(K_6 \cdot K_7)$$

或
$$[\sigma] = [\sigma]_{min} \cdot K_2 \cdot K_3 \cdot K_4 \cdot K_5/(K_6 \cdot K_7)$$

式中：σ_{12}——含水率为12%时强度的平均值；

$[\sigma]_{min}$——试验平均值考虑强度变异影响的最小强度值；

K_1——木材强度变异系数；

K_2——长期荷载系数；

K_3——木材缺陷系数；

K_4——干燥缺陷系数；

K_5——应力集中系数；

K_6——超载系数；

K_7——结构偏差系数。

其中，K_1、K_2、K_3、K_4、K_5 的性质均为折减系数；而 K_6、K_7 不同，在折减计算时应取 $1/K_6$ 和 $1/K_7$。各项因素对不同类型构件的影响系数见表6-5。

表6-5　木构件类型各缺陷因素的折减系数与总的折减系数

构件类型	K_1	K_2	K_3	K_4	K_5	K_6	K_7	总的折减系数 K
顺纹抗拉	0.50	0.67	0.38	0.85	0.90	1.20	1.10	0.074
顺纹抗压	0.72	0.67	0.67	1.00	—	1.20	1.10	0.245
抗弯强度	0.70	0.67	0.52	0.80	—	1.20	1.10	0.148
顺纹抗剪	0.66	0.67	0.80	0.75	—	1.20	1.10	0.201

总的折扣率 $K = K_1 \cdot K_2 \cdot K_3 \cdot K_4 \cdot K_5 \cdot 1/(K_6 \cdot K_7)$。由表6-5可知木材顺纹抗拉、顺纹抗压、抗弯强度和顺纹抗剪总的折扣率 K 分别为0.074、0.245、0.148 和 0.201。

安全系数为总的折扣率的倒数，为强度平均值 σ 与容许应力 $[\sigma]$ 的比值，用 A 来表示。

$$A = 1/K = \sigma/[\sigma]$$

木材由于构造不均匀，同时强度受缺陷和含水量等影响，木材的安全系数比金属等其他材料要高。在我国木结构的安全系数一般为 3.5~6。

复习思考题

1. 木材主要力学性质有哪些？在受力方式与方向上有何不同？
2. 比例极限和强度、弹性变形与塑性变形、刚性和脆性有何区别和联系？
3. 木材静态弯曲受力，梁中应力分布有何特点？其破坏与木材顺纹抗压和抗拉强度大小有无关系？
4. 如何理解木材性质的各向异性？
5. 木材横纹抗压能否测出最大强度？木材径向与弦向受力破坏时，其比例极限应力大小与木材结构特点有无关系？
6. 木材蠕变与松弛各有何特点？
7. 木材小而无疵试样测出的力学强度值能否直接用于木结构设计？如何确定木材的容许应力？
8. 何为应力木？其木材性质与正常材有何区别？
9. 简述节子的分类及其对木材性质和利用的影响？

第7章
竹材构造、性质与利用

【本章难点与重点】 与木材比较，竹子生长快，轮伐期短。我国利用竹材的历史悠久，竹材的构造、性质是其利用的基础。随着竹材构造和性质研究及竹材加工技术的不断进步，竹材的工业化生产正蓬勃发展，"以竹代木"具有较大的发展空间，甚至目前市场上受欢迎的竹材集成地板、车厢底板用竹胶合板、竹胶模板、重组竹地板、竹展开砧板等产品都具备"以竹胜木"的条件。

竹类属禾本科（Gramineae）竹亚科（Bambusoideae），现已记载世界上竹类 70 多属 1 200 余种，其中木本 49 属。世界上竹林面积约 2 200 万 hm^2，主要分布于热带和亚热带，按地理分布可分为亚太竹区、美洲竹区和非洲竹区三大竹区。亚洲为主要分布区，其次为非洲、拉丁美洲、北美洲和大洋洲，欧洲无天然分布，仅有少量引种。我国竹类种质资源丰富，有 48 属 500 余种，主要分布于北纬 40°以南地区。由于各地气候、土壤和地形等变化及竹种生物学特性的差异，分布具有明显的地带性和区域性。一般可分为四个分布区，即黄河—长江竹区，长江—南岭竹区，华南竹区和西南高山竹区。现有竹林面积约 720 万 hm^2，其中纯竹林 420 万 hm^2（毛竹占 70%，约 300 万 hm^2）。

我国竹类植物中，最大的竹子是云南的巨龙竹（1984 年），其高 25m，直径 20~24cm；竹材利用最广的是毛竹。毛竹是材质最好、用途多、分布广的优良竹种，它东起台湾，西至云南，南自广东、广西的中部，北至江苏和安徽北部、河南南部，都有分布。

竹类植物因具有生长速度快、代木性好和生态功能强等优点，其经济、生态和社会效益日益显得突出、重要。有专家预测，竹业与花卉业、森林旅游业和森林食品业将成为我国 21 世纪林业经济的四大新兴朝阳产业。2018 年，我国大径竹产量为 31.55 亿根，其中毛竹 16.95 亿根，其他直径在 5cm 以上的大径竹 14.60 亿根。我国竹材加工技术处于国际领先地位，2018 年我国竹产业产值达 2 456 亿元。

7.1 竹材的构造

竹类植物营养器官可分为地上和地下两部分。地上部分包括秆（支持、输导和生长发育的主体）、枝叶（同化、异化及水分蒸腾的主要器官）、花果（竹子有性繁殖的器官）；地下部分指鞭、蔸、根，担负着吸收功能，既是水分、养分储藏和运输的主要器官,又是无性繁殖的重要器官。地上部分兴衰与否直接决定地下部分抽鞭、孕笋及成竹率的高低,反过来,地下部分的生长情况又对地上部分立竹的兴衰起着决定性的作用。竹材是一种较为复杂的生物材料,随着科学技术的进步,竹材的用途日益广泛,已由传统的原竹利用和制作生活用品步入了工程结构材料的行列。科学合理利用竹材就必须了解竹材的结构与性能。

7.1.1 竹材的宏观构造

竹秆是竹子的主体,即通常所称的竹材,多为圆柱形的有节壳体,可分为3部分(图7-1):挺立于地上的部分称为真秆或秆茎;真秆在地面下或紧邻地表的部分为秆基;秆基之下紧接竹鞭或母秆的部分称为秆柄,其中秆茎是加工利用的主体。竹秆具有明显的节和节间,不同竹种节数变异很大,多的可达70个左右(毛竹),少的只有十几节。节间长度也因竹种而异,长的可达1m以上,如贵州省赤水市的粉单竹可长达1.3m,短的仅几厘米。节间多为中空,周围的组织即竹壁。

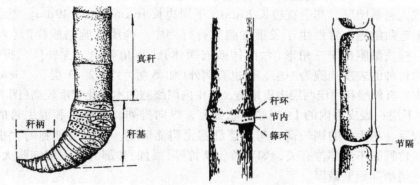

图7-1 竹秆的组成及名称

竹材的宏观构造就是秆茎竹壁在肉眼下和放大镜下的构成,由竹皮、竹肉和髓外组织(髓环和髓)组成。竹皮是竹壁横切面上见不着维管束的最外侧部分,髓外组织是竹壁邻接竹腔的部分,也不含维管束;竹肉居竹皮和髓外组织之间,在横切面上有维管束分布,维管束之间是基本组织(图7-2)。

生产上习惯根据维管束分布密度将竹壁从外向内称之为竹青、竹肉、竹黄三部分。

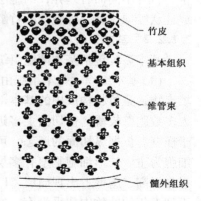

图7-2 竹壁横切面宏观结构图

7.1.2 竹材的解剖构造

竹材的解剖构造由竹皮系统、基本系统及维管系统三部分组成。

7.1.2.1 竹皮系统

竹皮系统包括表皮层、皮下层及皮层,均由体小壁厚、排列紧密的细胞构成(图7-3)。

(1)表皮层:是竹青最外一层细胞,由长形和短形细胞有规则地相间排列。长形细

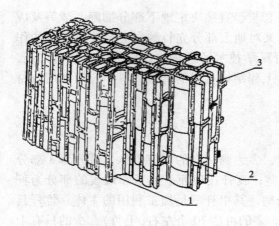 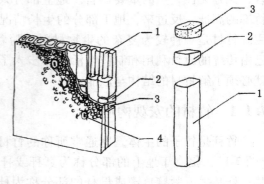

图 7-3　竹皮系统　　　　　　　　　图 7-4　竹材的表皮层
1. 表皮层　2. 皮下层　3. 皮层　　　　1. 长形细胞　2. 硅质细胞　3. 栓质细胞　4. 气孔器

胞直立柱状，通常肥厚，其垂直边长 23μm，平周边长 16μm，长约 49μm。短形细胞是一些栓质和硅质细胞，常散生于长形细胞纵行行列中。栓质细胞略成梯形（六面体），小头向外；硅质细胞近于三角形（六面体或五面体），顶角朝内，含硅质、折光率强。绝大多数的竹种的表皮细胞为一层，但也有例外（如奥克兰竹，2～3 层）。Liese 则认为竹材的表皮具有外层和内层两层表皮细胞，其中内层细胞的木质化程度较高（图 7-4）。

(2) 皮下层：表皮层内的 1～2 层柱状细胞，纵向排列。散生竹和混生竹的皮下层细胞胞壁较厚，丛生竹的则较薄，与皮层细胞无明显区别。皮下层细胞的大小及胞壁的厚薄还与竹秆的不同部位有关，如毛竹、淡竹等竹材的基部的皮下层细胞大而壁薄，中部次之，到梢部胞壁最厚。

(3) 皮层：由皮下层以内无维管束分布的 2～6 层薄壁细胞组成，其宽窄因取材部位、竹种不同而有差异，细胞层数一般基部＞中部＞梢部。皮层细胞大于皮下层细胞，成柱状纵向排列，细胞壁随竹龄增加而加厚木质化。

7.1.2.2　基本系统

基本系统包括基本薄壁组织和髓腔外围组织。

(1) 基本组织：基本组织由薄壁细胞组成，分布于维管束系统之间，其作用相当于填充物，是竹材构成中的基本部分，故称基本组织（图 7-5）。基本组织细胞一般较大，大多数胞壁较薄，横切面上多近乎于圆形，具有明显的细胞间隙，纵壁上的单纹孔多于横壁。依据纵切面的形态，可区分为长形的和近于正方形的短细胞两种，但以长形细胞为主。长形细胞胞壁有多层结构，在笋生长的早期阶段已木质化，其胞壁中的木素含量高，胞壁上出现瘤层。1～2 年生竹材长形薄壁细胞中的淀粉含量丰富，而生长不到 1 年的幼竹中几乎没有，在数年以上的老竹内也不存在。短细胞胞壁薄，散布于长细胞之间，具稠浓的细胞质和明显的细胞核，不含淀粉，即使在成熟秆茎中也不木质化。

(2) 髓环：靠近髓腔的 5～18 层细胞，短方柱纵向排列，紧贴着髓，其细胞壁随竹龄的增大而不断加厚，或发展为石细胞（图 7-6）。

(3) 髓：竹壁最内一层的大型细胞，因原来髓部薄壁细胞分裂增殖的机能较弱，不能随同节间的发展，而干缩为髓组织的残骸，呈一层半透明的薄膜黏附在秆腔内壁周

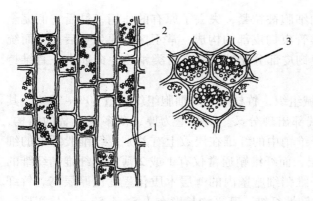
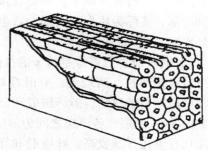

图 7-5　基本组织
1. 长形细胞　2. 短细胞　3. 淀粉粒

图 7-6　髓环细胞组成形态

围,俗称竹衣,但也有含髓的实心竹。

7.1.2.3　维管系统

竹类植物的维管系统,主要由向上输导水分和无机盐的木质部与向下输导光合作用产物的韧皮部组成。竹类植物维管束外方为初生韧皮部,内方为初生木质部,四周则是纤维鞘和纤维股(图7-7)。

(1) 初生木质部：初生木质部包括原生木质部和后生木质部,其总轮廓大体成"V"字形,特征细胞是导管,原生木质部位于"V"字形的基部,含环纹导管和螺纹导管。环纹导管直径比较小,在导管壁上每隔一定距离,有环状增厚部分;螺纹导管直径比环纹导管稍大,导管壁上的增厚部分呈螺旋状(图7-8)。原生木质部导管常因不能适应快速纵向扩张而破裂形成空腔,留下可见者多为环纹导管。"V"字形的两臂各为一个大型的导管,即后生木质部,它的导管壁全部增厚,仅留下具缘纹孔没有加厚,其导管一般是单穿孔,具有水平或稍斜的边缘,少数竹种有梯状穿孔或网状穿孔。

(2) 初生韧皮部：初生韧皮部和初生木质部在位置上相对,初生韧皮部在外,初生木质部在内。从形成上也可分为原生韧皮部和后生韧皮部。原生韧皮部是在竹子秆茎

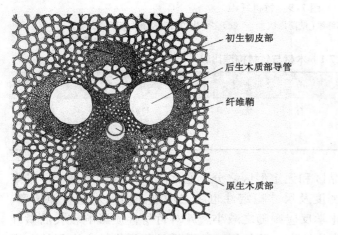
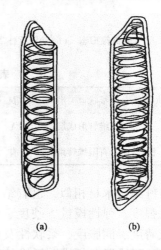

图 7-7　竹材秆茎的维管束横切面

图 7-8　竹材原生木质部中导管类型
(a) 螺纹导管　(b) 环纹导管

各部分正在伸长时成熟的,其构成的细胞被拉紧,失去了原有的作用,最后它们完全消失。所以,竹材文献中,对竹材维管束韧皮部的构成,常不区分原生和后生,而统称韧皮部,实际为后生韧皮部。后生韧皮部分化较晚,在竹类植物生命期中一直维持输导作用。

(3)竹纤维:竹纤维是竹子的机械组织,竹材中纤维细胞组织比量60%~70%,其形态特点是形长、两端尖,有时在端部出现分叉。细胞壁为厚、薄多层交替的结构,通常壁厚随竹龄逐增,但纤维股和纤维鞘中的纤维在层数上有差别,纤维股纤维的细胞壁由3~4厚层,各厚层之间为薄层,而纤维鞘通常仅有1或2薄层。纤维鞘纤维的木质化程度比纤维股高,纤维股和纤维鞘细胞壁内的薄层木质化程度比厚层高。竹纤维胞壁上有少数小而圆的单纹孔,属韧性纤维,其平均长度在1.5~4.5mm,长宽比较针叶材和阔叶材都大,竹材是纸浆工业适宜的原材料(图7-9)。

竹材纤维长度、壁厚、长宽比等性状因竹种、竹秆的不同部位有着显著的差异,竹种选择有利于提高浆料质量。

木材与竹材构造比较见表7-1。

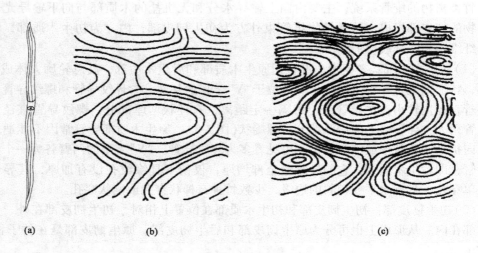

图7-9 竹材纤维
(a)纤维形态 (b)幼龄竹秆茎纤维(壁薄层次少) (c)多年生竹秆茎纤维(壁厚层次多)

表7-1 木材与竹材构造比较

构造特征	维管束类型	髓心	节	形成层	木射线	细胞排列	外皮
竹 材	维管形成层	无	有	无	无	与材身平行	表皮
木 材	有限维管束	有	无	有	有	纵、横	树皮

竹纤维与木材相似,也有结晶区和无定型区之分。通常随结晶度的增加,纤维束的抗张强度、弹性模量、硬度、密度及尺寸稳定性也随之增加,而保水值、伸长率、染料吸着度、润胀度、柔软性及化学反应则随之减小。就对竹材性质影响较大的微纤丝而言,纤维股和纤维鞘纤维的次生壁有一薄外层,其微纤丝与纤维轴方向间的角度为30°或以下,一般约20°。在竹材纤维构造模式中,最外层之内,厚、薄层交替相连,

次生壁的最内层是厚层，其微纤丝方向与纤维轴近于一致，纤丝角 3°~10°，厚层的厚度不是一致的，所以应以微纤丝角度作为厚层的标志性状，而不是用其厚度。薄层微纤丝角度 30°~90°，大多数为 30°~45°，方向与其内、外厚层相反。

7.2 竹材的性质

7.2.1 物理性质

7.2.1.1 密度

竹材的密度与维管束密度成正相关，并决定竹材的力学性质。竹材密度主要取决于纤维含量、纤维直径及细胞壁厚度，随纤维含量增加而增加。通常竹材的实质密度 1.481~1.514g/cm^3，平均 1.500g/cm^3。竹材的基本密度 0.4~0.8g/cm^3。竹材的密度和竹材的竹秆部位、竹龄、立地条件以及竹种有关。

(1) 竹种：各竹种竹材密度不同，丛生竹的实质密度比散生竹要大 1.4%，绝干密度也要大于散生竹。湖北咸宁引种的黄甜竹(*Acidosasa edulis*)、茶秆竹(*Pseudosasa amabilis*)、硬头黄竹(*Bambusa rigida*)、苦竹(*Pleioblastus amarus*)、金竹(*Phyllostachys sulphurea*)、红脯鸡竹(*Ph. iridescens*)、黄秆乌脯鸡竹(*Ph. vivax* f. *aureocaulis*)、青皮竹(*Bambusa textiles*)、粉单竹(*B. chungii*)和慈竹(*Neosinocalamus affinis*)等竹种基本密度分别为 0.609g/cm^3、0.638 g/cm^3、0.554 g/cm^3、0.613 g/cm^3、0.721 g/cm^3、0.537 g/cm^3、0.413 g/cm^3、0.557g/cm^3、0.636 g/cm^3 和 0.520g/cm^3。可见竹种间基本密度差异很大。

(2) 部位：竹秆上部和竹壁外侧的密度大，基部和竹壁内侧的密度小。

(3) 竹龄：竹材密度随年龄的增长而不断提高和变化。绝干密度的变化是从基部到梢部、从里到外递增，而孔隙度的变化与其相反，从基部到梢部递减。

(4) 纤维特性：竹材基本密度与纤维长度具有显著的相关性，与纤维体积比量(组织比量)、壁腔比和长宽比之间有较显著相关性。

(5) 立地条件：立地条件好，竹子生长快，维管束密度低，竹材的密度就低；立地条件差，竹子生长慢，竹材密度大。生长在降雨少、气温低地区的竹类其密度较大，而在降雨多、温度高地区的竹类其密度较小。

7.2.1.2 干缩性

竹材的干缩是因维管束中的导管失水后收缩而收缩，其收缩率比木材要小。干燥后的竹材吸水性很强，吸水后，体积膨胀，强度降低。干燥后再浸水的竹材的膨胀率比气干竹材低，膨胀速度也较快。

同木材一样，竹材的干缩弦向、径向和纵向具有各向异性。竹材的干缩率以弦向和径向较大，纵向干缩率最小，竹壁外侧较其内侧弦向干缩率大(表 7-2)。木材弦向干缩率大于径向，理论上竹材也应如此。但事实上，有很多研究表明竹材弦向干缩率小于径向，这与木材不同。随竹龄增加，干缩性有减小的趋势。含水率为 30% 处，是竹材干缩性发生变化的转折点。同一秆高外侧，竹材体积干缩最大，中部次之，竹黄最小。

表 7-2　楠竹不同方向竹材全干干缩率　　　　　　　　　　　　　%

竹龄	弦 向			纵 向			径向	体积
	竹青	竹黄	平均	竹青	竹黄	平均		
1	6.2	4.16	5.18	0.73	1.25	0.99	9.26	14.82
2	6.29	3.74	5.01	0.49	0.97	0.73	5.97	11.33
3	6.9	3.11	5.00	0.48	1.09	0.78	6.25	11.65
4	5.7	2.98	4.34	0.34	1	0.67	5.74	10.44
5	6.57	3.42	4.99	0.47	1.33	0.9	5.69	11.2
6	6.07	3.01	4.54	0.56	1.12	0.84	5.46	10.51
均值	6.7	3.01	4.54	0.56	1.12	0.84	5.46	10.51

7.2.1.3　干燥特性

竹材干燥是竹材工业化利用不可或缺的一个重要环节。由于竹材本身各向异性的特点以及其固有的节间组织，如果干燥不好，势必造成开裂等各种现象发生。竹壁内外侧的维管束密度和面积的差异，使竹秆干燥时很容易劈裂。近年来对竹材干燥特性的研究主要集中于干燥方式的选用和干燥参数的确定。竹材干燥通常采用自然干燥法。不同竹种干燥特性各异，Sharama 对印度的 9 个竹种的气干和窑干的试验结果显示：就整竹干燥而言，窑干与气干相比，竹秆表面更易开裂、内裂和变形，故不适于整竹干燥；黄竹极易干燥，有时干燥开始表面有细小裂缝，但随后愈合；印度刺竹干燥时无大的变化，成熟竹秆干燥较慢；牡竹干燥时间长，成熟竹材干燥结果令人满意。

7.2.1.4　吸水性

干燥的竹材吸水性强，吸水速度与竹材直径关系不大，但与长度有关。吸水能力的大小除与解剖构造相关外，还与浸泡时间有关。

7.2.1.5　渗透性

渗透性对竹材的药剂处理、干燥、染色和胶合加工工艺等均有重要影响。随着对竹材利用的研究越来越多，竹材的渗透性正逐渐引起人们的关注。与木材不同，竹材组织中没有射线细胞，因此，处理药剂及水较难横向渗入。竹茎成熟后，由于胶状物质的沉积及侵填体的聚积，导管和筛管不再具有渗透性。竹材输导组织在其整个生长期内都有影响，但在数量上没有任何增加。

7.2.2　力学性质

7.2.2.1　竹材力学强度

竹材力学强度主要有顺纹抗拉强度、顺纹抗压强度、顺纹抗剪强度以及静曲强度等。竹材的顺纹抗拉强度和静曲强度比木材高，但因缺乏刚性受荷重后挠度增加，易变形。抗剪强度较木材弱，竹材的横纹抗剪强度是其顺纹的 3 倍。

7.2.2.2　竹材强度变异

（1）维管束密度：竹材维管束是竹材的重要组成部分。维管束由许多厚壁纤维细胞组成，是影响竹材力学性质的重要因素。

（2）含水率：竹材的力学强度随含水率的增高而降低，但当竹材处于绝干条件下时，因质地变脆，强度反而下降。竹秆上部比下部的强度大，竹壁外侧比内侧的强度大。气干试样的压缩强度、抗拉强度、弹性模量和破裂模量要比新鲜试样高得多，竹壁外侧的破裂模量较高，而弹性模量没有改变。

(3) 竹龄：一般来讲，竹龄与竹材的力学强度有较密切的关系。竹龄对竹材的物理和力学性能起重要作用，竹材的力学强度一般随竹龄的增长而提高，但当竹秆老化变脆时，强度反而下降。

(4) 立地条件：立地条件越好，竹材力学强度越低。

(5) 竹秆形态：小径材比大径材的力学强度高，有节整竹比无节竹段的抗压强度和抗拉强度都要高，整竹劈开后的弯曲承载能力比整竹要低。

(6) 部位：毛竹节部的抗拉强度比节间的低 1/4，而其他的力学性质均比节间高，原因是节部维管束分布弯曲不齐，受拉时易被破坏。

见表 7-3 所列，竹材的力学强度与竹材的密度和维管束密度正比，并因竹秆部位及有节无节而异，上部竹秆力学强度比下部大，竹青的比竹黄大。

表 7-3 楠竹不同高度物理力学性质和维管束密度的关系

试验项目	竹秆高度							
	1		3		5		7	
	有节	节间	有节	节间	有节	节间	有节	节间
顺纹抗拉	121.9	151.8	160.8	186.7	161.0	200.8	162.9	212.6
顺受抗压	62.2	58.5	65.2	67.1	66.5	67.2	70.8	68.4
静曲强度	1 134.8	133.4	145.9	146.2	156.5	154.6	165.7	163.6
顺纹抗剪	18.1	16.1	19 019.0	18.5	20.5	19.1	22.5	19.9
干材密度	0.7		0.8		0.8		0.8	
维管束密度	138.0		216.0		252.0		297.0	

就强度和成本而言，竹子被认为是自然界中效能最高的材料。竹材的抗弯强度、弹性模量、抗拉强度和抗压强度与山毛榉木材相当，竹秆的力学性质特别是抗拉强度和抗压强度高；与钢材相比，竹材密度只有钢材的 1/8~1/6，但其顺纹抗压强度相当于钢材的 1/5~1/4，顺纹抗拉强度为钢材的 1/2，因此，在建筑结构材料中尤其是空间桁架，竹秆可以代替木材和金属使用。

7.2.3 化学性质

7.2.3.1 竹材基本化学成分及其性质

竹材的化学成分与木材一样，主要由纤维素、木质素和半纤维以及一些提取物和灰分组成。一般来讲，整竹由 50%~70% 的全纤维素、30% 的戊聚糖和 20%~25% 的木素组成，但与木材有差异。

(1) 纤维素：竹材纤维素含量大致在 40%~60% 之间。

(2) 木素：竹材木素是典型的草本木素，含量较高（比较针叶材），和阔叶材相当。竹材木素性质稳定，所以竹子耐酸耐碱。

(3) 半纤维素：竹材中半纤维主要是多缩戊糖，约有 27%，多缩己糖很少，仅 0.5% 左右（多缩甘露糖）。竹材各种抽提物比木材高。

(4) 其他成分：淀粉总量为 2%~6%，竹材中可溶性淀粉的含量为 2% 左右，蛋白质含量为 1.5%~6%，脂肪含量为 2%~4%。

7.2.3.2 竹材化学性质变异

（1）部位：竹材的基本化学成分与竹秆高度及部位有密切关系，竹青的纤维素，木素和多缩戊糖比竹黄高。随着竹龄增长，纤维素、木素有逐渐增加的趋势，但多缩戊糖逐渐减少。

（2）竹种：竹子的化学成分在不同的属种之间会有一些差别，部分原因是与微管束类型的不同有关。

（3）竹龄：国内外对竹材化学成分也进行了相关的研究。其研究结果表明：纤维素和热水抽提物含量、木素和半纤维素含量随着竹龄增加而提高。

（4）季节：主要影响竹子的其他成分，如竹材的游离糖及淀粉含量随季节性变化显著，当年生竹材其淀粉含量只有 0.1%～0.3%，随着竹叶的急剧增加，到第二年发笋前淀粉含量达 6%。

7.2.3.3 pH 值及缓冲容量

与木材相比较，竹材的 pH 值变化范围偏小。竹材的 pH 值在 4.80～6.66 之间，平均为 5.70，呈弱酸性。散生竹变化范围较大，在 5.42～6.66 之间；丛生竹 pH 值普遍较散生竹小，在 4.80～5.72 之间。大部分散生竹的基部 pH 值较梢部大，而丛生竹则是梢部较基部大，且 pH 值变异性较大。竹材的 pH 值受抽提时间和蒸馏水比例的影响较大。

散生竹的酸碱缓冲容量变化较大，丛生竹相对较小。毛竹的竹材结合酸含量范围为 0.207～1.80mg/100g；可溶性酸含量范围 0.211～2.228mg/100g。

马灵飞对毛竹材性的研究结果表明：竹材的组织比量与竹龄无显著相关，与胸径有一定相关，纤维素含量和基本密度与竹龄、胸径、竹秆部位均有关系。纤维组织比量随竹秆胸径增加而减少，纤维素含量随竹龄增加而减少，竹子 3 年生时的纤维素含量基本趋于稳定，基本密度随竹龄增加而减少。纤维素含量、基本密度与胸径存在一定的负相关关系。

7.3 竹材的防护

竹材含有较多的营养物质，竹材和竹制品在温暖潮湿的环境条件下保存和使用时很容易产生腐朽、霉变和虫蛀。竹青表面附有蜡质，竹青层有 10 多层厚壁细胞，且节间无射线组织等横向联系，药剂很难渗入。药剂渗入竹材的主要通道是维管束的导管、筛管和细胞间隙，它们孤立于一些木质化的厚壁细胞之间。药液渗透主要通过细胞壁上的单纹孔进行，渗透能力很低，有时即使导管中充满了药剂，仍难以渗透到附近的纤维和薄壁细胞中。导管仅占竹秆体积的 10%，所以防腐剂渗透到导管周围的其他组织的能力很弱。防腐剂未渗透到的薄壁组织则极易成为真菌早期侵袭的突破口。

竹材防霉变、防菌腐和防虫蛀等防护技术的研究和在生产中的推广应用，以及竹材开发利用的生产活动中，是一个极为重要的问题，其重要程度远超过木材。然而竹材防护技术的研究和应用，远不如木材深入广泛，竹材防腐技术的主要借鉴木材的防腐剂及其技术。

7.3.1 竹材防腐防虫的方法

7.3.1.1 物理法

(1) 浸渍：将竹材浸没于清水或流水中，溶出部分水溶性营养物质，并使细胞充满自由水以造成缺氧环境，预防和消除虫菌为害。

(2) 干燥：将竹材烘干或晒干。经烘晒过程，一方面可因加热杀死虫菌；另一方面又可因水分减少导致虫菌难以生存。

(3) 电磁波辐射：用远红外线（波长 25~199μm）、微波（波长 103~105μm）照射，可引起竹材内部分子的振动、转动的共振吸收。这种能量吸收效率很高，可在短时间内，使竹材外表和内部同时升温至虫菌的最高耐受温度以上而致死。此外，紫外光（波长 4~400μm）、X 射线、γ 射线等均可破坏虫菌体内的生物活性物质，使虫菌致死。

(4) 气调：调节竹材贮存环境的气体组成，降低氧气含量，造成缺氧状态，使真菌不能生长，蛀虫窒息而死。

(5) 蒸煮：加热蒸煮，除去部分可溶性物质，杀死虫菌。

物理方法一次性杀虫灭菌的效果大多较好，但却不能预防在以后的生产、贮运和使用过程中再次感染虫菌。因此，在生产实践中大都采用物理和化学结合的方法。

7.3.1.2 化学法

利用化学药剂处理竹材。

(1) 竹材用防腐剂：一般有熏蒸剂、焦油型、油溶性和水溶性 4 种。

①熏蒸剂：如氨水、硫磺，主要作用于竹材表面，难以对内部的真菌起作用，且容易污染空气。

②焦油型防腐剂：过去应用最广泛的是杂酚油类，因其含有致癌性的多环芳烃，已趋于淘汰。

③油溶性防腐剂：如五氯苯酚，不仅处理成本比较高，而且对人的健康有害。

④水溶性防腐药剂：具有毒性低、效果好、无异味的特点，所以当前使用较多并且多为复合型防腐剂。

(2) 处理方法：不同形状的竹材或制品，不同的药剂，要采用不同的处理方法。通常根据具体情况可用下列几种方法。

①浸渍、喷雾、涂刷法：此法一般用 0.5%~5% 的药液对干燥的材料进行浸渍、喷雾或涂刷，大多数药剂都能采用这些方法。处理简单，对设备要求不高，投资少，但不能进入竹材的深处，处理后若再进行劈、削等加工，则会露出未处理到的竹材。

②热冷槽法：把竹材放在热的药剂中（接近沸腾温度但不要到沸腾）煮一定时间，立即取出浸入冷的药剂中（可在常温下）。这样可以增加药剂的吸收量和进入深度。

③树液置换法：将伐倒的竹材基部一端套上一个紧箍住的"帽子"，"帽子"通过管子连着一个加压容器。加压容器中的药剂就可以压入竹材，顺着导管流向梢部，待梢部断口上看到药液流出时就可结束。这种方法虽然麻烦，但药剂可进入全部竹材中，所需设备比较简单。对一些价值高的特殊用材，可采用此法处理。

④扩散法：适用于含水率在 30% 以上的竹材。把竹材在较浓的药液中（10%~30%或更浓）浸泡或涂刷，使药剂附在竹材表面上，然后堆起来用塑料布密封存放 2~3 周，使药剂扩散到竹材内部去。此法要求含水率要高，使用水溶性药剂，药剂的分子半径

不能太大。

⑤加压法：把竹材放入特制的加压罐中密封，送入药剂加压，在压力下让药剂进入竹材的内部。只要选用适当的药剂，在一定的压力和时间下，药剂可进入整个竹材的内部。由于需要的设备较复杂，少量的材料可委托专门的加压处理工厂代为处理。

⑥活竹注射法：在采伐前的适当时间，在竹秆基部注射杀霉菌药剂，然后采伐。据有关单位试验有较好的防霉效果。

7.3.2 新型防腐剂

竹材防腐技术应借鉴木材防腐领域已取得一定成果，然而，由于竹材和木材的解剖构造存在很大差异，还需进一步研究新型防腐剂。今后防腐剂应用的方向是开发水溶性低毒防腐剂。目前已有的低毒高效防腐剂主要包括：水溶性的烷基铵类化合物（AAC）、氨溶季铵铜（ACQ）、硼化物、双二甲基二硫代氨基甲酸铜（CDDC）和油溶性的环烷酸铜/锌、百菌清（CTL）、有机碘化物（IPBC）、拟除虫菊酯等。

7.3.3 竹材防腐技术研究的发展趋势

7.3.3.1 开发适合于竹材特点的高效低毒防腐剂

利用复合杀菌剂开发新型的具有广谱、使用量少等优点的复合防腐剂。从具有天然防腐性能的植物化学成分中提取和开发的生物防腐剂是 21 世纪木（竹）材防腐剂的重要特点，但其有效成分的确定和大量提取的成本是这类防腐剂能否推行的难点。

7.3.3.2 寻找更合适于竹材防腐处理的方法

随着竹材的防腐处理已受到日益普遍的重视，许多国家对竹材的防腐处理技术进行了研究。据日本报道，用苯酚和甲醛缩合成的甲阶酚醛树脂，是一种低分子和低黏度的水溶性制剂，对竹材具有良好的渗透性。该树脂浸注竹材后，再经热处理或酸处理，可生成一种不溶于水的三元结构高分子化合物，无味无毒，也不会渗出和挥发，具有持久的防腐性能。用这种防腐剂处理的竹材，不论在室内室外使用或埋入土中，都没有受到菌类的侵蚀，也无防腐剂从竹材中反渗出来，其防腐性能优于常用的防腐剂处理木材，但用酚醛树脂处理的费用较高。

南京林业大学采用 0.2% 辛硫磷溶液浸渍竹制品 3min，竹蠹虫经 2~3 天死亡，药效可维持一年以上。此药剂低毒、药效较长，应用于竹制品生产是较理想的防蛀剂。将 1% 的添加剂（硼砂:硼酸 = 1:1）加入 5% 的新洁尔灭溶液用来防止竹制品霉变，也取得较好的效果。此外，毛竹篾片液相乙酰化处理试验结果表明，液相乙酰化处理竹片一定时间，乙酰基增重率（WPG）达 12.97%，试样失重率为零，防腐效果极佳，但此法操作较繁，成本较高。

7.3.3.3 深入研究竹材防腐剂固着机制

如采用能和木（竹）材组分以共价键结合方式固定防腐剂是发展方向之一。

7.3.3.4 利用竹材改性的办法进行防腐处理

例如采用如酚醛、三聚氰胺甲醛树脂的低分子缩聚物渗入竹材后再缩聚或进行液相乙酰化处理，其优点是防腐性能好，但处理成本很高，还不适宜广泛使用。

7.4 竹材的开发利用

中国是世界上竹林面积最大，竹材产量最高的国家，素有"竹子王国之称"。竹子传统的利用途径，在中国已有悠久的历史。如早在 3 000 多年前的殷商时代就有竹简，1 700 多年前的晋代已用竹子造纸。常见的竹筷子、竹签、竹牙签、竹香棒、竹凉席、竹笼、竹编制品、竹农具、竹雕制品及竹围篱、竹凉棚、竹室内装璜板、竹家具等都是竹子传统的产品。这些制品是以竹材主要原料经过锯、剖、刨、砂、雕刻、编织、油漆等多种工序加工处理而制成，符合人们崇尚自然、回归大自然理念，在当今社会仍然深受消费者的喜爱。

随着资源的高效利用和工业技术不断进步，我国的竹业发展迅速，竹材加工系列产品已发展到纸、胶合板、空心凉板、竹地板、竹家具、竹工艺品等十多类近千个品种，竹产品应用领域和范围涉及运输、建筑、纺织、包装、轻工、家具、造纸和食品等行业，已形成一个从资源培育、加工利用到出口创汇的新兴产业。竹材利用逐渐由原来粗加工向深加工方向发展，产品从单一性向多系列性、从低附加值向高附加值、从简单商品到优质出口创汇商品发展，形成了具有一定规模和经济效益的竹材加工工业。目前我国竹材工业在产品质量、数量、企业规模和加工技术等方面均具世界领先水平，成为世界上最大的竹制品出口国。

7.4.1 竹材人造板

20 世纪 60 年代以后，人们从木材经过科学加工制成人造板而从根本上改变木材特性的事实中得到了启迪，开始了有关竹材人造板的探索与研究。随着对竹材本身的特性以及竹青、竹肉、竹黄相互的胶合性能进行了较为深入的研究，逐步揭示了它们的内在联系，先后研制开发了与木材人造板既有联系又有差别并具有某些特殊性能的多种竹材人造板。

竹材人造板是以竹材为原料，经过一系列的机械和化学加工，在一定的温度和压力下，借助胶黏剂或竹材自身的结合力的作用，胶合而成的板状材料的总称。其厚度一般为 2~40mm，其幅面可根据加工工艺中主要设备的规格尺寸而定，也可以根据需要在长度或宽度方向进行接长或接宽加工。

竹材人造板的品种很多，但用途比较大、产量比较多的主要品种仅 20 多种。竹材人造板的生产方法有竹片法、竹篾法、竹碎料法和复合法。

7.4.1.1 竹胶合板类

将竹材加工成单一形态的结构单元，组坯胶合而成的一种多层结构板，是生产最多、性能最稳定和应用最广泛的一类竹材人造板。按其结构单元的不同又可分为以下几种。

(1)竹材胶合板：竹材胶合板是将竹材经过高温软化展平成竹片毛坯，再以科学、简便、连续化的加工方法和尽可能少的改变竹材厚度和宽度的结合形式获得最大厚度和宽度的竹片，减少生产过程中的劳动消耗和胶黏剂用量，从而生产出保持竹材特性的强度高、刚性好、耐磨损的工程结构用人造板。竹材的高温软化—展平是该项工艺的主要特征。

(2) 竹席胶合板：竹席胶合板是以竹材为原料，经劈篾、编席、涂胶、热压而成的一种以竹席为构成单元竹材人造板。它是国内出现最早的竹材人造板品种，在我国起始于20世纪40~50年代，其生产工艺简单，原料来源广泛，建厂投资小，竹材利用率高，产品具有力学性能高，生产成本低的特点，可广泛应用于包装、建筑、家具、车辆等行业，是目前竹材人造板的主要品种之一。

(3) 竹帘（弦向）胶合板：弦向竹篾帘胶合板是对竹材弦向进行剖篾、织帘和弦向胶合而得到的一种产品。但由于在竹材的弦向存在难以胶合的竹青、竹黄，为了得到良好的胶合，必须将其剔除，这不但降低了弦向剖篾的效率，更大大降低了竹材的利用率。

7.4.1.2　竹层积板类

竹层积板是竹材构成单元的纹理方向在板坯中互相平行排列胶合而成的一类竹材人造板。由于竹材本身的纵横强度之比高达30:1，竹层积板由于平行胶合故其纵向强度很高，但横向强度较低，这是竹层积板的结构与性能特点。

竹层积板类根据构成单元不同，可分为竹篾层积材和竹地板两个主要品种。

(1) 竹篾层积材：竹篾层积材是将竹材纵向剖削成弦向竹篾或径向竹篾，经干燥、浸胶再干燥后，按照全顺纹方向重叠组坯胶合而成的。

(2) 竹地板：竹地板是将竹材加工成等宽等厚的竹片，通过防霉、防虫处理后、再经干燥、涂胶，然后将竹片平行重叠组坯胶合成地板条坯料，最后加工成具有四侧面榫槽和表面涂饰的长条竹地板。主要有单层径向板、三层弦向板、横切断面板。

竹地板表面硬度高、光洁度好、耐磨损、色泽淡雅给人以回归大自然的感受，因而深受人们欢迎。竹子可与木材复合生产竹木复合地板。竹地板表面硬度高、光洁度好、耐磨损、色泽淡雅给人以回归大自然的感受，因而深受人们欢迎。我国竹地板生产量和出口量均居我国竹制品龙头地位，其产品附加值高，有很好的发展潜力。

此外，竹层积板还可以成型加工成其他式样或增大幅面，用作建筑的大梁、柱子和框架，用作结构性装饰、制造家具或其他方面，但应注意适应环保要求，减少甲醛树脂使用，发展无游离甲醛的竹集成材。

7.4.1.3　竹材碎料板类

竹碎料板是利用小径竹材和竹材加工剩余物为原料，加工成竹碎料为构成单元而压制的一种板材，它是开发利用各种竹材和提高竹材利用率的一条重要途径，常见的有竹刨花板、竹纤维板。

根据竹碎料的几何形态和板坯的铺装方法不同，可分为普通竹碎料板、竹丝碎料板、竹大片碎料板和定向竹碎料板四大类型。

7.4.1.4　竹复合板类

竹复合板是竹材饰面材料及装饰材料，用原竹切成微薄竹片，以木质胶合板、中密度纤维板、刨花板为基材进行贴面加工，可替代大径级阔叶林木材的使用，生产出具有各种装饰效果的板材。竹木复合板的主要品种有竹塑复合板、贴面装饰板和复合板材等。

竹木复合板材，以竹材物理力学性能好、表面装饰性好的特点，与速生丰产木材质轻、力学性能差的特点结合，可取长补短，其产品市场前景好。

7.4.1.5 竹材加工特性

与木材相比,竹材在利用上具有强度高、韧性大、刚性好、易加工等特点,使竹材具有多种多样的用途,但这些特性也在相当程度上限制了其优越性的发挥,竹材的基本特性如下。

(1)易加工、用途广泛:剖篾、编织、弯曲成型、易染色漂白、原竹利用等。

(2)直径小、壁薄中空、强重比高,具有大的尖削度,适于原竹利用,但不能像木材一样直接进行锯切、刨切和旋切,经过一定的措施可以获得高得率的旋切竹单板和纹理美观的刨切竹薄木。

(3)结构不均匀:竹壁的三个不同部分结构、质地、润湿性能导致密度、含水率、干缩率、强度、胶合性能等产生很大差异,从而给加工利用带来很多不利影响,如竹青、竹黄对胶黏剂的湿润、胶合性能几乎为零,而竹肉则有良好的胶合性能。

(4)各向异性明显:主要表现在纵向强度大,横向强度小,容易产生劈裂(木材纵横强度比为20:1,而竹材达到30:1),给加工带来很多不稳定因素。

(5)运输费用大,难以长期保存:壁薄中空,体积大,车辆实际装载量小,不宜长距离运输;竹材内含淀粉和蛋白质等营养成分,易虫蛀、腐朽和霉变,不宜长时间保存;砍伐季节性强,规模化生产与原竹供应之间矛盾较为突出。

从竹材人造板结构上看,竹材人造板产品可分为4类:竹胶合板、竹层积板、竹材碎料板、竹复合板等。

7.4.2 竹浆造纸

我国利用竹类造纸历史悠久,1 700多年前就已开始利用嫩竹,经过石灰腌料,制造文化用纸。我国竹类纤维用于机械制纸,始于20世纪40年代,主要采用半机械法竹浆生产代用新闻纸,配用木浆制成牛皮纸和用漂白竹浆生产打纸、道林纸、书写纸等。据测算,1 t竹浆生产成本比松木低近1 500元,比桉木低近900元。由于竹浆成本低,竹子已大量用于纸浆工业。印度造纸工业中,75%以上的原料是用竹材。我国江西和四川在竹类造纸方面走在前列。不同竹类造纸特性不同,开发某一类竹材造纸必须采用相适应的生产工艺,江西毛竹造纸有优势,四川主要利用慈竹造纸。有关专家认为,积极开展竹子深加工和综合利用,尽快建立起一批竹材、竹纸浆基地,是我国合理利用资源、实现"以竹代木"规划的必然选择。

7.4.3 竹材化学利用

和木材一样,竹材是天然生长的高分子有机物,由各种不同形状和功能的细胞组成,有特殊的孔隙。最近几年来,国内外研究开发了竹炭和竹醋液,它们是竹材热解后的产物。竹材热解后的固体产物是竹炭,热解过程中产生的气体混合物经冷凝器分离后,得到棕黑色的粗竹液,经较长时间存放后,上层为澄清竹醋液,下层为沉淀竹焦油。气体产物是一氧化碳、甲烷、乙烯等气体,其组成和气体量与竹材的炭化温度和加热速度等因素有关。

7.4.4 新兴的竹制品

7.4.4.1 竹纺织用纤维

(1) 竹纤维毛巾：山东莱州鲁丽丝毛巾有限公司经特殊的高科技工艺处理而制成的纤维素纤维。它保持了竹子原有的抗菌作用，同时也具有黏胶纤维的吸湿性和透气性好、手感柔软、织物悬垂性好，上色容易、染色亮丽等特性，由于竹纤维具有天然的抑菌功能，因而用于毛巾织物，不会滋生细菌，对容易藏污纳垢的毛巾类产品，更有重要意义。

(2) 天然竹纤维服装：2001年广州交易会上，四川丝绸进出口公司首次推出的"凯妮司"天然竹纤维系列服装引起众多客商的关注。运用竹纤维生产的面料最大的优点是凉爽，同时还具有柔滑、光泽好、吸湿快干等特点，十分适宜制作夏季服装。产品包括竹丝交织、竹丝混纺、竹毛交织、竹毛混纺的背心、T恤衫等7个款式，有红、黄、黑、绿、白等5个颜色，产品的手感、染色效果均不错，只是品类不够丰富。这种天然竹纤维是继大豆蛋白纤维之后又一种我国自主研发成功并已投入生产的纺织材料，将其用于纺织品服装的市场前景应是十分广阔。这种利用物理和生物方法从竹子里提取竹原纤维生产出来的面料，不仅具有冬暖夏凉的性能，还有抗菌、防臭、抗紫外线等功能，是极具发展前景的健康面料。目前这种产品每个月的产量只有3万~4万 m，而且价格要比普通棉质面料高2~3倍。同时也应看到，这一纤维材料刚刚推出，对纤维本身的完善（包括竹纤维用于哪些产品最能发挥其独特的优点、更适用哪类设备加工、采用何种助剂更合理等）、后续产品的品类开发、消费市场的培育等方面目前均处于起步阶段，这一新纤维要实现产业化发展有很多工作要做，同时需要一个较长的过程。

7.4.4.2 径向竹篾帘复合板

目前各类竹材人造板都是以构成单元的弦向面胶合成板，由于剔除竹青、竹黄，竹材利用率低，多数在50%以下，从而导致产品成本的增高。径向竹篾帘复合板采用竹材径向剖篾，径向胶合的方法，使难以胶合的竹青、竹黄处于板材的非胶合部位。据测算，其竹材利用率可高达90%以上。它可以用大、中、小各种径级的竹材为原料，是一种全方位加工利用各类竹材资源的有效办法。它开辟了中、小径级竹材生产高档竹胶合板的新途径，该项技术目前正在进入工业化试验生产阶段。

7.4.4.3 重组竹

重组竹是在不打乱竹材纤维排列方向、保留竹材特性的前提下，将低等劣质小径级竹材重新组合而压制成强度高、规格大、具有天然竹材纹理结构的新型竹材，其竹材利用率可达90%以上，其物理力学性能大大超过普通竹材人造板，可用作工程结构材料、装饰材料等。

7.4.4.4 竹材陶瓷

以竹材为原料制得的碳素材料又称竹材陶瓷。1990年，日本青森工业试验场的冈部敏弘和斋藤幸司采用木材或其他木质材料，先在热固性树脂中浸渍，然后在真空高温炉中焙烧炭化，使木材生成轻质无定型炭，树脂生成玻璃炭，由此而得到一种新型多孔碳素材料，称之为木材陶瓷。这种碳素材料在适当的生产工艺条件下，产品具有较高的强度性能，可以用作结构材料。在热、电、磁和摩擦性能方面具有独特的性能，因而又是一种功能材料。1997年在日本召开的国际环境材料大会上有学者指出木材陶瓷是一种典型的生物陶瓷,是目前许多枯竭性资源极具前景的替代品,是很好的环境材料,有着广泛的应用前景。由于竹材从外到内存在组织结构和材性差异大的竹青、竹肉、竹黄三个部分,加之竹材维管束纵向排列等特性,致使竹材陶瓷在形成机制、生产工艺等各方面又与木材陶瓷有所不同。在我国木材资源贫乏而竹材资源相对较丰富的情况下,研究竹材陶瓷制造技术具有十分重要而深远的现实意义。

7.4.4.5 毛竹展平成板

将原竹直接沿周向展平形成竹板材。通过整竹展开方式获得的竹板材整体性好,无接缝,不使用胶水,是一种将毛竹直接加工成竹板材的高效利用方式。其工艺流程是先将原竹截为适当长度的成段竹筒,在去除竹筒的内节基础上,接着表面去青;然后在竹筒上沿轴向加工出一条贯通的缝隙,之后,采用高温蒸煮方法对竹筒进行软化处理,最后通过碾压等方式将软化后的竹筒沿缝隙展开压平形成板状。

毛竹展开过程中,为了避免竹筒受力后顺着生长纹理开裂,会在展开前,在竹黄面上切割加工形成倾斜于竹子生长纹理的刻线(切入竹肉的切口),可沿一个或两个方向形成,与纵向纤维对称,主要是减少内应力撕裂纤维形成内裂与变形。通过刻线段排列方式的改变可以增加板材的强度,避免其易在一个方向上形成开裂,整体的强度均匀,刻线段的压制简单、有效。

7.4.4.6 竹缠绕复合压力管

竹缠绕复合压力管是一种以竹材作为增强材料、合成树脂作为黏接剂,采用往复式机械缠绕工艺复合而成的具有较强抗压能力的新型生物质管道。该产品是浙江鑫宙竹基复合材料科技有限公司和国际竹藤中心联合研发的成果。

竹材壁薄中空,主要利用竹竿这部分,竹材有维管束结构,它的拉伸强度非常高,是木材的1.5倍。充分利用竹纤维的轴向拉伸强度高的特点,并在材料的结构中形成强压力,就可以做成竹管道。竹管道成本优势非常明显,对比传统管道,制造成本可下降30%以上。但由于管道位于地下,新型管道可靠性、耐久性如何,其维修的方便性等方面缺乏经验,尽管市场潜力大,但如何打破习惯认识,让人们信任且真正进入市场,尚需努力。

复习思考题

1. 试从解剖学角度分析竹材与木材的异同点及由此产生的对加工利用的影响。
2. 简述竹材物理性质与竹材加工利用之间的关系。
3. 简述竹材化学性质与加工利用之间的关系。
4. 竹材及竹材人造板各有何特性?
5. 谈谈竹材人造板的分类。
6. 竹材胶合板应用现状如何?
7. 试述竹材复合板分类、应用现状及发展前景。

第 8 章
人工林定向培育生长过程中材性变异与材质改良

【本章难点与重点】 理解木材是非均质的生物质材料，掌握株内木材构造和性质变异规律及其变异原因，掌握幼龄材形成的原因、材性特点及其资源合理加工利用，理解生长环境对材性的影响及材性材质遗传改良原理，掌握人工林定向培育理论和探索木材材质生物改良的途径和方法。

8.1 人工林发展历史与人工林定向培育

8.1.1 人工林发展历史及趋势

木材是人类社会发展过程中可再生的必不可少的重要材料。随着社会的发展，地球上森林资源不断得到开发和利用，天然森林资源的锐减导致人类自身生存环境的恶化，保护森林和关注环境建设的呼声越来越高，与此同时木材资源短缺也是不争的事实。因此，从1990年以来，人类利用木材资源已从过去利用天然林开始逐步转到利用人工林再生资源上，以人工林木制品的森林认证工作也在世界各国逐步开展起来。未来的林产工业将主要依靠遗传选育的速生人工林来提供原料。由于速生人工林生长快，轮伐期短，其木材质量与过去缓慢生长的天然林木材在性质与材质上有很大的不同，这引起了广大林业工作者和木材加工利用者的广泛关注，因此人工林木材性质与合理利用的研究已成为当今世界木材科学研究领域中的热点。

事实上，人类培育森林已有300多年的历史。但是，大规模的人工林培育则开始于20世纪50年代。当初大面积营造人工林是为了提供优良造纸材，随后发展到木制产品的各个方面，以追求更高的利润。随着世界经济发展和生态环境的压力增大，对森林资源培育的要求也发生变化，人工林培育不断地调整、完善培育方向，向着工业用材林的目标发展。1980年后，我国提出人工速生丰产林的培育，1990年又提出工业用材林培育，现在已明确提出商品林经营方向与目标。但是如何实现工业用材商品林培育的定向、速生、丰产、优质、稳定和高效的目标，是从事森林资源培育的科技工作者所面临的巨大挑战。

当前，各国人工林发展迅速。如意大利每年木材总消耗量的一半是杨树人工林木材，主要用于生产胶合板、纸浆及刨花板；澳大利亚在1986年人工林原木产量就占全年原木产量40%，2020年可达62.8%。人工林原木中95%是针叶树林，其中辐射松占72%，加工利用以制浆造纸为主，同时发展人造板和其他林产品加工业。美国，尤其是南部几个州每年营造南方松人工林100多万hm^2，主要用于建筑锯材和单板材的生产，南方松胶合板占美国胶合板总产量的40%。新西兰每年营造辐射松人工林约0.73万hm^2，轮伐期25年左右，主要用于生产锯材。此外，加拿大、巴西、智利及南非也都在不同规模地开展人工林的营造和开发利用。值得一提的是处于高纬度的加拿大，天然林树木生长缓慢，但人工林生长速度几乎成倍增加，如云杉林，效果特别显著。我国1960年以来营造了大面积人工林，到目前为止，人工林的面积达到6 933万hm^2，居世界首位。我国人工林成规模经营的主要树种是杨树、泡桐、桉树、杉木、国外松及落叶松等。其中，杨树在我国人工林面积中比重较大，1986年全国就达333.3万hm^2，其木材多数用于造纸，生产胶合板、木芯板、纤维板和刨花板等。

8.1.2 人工林定向培育

人工林定向培育，狭义上讲，是指按最终用途材种对材性材质的要求，生产出种类、质量、规格都大致相同的木材原料。

人工林定向培育是一项系统工程，它是以高效利用森林资源为目的，不仅要考虑到木材产量，而且要考虑到木材质量。广义上讲，人工林定向培育还涉及其他副产品要求，如桉树油材兼用林、红松松子林、经济林木果材兼用林和生物质能源林等定向高产高质的要求。本章主要讨论与森林有关的主产品——木材。

总之，人工林定向培育使木材工业与木材原料生产之间产生密切的联系，木材产量、木材质量和经济效益三位一体化，这已是林业生产中普遍的现象。国内外，许多大的造纸公司和人造板生产集团都在积极地参与人工造林和建有自己的研究队伍，为公司可持续地发展和良好的经济效益储存原料，无经济价值效应的人工林是不可持续发展的，公司也不会投资经营。因此，人工林定向培育必须按照培育目标，根据树种生长规律、立地条件、林龄、林分类型、地理分布、经营管理水平等因素优化各项经营措施，集约经营、科学管理。在加快树木生长的同时，确保不明显降低各项木材性质，使得培育出的人工林符合工业材要求，达到速生、丰产、优质和高效的目的。研究和了解各种经营措施对木材性质的影响规律是必要的基础工作。

8.1.3 材性与材质概念上的差异

材性与材质概念差异很大。材性主要是指木材的解剖、物理性质、力学性质和化学性质，也就是木材的基本性质。而材质是个广泛的概念，材性是材质的基础，材质不仅包括材性，还涉及树木干形因子、缺陷（如立木尖削度、节子大小、裂纹、斜纹理）和最终用途。干形通直的树木锯材出材率高，纹理直，强度和尺寸稳定好，材质好；适合特定用途的木材在某种意义上说就是优质木材。如泡桐木材强度相对来说低，不适合作建筑材料，但用于乐器是很好的材料。因此，定向培育要知道材种对材性和材质的要求，不能笼统地说材性材质好坏。国际上流行的木材质量（wood quality）这一术语就是一个广泛的概念，材质改良所涉及的内容也超过材性的范畴，它包含了干形、枝节、斜纹理、应力木等缺陷。

8.1.4 工业人工林发展主要区域与立地类型

过去一说到森林就会联想到陡峭的高山森林、险峻的道路和伐木工人的劳动号子，现在这种情景已发生根本改变。当今世界工业人工林发展的主要区域已转到交通相对方便的地方，其大致可以分为两个类型。一种类型是在水热条件好、比较平坦的立地和低丘岗地上，采用高集约度、施肥灌水、超短轮伐期作业，将树木像农作物那样栽培，这一营林类型在过去几乎是没有的，而现在已成为林业商品林的主战场，如我国的杨树和桉树人工林；另一种类型是在山地温带和亚热带气候区内，轮伐期较长的情况下，实行可持续经营的工业用材林生产体系。我国已将国家公园体制作为生态文明体制改革的重要内容，高山陡峭的立地类型森林已归入生态风景林和防护林范畴，很大一部分天然林景区将纳入国家公园，其经营的理念与工业人工林完全不同，当然不可能作为工业用材林经营。

人类在经营森林过程中，只有顺应自然，促进树木和自然的融合，才会达到获取大量木材的目的。在以往的森林经营中，人们大多以索取为主，严重地破坏了森林的发展。1992年联合国环境与发展大会指出：人口动态、生产和消费方式以及技术因素是导致环境变化的根本原因，陡峭山地森林的不合理采伐也是一个重要原因。目前，这种状态已得到了根本扭转与改变。欧洲的"近自然林业"和美国的"新林业"理论应运而生，为林业经营从"生产性"向"环境性"过渡提供了可行的理论基础。工业人工林是生态系统的一个分支系统，它与环境资源林、山地综合林一起共同构成生态林业的森林资源整体，三者密不可分，又各具经营特色，试图把某一林分从生态林业系统割裂出去，将某一林分的经营思想作为客观林业指导思想的作法，目前来看是不可取的。我国林业已由生产性向环境性、生产性与环境性相结合的综合方向过渡。宜发展人工林的地方就发展，不宜发展的以环境生态建设为主。森林培育的概念、范围也由过去的人工林已扩展到天然林、天然次生林经营及人工促进天然林更新等方面，也就是说森林既要产出木材，同时也应尽量避免因采伐利用带来的环境破坏，真正达到人类与环境自然和谐的共同发展。

8.2 材性变异

木材材性变异复杂。木材构造上的数量特征和木材性质因树种和同一树种不同种源、树龄、树干不同部位及含水率等因素的不同而发生变化。目前，对于木材材性变异已有不少共识，但比较系统全面的报道不多，仍有许多未知需要不断地探索。1970年前后，我国有一些学者开展木材材性变异的研究、探索林木生长与木材性质的关系。当今，这方面研究仍是木材科学领域重要热点方向之一。

8.2.1 材性变异的原因

木材构造性质的变异，在此是指同一树种木材性质的变异。目前主要集中在木材解剖中的细胞形态、木材物理力学中的生长轮特征和木材密度变异研究。表现为单株树木株内材质的变异和同一树种株间木材材质的变异。引起木材变异的因素很多，包括树形、遗传变异，生长变异、环境变异以及演化过程等。对于树木演化过程，针叶树材的射线和管胞趋向简化，而阔叶树材的纤维、导管、射线、纤维管胞及其他细胞类型则越趋复杂和异质化。Panshin(1980)和Zobel(1989)总结归纳指出，木材材性变异主要有三个原因：一是树龄，主要是由于形成层活动，导致不同生长时期材性的变化；二是遗传因素，即决定树木形状和生长的遗传因素；三是环境因素，包括影响树木生长的季节、地理条件和养分供应等环境因子。树龄、遗传因素和环境因素相互作用，综合影响，导致木材性质变异的复杂性。

8.2.2 树木单株内木材性质的变异

单株树木内木材材质变异，即株内木材性质变异，主要是形成层老化和环境条件促使形成层活动变化所致。株内材性变异很大，甚至比木材株间材性变异还大。根据国内外已经发表的论文总结，比较确定的材性变异主要包括细胞尺寸、木材密度和微纤丝角度在生长轮内和生长轮间的变异。

8.2.2.1 生长轮内木材材性变异

温带地区生长的树种，在一个生长季节周期内，不同时间生长的木材，即一个生长轮内，早、晚木材性质的差异。

（1）细胞尺寸的变异：针叶材管胞和阔叶材木纤维长度，早材部分最小，并向晚材部分增长达到最大，到生长轮末又有下降的趋势。Panshin等人指出了生长轮内细胞尺寸4种变化模式，如图8-1、图8-2所示。

一般来说，针叶材晚材管胞比早材长12%～25%。我国油松胸高位置第30生长轮内从早材带开始，管胞长度逐渐减小，至最小值(2.75mm)后又逐渐增大，最大值(4.17mm)发生在晚材带生长轮末(徐有明，1990)。

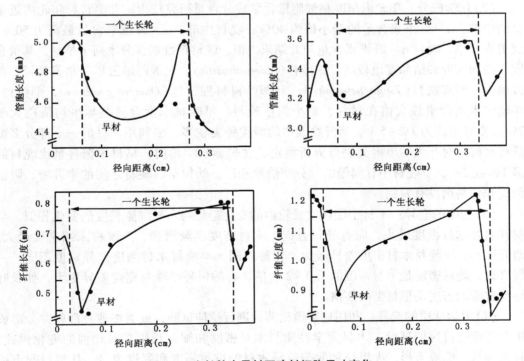

图8-1 生长轮内早材至晚材细胞尺寸变化

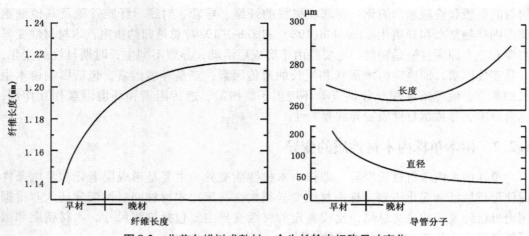

图 8-2 北美白蜡树成熟材一个生长轮内细胞尺寸变化

同一生长轮内,早材管胞或木纤维的细胞直径较大、细胞壁较薄,而晚材细胞直径小、细胞壁厚度较早材大得多。

生长轮内导管分子长度的变化有两种形式。环孔材中,从早材到晚材导管分子长度变化曲线近似抛物线,如北美白蜡树早材带导管分子很短,其最小值靠近生长轮的中部,晚材带导管分子长。散孔材从早材到晚材导管分子长度略有增加,反映出形成层纺锤状原始细胞的长度随着形成层年龄的增长而伸长。环孔材早材导管分子直径很大,晚材导管分子直径较早材小得多;半环孔材导管直径是逐渐变小,散孔材生长轮内导管分子直径变化不大。

(2) 化学成分:年轮内早晚材细胞壁化学成分含量研究较少。北美黄杉年轮内近早材的中部,α-纤维素含量的最小值为 40%;晚材中部,α-纤维素含量最高为 50%。北美赤松早、晚材 α-纤维素含量与此结果类似。晚材纤维素百分率高于早材,其聚合度、排列密度和结晶度也较高。银冷杉(*Abies amabilis*)、北美西岸云杉、北美黄杉、西部侧柏、西部铁杉(*Tsuga heterophylla*)和阔叶树材猩红栎(*Quercus coccinea*) 5 个树种,年轮中木素含量最大值在早材,最小值在晚材。早晚材木素含量差异平均值稍大于2%,变异范围为 1%~5%。半纤维素中的糖类种类较多,多利用木材的一小部分多糖进行水解,对产生的单糖类进行分析测定。北美赤松年轮内,早材木糖含量比晚材的多 1% 或 2%,早晚材中甘露糖的百分率恰恰相反。幼树早、晚材之间的半乳糖、阿拉伯糖和葡萄糖没有差别。

(3) 密度的变异:木材密度在生长轮内的变化趋势与木材细胞长度的变化相似。早材开始处木材密度最小,向着晚材方向,木材密度逐渐增加,至晚材末端密度最大。研究证明,早晚材木材密度差异较大。树种不同,早晚材木材密度差异幅度不同。一般来说,晚材密度是早材密度的 1.0~2.8 倍。有的树种早晚材密度差异更大,如长叶松晚材带的密度是早材带的 3 倍。

(4) 力学性质的变异:利用连续微型薄片进行拉伸试验,或者将薄片浸软并分离成单个纤维进行拉伸试验,木材力学性质与木材密度和细胞长度具有相似的变化模式。日本柳杉、挪威云杉、火炬松和北美黄杉木材的抗拉强度和弹性模量,从早材起点横过生长轮而增加,到早、晚材过渡区急剧上升,晚材处最大。早材顺纹抗压强度、抗拉强度、硬度、抗弯弹性模量等力学强度均较晚材小一至数倍。这与早材细胞壁薄、其胞壁纤丝角度大、纤维素结晶度低、木材密度小有很大的关系。

8.2.2.2 径向生长轮间木材材性的变异

同一株树木，由髓心向树皮方向，各轮木材性质有较大的差异，这反映了树木生长年龄对木材性质的影响。目前国内外在木材材性株内径向变异的研究成果较多，特别是很多学者将木材纤维长度和木材密度，作为人工林定向培育木材材质预测的主要依据。

（1）细胞长度的径向变异：针叶树材近髓心部位，管胞长度最短（约1mm）。从髓心向外侧移动管胞长度呈急剧增长的趋势，第10～15生长轮时管胞长度增长幅度减缓，第20生长轮后上下波动、大致稳定（约4mm），如图8-3所示。木纤维长度从髓心向外径向水平上的变化趋势与针叶材管胞长度相似。Panshin和Zeeuw将细胞长度的径向变化分为3组模式：成熟细胞长度保持不变；从幼年区域向外，管胞长度逐渐增加；细胞长度以抛物线状增大到最大值，然后渐减。这些模式的建立与归类对树龄有一定的要求，研究某一树种细胞长度的径向变异时树龄应该超过一定年限（如松类针叶树树龄要在25年以上，短周期杨树要在10年以上），否则树龄较小，其细胞长度径向变化难以准确归类。

生长轮年龄对管胞长度的影响程度在不同生长阶段不同。髓心附近幼龄材部分，管胞长度随生长轮年龄的增长呈直线增加，生长轮年龄对幼龄材管胞长度有显著影响。到达成熟材部分，管胞长度上下波动，增减变化不大，反映出生长轮年龄对成熟材影响较小，外界生长条件变化对该阶段管胞长度有一定影响。髓心附近管胞长度1～2mm，至树皮附近可增长到4～6mm，增加率达200%～300%。其变化的根本原因在于形成层原始细胞的垂周分裂速度和子细胞的滑动生长。Philpson和Butterfield指出，细胞长度的径向变异主要取决于垂周分裂速度、母细胞、子细胞的相对大小和较短的原始细胞消失的程度等因素的综合作用。树木幼年期阶段直径生长较快，形成层原始母细胞的垂周分裂速度快，但产生的是较短子细胞以满足直径快速生长的需要，故管胞的平均长度较短。到达成年期树木直径生长减慢，增生的短细胞变成射线薄壁细胞或

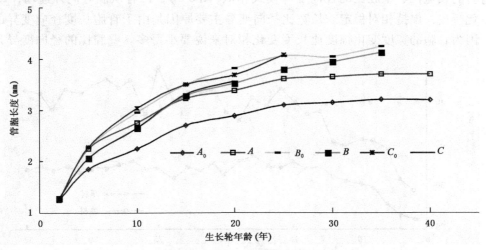

图8-3 油松株内不同高度木材管胞长度径向变异

A_0. 1.3m　A. 0.3m　B_0. 3.3m　B. 5.3m　C_0. 7.3m　C. 9.3m

营养不足而消失,子细胞的滑动生长增大管胞长度,因此远离髓心成年材部分管胞长度较长(徐有明,1990)。

木纤维长度从髓心向外径向上增加率在50%~100%。髓心附近,木纤维长度最短(0.5~1.0mm),随着向树皮方向移动纤维长度急剧变长。大体在超过第20生长轮时(个别树种在第50~60个生长轮)成为相对稳定的长度(1.5~2mm)。

据报道,阔叶树导管分子长度变化在分化中几乎不变,认为导管分子长度是各形成部位原始细胞的长度。事实上,阔叶树导管分子长度在径向随着树龄的增大也有所增长,但其长度增加的幅度非常有限,不像纤维长度那样增幅较大,如杨木、樟树、橡胶树等(徐有明、江泽慧等,1998)。

(2)细胞直径和壁厚的径向变异:针叶树材管胞直径从髓到树皮逐步有所增加,但远比管胞长度的变化小。管胞弦向直径无论近髓心还是其外侧都大致相同,径向直径从髓心向外侧逐渐变大,超过15年后大致一定。图8-4为人工林赤松木材早晚材管胞宽度径向变异。油松木材髓心向外,径弦向直径整个变化趋势是从髓心向外递增。髓心区域管胞直径小,但直径增大的速度很快,而成龄材后直径增大速度慢。径向不同生长轮间,管胞径向直径始终大于弦向直径,径向直径变化幅度大,弦向直径变化幅度小。成龄材阶段,弦向直径相对稳定,反映出弦向直径作为针叶材管胞尺寸比较,结构粗细划分的可靠性(徐有明等,1998)。

管胞厚度的水平变化显示与直径变化有相似的倾向。针叶材管胞壁厚由髓心向外有增大的趋势,晚材管胞壁能明显看到,油松木材就是这样。细胞壁厚度增加多少与树木当时可利用的光合物质的产量有高度相关性。树干直径速生期早,前期生长快,纺锤形原始细胞垂周分裂速度大,产生较多的子细胞和增大细胞径向、弦向直径,以满足树干直径快速生长的需要。若营养物质不足必然会影响到管胞胞壁的厚度。细胞直径和细胞壁厚度的变化,对木材密度和强度有很大的影响。

阔叶树材纤维直径和细胞壁厚度的变化模式与针叶树材的近似,但稍有差异。

(3)长宽比与壁腔比:长宽比与壁腔比是纸浆材和建筑材的重要评价指标。油松木材管胞的长宽比、壁腔比的径向变异模式相似(图8-5),二者从髓心向外递增,15年后变化缓慢,保持相对稳定。长宽比径向变异主要原因是由于管胞长度径向变异的结果,因为管胞的宽度变化幅度比长度变化相对来说要小得多。壁腔比的径向变异是胞

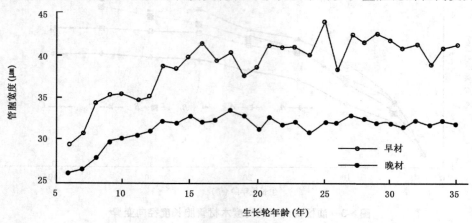

图8-4 人工林赤松木材管胞宽度径向变异

壁厚度、管胞直径相互影响的结果。胞壁厚度由髓心附近 3μm 增至树皮形成层处 6μm，递增 100%，而管胞直径由髓心附近 22μm 到形成层附近的 32μm，只递增 45%。因此壁腔比由髓心向外递增，反映出胞壁厚度的变化，表明成龄期阶段胞壁厚度对木材材性稳定性起着重要作用。

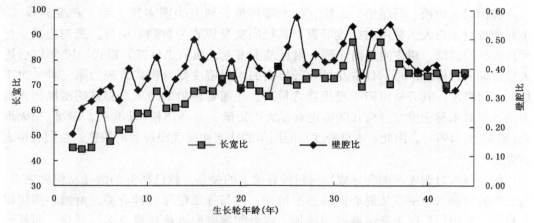

图 8-5　油松木材管胞长宽比与壁腔比的径向变化

（4）纤丝角：国内外大量研究表明，细胞壁纤丝角的径向变异是从髓心向树皮开始逐渐减小，到达一定年轮后，趋于稳定。尤其是对针叶树材的研究较多，一般是在生长轮内从早材带至晚材带逐渐变小，至第 15 生长轮左右大致一定。株内径向上，管胞或木纤维细胞壁 S_2 层纤丝角与其长度的变化大体上成相反关系（图 8-6），管胞或木纤维长，其纤丝角小；反之，管胞或木纤维短，纤丝角大。因此髓心附近木材厚壁细胞纤丝角度较树皮附近大得多。但这种反比关系是否适用于株间相同发育阶段或相同生长轮年龄的木材比较尚没有定论。

（5）密度的变异：木材密度的变异在树种内比较一致，但不同树种间却有差异。Panshin 总结出三种变异模式：第一，密度平均值从髓心到树皮增加，呈连续直线或曲线的变化。第二，密度平均值从髓心向外逐步降低，然后又升高，直到树皮为止，靠

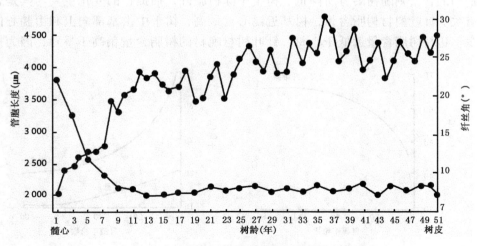

图 8-6　人工林赤松管胞长度和纤丝角径向变异

树皮木材密度比髓心的密度高或低。第三，靠髓心的木材密度平均值高于近树皮的木材密度平均值，向外呈直线或曲线下降。任一树种木材密度的径向变异模式与其组成细胞的大小、壁厚和组织比量有很大的关系。理论上，壁厚的细胞占多数，胞壁百分率大，其木材密度大。

我国对火炬松、马尾松、油松、杉木等树种的研究表明多属于第一种变异模式。金春德等对赤松人工林木材密度研究，其径向变异模式为自髓心向外，最初递减，然后再向外层递增，树皮附近高于髓心附近基本密度，属第二种变异模式。17年以后进入稳定期木材(图8-6)。日本花柏和云杉类的木材密度变异模式表现为第三种。对于松类木材来说，其心材树脂类浸提物含量高，并随着树龄的增大，心材的浸提物含量更高，这对木材密度变异模式的确定有很大的影响，如马尾松(徐有明，1998)和火炬松(徐有明，1995)。因此，木材密度只能用苯醇抽出物反复浸提后的数值，否则有很大的误差。

阔叶材木材密度径向变异规律与树种有很大的关系。就已研究的散孔材树种来看，约2/3的树种木材密度从髓心向外逐渐增加，这与纤维壁厚特性有关。由髓心到树皮木材密度的增加是因为纤维壁厚的增加，或者细胞壁厚度虽然没有多少变化，而纤维的百分率有所增加。阔叶树环孔材和半环孔材中，所研究的树种大约有一半的密度从髓心到树皮逐渐降低，可能与这个方向早材占比百分率的增加有关。

(6)化学成分：木材化学成分分析较为烦琐、复杂和耗时，国内外这方面研究较少。木材主要化学成分含量径向上存在着明显的变化。如图8-7所示，从髓心到树皮，胞壁纤维素含量增大的方式类似管胞长度，变化曲线与树种和树龄有关。山地松(*Pinus contorta*)和火炬松成年树木中，实际增长百分率约为3%，北美黄杉约6%~10%，而辐射松可高达20%。这种从髓心向外的增加，大都发生在前12~20年的生长，也即是在幼年期。针叶材木素含量从髓心到树皮一般下降1.5%~3%。辐射松连续年轮分析，戊聚糖从髓心到树皮或从树梢到基部，约减少3%，最大值在近树干顶端的髓心附近约为11%。从单糖类的分析表明，北美赤松和辐射松中的葡萄糖和甘露糖的含量随树龄而增加，从髓心向外呈一平缓的曲线。同时，从根段向上则逐渐降低，而木糖、半乳糖、阿拉伯糖的含量则随树龄有所降低。树干中除树脂外，抽提物的变化主要与其是否有心材有关。针叶树材树脂含量，树基近髓心处最高，树干中由基部向上和由髓心向外都减少。边材树脂含量远低于心材。针叶树材晚材的树脂含量稍高于早材，因为树脂

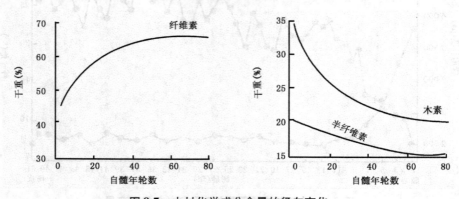

图8-7 木材化学成分含量的径向变化

道的分布大多都集中于晚材。

我国水杉、杨树、湿地松、火炬松、马尾松、池杉等6个树种人工林株内木材主要化学成分纤维素、木素和半纤维素含量存在着明显的径向变异模式（徐有明，1993），变化趋势与结果与国外报道的一致。

(7) 力学强度：树木内部径向木材力学性质也存在着一定的变化。对于针叶树松科木材来说，其变异模式有规律可循。图 8-8 表明，我国华北地区广泛分布重要用材树种油松，其株内髓心区域力学强度较低，由髓心向外，木材力学强度逐渐增大，第12～13 生长轮后木材强度增加明显变缓，之后相对稳定和波动，这种规律对木材顺纹抗压、抗弯强度、抗拉强度和抗弯弹性模量等力学性质特别明显。对于杉科、柏科和阔叶材来说，这方面研究很少，有待进一步扩展研究。

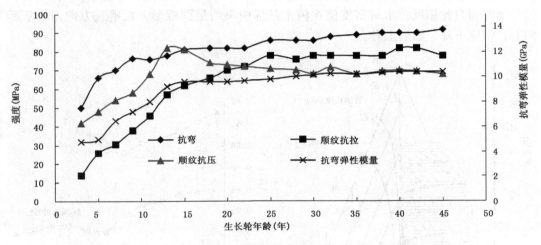

图 8-8　油松木材胸高处力学性质的径向变异

8.2.2.3　沿树干方向木材材性变异

(1) 细胞长度纵向变异：由树基向上，管胞长度逐渐增长至一定树干高度截面上达最大值后又减少。如图 8-9 所示，油松木材管胞长度从树干基部(0.3m)开始，沿着树干高度逐渐增加，到 5.3m 高处截面上最长，然后向着树冠逐渐减小，树冠区域管胞长度最短。如图 8-9 右侧所示，管胞长度最长 4.30mm，发生在 4.4～5.0m 树高范围内外侧，38 年生前所有年轮内管胞长度小于 4mm，树干各个高度生长轮年龄 3 年后管胞长度都大于 1.00mm。多脂松、卡西亚松、白云杉、美加落叶松、黄花落叶松、长白落叶松等许多树种管胞长度随着树干高度的变化遵循同样的模式。管胞长度轴向变异的根本原因在于形成层原始细胞长度随着形成层原始细胞年龄增大而变化有关。Pashin、Philipson 和 Butterfield 等指出形成层原始细胞长度越长，横向分裂产生的子细胞越长。油松形成层原始细胞长度轴向高度上随着原始细胞年龄增大，开始递增，达到最大值后又减小，这种变化规律与油松管胞长度的纵向变异趋势一致，反映出针叶树材管胞长度轮向变化的典型模式。不过，从树干基部向上，管胞长度有短→长→短的变化模式中，达到最大值的高度因树种和同一树种株间有差异。

管胞长度最长的部位，即是材质最优良的部位。它是从树干的胸高附近至树冠基部为止的区段内，分布在树干外侧的部分（成熟材部分）。此外，未成熟材在树干内的分布大致呈圆筒形，其范围是从髓心至第 10~20 生长轮的内侧、离髓心距离 5~8cm 以内的部分，而树冠材大体被未成熟材所占据。

阔叶树材（苞栎、麻栎）木纤维长度的垂直分布与针叶树材落叶松的情况大致相同，但也有些针叶树管胞长度变化不同。

树枝断面上管胞长度变异，与树干各断面上管胞长度变异相似，枝丫越大，其管胞长度越长。树根、树干和树枝比较，针叶材管胞和阔叶材木纤维长度树根最长、树枝最短。

（2）木材密度：针叶树主干下方较外围部分木材密度最大。自树皮向内及由树干基部向上，密度递减，树干中心部分密度最小，树干外部基底木材密度最大，树冠及其较低的树干中央，具有较高的密度值，这是因为树节较多所致（图 8-10）。

阔叶树与此相反，木材密度值在树木基部中央约呈圆锥形，在垂直方向，从基部向上，密度下降，然后上升。

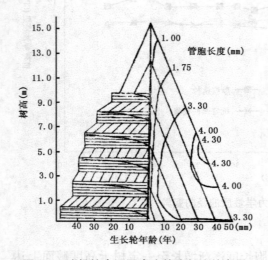

图 8-9　油松株内不同高度管胞长度的变异　　图 8-10　木材气干密度随着树干高度的变化

（3）生长轮宽度与晚材率：生长轮宽度，自树木生长顶端向下到树冠下部达最大，过后缓慢降低，直到树干基部。树干基部，晚材率最大，向上减小，直到树木顶端髓心处为最小值。针叶材年轮宽度适中，年轮均匀，晚材率高，强度好；年轮过宽和过小，晚材率过低或过高，木材质量不好。阔叶环孔材，年轮宽度、晚材率与树干高度的关系研究很少。

（4）化学成分：树干主轴方向，日本赤松和辐射松木材，从树干基部沿纵轴向上，纤维素含量约减少 2%。辐射松中的木糖、半乳糖和阿拉伯糖的含量随树高而稍增加。同一年轮内，从树基到树梢，木质素含量有所增加，但小于 3%。

（5）干缩性质与力学性能：木材干缩性质与力学性能沿树干高度变化的研究不多。木材密度与力学性质是成显著的正相关，从木材密度纵向变化可以理解力学性质的变化。针叶材如油松，其木材冲击韧性、硬度、顺纹抗拉强度、抗弯强度、抗弯弹性模量及顺纹抗压强度等指标随着树干高度的增加而有所减小，干缩系数随着高度的增加逐渐增大，这反映出生长轮年龄对材性变化起主要作用。松类树干上方近树冠区的梢头部位，幼龄材比例高，强度低，管胞纤丝角度、板材尺寸稳定性差；树干下方，幼龄材以外到树皮附近的木材力学性能和干缩稳定性好。上述木材干缩性质与力学性能沿树干高度变化是否适用于阔叶树，尚没有过多的研究资料。

8.2.3 树木株间材性材质的变异

树木株间材性材质，因其遗传、年龄、生长环境(例如地理位置、气候、海拔、立地条件等)因素的影响而发生变化。由于生长环境的差异，使得相同树种在不同地区、不同林分生长的木材其材性材质存在着变异，甚至同一林分的同一树种林木间，也因生长条件或生长竞争的结果，导致木材性质也有变异，而且在变异程度或方式上具有很大差异。目前，国内外对于株间变异的研究，主要集中在细胞形态，特别是针叶材管胞和阔叶材木纤维以及木材密度等材性在各种环境的变异。我国尤其是"八五"期间，成果显著，重点开展了树木形成层不同时期形成的木材即幼龄材和成熟材，树木生长环境、树木生长效应与木材性质关系的研究，为定向培育工业用材林、高效利用木材资源提供科学依据。

8.2.3.1 遗传因子

林木立地条件相同时，引起株间变异的原因便是遗传差异，这将为选择育种提供基础。

8.2.3.2 地理分布与气候

地理位置由于纬度和海拔高度，综合反映平均气温和平均降水，造成相同树种株间的变异。林木的生长发育与环境因素有着密切的关系，了解环境条件对木材性质的影响，可为树木的集约栽培、造林设计、土壤管理和工业用材林的合理利用提供科学依据。

(1)地理位置：地理位置对木材性质有一定的影响。地理区域不同、树木生产条件不同，主要归结于温度、降水量、日照长度、土壤条件等差异，造成木材材性差异。原产区生长的树木，由于长期自然选择和适应当地的土壤、气候条件，晚材率及密度大，材质好。离原产区越远，晚材率及密度就越小，这主要是树种分布越近原产区，气候、土壤条件越适合树木生长。南方松在美国原产地南部沿海平原的自然分布区内，木材密度从西北向东南逐渐增加，直接与温暖季节降水量有关。

Panshin 指出，种内显然不同的遗传群落可能与其地理种源有关。国内外许多林木遗传育种和木材科学专家研究证明树木生长和木材品质性状，如树高、胸径和材积、管胞长度、管胞宽度，在种源、家系、无性系间存在显著差异，如火炬松和杉木、马尾松等。北美云杉管胞最长的产自加里福利亚州北部，而最短的产自阿拉斯加州。西黄松生长在高海拔区域木材管胞长度比低海拔的短些。Clark Alexander 等研究发现，松树幼龄期长短与地理位置和环境有关。生长于得克萨斯东部水曲柳木材容重、纤维长度明显受家系、群体和种源的交互作用的影响，家系遗传力分别为 0.80 和 0.73。

(2)气候：气候条件主要由纬度、经度、海拔高度等决定，气候条件对木材形成影响因素中最大的是日照、温度和降水量。日照长、温度高、降水量适度，则树木光合作用强，碳水化合物多，细胞壁厚，胞腔直径小，晚材率高，木材密度大；而生长季节降水量多、日照少、温度低，则光合作用产物少、胞腔直径大、壁薄、晚材率低、木材密度小。林业生产中，影响林木生长气候因素难以控制及其他原因，这方面的研究较少。

落叶松、日本柳杉通过控制光照，采用生长轮材质分析法表明光周期长短影响到早晚材的形成，光照强度影响管胞形态的变化，不耐荫的树种比耐荫的树种木材密度低。

温度和降水对树木的影响，有少量研究报道。Larson 研究湿地松晚材形成，晚材随1~2月降水量减少而按比例减少，这是因为1~2月季节干燥，降水量少，生长点生长受阻，针叶伸长受阻，形成层活动降慢所致。Panshin 指出南方松在美国沿海平原自然分布区内，木材密度与降水有关。水分供应与木材形成关系密切，湿润的夏季，树木直径生长量大，常常形成较宽的生长轮。充足的湿度形成的细胞直径大，而干旱产生的细胞直径小；管胞长度也有类似情况。温暖地区，夏季降水量充足，晚材形成时间将延长，木材密度较高。树木生长期内，水分充足可形成较宽的晚材带，木材晚材率提高。湿度对低密度的散孔材影响不大，但对高密度的环孔材影响大，主要表现为早晚材导管数量增加。海拔和纬度高的地方，气温低，木材的晚材形成减少，木材密度降低。

8.2.3.3 立地条件对木材材性的影响

我国森林土壤存在地带性的分布规律，土壤的形成与气候有很大的关系。任一气候带、土壤带内，同树种林分所处的立地条件差异很大，树木生长特性与立地条件有很大的关系。立地是一个复合因素，土壤厚度、土壤类型、肥力、水分含量等综合在一起对林木生长产生影响。同一树种，生长于不同的立地，生长量上有明显的差异，其木材性质有时也表现出差异。目前有关立地条件对木材性质影响研究尚少，部分研究还存在着矛盾现象而难以解释。方文彬等人研究表明，69杨、昭林6号杨，立地指数大的林分，树木生长率和木材纤维宽度大，但纤维长度、纤维长宽比、木材基本密度、顺纹抗压强度和抗弯弹性模量小；立地指数相差两级的年轮宽度、纤维宽度、纤维长度和微纤维丝角的差异显著或非常显著。

大别山五针松，生长在保水良好、肥厚土壤的树木年轮宽，晚材率少，材质轻软，见表8-1；反之，生长在瘠薄土壤条件下林木，木材物理力学性质良好。

土壤和坡向也是立地条件中的主要因素，国内外学者对此研究也有报道，但这类研究报道较少。

表8-1 不同立地条件下大别山五针松材性比较（江泽慧，1994）

立地条件 海拔1 125m	中下坡，土壤厚度70cm 以上，保水良好	山坡中部，土壤厚度 30~40cm，比较干燥	山坡顶部，土壤厚度 10~20cm，极干燥
生长轮宽度(mm)	4.8	0.92	0.84
气干密度(g/cm³)	0.411	0.429	0.441
顺纹抗压(MPa)	27.64	29.79	34.22
抗弯强度(MPa)	54.88	63.31	60.27

8.3 幼龄材与成熟材

8.3.1 幼龄材与成熟材的概念

幼龄材(juvenile wood)是在树干的髓心周围呈近于圆柱状的木材，是树木生长发育早期形成层原始细胞还没有完全成熟时形成的木材。这一部分木材位于树干髓心周围，其生长轮年龄范围因树种而异，多在髓心第7~15年轮范围以内，如图8-11所示。这种圆柱体从树干基部一直延伸到梢部，因此梢部木材主要是由幼龄材构成，而同一树木基部木材则包含有更多的具有较高比重值的成熟材。

幼龄材这一概念是由Rendle于1958年提出的，有人称之为未成熟材(unmature wood)和髓心材(core wood)。其幼龄材以外的木材是由形成层生理上成熟的原始细胞所形成的，故称为成熟材(mature wood)。

在树木老龄阶段，远离髓心的形成层生理老化所产生的木材成为过熟材，如图8-12所示。

木材采伐利用都在树木过熟材产生之前的某一合理时间。

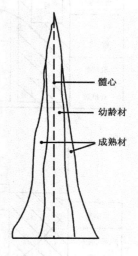

图8-11 株内幼龄材与成熟材的分布

8.3.2 幼龄材与成熟材在材性与利用上的差异

与成熟材相比，幼龄材的性状不同于成熟材，幼龄材的力学强度低和板材稳定性差，两者材性比较如图8-12所示。幼龄材并不一定总是"差"的木材，它比较适合于制造某些特定的产品。

大多数松树幼龄材性状主要特点如下。

(1)细胞形态：幼龄材管胞或纤维较短，细胞壁比较薄，细胞腔大，S_2层纤丝角度大；近髓心的管胞最短，向成熟材方向迅速加长，在成熟材区域稳定在一定水平。例如：火炬松幼龄材的管胞长度通常小于2mm，而成熟材的管胞长度则有3.5mm。

(2)木材物理力学性质：含水率较高，生长轮宽，晚材率低，木材密度低，幼龄材的纵向收缩远大于成熟材，板材干燥时不稳定。这种不稳性是由于木材中纤丝角较大所致，它会给木材干燥带来较多的问题(Meylan，1968)。幼龄材由于比重低、细胞壁薄，所以制造出来的木制产品是不耐用的(Pearson和Gilmore，1980)。但是，它可以广泛地用于结构方材的生产。我国杉木各种源幼龄材的强度值约为其成熟材强度值的70%(孙成志，1994)。

热带的一些幼龄树木，尤其是间伐材，都是整株切片利用的。家具工业上对这类木材有限制地使用，是不会产生不良副作用的。如果家具生产中，这类木材占据了15%~20%时，家具就可能会出现质量问题。

(3)木材化学性质：除了在细胞形态上的差异外，幼龄材纤维素含量低，半纤维素和木素含量较高、纤维素的结晶度低；其冷水抽提物、热水抽提物、1% NaOH抽提物、单宁、树脂成分含量高；在纸浆的产量和质量上，幼龄材与成熟材相比有很大的差异

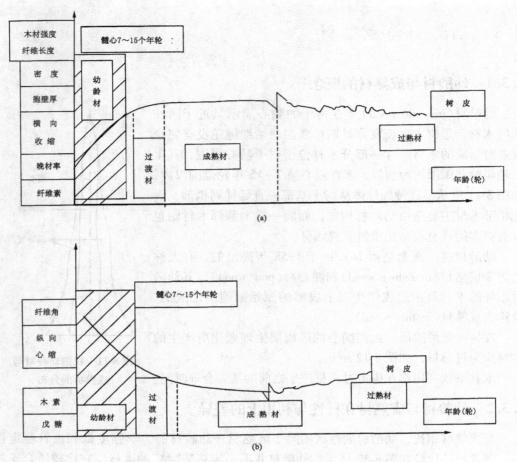

图 8-12 株内径向幼龄材与成熟材材性的差异比较

(Kirk 等,1972)。正是由于这些差异以及幼龄材本身液体渗透性较差,结果造成幼龄材纸浆与成熟材纸浆明显不同。以火炬松为例,12 年生树木单位干重木材的纸张产量要比 30 年生树木低 3%(Kirk 等,1972)。当木材中细胞壁薄、比重低的幼龄材占很大比例时,生产出的硫酸盐纸撕裂强度就比较低。由于在生产过程中壁薄的细胞易被压溃,所以用幼龄材生产出的纸浆抗拉强度较大,撕裂强度通常也较好。

幼龄林分的木材用于制浆时因木素含量高,其对化学药品的需求和总的制浆费用都比较高。12 年生火炬松的木材制浆在化学药品上所花的费用要比 30 年生的树木增加 5%(Kirk 等,1972)。比重低(0.37)的木材的纸浆产量只有正常比重(0.44)木材的 90%,见表 8-2。

表 8-2 3 种密方等级的幼龄火炬松木材的纸浆产量

密度(g/cm^3)	0.37	0.42	0.48
纸浆产量(%,干木材)	44	46	47
纸浆产量(kg/m^3,湿木材)	160	191	224
工厂产品:30 年生木材*	76	90	107

* 密度平均值为 $0.44g/cm^3$。

针叶树幼树的木材尤其适宜于作磨木纸浆和热机械纸浆。制造这两种产品都需要输入大量的能量，但与处理厚壁的成熟材相比，对幼龄材的加工所需的能量就少得多了。

(4)其他：幼龄材出现应力木和螺旋纹理倾向较大。幼龄材中大量存在的应力木和螺旋纹理也是引起木材过量收缩的原因之一。应力木多出现于树木生长的头几年，通常也具有较大的微纤丝角。

成熟材的特性与幼龄材相反，其细胞长、壁厚、细胞腔小、晚材率高、木材密度高、纵向收缩小、纤丝角小、强度大、早晚材变化明显、具有稳定的物理性状，木材性质好。与天然林木材比较，树木同一胸径位置，人工林木材中的幼龄材所占比例高，幼龄材体积或质量与成熟材的比例，随林分的林龄增大而迅速下降。

8.3.3 幼龄材、成熟材划分的标准及其影响因素

幼龄材、成熟材划分的标准主要是依据株内胸高位置材性径向变异规律。

木材解剖特征、物理力学性质等性状的变异均可以用来区分幼龄材、成熟材的界限，但目前用得最多的材性性状是胸高圆盘上木材纤维(管胞)长度和木材密度两个性状。

湿地松和加勒比松等一些树种，幼龄材到成熟材的转变是急变；而火炬松和辐射松等另外一些树种，幼龄材到成熟材的转变是一种缓变。但是没有哪个树种，其幼龄材到成熟材的转变是在一年内突然完成的，通常在形成"典型"的成熟材之前，幼龄材的变化是缓慢的，要经历若干年。

幼年材围绕髓心呈近似的圆柱体，是在形成层形成木材时期活动的树冠区域内，受顶端分生组织伸长影响的结果。幼龄材与成熟材的形成，明显地与受激素平衡所影响的形成层细胞的成熟度有关。幼龄材是在活动的树冠区域内形成的，有人称之为树冠材。幼龄期前，树木形成层原始细胞分化发育后产生的木材材性极不稳定，这一期间形成层原始细胞还没有完全成熟，故形成的木材也叫未成熟材。成熟材则是当树冠向上移动到较高部位时，完全成熟时形成的。正在生长的树木，当树冠向上移动较高的时候，顶端分生组织对一定区域内形成层的影响逐渐减弱，形成层原始细胞在生理上完全成熟，此阶段形成的木材为成熟材。成熟材被认为是树木中具有正常特征的木材。

无论树龄多大，树梢总是产生幼龄材。

一般来说，人工林林分内正常生长的林木，靠近髓心部位生长较快。年轮宽，可视为幼年材。但在所有的树木中，不能把宽年轮与幼年材必然地联系起来。例如，生长在竞争激烈条件下的幼年林分，林分密度很大，树木生长竞争很激烈，靠近髓心的部位也会形成很窄的年轮，而其宽年轮可以在生长条件改善后的任何时间形成，这点需加以区别。

幼龄材与成熟材的形成与树种有关。自髓心向外形成幼龄材的年轮数，即木材的幼年期，随树种不同而异。如西黄松约20年、火炬松10年、湿地松7年、加勒比松5~6年(Zobel，1984)。树木的实际树龄并不重要，重要的是确定开始形成幼龄材的自髓心向外年轮数目。

幼龄材形成研究表明，幼龄材形成时期，人工培育措施，如疏伐、施肥、灌溉等

方法，会加快树木生长，从而刺激延长木材的幼龄期(Zobel，1972)。造林初植密度小，单位面积上株数少，单株林木所占有的空间大，可能导致产生较高的幼龄材比例，并且树干上节子较多且较大，树干尖削度大，这对培育优良建筑用材是不利的。

8.3.4 材性的早期预测

人工林幼龄材材性、材质的研究，特别是速生用材树种幼龄期的测定和研究，对于林木轮伐期和主伐年龄的确定、木材材质早期预测具有重要意义。

我国对幼龄材的研究，主要是针叶树材较多，但近年来也有关于阔叶树材的研究。20世纪八九十年代开始，我国通过对油松、马尾松、杉木、长白落叶松、火炬松、赤松、红松等人工林与天然林木材性质比较研究，进行人工林幼龄材与成熟材材质及其幼龄材的界定研究，开展木材材质早期预测研究工作。

幼龄材的材性变化较大，成熟材材性基本稳定。如前所述，幼龄材的界定常常依据胸高部位管胞纤维长度和基本密度径向变化规律划定（图8-13）。

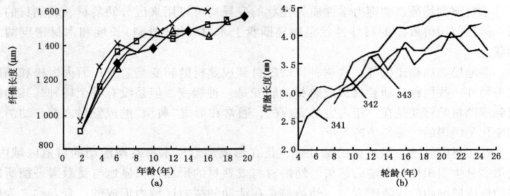

图8-13 木材细胞长度径向变异
(a) I-214 杨树（姜笑梅、殷亚方等） (b) 火炬松（李坚、王金满等）

木材材质早期预测研究是实现缩短育种世代、提高选择效果和林木生长与材质联合遗传改良的目的。而且，它还能对人工林的集约经营和天然林的更新选择作出准确的材质预测，为林木定向培育和自然更新提供科学依据。最初人们在划分生长轮界限时采用趋势图目测法，后来采用最优分割法（有序分类法），即根据木材解剖特征和木材物理力学特征，采用有序聚类分割法划分出幼龄期，或采用回归分析法进行材质的早期预测。

目前，木材材质早期预测的研究，主要包括以下4个方面：①木材解剖特征和物理力学特征变异规律；②成熟材与幼龄材的划分；③预测模型的选择与建立；④根据木材的用途要求对定向培育的短周期工业材的品质进行评价与分析。但从现状来看，木材材质早期预测研究很不充分，研究方法上也存在着问题，有必要根据树种不同生长特性和材性材质变化规律进行深入的探索与进一步研究。

8.4 生长速度对材性的影响

随着生态环境建设、天然林保护工程的实施及全球木材资源利用已转向利用人工林木材。人工林生长快、轮伐期短，其木材质量与天然林有何区别，是否符合加工利用的要求，人们很自然地想到这些问题，这就涉及生长速度对木材材性影响的问题。生长速度对木材材性的影响极其复杂，涉及遗传、环境和树龄等许多因素，这一问题一直有很大的争论。部分学者认为生长速度对木材材性有显著的负面影响，而另一部分学者认为无影响。因此，了解生长速度对木材材性的影响研究发展历史和研究概况，对人工林定向培育和合理加工利用人工林木材有着重要意义。

8.4.1 生长速度

生长速度反映树木生长的快慢，树木生长快，其外在特征就是年轮宽度的显著增宽和直径的增大(图8-14)，因此木材研究中常用年轮宽度(连年生长量)或胸径生长量来表示生长速度。森林测树学中，树木生长量有树高、胸径和材积三个因素。木材科学研究多用年轮宽度来代替胸径，反映树木生长的快慢。

早在40多年前，幼龄材这一概念出现时就涉及生长速度与木材材性间的关系问题。生活中，常用年轮较宽的幼树木材与年轮较窄的老年树木材进行比较，或者树干中心宽年轮木材与离髓心有一定距离的窄年轮木材比较。实际上这种比较方法本身就不科学，是错误的。因为这两部分木材，形成层形成木材时的生理年龄不同，无法比较。由于幼龄材的年轮通常较宽、比重较低，因此按照上述方法比较就容易得出这样一个错误的结论：生长速率(年轮宽度)的不同会引起比重的差异，宽年轮产生低密度，年轮宽度(或每英寸宽的木材所包含的年轮数目)决定材性。事实上，树龄或生长轮(年轮)的年龄是决定材性的主要因素，年轮宽度不是决定材性的主要因素。我国许多学者对人工林杉木、马尾松、长白落叶松、红松和油松等研究证实了生长轮年龄对木材密度的影响远比生长轮宽度(生长速度)对木材密度的影响大(强度亦如此)。自髓心往外，木材密度和强度因年龄增长而增强。大多数针叶树中，不论年轮是宽还是窄，其

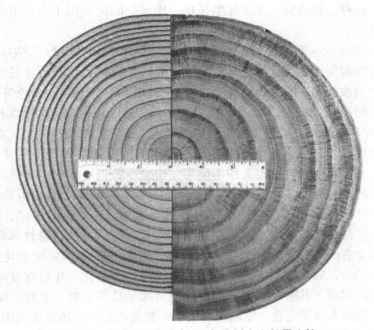

图8-14 火炬松9年生与16年生树木生长量比较

幼龄材比重都比较低,而成熟材的比重则总是高的。因此比较生长速度对材性的影响。研究材料的树龄要相同或者树木形成层生理发育阶段的年龄相同。也就是说,对于不同株树木,幼龄材只能与幼龄材比较,成熟材与成熟材比较,取样时要注意和注明样品的年轮范围。对于相同环境条件下两株生长速度不同树木的比较,其树龄也应基本一致。仅用年轮宽度划分来评定木材性质的作法,会产生完全错误的结论。

8.4.2 针叶树生长速度对木材材性的影响

生长速度与木材品质的关系十分重要,研究很多,但缺乏一致性。许多因素既影响到树木生长,又影响其木材材性,使这个问题变得很复杂。正如 Larson(1962) 所强调的,任何对树木生理和生长起作用的因素,都会影响所形成木材的类型。这方面的工作在温带针叶树种和外来针叶树种中做得很多,而对热带阔叶树则研究很少(Howe, 1974)。

针叶树生长速度对木材材性的影响研究,以美国南方松类树种最为典型与广泛。Zobel 等人认为南方松树木生长速度和木材比重通常在遗传上是独立的。火炬松种子园内 1 000 多株生长迅速的亲本,与那些未经选择的、生长速度在平均值或平均值以下的树木相比,发现它们的木材比重值是相似的。许多硬木松类的树种的生长速度和木材比重之间相关很弱或根本不相关。

当树种栽植在新的环境中时,木材比重变化十分剧烈,引种速生用材树种在大面积栽培前应实测引种地的木材性质,否则当证明了引进种的木材性质低于一般标准,产量较少时,就会造成相当大的损失。南非海岸地区栽植的加勒比松,其木材密度低得出乎意料;而在相同的生长环境条件下,湿地松木材密度高得有点异常。火炬松引种到新的环境下,木材性质与原产地有很大的不同(Zobel, 1989)。新西兰引种的火炬松,其生长速度与比重之间存在负相关,这种负向相关性较弱,培育出生长快、比重高的树木生产板材、箱或袋,或培育生长快、比重低的树木用于生产卫生纸、高级书写纸及新闻纸。

1991 年以来,徐有明等人对我国引种火炬松种源试验林木材性质进行了较为深入的研究,所有种源树木的木材性状与胸径混合分析发现两者多成负相关或显著的负相关。但是,如果按树木不同生长发育阶段如 1~3 轮、4~5 轮、6~9 轮等对应分析(生长轮年龄范围相同),发现火炬松年轮宽度与木材密度、木材力学强度负相关特性主要发生在树木 10 年生以前。此后,随着树龄的增大,这种负相关很微弱,最后变成不相关。这说明火炬松木材密度、木材强度与年轮宽度负相关主要发生在其幼年期阶段。成熟材阶段,年轮宽度与材性相关性不确定,相关系数很小,有正有负。这种微弱的负相关与微弱的正相关,说明这一阶段生长速度与木材比重之间的相关性是很低的。一般来说,针叶树材成熟材阶段,年轮内晚材宽度相对来说比较固定,生长速度快,年轮增宽的主要是早材部分增加,如果晚材宽度没按比例增加,晚材率降低,木材密度减小,材质会有所降低。如晚材按比例增加,晚材率不变,强度变化很小。此外,关注晚材率的同时,对针叶树木材管胞壁的厚度应给予关注。年轮宽度增大,其内部管胞直径增大的同时,其胞壁厚度如能按比例增加是最理想的,这样可保持木材密度变化小,从而控制木材强度在一定范围内波动、变化小,这对培育建筑用材是有利的。在这种情况下,进行生长和材性育种提高材积生长的同时,不必担心单位材积内木材实质含量的减少。森林经营者可以放心大胆地提高森林的生长速度，而不必担心木材比重会起多大变化。有研究表明林木生长速度加快，年轮较宽，但早晚材细胞差异减小，可能导致生长轮材质的均匀性增强，从而有利于材质的提高。

针叶树生长速度与木材材性间的关系与树种有很大的关系。许多林业工作者认为，生长加快会导致木材比重降低，这对某些属的树种如冷杉属和云杉属，似乎是正确的（Stairs，1969；Ollesen，1976）。但对许多松属树种则不然，它们的生长速度与比重并不相关（Goggans，1961；deGuth，1980）。

8.4.3 阔叶树生长速度对木材材性的影响

阔叶树生长速度对木材材性的影响亦发生类似的争议。阔叶树种生长与材性的关系非常复杂，其模式与针叶树的常规结论正好相反。生长快的树木与生长慢的树木相比，比重更高，这一结果适用于某些环孔材树种，如榉属和栎属等，但不适用于散孔树种。环孔材树种中，早材部分比较固定，生长快了增加的是晚材部分，增加了晚材率，提高了木材密度，木材强度增大。从其内部解剖分析，环孔材树种，不管年生长量怎样，每年产生的导管的体积几乎是相等的。这样，生长慢的树木，其单位体积的年轮木材中，导管所占的比例大些，厚壁纤维所占的比例小，因此木材的比重降低。生长快的树木是在导管带的外面继续形成厚壁纤维，因此其木材的比重较高。

阔叶树中的散孔材、半散孔材的研究较少，也有争议。就阔叶树散孔材而言，每个年轮内形成的导管数与年轮的宽度紧密相关，生长快慢对木材比重的直接影响不大。Mutibaric（1967）发现，杨属年轮宽度增加时，木材比重略有降低；野黑樱树种，发现在生长速度与木材比重之间没有任何相关（Koch，1967）。后来发现，巨桉杂交种3种不同密度树木纤维壁厚度差异（Zobel），如图8-15所示。该桉树木材密度分别为0.418g/cm^3（左）、0.560g/cm^3（中）和0.660g/cm^3（右），高密度的木材纤维壁厚度明显增加，说明散孔材生长速度对木材材性确定性的影响与树种有很大的关系。

阔叶树生长快的树木纤维长，Kennedy（1957），Einspahr和Benson（1967）等学者在杨属中都发现这种关系存在。实际上，大多数阔叶树生长速度与纤维长度关系研究还较少。

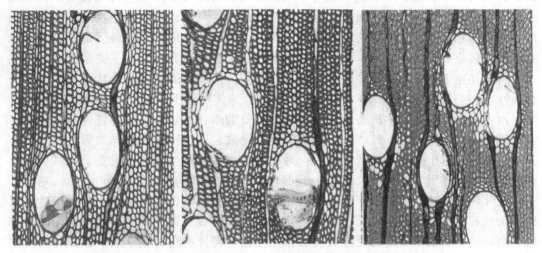

图8-15 巨桉杂交种3种不同密度树木纤维壁厚度差异

8.5 林木育种与材质改良

对于树木生长需要来说,树干中木材的材性指标可能是完美无缺的,但从人类利用木材角度看,还存在某些不足和缺陷之处。为了克服木材的各种天然缺陷,提高木材的功能性,扩大木材的使用范围,提出了木材材质改良的要求。传统的木材改性技术被称之为木材改性工艺学。它是通过机械方法、物理方法和化学方法对伐倒后的木材,在工厂或工场对木材进行工艺性处理,是对木材缺陷采用的补救措施。而现代材质生物质改良是通过材质遗传改良方法或营林培育措施培育优质木材。材质遗传改良,是利用生物技术改造或设计出新的优良基因。在优良基因的控制作用下,培育出具有优良材质性能的木材,并且使其优良材质性能得以世代相传,从而获得永久性材性改良效果。它是林木定向培育,提高木材材质的最根本措施。

8.5.1 木材性质的遗传性及其遗传控制机制

遗传与变异是生物界的普遍现象,是自然界最普遍的规律之一。遗传性要保持生物性状不变,而变异性则要促使生物性状发生改变,两者构成了对立统一的矛盾。遗传基因是决定木材各种材性指标的根本物质,与树木形态(如树冠特性、树干形状、缺陷等)一样,木材许多性质如花纹、晚材率、木材密度、细胞形态、化学组成等都具有较强的遗传性,通过遗传改良可在经济上产生迅速而较大的遗传增益。

自 20 世纪 60 年代以来,木材性质的生物技术改良方法,通过对林木群体中木材性质遗传变异的利用、木材形成过程中木材性质的遗传调控和目的基因的识别、分离和转移等技术,进行木材材质性状的定向遗传改良。从木材形成的源头来避免或克服其天然缺陷,改进了木材性质,同时还减少和降低因改进木材天然缺陷所带来的能耗和环境压力,对于节约能源、减少环境污染等具有重要意义。

林木材性遗传改良是对遗传基因的改良。在实施和制定方案时,人们会问:"哪些木材性质值得改良并且有好的效果?"理论上说,材性遗传改良可对一切材质性状进行改良,如对纤维长度、木质素含量等,通过遗传改良,可获得永久性改良效果。从现有的事实来看,每一木材性质通过育种都能获得好的反应,但每一个性状都有着不同的经济价值和重要性。作为遗传方案只能致力于少数性状以及获取最大的增益,因此必须确定最重要的木材性质,不可能对每个性状都进行试验。目前主要是针对速生用材,特别是速生工业用材树种进行了大量的研究,但都是通过表型性状来推测生长与材质性状(包括干形性状)的联合改良。对于材性遗传机制还有待于进一步深入研究。

对木材产品而言,木材密度是种内最为重要的木材性状。在某些育种方案中也涉及纤维长度或管胞长度,其均具有较强的遗传模式,这些性状的变异对最终产品都有显著的影响,对于某些特殊产品来说,另一些木材性质则可能更为重要,尤其是阔叶树装饰用材的品质,木材的纹理或色泽可能就是至关重要的性状。

阔叶树与针叶树木材内部构造不同,着手木材性质改良时,必须注意到阔叶树材的复杂性和针叶树材的相对简单性。阔叶树材内部有着多种不同类型的细胞,同一细胞类型对遗传和栽培措施的反应有时会截然不同,而针叶树材则不然。如阔叶树树中的环孔材生长季节早期形成的导管直径,比一年中晚期形成的导管大得多,直接影响材性,如栎树。散孔材如杨树、桦木及桉树,其导管的直径都比较小,各阶段形成的导管在大小上基本是一致的。针叶树材和阔叶树材木材的一般原则和育种策略是相同的,但在具体细节上有明显的不同。

表 8-3 为部分松类树种木材密度的遗传力,其数值很高。利用木材密度高的遗传性,选育木材密度大的亲本,可培育出木材密度大和木材强度高的子代。例如:阔叶材杨树和鹅掌楸,木材密度在株间变异往往大于在株内变异,亦大于同一树种地理小种之间的变异,这就是说通过选种育种可以培育出密度大的杨树、鹅掌楸。又如美国硬木松类木材密度增加 $0.016g/cm^3$,其抗拉强度增加 5.7MPa。长叶松选种后木材密度由 $0.045g/cm^3$ 增加到 $0.60g/cm^3$,木材密度增加 33%,纸浆产量增加 1/3。

表 8-3 松类木材性质的遗传力

性 质	遗传力	备 注
木材密度	0.5~0.7	松类木材平均值,个别木材为 0.2~1.0(Mcelwee,1963)
	0.5~0.8	南方松(Borkor,1972)
	0.52	火炬松(Stonecynhen,1973)
	0.5~0.7	辐射松(Ddswell,1961)
纤维长度	0.73~0.83	辐射松(Ddswell,1961)
晚材百分率	0.47~0.54	辐射松(Ddswell,1961)
	0.80	火炬松(Goggans,1962)
晚材壁厚	0.84	火炬松(Goggans,1962)
早材壁厚	0.13	火炬松(Goggans,1962)
材积生长率	0.15	火炬松(Stonecynhen,1973)
直干性	0.14	火炬松(Stonecynhen,1973)
松脂产量	0.55	火炬松(Sguillate)
抗病性	0.22	火炬松(Stonecynhen,1973)

8.5.2 林木育种与材质改良间的关系

林木育种最初目的是针对其抗逆性(抗病、抗虫、抗除草剂、抗寒等)和生长(树高、胸径、材积)等性状开展研究与实践的。传统林木遗传育种方法如选择育种、引种驯化、杂交育种已在国内外取得了引人注目的成效,如杨树、桉树、相思树和美国南方松、日本落叶松等树种。

国外学者对木材性质遗传变异研究较早。早在 1911 年,Clothier 就提出了材性育种问题,Schreiner 于 1935 年发现了材质遗传改良的可能性,Zobel 等于 1962 年用实验证明了林木材质遗传性的存在。自 20 世纪 30 年代特别是 50 年代以来,这个问题开始受到普遍关注,并取得了初步结果。

我国木材材性遗传变异规律的研究起步较晚。最早的研究始于成俊卿先生(1982,1986)对黄花落叶松、红松人工林和天然林材性的对比实验。此后,我国对木材性质遗传变异规律的研究主要集中在杉木、马尾松以及一些国外松树种如湿地松和火炬松等。我国马尾松木材材性遗传改良研究始于 20 世纪 60 年代,经过 30 多年的努力,取得了较大的成果。对马尾松主要木材性状的遗传变异规律,尤其是以种源测定林为对象进行了较系统的研究，初步开展了以材性与生长结合的定向选育。目前，国内外对于材质改良性状比较多的集中在木材基本密度、木材强度、纤维长度、纤维素含量、圆满度、通直度等性状的遗传变异分析。特别是木材基本密度，世界上重要的林木育种方案，如美国的火炬松、湿地松改良计划，巴西和澳大利亚的桉树改良计划，意大利杨树育种计划等都有对该项指标的具体要求。

近年来，X 射线木材密度计也开始应用于材性改良，取得了一定的进展。Hodge 和 Purnell(1993)用 X 射线木材密度计对湿地松木材密度、过渡年龄和胸径生长的遗传参数进行了研究；Willams 等(1994)研究了火炬松幼龄林与成熟林木材密度之间的关系；Adbel Gadir 等(1993)测定了北美黄杉幼龄林至成熟林的过渡年龄。我国也常见有木材密度遗传规律的研究。

8.5.2.1 杂交育种

通过有性杂交，能获得新的优良品种，使材性得到改良。国内外有关纸浆木材密度的遗传改良的研究报道，大多是采用有性杂交手段。我国对选择收集起来众多的马尾松基因资源进行细致的调查、分类和全面的评价，尤其是要注意基因资源主要经济性状的研究分析，包括生长、形质、材性、适应性等，在此基础上开展不同遗传交配设计的杂交育种工作，根据不同定向培育的方向，创造出高产优质的新品种。

美国火炬松管胞长度较湿地松管胞短，控制杂交培育出的新品种，其管胞长度界于两者之间，较管胞长度短的火炬松明显增加。

我国毛白杨和新疆杨的杂交种——毛新杨，纤维长度达 880μm，较毛白杨纤维长 820μm 增加了 60μm；而且其木质素含量(17.5%)较毛白杨(21.38%~24.15%)少，纤维素含量增高，更适合造纸。

8.5.2.2 选种育种

林木选种育种可产生较高的遗传增益。通过强度选择可使 30 年生火炬松的管胞长度提高或下降 0.5mm。林木改良的效果因性状而异，但经过一个周期的选择后，可望获得高出平均值 10% 的增益，而且这种改良效果可以持续若干个选择周期(Van Buijtenen, 1964, 1969)。美国南方松类树种木材密度作中等强度的选择后，1m³ 木材的干重净增 49~81kg(Zobel 和 Talbert, 1984)。Yanchuk A D 等(1984)研究发现加拿大白杨木材密度和纤维长度受中等强度遗传控制，两者广义遗传力分别为 0.35 和 0.43。Loo 等(1985)研究火炬松木材幼龄材向成熟材过渡年限发现生长速度会加快幼龄材向成熟材的早期过渡，用纤维长度和木材密度来划分幼龄期的群体遗传力分别为 0.34~0.51 和 0.36，因此可以获得中等强度的遗传增益。

目前，我国在马尾松种源试验林及其优树选择基础上营建了大量的优树自由授粉家系子代测定林，这些测定林目前大多进入 1/3~1/2 轮伐期，根据不同材种定向选择优良的基因型可用作新一代育种群体、杂交亲本或生产推广。同时，开展性状早晚期相关性、早期选择、遗传参数的变化的研究，尤其是研究木材性状和生长性状的变异规律，可达到加快马尾松材性遗传改良研究，探索改良的有效途径和缩短育种周期的目的。

8.5.2.3 林木基因工程

基因工程是 20 世纪 70 年代发展起来的一个新科学领域，是现代生物技术在林木遗传育种中的应用。基因工程将天然或构建的外源基因导入细胞的基因中，从而打破了生物种间杂交障碍，扩大了物种杂交的范围，大大加快了变异的速度和频度，有利于新变异的定向选择。

木材品质改良基因工程主要集中于控制木材纹理、木材力学性质、木材比重、木材造纸和造纸废水污染有关的控制木质素合成等基因的分离和克隆，控制木质素含量的基因转移技术已获得成功。Boudet 等（1995）和 Whetten 等（1995）克隆了抑制木质素生物合成的具有代表性的酶的基因，使调节木材中木质素的含量和材质成为可能。

美国、匈牙利、日本等国家林木育种中心在上述方面取得了较大的进展。如美国密歇根大学姜立泉教授领导的研究小组成功地克隆了控制杨树木素合成酶的几种关键基因，经转移到其他杨树品种证实转基因杨树木素的含量可降低 50%，生长量可提高 30%。他们还将克隆的控制木素合成的基因转化了落叶松等针叶树，进入田间进行试验。中国林业科学研究院、南京林业大学和中国科学院、美国北卡州立大学、密歇根技术大学、日本纸业公司育种研究所等合作，也正在开展控制木素基因及其遗传转化的研究。控制木质素合成的基因的分离、克隆和基因转移的突破，可望获得低木质素含量的马尾松等纸浆材新品种，对于缓解我国造纸业原料的供应压力，提高出浆率，降低造纸工业生产成本，减少污染，保护生态环境具有重要意义。

8.5.3 林木育种早期选择与鉴定

遗传改良的目标是选择优良遗传变异，加以固定利用，并最终获取单位时间内的最大遗传增益。但由于林木生长的周期太长，林木遗传改良计划必须从近期和长期两个方面对所花费的时间和可能得到的增益加以平衡。

早期选择是利用林木幼年—成年相关的机制，期望在幼龄时期生长或材性最好的树木在成熟期也是最好的。根据育种材料的幼年性状对其成年目的性状作出预测并进行选择（或淘汰），因此可及时地发现和用作发展生产群体亲本或作为高世代育种材料。一般认为，早期鉴定和选择是可行的、必要的，它是缩短林木育种周期，加快林木育种进程的有效方法。1990 年以来，国内外学者在林木早期选择方面做了大量的工作，并已取得了可喜的进展。

早期选择和材质改良涉及生长性状与木材材质性状的关系，因此林木遗传上确定早期选择的年龄很重要。如前所述生长性状与木材材质性状的关系一直是人们讨论的热点问题，目前这方面研究主要集中在木材基本密度、纤维长度等性状与生长性状的相关关系上，其他材质性状与生长性状的遗传相关的研究很少。

8.5.3.1 早期选择的主要途径及要求

林木早期选择的途径主要有各种性状（生长、材性等）的早晚期相关分析、形态（节间长度、分枝性状等）生长相关分析、生理生化指标与生长性状早晚期相关分析和物候相与生长的相关性分析等。

就材质分析而言，根据林木育种目标确定的早期选择的林龄后实测木材性状。选择林龄是木材材质性状早期选择研究的核心问题，直接与早期选择效率有关。因此，早期和晚期木材性质的相关分析特别重要。

木材性状早期选择研究首先要清楚地知道树种株内材性的径向变异模式，年龄是决定材性的主要因素。同时，取样要达到一定的数目，否则回归分析早晚期关系是不可靠的。早期选择研究的木材性状通常取自胸高位置，用胸高值来预测全株值，或在径向变异的基础上,研究生长早期不同树龄的材性加权值与成熟龄材性值的关系,以确定早晚期材性间的关系。如果关系密切可以预测,反之则不能预测。考虑到精度要求,针叶树至少要取样 30 株;对于大多数阔叶树材,自髓心向外或自树基向上的变异性比针叶树木小得多,样本数目可适度减少。

8.5.3.2 早期选择林木生长和材性性状的相关性

木材密度与生长性状的相关关系,国内外学者的研究得出了不同的结论。有些研究表明木材基本密度与生长性状存在微弱的负相关,也有研究表明杨树木材密度随生长加速而增大(Kenneddy,1959)。Bailey(1974)等的研究结果显示,杨树的纤维长度与生长速度的环境成负相关。美洲黑杨派无性系纤维长度与生长性状相关不显著(朱湘渝,1993)。

杉木木材密度与材积生长之间相关微弱,说明选择出木材密度高、生长又快的优良品系是可行的(叶志宏、施季森等,1987)。杉木木材的生长性状与木材密度在无性系间均存在显著差异,树高、胸径、材积 3 个生长性状间有较高的遗传正相关,而胸径、材积与木材密度间表现出中等的遗传负相关,树高与木材密度间表现出弱度的遗传负相关(金其祥,1999)。苏南杉木木材基本密度与树高有中等强度显著负遗传相关,与胸径、材积的负相关不明显(李晓储,1998)。

柳属和钻天柳属种间、属间杂交 15 个杂种 39 个杂交组合 151 个无性系树高、胸径与木材基本密度遗传相关不明显,该群体中可以选择出既生长迅速又具有较高木材密度的优良无性系以 10% 的入选率,该群体中选择可以得到 10.29% ~ 15.45% 的遗传增益(王宝松,1997)。

缘毛杨 18 个种源木素含量与胸径呈显著的正相关,木素含量随生长性状(高度、胸径)的变异在雌株中要比在雄株中更大(Khurana,1983)。美国内陆和海岸干湿地的花旗松的枝、茎干中木材抽提物随地理位置变化,木素含量与胸径成正相关(Manville,1977)。然而,火炬松 10 个种源 100 株样木分析,其木材木素含量与生长性状无关,胸径生长量中等树木纤维素含量高(徐有明等,1997)。

8.5.3.3 干形性状的遗传变异

干形遗传改良是获得优良干形的主要措施之一,也是材性改良的重要组成部分。干形与木材性质之间遗传上具有明显的相对独立性,根据需要,通过树木形态性状的选择可间接地提高木材材性,可以培育出比重高或低、树干通直的树木。由于林木干形性状复杂,研究比较困难,因此干形遗传变异的研究较少,是遗传改良的薄弱环节。

火炬松树干通直度是可以遗传的,且遗传力为 0.39,通过选择可获得较好的遗传增益(Shelborune,1969)。松树第一代种子园干形改良的增益不亚于材积改良(Zobel 和 Kellison,1978)。美洲黑杨新无性系的圆满度、弯曲度、利用率、节子数和树皮厚度 5 个干形性状无性系间变异十分明显,各性状的遗传力较高(0.438 0 ~ 0.775 3),干形具有较强的遗传控制性(潘惠新,1999)。树干形状高度地受遗传控制,弯曲度、节子数及树皮厚度等性状遗传变异系数较大,干形圆满度和利用率性状变异系数较小;杨木单板利用率的高低与树干弯曲度和树皮厚度遗传上有密切的关系,但与节子数相关不密切。

8.5.3.4 早期选择的年龄

林木遗传改良早期选择的年龄因树种而异,如马尾松早期选择年龄为 10 年生左右

(王章荣,1987),油松早期选择的可靠年龄为15年(卢国美,1994),日本落叶松家系树高选择可从5年生开始,胸径的早期选择可从7年生开始(丁振芳,1997)。6年生桤木的高生长和14年生时的相关系数达到显著程度(王军辉,2000)。对于材性的选择,幼年西特喀云杉的木素含量、木材密度、干形通直度和生长性状(高、径和材积指数)进行选择是能够得到响应的(Costa,1997)。

8.5.3.5 林木早期选择的主要方法

林木幼龄期的某些生理生化指标与成熟期之间存在一定的相关性,所以利用生理生化指标对树木生长进行早期选择是可能的,近年来从生理生化方面来探索林木早期预测的研究已引起重视。目前,林木早期选择方法有以下两种。

①生长模拟法:在人工严格控制条件下,在温室或生长箱中育苗,充分满足苗木对光照、水分、温度、营养条件的要求,使苗期能充分表达成年期的特征,以达到早期识别遗传型差异的目的。回溯性试验结果表明,根据温室内和苗期2年生苗的表现,开展早期生长选择是可行的。

②多阶段测定法:由于林木生长的阶段性,每个树种甚至同一树种不同家系的生长曲线之间都会存在差异,分阶段选择可大大提高早期选择的精度。有人曾提出早晚期相关数学预测模型,但这些模型大多基于这样的假设:树木呈指数生长到线性生长趋势,但这种关系仅在树木的速生期才能成立。所以在进行早期选择时,不仅要考虑研究对象的不同遗传型,还应考虑遗传型与环境条件的交互作用。

8.6 森林培育措施与材质改良

森林经营措施影响到林木生长、枝节大小、干形和树干尖削度,从而对木材性质也有一定的影响。为了实现林木定向培育,达到速生、丰产、优质,研究和了解各种经营措施对林木木材性质的影响规律是必要的。目前,国内外这方面研究资料不多,其中多数集中于针叶速生树种的研究,部分结论有相互矛盾的地方,必须进一步深入探索研究。随着人工林定向培育和木材加工等技术的不断发展,营林措施对林木材质的影响已引起越来越多学者的重视,并逐渐成为木材科学领域的研究热点。

8.6.1 造林密度

造林密度不仅影响到未来林分良好群体结构的形成,而且决定着林分内个体发育过程和林分群体生长特性,对林木生长量影响很大。造林密度,反映林木生长空间大小。不同初植密度的林分,其林分郁闭时间不同,树冠和地下根系所占空间不同,林分内各树种光合作用产物亦呈现差异,从而影响林木性质。造林密度对林木生长和木材性质的影响是发生在林分郁闭之后。林分郁闭前,树冠和根系之间不存在竞争,理论上对树木生长是没有影响的,如图8-16为17年生湿地松4种林分初植密度平均木胸高位置上年轮宽度不同年度的比较(年轮宽度的径向变化),明显反映出这种规律(徐有明,2002)。

造林初植密度不仅对林分生长量有影响,而且影响到林分内中径材、大径材株数的分布,稀植的林分总体上大直径的树木比例大。表8-4中17年生湿地松4种初植密度林分间树高、胸径、材积、蓄积量和单位面积上1~2级优势木数量等因素存在着显

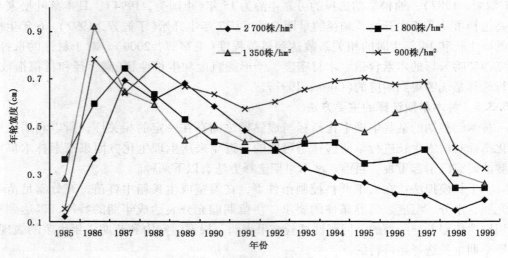

图 8-16 湿地松不同初植密度林分年轮宽度的变化

著的差异($F > F_{0.05}$，$F_{0.05} = 3.29$)，这从图 8-16 中不同初植密度林分年轮密度径向变异也反映出来。单株胸径、材积和优势木数量均随着林分初植密度的加大(密植)呈递减趋势；2 700 株/hm² 初植密度的林分，胸径、单株材积最小，仅为 13.2cm、0.068 7m³，较 900 株/hm² 稀植林分小 32.6%、89.5%。由于树高生长与立地条件有关，其生长量与初植密度不成正比的关系，2 700 株/hm² 的林分平均树高最小为 9.5m，1 800 株/hm² 的林分树高值最大为 11.0m。单位面积上蓄积量与林分初植密度成抛物线曲线关系，即单位面积上蓄积量开始随着林分初植的密度的增大而增加，达到最大值后而出现递减现象。900 株/hm² 的林分胸径、单株材积最大，但由于单位面积上株数较少，单位面积蓄积量最小，仅为 103.27m³；1 800 株/hm² 的林分，胸径、单株材积小于初植密度 900 株/hm²、1 350 株/hm² 的林分，但由于单位面积上株数较多，1 800 株/hm² 的林分蓄积量最大，达 159.61m³。初植密度 900 株/hm²、1 350 株/hm² 和 1 800 株/hm² 的林分内 1~2 级优势木(即大径材)数量差异不大，分别为 300 株、345 株、315 株；2 700 株/hm² 的林分 1~2 级优势木数量仅为 120 株，反映出该林分小径材数量占绝对优势。因此人工林培育因根据培育目标，确定合理的初植密度。纸浆林在满足材质要求情况下，追求单位面积上最大的材积数量，可选 1 800 株/hm² 的初植密度。该林分第五年胸径连年生长量开始下降，7~8 年时胸径连年生长量与平均生长量曲线相交，应适时间伐，最迟不能低于 10 年。建筑结构用材要求大径级林木多，径级大，不宜采

表 8-4 17 年生湿地松不同林分密度人工林生长量和优势木数量的比较

初植密度 (株/hm²)	保存株数 (株/hm²)	树高 H(m)	胸径 D(cm)	单株材积 V(m³)	蓄积量 (m³/hm²)	林分中 1~2 级木		林分中 3 级木		林分中 4~5 级木	
						株数 (株/hm²)	单株 材积	株数 (株/hm²)	单株 材积	株数 (株/hm²)	单株 材积
900	795	9.8	17.5	0.130 2	103.27	300	0.211 9	150	0.117 1	345	0.065 3
1 350	1 200	10.5	16.3	0.118 8	143.36	345	0.201 7	255	0.122 5	600	0.070 9
1 800	1 500	11.0	15.2	0.105 7	159.61	315	0.205 9	340	0.134 5	945	0.066 1
2 700	1 875	9.5	13.2	0.068 7	128.28	120	0.193 9	180	0.120 5	1 575	0.052 9
F 值		3.81*	115.2*	172.9*	121.9*						

用过大的初植密度,可采用 1 350 株/hm²、1 800 株/hm² 的初植密度,培育大径材,可在 10~12 年时间伐(徐有明,2002)。造林初植密度大小对木材材性和木材质量的影响因树种而异,并且有争议。目前多数人认为,初植密度较小林分,林木形成较短的纤维,而初植密度较大林分则形成较长的纤维。

表 8-4 中的湿地松 4 种初植密度对其人工林木材管胞解剖特征、化学成分含量、干缩性状和木材力学性能有一定的影响,但没有达到显著的程度。稀植的林分木材纵向干缩大、差异干缩大。1 800 株/hm²、1 350 株/hm² 的林分,其木材管胞长、长宽比大、微纤丝角小,干缩特性适中,力学强度较高,适于培养建筑结构用材。1 800 株/hm² 林分单位蓄积量大,管胞长、长宽比大、纤丝角度小、纤维素与纤维素含量高,木素含量低,适于培育纸浆材(徐有明,2002)。

造林密度对贵州产地 15 年生马尾松木材管胞形态的影响因年龄而异,不同造林密度马尾松管胞形态总平均值变化不大,但管胞长度随树龄的增大而增加的趋势受到造林密度影响(夏玉芳,2003)。

广东乐昌林场杉木人工林(表 8-5),造林密度小的林分,生长速度快(约为密度较大林分的 1.3 倍),除晚材率稍低外,各项力学指标均高于密植林分材性,因此造林初植密度应适合,既使林木速生优质,又不降低单位面积产量(安徽农学院,1978)。

表 8-5　广东乐昌林场杉木人工林不同造林密度杉木材性比较

株行距 (m×m)	年轮宽度 (mm)	晚材率 (%)	气干密度 (g/cm³)	顺纹抗压 (MPa)	抗弯强度 (MPa)	抗弯弹性模量 (GPa)
3.8×2.6	4.14(132)	47.3(98.54)	0.423(103)	44.20(106)	81.24(102)	11.02(106)
1.5×1.5	3.12(100)	48(100)	0.412(100)	41.85(100)	79.48(100)	10.38(100)

注:表中括号内数值以 1.5m×1.5m 造林密度的材性指标为 100% 的比率。

栽植密度对 72、69 杨木材材性的影响因材性指标的不同而不同,对 72、63、69 杨三种杨树,栽植密度越大,微纤丝角、导管比量增大。纤维长度、木纤维比量、木射线比量都减小,基本密度、抗弯弹性模量和抗弯强度也越小,并且 72 杨和 69 杨受栽植密度影响较大,63 杨受栽植密度影响较小(刘盛全,2001)。昭林 6 号杨、69 杨、尾叶桉木材力学强度随造林密度增大而提高,结晶度随造林密度增加而有增大的趋势,但木材微纤丝角有逐渐减小的趋势;造林密度大的林分,木材抗弯强度、弹性模量和气干密度值小,抗压强度值变化不大。木材的冲击韧性随着林分密度的增大而逐渐降低。木材干缩系数和全干密度受林分密度的影响较小(方文彬、朱林峰,1995)。

造林密度大小对林分内树木干形和尖削度有一定的影响。通常密植的林分内,立木尖削度小于疏林者。林分过稀,树干尖削度会过大,这样会形成斜纹理的木材,而这会降低板材的强度。此外,林分过稀,如分布不均匀,会诱导树木产生偏冠,这样会导致树木内部应力木的形成,因此林分应保持适合的密度,均匀分布,有利于高质量木材的形成。

8.6.2　林分间伐

造林时如果初植密度过大,树木生长 3~10 年后,林分开始郁闭(具体时间因树种而异),林分内树木的树冠和根系相互接触而展开对光、水分和养分的竞争,此时如不间伐会影响到林木生长。抚育间伐可以改善林冠受光面积，调节林分密度，改变林内的光照条件，提高林分透光性，从而促进林木生长，图 8-17 为湿地松林分不同间伐强度年轮宽度的变化，可以看出间伐明显促进了树木的生长（徐有明，2002）。

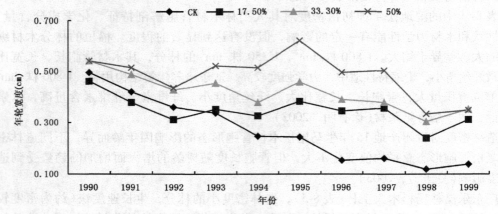

图 8-17　湿地松林分不同间伐强度年轮宽度的变化

目前有关间伐措施对木材材性和木材质量的影响有所研究，但结果因树种和间伐强度及间伐方式（均匀间伐，不均匀间伐等）多少有点差异。

林木生长轮宽度随着间伐强度的加大而增大，但木材密度随间伐强度的增加有降低趋势。但对马尾松飞播造林很密的林分可能是个例外，表 8-6 中间伐与未间伐材性比较，马尾松飞播造林林分年轮宽度大幅度增加，晚材率、气干密度、顺纹抗压强度均高于未间伐林分，仅抗弯强度稍有降低（安徽农学院，1977）。这种林分过密，株数过多分布不均，间伐改善了马尾松生长环境，有利于改善、提高材性数值。

表 8-6　马尾松间伐与未间伐材性比较

项目	生长轮宽度(mm)	晚材率(%)	气干密度(g/cm³)	顺纹抗压(MPa)	抗弯强度(MPa)
间　伐	9.63(177)	64(105)	0.495(109)	38.02(105)	73.79(91)
未间伐	5.45(100)	61(100)	0.455(100)	36.36(100)	81.43(100)

杉木、日本落叶松和北京杨与未间伐材相比，年轮宽度均随间伐强度的增大而增宽，但纤维长宽比和微纤丝角度则是减小的。随着间伐强度增大，针叶树材木材力学强度是降低的，而阔叶树材则是提高的。因此，适度间伐可以加快林木生长，提高立木产量，改善林区木材质量。

间伐与未间伐林分比较，间伐强度大，年轮宽度增大，纤维长宽比和纤丝角减小，针叶树材的力学强度降低，阔叶树材提高（方文彬，1997）。间伐加快花旗松树木生长的同时，木材比重维持原状，或者甚至有所提高（Parker，1973）。

湿地松 10 年生人工林间伐（1990 年起始间伐）显著地促进了林木胸径、单株材积的生长，有利于培育大径材，间伐后单位面积上蓄积量和单位面积材积总生长量（包括间伐材）均显著高于未间伐对照的林分（图 8-17）。间伐措施对湿地松人工林木材管胞壁腔比、腔径比、S_2 层微纤丝角、径向和弦向干缩、体积和纵向干缩率、差异干缩、主要化学成分没有显著的影响,对木材管胞长度、长宽比值有显著负面影响。结合间伐后湿地松林分单位面积蓄积量及材积总生长量,培育纸浆材宜选用33.3%~50%的间伐强度。50%间伐强度的林分适宜培育建筑结构用材,其大径级的木材比例高,单位面积上生长量、蓄积量也较大,木材晚材率、基本密度、顺纹抗压强度最大,抗弯性能最好(徐有明,2002)。

杉木间伐强度对材性的影响:间伐后林木生长空间得到改善,光合作用增强,细胞分裂速度快,导致杉木管胞长度变短。但这种管胞长度变短仅几个生长轮后得到恢复。间伐后杉木管胞S_2层微纤丝角度稍微增大,20~24年生杉木间伐前管胞S_2层微纤丝角度23.5°,间伐后纤丝角增大25.5°(熊平波,1985)。

Pillow研究辐射松(*Pinus radiata*)时证明间伐后管胞纤丝角增大,不过这些变化仅过几年就恢复到间伐前纤丝角度。重要原因在于间伐后林冠受光面积改善,细胞分裂速度快,管胞长度变短,导致纤丝角增大。

CaBHHa研究间伐对栎树(*Quercus* spp.)林分不同树龄木材纤维长度的影响(表8-7),间伐后6年,不同林龄段,间伐的栎树林分纤维长度均较没间伐的林分长。3个生长级,不同林龄的栎树纤维长度,I生长级最大,Ⅳ和Ⅴ生长级最小。

CaBHHa研究39年生欧洲山杨(*Populus tremula*)成熟林林分间伐前后树干断面上组织比量(%)的变化(表8-8)。间伐后机械组织显著增加,输导组织明显减少;而木薄壁组织在I生产级、Ⅳ~Ⅴ生长级稍稍增加,Ⅲ生长级略有减少。

表8-7 不同树龄栎木林分间伐与未间伐木材纤维长度

生长级	木材纤维长度(μm)							
	27~33年生		34~39年生		52~57年生		80~85年生	
	间伐	未间伐	间伐	未间伐	间伐	未间伐	间伐	未间伐
I	1 360	1 320	1 182	1 040	1 256	1 256	1 186	978
Ⅲ	1 260	960	1 022	968	976	1 045	1 072	888
Ⅳ~Ⅴ	900	840	920	816	896	938	867	782

表8-8 间伐前后欧洲山杨木材组织比量的变化

木材组织比量	I生长级		Ⅱ生长级		Ⅳ~Ⅴ生长级	
	间伐前	间伐后	间伐前	间伐后	间伐前	间伐后
木材纤维	58.3	65.7	56.9	67.0	53.6	57.9
导管	34.8	25.9	34.6	24.9	40.6	36.2
木薄壁组织	6.9	8.4	8.5	8.1	5.8	6.2

马尾松林分间伐后立木尖削度明显增大;杉木过度间伐林分,标准木尖削度0.77%,中等间伐强度林分0.75%,未间伐的为0.64%。立木尖削度林木、锯材会产生人为斜纹理,单板施切时增加消耗量,因此林分间伐时考虑到合理间伐强度(卫广杨、唐汝明,1977)。杉木中等间伐强度(初植密度3 750~5 250株/hm^2)25%~35%时较好,杉木各项材性指标均未降低(熊平波,1984)。

林分间伐过早以及间伐强度过大,都容易产生尖削度的缺陷。为了降低尖削度,又不妨碍林木快速生长,可以适当延缓间伐开始年限,保持林分最佳的郁闭度,同时间伐后必须进行合理修枝。这项工作必须根据不同立地条件、材种或用途，通过试验获得最佳的林分郁闭度和合理的修枝强度，从而既能促进林木的快速生长，又能使立木材质得到改善。

总之，林业生产上间伐是发生在林分郁闭之后。从时间段来看，如果间伐处于木材幼年期内可能对材性负面影响很大，因为突然的环境改变促进树木生长的同时，对针叶树材性数值会出现不利，会延长木材的幼年期。但如果过了木材幼年期，间伐是在林分中成熟龄阶段，对木材材性的影响也就仅仅几年的时间。林分间伐所带来的林木快速生长时期所产生的管胞比正常生长时期形成的管胞短些，这种对突发的或人为环境刺激的响应通常在几年后会逐渐消失，对林木材性影响不大。此外，林分间伐要均匀，不要出现"拔大毛"现象（即挑选大径级的树木砍伐），这不利于树冠均匀发育生长，也不利于培育干形通直、尖削度小的木材。

8.6.3 施 肥

施肥是人工林速生丰产的关键技术措施之一。施肥对人工林具有很好的速生丰产效应。然而对于人工用材林来说，仅考虑速生丰产还不够，还必须考虑所生产木材的性能和质量，只有优质高产才是人工林实行定向培育的完整目标。

施肥对林木生长和木材质量的影响与树种、立地类型和林分发育时期有很大的关系。林分施用肥料，首先要了解林地缺什么肥料，缺多少，然后根据需要施用。林地由于缺乏某些林木急需的营养元素，往往严重地降低林木生长和发育，尤其是荒弃的农地改为林地时，缺少钾肥是林木生长不良的重要原因。我国南方红壤地区，土壤中普遍缺乏磷素。有的地方土壤中普遍缺硼素。林地施肥前应对林地中肥力状况有一定的了解。国外对森林施肥的研究，重要侧重林木缺少养分以及植物、养分、土壤与水分之间相互关系上。我国南方工业原料林区如速生杨和桉树人工林已出现专用林业肥料。

8.6.3.1 施肥对林木生长和木材质量的影响与树种有关

花旗松林分施肥促进林木径向生长的同时，木材密度下降8%，管胞长度变短，纤丝角变大（Erickson，1958）；缓慢生长的欧洲赤松林分施肥后年轮宽度和晚材率都增大，云杉林分施氮肥其早材生长量显著增加（Von Pechmann，1958）。施肥对杉木人工林木材性质影响效应不明显（李飞云，1994）；施肥对杨木材性影响为负效应，杨木纤维长度、力学强度和化学成分含量与施肥引起的快速生长量间成弱度负相关，在培育建筑结构用材林时应控制氮肥的施用量（柴修武等，1993）；桉树人工林施肥木材顺纹抗压强度稍微增加，但抗弯强度和抗弯弹性模量有降低的趋势、木材密度显著降低（方文彬、吴义强、罗建举等，1995）。

Zobel 于1989年就施肥对许多树种的材性影响进行了汇总，如云杉辐射松、火炬松、欧洲赤松等，多数人认为施肥显著促进林木生长的同时，伴随着引起木材密度和纤维长度的显著下降。少部分人认为施肥对材性没有显著的影响，甚至认为施肥显著改善了木材的某些性状，例如施肥早材细胞壁厚度增加，早材比例增大，晚材细胞变薄，年轮内木材材性的差异减小，材质较未施肥的林分均匀。

8.6.3.2 施肥对林木生长和木材质量的影响与林分生长时期有关

一般来说，幼龄材的木材性质是随着树龄的增加不断改善提高，如果在幼年的林分施肥，突然的施肥会改善林木地下营养条件，生长速度明显加快，具体表现为生长轮宽度增加，晚材率减少，木材密度和力学性质降低，胞壁厚度减小，管胞长度变短，就会延长木材的幼年期。如果在成熟材阶段，株内木材性质相对稳定，施肥会促使树木加快生长，这一快速生长时期会延长 3~5 年，期间所产生的管胞比正常生长时期形成的管胞短些，但因林分地上外部环境并没有得到改善，施肥这种影响在几年后就会逐渐消失，管胞长度会恢复到原来的水平。任何林分中，树木管胞长度与其遗传的生长速度在本质上是不相关的，因此无论这些树木在遗传上生长快还是慢，其管胞可能长，也可能短。必须强调的是，上述分析对大多数松类树种以及花旗松是适用的。

施肥对阔叶材研究很少，特别是环孔材，这方面的影响有待进一步探索研究。

8.6.3.3 施肥对林木生长和木材质量的影响与林地立地条件和施肥种类有关

我国南方黄红壤林地缺乏磷(P)素，氮(N)的含量尚好。表 8-9 为江西北部景德镇枫树山林场湿地松 2 年生幼林施肥后 8 年生林分的生长量，施肥种类、施肥量及施肥配比对生长量、木材物理力学性质的影响明显不同。单施氮、钾(K)肥并没有显著促进林木生长，施用氮肥对湿地松生长有显著的抑制作用，钾肥处理材积明显下降。湖南和江西南部地区湿地松 2 年生幼林施肥也是一样的结果。磷肥和磷肥与氮、钾配比施肥及氮、磷、钾配比施肥显著地促进湿地松胸径、树高、材积的生长。

表 8-9　湿地松幼林不同肥料施肥 8 年生林分树高、胸径和材积指数

	肥料种类	肥料配比 ($N-P_2O_5-K_2O$, kg/hm^2)	8 年生林分生长量		
			树高(m)	胸径(cm)	材积指数(10^{-4}m^3)
1	P1	0-50-0	5.79(110.6)	10.00(109.9)	492.8(125.0)
2	P2	0-100-0	5.85(111.6)	9.80(107.7)	486.1(123.4)
3	P3	0-200-0	5.76(109.8)	10.60(116.5)	523.9(132.9)
4	N	100-0-0	4.49(85.80)	8.90(97.8)	307.0(77.90)
5	K1	0-0-100	5.19(99.0)	8.90(97.8)	354.2(89.80)
6	K2	0-0-200	5.30(101.0)	9.40(103.3)	345.7(87.70)
7	NP2	100-100-0	5.84(111.4)	10.00(111.0)	514.0(130.3)
8	P1K1	0-50-100	6.22(118.7)	10.40(114.3)	549.5(139.4)
9	P2K1	0-100-100	5.64(107.7)	10.00(109.9)	496.4(125.9)
10	NP2K1	100-100-100	5.90(108.8)	9.90(108.8)	472.6(119.9)
11	对照	0-0-0	5.24(100.0)	9.10(100.0)	394.3(100.0)
F 值			4.58*	7.39*	6.96*

上述施肥处理对湿地松 8 年生林分木材性质的影响效应因施肥种类不同有一定的差异。施肥处理后，8 年木材弦向干缩率、径向干缩率、纵向干缩率、体积干缩率、差异干缩 5 个气干干缩性状的影响没有达到差异显著的水平，但单施磷肥、氮磷配比施肥木材差异干缩、纵向干缩率明显减小，单施钾肥、单施氮肥木材纵向干缩率增大。单施磷肥或磷肥与氮、钾配比施肥及单施一定量的钾肥能明显提高湿地松木材晚材率、基本密度、顺纹抗压强度、抗弯弹性模量，且磷肥量与材性提高量成正比，而氮肥处

理显著降低了木材性质(徐有明,2002)。

15年生马尾松中龄林分,施肥对其木材性质影响与肥料种类、施肥量和施肥方式等因素有关,也与树干部位有关。比较氮、磷、钾三个肥种施肥效果,施肥有助于林木生长,但施氮、钾肥只能提高生长轮宽度和晚材率,各处理差异不显著;施磷肥,不但能提高生长轮宽度和晚材率,而且对木材基本密度影响较大,特别是显著增加树干下部的木材基本密度。而施肥对管胞形态的影响不大,但也不能忽视磷肥对管胞腔径尤其径向腔径的增大作用(夏玉芳,2005)。

美洲赤松、黄杉氮、磷、钾复合施肥,提高了材质均匀性,特别是木材生长轮结构趋于一致,表现出早材管胞壁增厚,晚材管胞壁变薄,早材率增加,促进了木材结构均匀性(Gladstone)。

总之,施肥对林木生长和材性材质的影响有一定时效性,施肥次数、种类和数量等应根据林地实际情况和人工林定向培育目标,从生长量、材性材质变化和经济收益等方面综合平衡。就针叶树而言,特别是松类林分,施氮肥后,数年内林木生长速度明显增加,晚材率降低,木材密度减小,但单位面积木材生长量增加大于因密度降低的损失量。如云杉和松树,木材密度降低5%,由于生长速度增加大于密度降低损失量,干纤维产量净增35%(Klem,1984),适合生产纸浆材。施肥的松树林分,在肥效期内形成的木材,其早材管胞壁增厚,晚材胞壁变薄,晚材率降低,这减少了年轮内木材的变异,使年轮内木材材质均匀一致(Gladstone,1972)。施钾或磷肥,多数树种松木材抗弯弹性模量增加,比例极限纤维压力增大,容许压力增大,这对大多数承重构件要求木材有较高弹性和刚性来说是有利的,适合于培育结构用材(Gray,1974)。

8.6.3.4 间伐和施肥对材性的综合影响

Erickson等(1974)研究花旗松林分间伐和施肥对材性的综合影响,间伐和施肥前,林分平均林龄为21年(成熟林),试验结束时,平均年龄30年。间伐后紧接着施肥,第1年主要施硝酸氨和磷酸氨(每亩比例:N为37kg,P_2O_5为30kg,K_2O为11kg,CaO为19kg),以后8年每年追施氮肥,主要为尿素(第1年施37kg,第2~8年每年施19kg),共施肥9年。而后测定间伐和施肥对木材密度、管胞尺寸、纤丝角以及纤维素、木质素和浸提物含量的影响。

间伐和施肥之前6年,平均密度为0.498g/cm³,间伐和施肥之后6年,密度为0.448g/cm³,相差0.050g/cm³。对照树木的木材密度,在此期间没有明显的变化。间伐和施肥后的树木,管胞径弦向尺寸和长度,开始有某些减小,而后慢慢恢复至正常值;纤丝角在间伐和施肥之前3年为8°~9°,间伐和施肥后则增加2°~3°,9年后(即施肥结束后)则下降至7°,对照树木在此期间没有变化。大多数花旗松间伐和施肥之后6年,半纤维素和α-纤维素比对照树木约低0.9%,以后两者接近一致。间伐和施肥后,木质素稍有增加,9年后间伐和施肥树木比对照树木平均相差0.67%。浸提物含量增加甚微,平均为0.1%。

8.6.4 灌 溉

灌溉是供给林木生长所需要的水分,供给水分数量的变化不仅明显地影响树木生长的速度,而且也影响木材的性质。灌溉、全年降水量分布和树木需要有效水分的变化等都影响生长轮内早晚材比例、细胞直径和胞壁厚度,这些因素的影响是复杂的。

花旗松在晚材形成期内，晚材率和密度的大小与有效水分的供应量有关。另外，有效水分也影响辐射松细胞的膨压，而膨压对细胞直径的大小起着重要作用。

Zahner等利用模拟干旱和灌溉条件，研究20年生挪威松生长，发现灌溉可以导致早材管胞形成期延长，而干旱则迅速使晚材管胞胞壁变为扁平。Murphey等利用污水或淤泥浇灌林木，其效果和施肥一样，也能提高树木的生长速度、晚材率和纤维长度。Brazier(1970)认为灌溉可以减少螺旋纹理，如湿地松幼木通过灌溉之后就是这样。西部黄松(*Pinus ponderosa*)灌溉之后，非扁平的晚材管胞增加2倍以上。由于非扁平的晚材管胞大量增加，因而晚材率、生长轮宽度、密度和晚材管胞数量也显著增加。

不同的灌溉条件对Ⅰ-69杨纤维长度的影响不显著，但对Ⅰ-69杨幼林材积增长量的影响很显著。Ⅰ-69杨木材化学成分存在一定的差异，综纤维素含量、木素含量差异不大。木材密度、抗弯强度和抗弯弹性模量三项指标受供水条件的影响最大。灌溉与天然降水之间的差异极其显著，两种灌溉条件之间的差异不显著。其他各项指标随灌溉条件的改善均呈明显下降的趋势，但未达到显著性差异(王世绩、柴修武等，2000)。

可见在干旱地区，灌溉可以增加木材产量，对木材性质的影响因树种而异，有待进一步研究。

8.6.5 修 枝

树枝基部或树枝残桩埋藏于内部产生节疤，它属于木材天然缺陷，降低木材强度，影响板材使用。节疤主要是由于枝条基部产生，为了培育无节良材，单靠天然整枝不能达到满意效果。例如自然整枝较快的柳杉，需要10年左右时间(枝条枯死到脱落)，材面上留下明显树柱，严重影响到木材作为结构梁的用材。

打枝可使树干通直圆满，减少节子，产生少节无节良材。打枝是在树冠下面，将枯枝部分、小枝修掉，促进枝桩埋没，缩小包被死枝的长度，增加树干材表面光洁度。

修枯枝对林木生长量无影响，修活枝对树干生长量、树干外形有一定影响。枝下高上升，减小光合作用的叶量，树干基部生长量变小，降低树干尖削度，产生无节、少节通直木材。打枝程度取决于材积生长量与价值上平衡，原则上将林木活枝以下枯枝或对林木生长没有多大影响并处于荫庇下活枝砍去。但如果以生产无节柱材为经营目的，可在林木生长期进行强度打枝。

修枝是人为地修去树冠下的一部分活枝、全部的濒死枝和死枝。通过修枝，改善林木生长条件，提高林木材质。以促进林木生长，增加树干的圆满度，培育主干无节木材和提高木材品质。杨树人工林若以生产胶合板用材为经营目的，合理修枝对促进无节材、少节材的产出特别重要。

8.6.5.1 修枝与材性

正确的修枝方法和适当的修枝强度，在一定程度上可以促进林木生长，尤其是提高树木直径生长，并生产无节良材。黄冶对红松人工林试验结果表明：红松人工林生长速率、生长轮宽度、晚材率都是修枝林分大于未修枝林分，其中晚材率差异显著；主要力学指标中除顺纹抗压强度，均是修枝林分大于未修枝林分，其中只有抗弯强度差异达显著水平，见表8-10。

表8-10　修枝与未修枝林分林木生长指标测定结果

处理	生长速率			生长轮宽度			晚材率		
	均值(%)	标准差	变异系数	均值(mm)	标准差	变异系数	均值(%)	标准差	变异系数
修　枝	15.68	29.02	185.1	2.96	1.33	44.93	22.13	8.45	38.12
不修枝	13.19	24.65	186.9	2.89	1.32	45.67	21.96	6.66	30.33

8.6.5.2　修枝的关键技术

(1)修枝木及其立地条件的选择：选择生长良好且生长势强，干形通直、圆满，冠幅均匀的林木作为无节材培育的目标树进行修枝处理。无节材培育的林分，因为对林木进行修枝会引起林地养分的损耗，应尽量选择地位指数高的林分。必要时，如林地的立地质量不高，可以通过前期施肥来弥补。

(2)修枝年龄和时间：修枝应主要在幼龄进行，近熟林、成熟林、过熟林不宜进行修枝。松树一般应以树冠下部开始出现枯死枝条时进行修枝。

松树修枝还是一种抚育措施，5~6年生松林已基本达到郁闭，是修枝合适的起始年龄。严冬季节和林木生长季节不宜进行修枝作业。

春、夏两季是树木生长旺季，树脂流动快，伤口愈合慢，病虫害容易入侵伤口，此时不易修枝。因此应在晚秋至早春休眠期进行，此时伤流轻，愈合快。

(3)修枝强度和间隔期：修枝的强度取决于树干材积生长与价值增长的一致。除了生产特殊用材，需要进行高强度修枝外，原则上从活枝以下的枯枝，或对生长无大影响并处于庇荫状态的活枝作为修枝对象。

一般修枝的强度是以修枝木主干的直径为标准来确定的，树干直径达到修枝强度标准的部位为修枝基准，修除基准以下树干上着生的所有枝条。邹绍荣研究杉木无节材人工修枝指出，不同修枝强度(6cm、8cm、10cm、12cm)对林木的生长有显著的影响，随着修枝强度的增大，杉木的树高、胸径、冠幅都显著下降。从修枝效果和杉木生长两方面考虑，一般以10cm修枝强度为最好。由于杉木的生长速度较快，修枝的时间间隔定为1年。松树首次修枝后待出现1~2轮死枝时，进行第二次修枝，间隔期一般3~4年。

对于松树一般用修枝高与树高之比或冠高比作为评价修枝强度的指标。立地条件好，林龄大，树冠发育良好的林分，修枝可稍多，否则修枝宜少。应当以不破坏林地郁闭和降低林木生长量为原则，务必要树冠高度和树干高度比例适当。一般5~10年松树修枝树冠保留高度应占树高的2/3，11~15年树冠高度应占树高的1/2，15年以后树冠高度应占树高的1/3，以保持树干上部有一定的营养面积。

修枝程度是否合适，要根据生产商品材的价值与修枝费用之间的关系来确定。在新西兰认为辐射松第3次修枝就已经不合算了，但在智利确定修枝的标准是6.5m。而昆士兰规定辐射松修枝的界限为6.4m。日本的日本柳杉、日本扁柏，通常只修枝2次，此后不再修枝。

(4)修枝的工具和方法：修枝的工具以修枝锯为最好，镰刀、斧头不宜做修枝工具，修枝工具必须锋利，以免撕裂树皮，影响林木生长。修枝时，贴树干从上往下锯，快要锯断时，用手托住枝条以免撕裂树皮，作业时要注意锯口平滑，切勿形成"凹"形或"凸"形切口。不损伤树皮，这样伤口易愈合。整枝后，为防止感染，可在伤口上撒煤焦油，有分泌树脂能力的可不涂。

修枝季节应在晚秋或早春，此时树液停止流动或尚未流动，不影响修枝林木的生长，同时能够减少木材变色现象。

8.6.6 繁殖方法

树木的繁殖方法分有性和无性繁殖两类。萌芽生长的树木常具有很多缺陷（如腐朽、多节、弯曲、偏心、生长轮不均和过宽等），所以萌芽生长树木的材质要比实生的差。表8-11中，萌芽树木生长轮宽度是实生树木的2倍多，气干密度减小3%，顺纹抗压强度降低23%，抗弯强度降低20%，抗弯弹性模量降低最多，达34%。因此，在培育用材林时应选用实生苗，以获得最大生物量为目的的薪炭林、纸浆林可以考虑无性繁殖。如我国南方桉树纸浆林，第一茬为实生苗造林，主伐利用后采用萌芽更新，经营1～2茬纸浆林后重新造林。过去我国南方杉木人工林采用萌芽更新造林的很多，现在多以实生苗造林为主。

表8-11 湖北天门枫杨实生苗与萌芽起源的林分部分材性比较

林木起源	试验株数	生长轮宽度(mm)	晚材率(%)	干缩系数(%)			气干密度(g/cm³)	顺纹抗压强度(MPa)	抗弯强度(MPa)	抗弯弹性(GPa)
				径向	弦向	体积				
实生	3	8.3/100	70.0/100	150/100	0.210/100	0.370/100	0.380/100	40.57/100	85.26/100	9.21/100
萌芽	3	18.5/222.89	77.0/110.00	0.120/80.00	0.190/90.48	0.330/89.19	0.370/97.37	31.36/77.29	68.40/80.23	6.08/65.96

注：表中分母以实生枫杨材性指标作为100%的比率。

8.7 我国针阔叶主要用材树种森林面积、蓄积与商品材

8.7.1 我国植被地带性分布规律

由于地球上北半球除了海洋外多为联系紧密的陆地，存在着明显的气候带，植物区系有很强的地带性分布规律。我国从北到南地带性植被分别为：寒温带针叶林、温带针叶与落叶阔叶混交林、暖温带落叶阔叶林、亚热带常绿阔叶林和热带季雨林和雨林等。北部多为落叶或常绿针叶树和少量的落叶阔叶树种，而南部热带地区多为常绿阔叶树种，南北之间为过渡地带有常绿针叶树、落叶阔叶树和常绿阔叶树。每一地带植物种类不一样，并且从北向南，植物种类数目大幅增加，生物多样性逐渐丰富（见《树木学》、《植物学》等有关教材）。

8.7.2 我国针阔叶主要树种森林面积与蓄积

我国森林资源分布不均匀，天然林多位于大河、大江和高山地区，多数属于水源涵养林和生态林。天然林资源保护工程（简称"天保工程"）的实施，木材利用重点转向人工林，人工林用材比重越来越高，重要性不断得到加强。表8-12为我国针阔叶树主要树种森林面积与蓄积量，针叶林森林面积占49.8%，蓄积占53.9%，而阔叶林面积占47.2%，蓄积占42.4%，其他为混交林。阔叶林在生物多样性和涵养水源方面远优

于针叶林。因此，我国天保工程中，大部分是阔叶林或针阔混交林。人工林木材多为松杉类针叶林和杨树、桉树和相思树等阔叶纯林。其中，我国南方地区，杉木、马尾松、国外松等一些针叶树种，占总造林面积的80%以上。这与20世纪40年代以来，世界上许多国家注重短周期工业原料林的培育有关。当时，由于阔叶树的生产效益及产量不及针叶树，许多国家在人工林发展初期，均把针叶树作为发展重点，我国亦不例外。大规模的针叶树替代了物种丰富的天然林群落，导致森林生态系统失衡，物种多样性降低，森林病虫害频频发生，人工更新难度加大等问题日益显露。同时，针叶树林产品相对过剩与阔叶树林产品不足，严重制约了林业自身的经济效益。这种情况已开始引起林业工作者的重视与关注。

表 8-12　我国针阔叶主要树种森林面积与蓄积量

不同类型的森林		森林面积		森林蓄积量	
		（万 hm²）	（%）	（万 m³）	（%）
针叶林	红松林	38.90	0.4	8 384.86	1.0
	冷杉林	269.45	2.7	81 242.39	9.2
	云杉林	414.22	4.2	117 512.90	13.3
	柏木林	134.12	1.4	4 499.13	0.5
	落叶松林	996.18	10.4	100 019.79	11.4
	樟子松林	38.62	0.4	3 540.02	0.4
	油松林	119.66	1.2	4 016.78	0.4
	华山松林	64.87	0.7	3 277.37	0.4
	马尾松林	1 424.37	14.4	48 556.39	5.5
	云南松林	577.87	5.8	43 176.23	4.9
	杉木林	607.12	6.1	23 733.39	2.7
	乔松林	90.22	0.9	19 377.19	2.2
	其他针叶林	148.01	1.5	17 303.89	2.0
	小计	4 923.61	49.8	507 120.43	53.9
针阔混交林		296.63	3.0	32 660.10	3.7
阔叶林	樟木林	32.00	0.3	3 638.11	0.4
	楠木林	1.00	—	240.45	—
	黄、胡、水林*	20.87	0.2	1 710.51	0.2
	栎类林	1 187.12	12.0	81 296.67	9.2
	桦木林	489.97	5.0	30 868.63	3.5
	桉树林	21.32	0.2	633.01	0.1
	杨树林	243.73	2.5	10 710.78	1.2
	杂木林	49.11	0.5	2 531.08	0.3
	硬阔叶林	294.74	3.2	10 222.88	1.2
	软阔叶林	218.87	2.2	14 339.43	1.6
	其他阔叶林	2 079.68	21.0	216 293.92	24.6
	矮柞林	24.20	0.3	504.83	0.1
	小计	4 662.55	47.2	372 990.30	42.4

注：*黄、胡、水林系指黄波罗、胡桃楸、水曲柳林。

8.7.3 针阔叶树材质上的总体差异及其在人工林中的比重

针叶树种类少，资源分布相对较集中，林分类型以纯林居多，其尖削度小，枝丫小、出材率高，采伐利用和更新经营方便。针叶材构造和性质相对比较一致，一般材质较软，生产上又称软材，其加工容易，针叶树在木材利用上多为建筑用材，其利用历史长，积累了丰富的经验。

阔叶树种类较多，资源分布比较分散，并且林分类型以混交林居多，单一树种资源不集中，枝丫粗大，出材率低，统称为杂木。采伐利用和更新经营上难以采用统一轮伐期经营，择伐成本太高。阔叶材一般来说材质较硬重，所以又被称为硬材。在过去，其木材加工较为困难，导致其木材利用历史不长，技术经验积累少。

事实上，阔叶树生长快，其木材花纹美观、材色悦目，尤其适合作高档装饰用材。阔叶材构造和性质变化大，更能满足各用途材种的特定要求。木材中，最轻的、最重的、最耐腐和最不耐腐的木材多半是阔叶树材。对于材质软硬，针叶材中也有较硬重的木材，如落叶松、红豆杉和柏木。其中，红豆杉和柏木是珍贵用材。

由于商业上的习惯用法，阔叶材被称为杂木，这种叫法尽管不科学，但已习惯为约定术语，生产中杂木就是指阔叶材，并不是说材质很杂、不好。此外，阔叶材有软杂、硬杂之分。材质轻软的树种木材称为软杂，如杨树、泡桐、轻木等；材质硬重的称硬杂，如麻栎、青冈栎、荷木、枫香等。

目前阔叶材的开发利用技术非常成熟，特别是硬杂木类的阔叶材市场上价格高，多用于高档装饰用材；针叶材多用于建筑用材、人造板材和造纸材。当前人工林面积中针叶林仍占有很大的比重，这与当前木材资源消费结构和木材生产习惯有很大的关系。速生阔叶材多用于造纸材和胶合板用材，目前木材市场硬阔叶材价格高，珍贵装饰用材如橡木、榉木、枫木、水曲柳、楠木等缺口大，加上阔叶材资源少，未来珍贵装饰阔叶材市场潜力巨大。有必要加强硬阔叶林培育与利用的研究和开发工作，发展针阔混交林，提高阔叶树造林比重。

8.7.4 我国商品用材树种与分类

我国常用木本乔木树种1 000多种，将材性材质相似的归类，共有241个商品材类。这241个商品材根据材质优劣、储量多少等原则划分为五类。家具业常用的商品材树种类别如下。

一类材：红松、柏木、红豆杉、香樟、楠木、格木、硬黄檀、香红木、花榈木、黄杨、红青冈、山核桃、核桃木、榉木、山楝、水曲柳、梓木、铁力木、玫瑰木。

二类材：杉木、福建柏、榧木、鹅掌楸、梨木、槠木、水青冈、麻栎、高山栎、桑木、枣木、黄波罗、白蜡木。

三类材：落叶松、云杉、松木、铁杉、铁刀木、紫荆、软黄檀、槐树、桦木、栗木、荷木、槭木。

四类材：枫香、桤木、朴树、银桦、红桉、白桉、泡桐。

五类材：拟赤杨、杨木、枫杨、轻木、黄桐、冬青、柿木。

8.8 人工林木材利用主要问题及其生物改良主要途径

8.8.1 人工林开发利用的主要问题

人工林木材质量完全不同于过去缓慢生长的天然林木材，在其木材开发利用过程中，普遍的反应是其材质不如传统的天然成熟林木材，主要表现为两个方面：一是天然缺陷明显，如节大、树干尖削度大、斜纹理和树干内应力木的存在，这方面国家木材缺陷标准有明确的规定；二是其总体上木材强度低、刚度性能差，尺寸变异大，板材易翘曲变形、开裂等，特别是针叶松类木材。这些缺陷使木制品的加工性能和产量质量受到不同程度的影响。定向培育速生优质木材，就必须根据材种和产品质量要求，从营林(包括林木育种)和加工工艺两个方面改良、改性和调整加工工艺技术来充分利用人工林木材。为此，许多国家投入大量人力物力进行人工林木材的材性及对木制品影响范围与程度的研究，以期通过不断强化的科学研究和新技术的开发在人工林木材加工利用方面有所突破。

事实上除了木材天然缺陷外，人工林木材材性和材质方面并非先天劣于天然林木材，其症结在于木材中幼龄材的比率变化。无论天然林还是人工林，木材中都含有幼龄材，但所占比例不同。美国花旗松，50年生天然木材中幼龄材占16%，而与其径级相同的人工林，其幼龄材占55%。原因是天然林木生长缓慢，生长期长，采伐时树龄都在数十年至上百年，幼龄材比例相对很小，而人工林生长快，十至几十年即达到可采伐的径级，因而幼龄材所占比例相对增加。树龄越小，树干中幼龄材比例越大。像桉树和杨树轮伐期短到4~5年，其收获的都是幼龄材。如前所述，幼龄材材性劣于成熟材，并且两者在株内径向有个转换过程。幼龄材年轮宽、晚材率低、细胞短、细胞壁薄而胞腔大、细胞壁中S_2层的微纤丝角大、密度低、含水率高、强度、刚度性能差以及木素含量高而α-纤维素含量低、含糖分高等特点，正是由于幼龄材的这些特点影响了人工林木材的整体性能。因此林木改良的重点应该改善幼龄材材性。

8.8.2 人工林木材生物改良的主要途径

林木生物改良的主要目的是速生、优质(造纸材、建筑材和胶合板材)，也就是说在促进林木快速生长的同时，要提高林木材质、培育均匀一致的木材。主要是减小年轮内早晚材变异幅度，降低株内径向材性变异幅度，减小幼龄材在树干中比例，缩短幼龄材期等。林木改良在提高树木生长速度的同时，应重点提高木材密度、改善干形、调节枝丫大小与分枝角度等。

8.8.2.1 选择速生、优质、有特色的乡土树种营造工业原料林

每一地区都有当地优质、特色的乡土树种，各个树种材性材质都有一定的特色和适用范围。如南方的楠木、樟树、铁刀木、柏木、红豆杉、格木、硬黄檀、红青冈、山核桃、核桃、榉木、杉木、福建柏、马尾松、鹅掌楸、水青冈、麻栎、白蜡木、荷木、槭木、桤木、红桉、白桉、泡桐、枫杨等，北方的红松、水曲柳、黄波罗、云杉、落叶松等。在这些树种种源试验的基础上，根据本地区积累的营林经验，选择速生、高产、优质的优良种源造林，可取得很好的效果。

8.8.2.2 引种造林

林木引种已在国内外林业上取得了明显的成功，对缓和国内外木材资源供求矛盾

有着重要作用，如我国桉树、杨树、相思树和国外松、日本落叶松等树种的引种栽培非常成功，这些树种生长快，材质好，可用于造纸、胶合板、木芯板、刨花板、纤维板等。可以说，林业科技最大的贡献是林木引种和育种。目前，热带和亚热带地区引种栽培十分常见。

一般来说，引种的速生阔叶树材生长量与材性在各地的表现是不错的。尽管有时这种木材不一定适合于生产所需的产品，但对增加木材的供应量作用巨大，通过加工工艺技术的改进与调整可以充分利用这些木材资源。速生阔叶树中的巨桉、蓝桉和意杨系列新无性系等，已在林业生产上日益显示出其重要性。

针叶树材引种很普遍，引种的树种在引种地木材质量只能实际测定评估。其木材在引种地与原产地天然林分、人工林分有很大的不同，但不见得就差，它的用途与最终需求产品种类，其幼林的木材可以用来生产例如书写纸、卫生纸、新闻纸等产品。有些纸类产品要求有良好的撕裂强度，如幼龄材占很高比例就不适宜。因为外来(exotic)针叶树种幼林木材比较差，有些树木树形很差，产生很高比例应力木和较大的节疤。幼林疏伐时，伐下的木材主要是幼龄材和应力木，节子大、树皮厚、材性差，这类木材用于造纸时，有时纸张的撕裂强度达不到标准，不能符合国际市场高质量纸的需要(Dadswell 和 Wardrop，1959)。木制品生产过程中，当用幼龄材含量很高的外来针叶树幼树作原料时，其产品的强度和表面加工性能通常都比较差(Pearson 和 Gilmore，1980)。

要注意的是，引种地引进的树木生长速度都非常快，与原产地相比，其木材性质与原产地有很大的不同，常发生很大的变化。尤其是在热带林分中，砍伐时树木年龄尚小，含大量的幼龄材这种现象最为明显(Zobel，1981)。有些树种对不同的生长环境会有不同的反应，例如加勒比松(*Pinus caribaea*)和卡西亚松，当它们生长在某特定环境下时，几乎没有晚材，而处于另一环境时，则在树干中心形成含很多幼龄材的木芯，并在成熟材区域附近形成较密的木材。加勒比松幼树的木材适宜于做可溶性纸浆。引种的针叶树幼树木材，适宜于做磨木纸浆和热机械纸浆。

随着各种树木木材使用量的不断增加和用途的不断扩展，速生引种栽培及林木改良技术必将会得到促进和快速的发展。

8.8.2.3 控制树形

不论是通过森林遗传改良还是森林经营措施，控制树形是提高木材品质的一种最为有效的方法。通过树形的改良来改进木材的价值常常容易被忽视，其实控制树形是改良木材最容易、最快捷的途径之一。因为树形的控制既可通过遗传措施，也可通过栽培措施进行，同时又可以迅速地获得可观的增益。

树干(原木或原条)单位长度大小头直径差异的程度，称尖削度，它是判定材质的一个重要标志。尖削度大的原木，在制材或旋切单板时，会增加原木的消耗量，使出材率降低，并在成材及胶合板中造成人为斜纹。尖削度大小与树种和林分密度有很大的关系，林分过稀，树干尖削度大，因此将林分密度控制在合理的范围内，有利于减小树干的尖削度。

改良木材最容易的方法是培育树木通直、分枝细且与树干成直角的树木。这种改良的主要作用是降低树木中应力木的百分比，因为树干弯曲、分枝角过大或过小的树木总是含较高的应力木。

应力木对木材的形态和化学性质有很大的影响,它在木制品生产以及用木材作纤维、能源或化学原料时,都是十分重要的。弯曲火炬松中,应压木含量可能占据整个商品材材积的50%以上,而在树干通直的树木中,应压木约占树干材积的5%(Zobel和Haught,1962)。

分枝大小会显著地影响到节疤及其附近异常木材的材积。显然,节疤大小和性质会影响到板材和胶合板的强度。节疤内以及节疤附近的木材常含很高的树脂,但纤维素含量很低,它与应力木在某些方面有相似之处。这种木材的纸浆产量和质量都比较低。研究表明,12年生正常火炬松幼树中,节疤及其异常木材约占商品材材积的7%,而在分枝较粗的树木中则占14%。

由于树干的通直度是具中度遗传的,因此通过对这一性状的育种,可能会达到改良木材品质的目的(Shelbourne等,1969)。良好的森林经营技术,如初植密度、间伐、修剪等,都是有助于改良树形的栽培措施。对树干通直度和分枝粗度的选择,将有利于促进木材品质的改良,而在以生产高质量木制品为目的的改良计划中,对这些性状进行选择是必需的。无论是对于成材和胶合板的产量还是质量,树干通直度的改良都已显示出其应有的价值。Blair等(1974)曾研究过树木通直度和分枝大小的影响效应。他们发现,改良通直度会相应地提高纸浆的产量和质量,而分枝粗细的最大效应,就是影响到纸张的撕裂特性,这种特性对许多类型的纸张来说是一个关键因素。

8.8.2.4 林木遗传改良和育种

木材密度、纤维长度、微纤丝角度、枝丫分枝角度、干形、幼龄材数量及幼龄材、成熟材之间过渡变化速率等受遗传控制。国外通过种源选择、育种等手段已取得一定的成效。例如巴西巨桉改良,其生长量从$20m^3/(hm^2·a)$增加到$70m^3/(hm^2·a)$,木材密度由$0.48g/cm^3$增加到$0.52g/m^3$,纸浆得率由51%增加到57%。新西兰通过育种改良和营林措施相结合,培育出节间长、自然整枝良好的辐射松品系,以生产优质锯材。

楝科等一些植物含有能防治白蚁的物质,樟科等一些植物则含有能抑制白腐菌和褐腐菌的化学物质。提取分析这些植物的有效成分并开展人工合成,应用仿生学原理,把人工合成的有效成分渗透到不耐腐速生材中,实现木材的无公害防腐处理。根据木材材质性状的遗传控制规律找出这些材质性状的控制基因,利用现代生物技术改造或设计出新的优良基因,在优良基因的控制作用下,树木生长出具有优良材质性能的木材,实现木材的永久性改良。

长期以来,我国林木育种方案缺乏材性改良内容,育种目标单纯追求材积数量,很少顾及质量,以致目前人工林木材加工利用出现系列问题,达不到各材种对材性的基本要求。因此作为一个完整的林木育种方案应包括材性改良计划。

8.8.2.5 营林措施

营林措施可改变林木生长环境,直接影响到林木年轮宽度、纤维长度、纤丝角、木材密度、干形、枝节数量与大小等,进一步影响到木材的物理力学性质和加工利用。营林措施主要有林分初植密度、间伐、施肥、灌溉、打枝、修剪等。目前营林措施减少株内幼龄材的比例有两种方法。

第一种方法是初植密度较大、缓期间伐。因初植密度较大,林分郁闭后,树木生长速度减慢,其自然整枝效果好,枝条小,自然整枝后枝条脱落,树干内幼龄材芯直径较小;幼龄材生长停止后,在成熟材阶段,通过间伐、施肥,甚至灌溉加速高质量的成熟材生长。尽管树木加速生长引起木材密度、纤维长度有稍微降低的趋势，但由于幼龄材比例得到控制，这一降低趋势只是在数年内有效，适当延长轮伐期，可生产出优质的木材。当然初植密度较大，并不是栽得很密，这要根据树种的特性和营林上效果来定。

第二种方法采用相反的方式，即初植密度较小，树木一开始生长就形成直径较大的幼龄材材芯，从而在其外围形成更大体积的成熟材。但这种方法树冠大，尖削度大，枝条粗大，应力木比例高。尽管打枝可控制树冠大小、枝节数量，改善材质，但打枝成本太高，幼林地杂草多，与树木争夺水分、养分，单位面积蓄积量低，这种方法在生产上应用较少而难以实行。

8.8.2.6 控制轮伐期

轮伐期长短直接影响到树干内幼龄材的比例，通常各树种幼龄期在 8~16 年范围内，轮伐期越短，幼龄材比例越高。株内幼龄材的分布比例与树龄有关。

事实上轮伐期的长短与材种、树种有很大的关系。南北地域差异大，各种树种生长速度和其自身的生长规律、材质有很大的差异，轮伐期不一样。东北的落叶松、红松林轮伐期由天然林的 100~120 年降到速生人工林 40~50 年；南方的马尾松、杉木由 40~50 年降到 25~30 年；杨树生长快，5~10 年就可采伐利用，但若继续降低轮伐期，其幼龄材比例大，难于适合生产木制品和结构用材。从生产胶合板来说，10 年生杨树胸径可达 40cm，此阶段采伐最佳。

对于造纸用材，长纤维的树种如马尾松、湿地松等适当缩短轮伐期影响不大，但轮伐期太短，纤维素含量低，纸浆得率低；对于短纤维的杨树速生材轮伐期过短就不适合。部分地区所谓的轮伐期为 1 年的杨树纸浆林，其纤维造纸类似于草浆纸，也就失去了木浆造纸的特色与意义。建筑结构用材应适当延长轮伐期，减少幼龄材比例，有利于生产高质量的木材。总之在材种确定情况下，各树种最佳轮伐期的确定应从林木生长的数量成熟、材性的工艺成熟和经济成熟三方面权衡。

复习思考题

1. 何为人工林定向培育？我国人工林定向培育的材种、各材种主要树种有哪些？
2. 材性与材质概念上有何异同点？造纸纤维类用材、建筑材与胶合板用材对材性材质有何要求？
3. 简述节子的种类及其对材质的影响？营林上如何培育少节无节良材？
4. 简述应力木产生的原因、材性特点及林业生产上如何避免产生应力木的林业措施。
5. 林分初植密度、间伐、施肥、打枝、灌溉等营林培育措施对木材材质有何影响？简述其原因。
6. 树冠对林木生长量、材质有何影响？株内、株间材性变异的原因有哪些？株内材性变异模式对营林培育利用有何指导意义？
7. 何为幼龄材与成熟材？二者材性间有何差异？试阐述减少株内幼龄材比例的途径。
8. 简述木材材性的遗传规律及林木材质早期预测的方法与原理。
9. 试阐述控制木材材质的原理与途径。

第 9 章 木材缺陷及其检验

【本章难点与重点】 木材缺陷分类及其产生的原因。木材主要缺陷的概念、形成原因、对加工利用的影响，缺陷的检量方法，缺陷限值与材质评等及木材保护与合理利用。

木材缺陷是指降低木材及其制品商品价值和使用价值的总称，是影响木材质量和等级的重要因素，也是木材检验的主要对象之一。掌握木材缺陷的种类、形成原因及其对材质与产品的影响，对指导林木材质改良、木材及其产品质量检验和木材合理利用具有重要的意义。

9.1 木材缺陷概述

9.1.1 木材缺陷分类

我国国家标准将呈现在木材上能降低其质量、影响其使用的各种缺点均定为木材缺陷。根据 GB/T 155—2006《原木缺陷》和 GB/T 4823—2013《锯材缺陷》规定，木材缺陷共分 10 大类，若干分类、种类和细类，见表 9-1。

表 9-1 木材缺陷分类表

原木缺陷				锯材缺陷		
大类	分类	种类	细类	大类	分类	种类
1 节子	1.1 按连生程度	1.1.1 活节		1 节子	1.1 按连生程度	1.1.1 活节
		1.1.2 死节				1.1.2 死节
	1.2 按节子材质	1.2.1 健全节			1.2 按节子材质	1.2.1 健全节
		1.2.2 腐朽节				1.2.2 腐朽节
		1.2.3 漏节				1.2.3 漏节
	1.3 按生长部位	1.3.1 散生节			1.3 按断面形状	1.3.1 圆形节（椭圆形节）
		1.3.2 轮生节				1.3.2 条状节
		1.3.3 簇生节				1.3.3 掌状节
		1.3.4 岔节			1.4 按分布密度	1.4.1 散生节
	1.4 按节子形状	1.4.1 圆形节				1.4.2 簇生节
		1.4.2 椭圆形节			1.5 按分布位置	1.5.1 材面节
						1.5.2 材边节
						1.5.3 材棱节

(续)

	原木缺陷				锯材缺陷		
大类	分类	种类	细类	大类	分类	种类	
2 变色	2.1 按类型	2.1.1 化学变色		2 变色	2.2 化学变色		
		2.1.2 真菌变色	2.1.2.1 霉菌变色		2.2 真菌变色	2.2.1 霉菌变色	
			2.1.2.2 变色菌变色			2.2.2 变色菌变色	
			2.1.2.3 腐朽菌变色			2.2.3 腐朽菌变色	
	2.2 按部位	2.2.1 边材变色	2.2.1.1 青变				
		2.2.2 心材变色	2.2.1.2 窒息性褐变				
3 腐朽	3.1 按类型和性质	3.1.1 白腐		3 腐朽	3.1 按类型和性质	3.1.1 白腐	
		3.1.2 褐腐				3.1.2 褐腐	
		3.1.3 软腐				3.1.3 软腐	
	3.2 按树干内外部位	3.2.1 边材腐朽（外部腐朽）					
		3.2.2 心材腐朽（内部腐朽）					
	3.3 按树干上下部位	3.3.1 根腐（干基腐朽）					
		3.3.2 干腐（干部腐朽）					
		3.3.3 梢腐（梢部腐朽）					
4 蛀孔	4.1 虫眼	4.1.1 按深度	4.1.1.1 表面虫眼、虫沟	4 蛀孔	4.1 虫眼		
			4.1.1.2 深虫眼				
		4.1.2 按孔径分	4.1.2.1 针孔虫眼				
	4.2 蜂窝状孔洞		4.1.2.2 大虫眼		4.2 蜂窝状孔洞		
5 裂纹	5.1 按类型	5.1.1 径裂（心裂）	5.1.1.1 单径裂	5 裂纹	5.1 按类型	5.1.1 径裂(心裂)	
			5.1.1.2 复径裂			5.1.2 环裂	
		5.1.2 环裂	5.1.2.1 轮裂			5.1.3 干裂	
			5.1.2.2 弧裂			5.1.4 贯通裂	
		5.1.3 冻裂			5.2 按位置	5.2.1 材端裂	
		5.1.4 干裂				5.2.2 材面裂	
		5.1.5 炸裂				5.2.3 材边裂	
		5.1.6 震（劈）裂					
		5.1.7 贯通裂					
	5.2 按部位	5.2.1 端面裂					
		5.2.2 侧面裂					

(续)

原木缺陷				锯材缺陷		
大类	分类	种类	细类	大类	分类	种类
6 树干形状缺陷	6.1 弯曲	6.1.1 单向弯曲				
		6.1.2 多向弯曲				
	6.2 尖削					
	6.3 大兜	6.3.1 圆兜（包括椭圆兜）				
		6.3.2 凹兜				
	6.4 树瘤					
7 木材构造缺陷	7.1 扭转纹			6 木材构造缺陷	6.1 斜纹	
	7.2 应力木	7.2.1 应压木			6.2 乱纹	
		7.2.2 应拉木			6.3 涡纹	
	7.3 髓心材				6.4 应力木	6.4.1 应压木
	7.4 双心					6.4.2 应拉木
	7.5 脆心				6.5 髓心	
	7.6 伪心材				6.6 树脂囊（油眼）	
	7.7 内含边材				6.7 伪心材	
	7.8 树脂囊				6.8 内含边材	
	7.9 乱纹					
8 损伤	8.1 机械损伤	8.1.1 采脂（胶）伤		9 损伤	9.1 机械损伤	
		8.1.2 砍伤			9.2 夹皮	9.2.1 单面夹皮
		8.1.3 锯伤				9.2.2 贯通夹皮
		8.1.4 锯口偏斜			9.3 树脂漏	
		8.1.5 抽心			9.4 髓斑	
		8.1.6 磨损				
	8.2 鸟害和兽害伤					
	8.3 烧伤					
	8.4 夹皮	8.4.1 内夹皮				
		8.4.2 外夹皮				
	8.5 偏枯					
	8.6 树包					
	8.7 寄生植物伤					
	8.8 风折木					
	8.9 树脂漏					
	8.10 异物侵入伤					
				7 加工缺陷	7.1 缺棱	7.1.1 钝棱
						7.1.2 锐棱
					7.2 锯口缺陷	7.2.1 瓦棱状锯痕
						7.2.2 波状纹
						7.2.3 毛刺糙面
						7.2.4 锯口偏斜

(续)

原木缺陷				锯材缺陷		
大类	分类	种类	细类	大类	分类	种类
				8 变形	8.1 翘曲	8.1.1 顺弯(弓弯)
						8.1.2 横弯(边弯)
						8.1.3 翘弯(瓦弯)
					8.2 扭曲	
					8.3 菱形变形	

9.1.2 木材缺陷形成的原因

产生木材缺陷的原因很多，归纳起来，可分为以下几点。

(1) 生理原因：即树木在生长过程中产生的缺陷，此类缺陷只可适量控制，不可完全避免，如节子、树干形状缺陷、木材构造缺陷等。

(2) 病理原因：在生长过程中或伐倒后受到生物因素如菌类、虫类等危害而形成的缺陷，是后天性的，保护措施适当则可减缓甚至避免发生，如变色、腐朽、虫眼、裂纹、伤疤等。

(3) 人为原因：由生产、加工技术不良或经营管理不善而造成的缺陷，这类缺陷也是后天性的，可减轻或避免，如机械损伤、加工缺陷等。

此外，一种缺陷的形成往往不是单一的原因，而是多因素相互作用的结果，如木材开裂和翘曲，既有生理原因造成的缺陷，又有加工保管的不当造成的，生产中须视具体情况采取相应措施。

9.1.3 缺陷对木材及加工利用的影响

任何一种木材缺陷对木材产品等级都有一定的影响，如使木材失去完整性，增大不均匀性，减弱耐久性，减少使用年限，降低甚至失去原有强度，加工中影响木材的经济出材率，降低锯材质量，提高生产成本，但合理利用则可大大降低木材缺陷带来的负面影响，有时还可提高木材的利用和经济价值。

9.2 木材的主要缺陷及其检量

9.2.1 节 子

(1) 概念：树干内部活枝条或枯死枝条的基部，在用材中称为节子，是树木生长的正常生理现象，但在木材利用上被认为是一种主要缺陷。将由树木的活枝条形成的与周围木材紧密连生，质地坚硬，构造正常的节子称为活节，而由树木枯死枝条形成的与周围木材大部分或全部脱离，质地坚硬或松弛，在板材中有时脱落形成空洞的节子称为死节，这是检验标准中最常用的分类方式(图6-17，图6-18)。

(2) 节子对木材性质及加工利用的影响：节子是评定木材等级的主要因子，据统计70%~90%的木材等级取决于节子，可见其对材质、加工及利用的影响之大。节子对木材质量的影响主要取决于节子类型、尺寸、密集程度、分布位置和木材的用途，一般活节影响最小，死节次之，漏节影响最大。节子对木材性质及加工利用的影响，请参见6.3.4.1的内容。

(3) 节子木材的合理利用：原木生产时，合理选材是关键，应注意看料下锯，把节子密集或节子尺寸最大部分加工成对节子不加限制的直接使用原木、造纸用材；制材时则应视节子大小、多少、密集程度将节子分散或集中在不同或同一块板材上，尽量降低节子缺陷的程度，提高木材等级。另外，加工利用时可因势利导，如建筑工艺、家具生产与室内装潢等方面，可利用节子在不同切面上表现的花纹不同提高木材及其制品的经济价值。

(4) 节子的检量：节子的检量包括节子尺寸大小的检量和个数的查定。

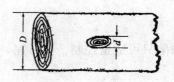

图9-1 原木节子检量

① 节子尺寸：原木检验中检量与纵轴相平行的两条节周切线之间的距离，或节子断面的最小直径，用毫米表示。锯材检验中节子尺寸可以规定计算起点，圆形节检量与锯材轴或材棱平行的2条节周切线之间的距离，条状节和掌状节检量节子横向的最大宽度（即垂直于节子纵向的最大宽度），节子尺寸可用毫米计或所量得的最大节子尺寸与所在材面检尺宽相比，以百分率计，如图9-1至图9-3所示。

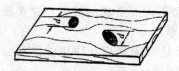

图9-2 锯材圆（椭圆）形节子检量

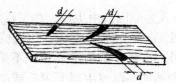

图9-3 锯材条（掌）状节子检量

② 节子个数：可在规定范围内查定，或按节子最多1m中的个数统计。锯材中掌状节应分别计算个数。

9.2.2 变 色

(1) 概念及成因：凡木材的正常颜色发生改变均称为变色，分为化学变色和真菌变色两大类。化学变色是指树木伐倒后，由于化学和生物化学的反应而使木材产生浅棕红色、褐色等不正常颜色，一般较均匀，且只限于木材表层。由于真菌侵入而引起的变色称为真菌变色，其又细分为霉菌变色、变色菌变色和腐朽菌变色。霉菌变色是指处于潮湿处的木材，其边材表面因霉菌的菌丝体和孢子体的侵染所形成的变色，随孢子和菌丝颜色以及所分泌的色素而异呈现蓝、绿、黑、紫、红等不同颜色，通常为分散的斑点状或密集的薄层状，只限于木材表面，干燥后易清除，有时在木材表面会残留污斑，但不改变木材的强度性质。变色菌变色是指树木伐倒后，由于干燥迟缓或保管不妥，其边材在变色菌的作用下而形成，最常见的是青变，习惯上称为青皮。另外，边材的色斑也有呈橙黄色、粉红或浅紫色、棕褐色等。腐朽菌变色是指当木腐菌侵入木材初期所引起的木材变色，最常见的是红斑，有的呈浅红褐色、棕褐色或紫红色，有的呈浅淡黄白色和粉红褐色等。

(2) 变色对材质的影响：变色对木材的均匀性、完整性和力学性质均无影响，只是使木材颜色发生变化，有损于木材外观。但腐朽菌变色还可能使抗冲击强度稍有降低，吸水性能略有增加，在不干燥或保管不善的情况下会演变成腐朽。

(3)变色的检量：一般用材不加限制。装饰材和特殊用材可检量变色面积（多处变色累加），按变色面积占所在材面面积的百分率计算。

9.2.3 腐 朽

(1)概念：木材受木腐菌侵蚀后，不但颜色发生改变，而且其物理、力学性质也发生改变，最后木材结构变得松软、易碎，呈筛孔状或粉末状等形态，这种现象称为腐朽(图9-4，图9-5)。按腐朽类型和性质分为白腐和褐腐。白腐菌的危害使木材显露出纤维状结构，外观多似蜂窝状或筛状，后期木材材质变得松软，容易剥落，故又称为筛孔状腐朽或腐蚀性腐朽。褐腐是由于各种褐腐菌破坏木材纤维素所形成的，使木材颜色呈现红褐色或棕褐色，并且木材中间有纵横交错的块状裂隙，褐腐后期，木材易被捻成粉末，故又称为粉末状腐朽或破坏性腐朽。两者异同点见表9-2。

图 9-4　心材腐朽　　　　图 9-5　边材腐朽

表 9-2　白腐材和褐腐材特征比较

特 征	白腐材	褐腐材
材 色	白色，有漂白感	褐 色
被除去的成分	全纤维素和木素	全纤维素
木材干缩性	大体正常	非常大（特别是顺纹方向）
静曲强度	略为降低	明显降低
纤维素浆合度	逐渐减小	迅速减小
纸浆得率	与健全材大体相同	降低
纤维质量	与健全材差别不大	差
1% NaOH 中的溶解率	比正常材略高	高
易侵害的木材	阔叶材	针叶材

(2)腐朽对材质的影响：腐朽严重地影响木材的物理、力学性质，使木材质量减小，吸水性增大，强度和硬度降低。通常在褐腐后期，木材的强度基本丧失。一般情况下，完全丧失强度的腐朽材，其使用价值也随之消失。

(3)腐朽木材的合理利用：心材腐朽是一种常见缺陷，尤其是根部心材腐朽，尽量作锯切用原木使用。树干心材腐朽的应将腐朽部分放在一节原木上，若腐朽蔓延较长，在提高原木等级的前提下，可灵活地用在两节或几节允许存在这种缺陷的原木上。边材腐朽木材，其腐朽显露在外边，一般让过腐朽部分就可截住腐朽。

(4) 腐朽的检量

①边材腐朽的检量：通过腐朽部位按径向量得的边腐最大厚度与检尺径相比，以百分率计；也可用边腐面积占所在断面面积的百分率计算，或用毫米直接表示边腐的最大厚度（图9-6）。

②心材腐朽的检量：以腐朽直径（如不规则，可取其平均直径或调整成圆形）与检尺径相比；也可用腐朽面积与检尺径断面面积相比，以百分率计，或用毫米直接表示心腐直径的尺寸（图9-7）。

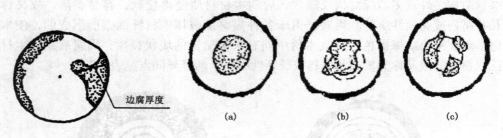

图9-6　边材腐朽检量　　　　　图9-7　心材腐朽检量

9.2.4　蛀　孔

(1) 概念及成因：昆虫或海生钻孔动物蛀蚀木材形成的孔道叫蛀孔。虫害在各种木材中都可能出现，主要对象是新采伐的木材、枯立木、病腐木和带皮原木，对立木也有侵害，因此，采伐后不应将木材留在林内过夏，夏季采伐的木材应随时运出林区，以防虫害。最常见的虫害有小蠹虫、天牛、吉丁虫、白蚁和树蜂等。不同的害虫，给木材带来的危害是不同的，有的只危害树皮及边材表层，危害较小；有的虽然蛀入木质部，但其虫眼较浅，在使用过程中对木材不构成影响。但有的钻入木质部深处，使木材遭受很大破坏。另外，菌害可能随着虫害而发生。

(2) 蛀孔对材质的影响：表面虫眼和虫沟通常可随板皮锯除，对木材利用基本没有影响；分散的小虫眼影响不大；深度自10mm以上的大虫眼和深而密集的小虫眼以及蜂窝状的孔洞，破坏了木材的完整性，并使木材强度和耐久性降低，是引起木材变色和腐朽的主要通道。

(3) 虫害木材的合理利用：木材极易受虫害，具有虫眼的木材多见于枯立木等，有时虫害引起木材内腐。因此，对带有虫害缺陷的木材进行合理利用是十分必要的。一般情况下，首先将带有虫害的木材作为对虫眼不加限制的原木使用；其次，视虫眼密集程度，可集中在一节原木上，若能提高原木等级，也可分散在数根原木上，提高木材的使用价值和经济效益，达到材尽其用。

(4) 蛀孔的检量

①虫眼的检量：检量虫孔的最小直径和垂直深度，均以毫米计。深度自10mm以上、最小直径自3mm以上（深度大虫眼）的虫眼，按检尺长范围内虫眼最多1m中的个数或全材长中的个数计算。

②蜂窝状孔洞的检量：深度自10mm以上的蜂窝状孔洞，按是否允许存在或按腐朽计算，或规定样方尺寸（如10cm×20cm），按样方内允许蛀孔密集程度计算。

9.2.5 裂 纹

（1）定义：木材纤维与纤维之间分离所形成的裂隙，叫开裂或裂纹。有的因立木生长时期受环境（包括气候因素）或生长应力等因素所形成，如径裂、轮裂、冻裂，也有的为木材干燥过程中形成，如干裂。如图9-8至图9-13所示为木材主要裂纹。

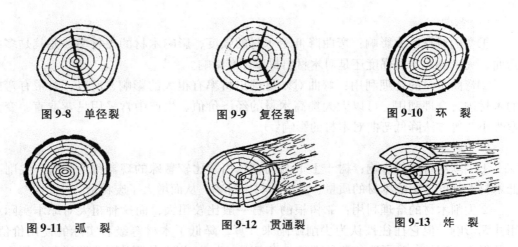

图9-8 单径裂　　　　图9-9 复径裂　　　　图9-10 环 裂

图9-11 弧 裂　　　　图9-12 贯通裂　　　　图9-13 炸 裂

（2）裂纹对材质的影响：裂纹，尤其是贯通裂纹破坏了木材的完整性，降低了木材的强度，影响木材的利用和装饰价值。同时，木材在保管不善时，木腐菌易由裂缝侵入，引起木材的变色和腐朽。

（3）裂纹木材的合理利用：带有裂纹的木材可以考虑作为直接使用原木，如坑木等。若裂纹满足一、二等材要求时可尽量作长材使用，否则将裂纹集中在一根短原木上。在不影响下节原木等级时，可将裂纹的长度适当分散在不同原木上，尽可能地缩小裂纹的影响，形成较短的裂纹。

（4）裂纹的检量

①纵裂的检量：检量整根纵裂长度与检尺长相比。

②轮裂的检量：检量断面最大一处的轮裂。其中，弧裂按裂圆的弦或拱高加以检量，环裂按裂圆的直径或半径加以检量，以厘米计或占检尺径的百分率计算。

③炸裂的检量：按纵裂评等后，再予以降等处理。

9.2.6 树干形状缺陷

树木在生长过程中受到环境条件的影响，使树干出现不正常或不规则的形状称为树干形状缺陷，这类缺陷主要有弯曲、尖削、大兜、凹兜和树瘤等，如图9-14至图9-18所示。

  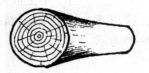

图9-14 单向弯曲　　　　图9-15 多向弯曲　　　　图9-16 大 兜

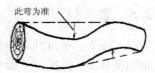

图 9-17 树　瘤　　　　图 9-18 凹　兜　　　　图 9-19 弯曲原木检量

（1）弯曲
①弯曲对材质的影响：弯曲降低了木材的强度，影响木材的出材率。尤其是多向弯曲，无论是对木材强度还是对木材出材率都有影响。
②弯曲木材的合理利用：弯曲对木材的出材率有很大的影响，所以，对带有弯曲的木材进行合理利用，可以大大提高木材的经济价值。生产中常采用见弯取直，变大弯为小弯等方法降低弯曲对木材的影响。

（2）尖削
①尖削对材质的影响：树干上下两端直径相差比较悬殊的现象称为尖削。尖削降低木材的强度，影响木材的质量，减少木材出材率，从而增大了废材量。
②尖削木材的合理利用：靠树根的木材一般比较粗大，而这种粗大对原木实际利用并无影响，但它往往被认为尖削缺陷来计算，降低了木材等级和实际的使用价值，这是很不合理的。为了避免这种现象，规定距大头 1m 以上的部位对尖削进行计算。尖削的原木，如果尖削度不太大时，一般可作直接使用原木材种。

（3）大兜：大兜又称为圆兜或肥大根干，是指树干根基部分特别肥大，呈圆形或接近圆形的现象。大兜降低木材的强度、出材率，影响木材的质量。

（4）凹兜：凹兜也称凹凸根干或树腿，是指树干靠根基部分凸凹不平的现象。此种木材缺陷使木材难于按要求加工利用，且增加废材量。

（5）树瘤：树瘤是指因生理或病理原因，使树干局部膨大，呈不同形状和大小的鼓包。因树瘤与木材乱纹常同时存在，不易加工。

（6）主要树干形状缺陷检量
①弯曲的检量：检量最大弯曲拱高与内曲水平长相比，或与检尺径相比以百分率计（图 9-19）。
②大兜的检量：一般不加限制。特种用材可检量干基断面或外接圆和离干基 1m 处断面（或外接圆）平均盘平均直径的差数，以厘米表示。
③树瘤的检量：外表完好的一般不加限制。但如有空洞或腐朽或引起树干内部腐朽时，则按死节或漏节计算。

9.2.7　木材构造缺陷

凡是树干由于不正常构造所形成的各种缺陷，称为木材构造缺陷，主要包括扭转纹、应压木、应拉木、髓心、双心、树脂囊、伪心材、内含边材等，如图 9-20 至图 9-25 所示。

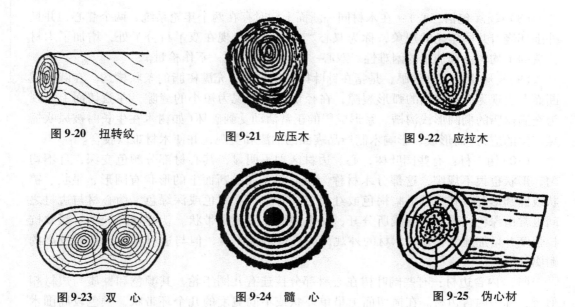

图 9-20　扭转纹　　图 9-21　应压木　　图 9-22　应拉木

图 9-23　双　心　　图 9-24　髓　心　　图 9-25　伪心材

(1) 扭转纹：木材中纤维排列与纵轴方向不一致所出现的倾斜纹理称为斜纹。在圆材中斜纹呈螺旋状扭转，称为扭转纹。原木中的扭转纹，通常是树干外面的倾斜度要比内部的大。扭转纹对成材有许多不利的影响，降低了木材的强度，对顺纹抗拉、抗弯、抗冲击等强度的影响较大。对带有扭转纹木材的使用，尽可能作直接使用原木材种或允许此种缺陷限度内的原木。为了减轻扭转纹对木材等级的影响，应在扭转纹正常部位或扭转程度较小的部位下锯，以提高锯切用原木的经济价值，使扭转纹木材得到合理利用。

(2) 斜纹：木材纤维走向偏离锯材的纵轴线，形成倾斜纹理。

(3) 乱纹：木材纤维呈交错、波状或杂乱排列。

(4) 涡纹：年轮因节子或夹皮的影响形成局部弯曲呈旋涡状纹理。

(5) 应压木：也称偏宽年轮，是指针叶树在倾斜或弯曲的树干和枝条下方，在受压部位的断面上，一部分年轮和晚材特别宽的现象。具有应压木缺陷的木材密度、硬度、顺纹抗压和抗弯强度都比正常木材大，特别是纵向干缩显著增大，因而翘曲和开裂严重，但吸水性降低，抗拉和冲击韧性强度比正常木小，并损害木材外观。

(6) 应拉木：阔叶树在倾斜或弯曲树干和枝条的上方受拉部位的断面上，一部分年轮明显偏宽的现象，称为应拉木。应拉木材色较浅或浅淡，髓心偏向一边或偏离不大。应拉木提高了木材顺纹抗拉和冲击韧性强度，但降低顺纹抗压和抗弯强度，并增大各方向的干缩，尤其是顺纹干缩，致使木材多翘曲和开裂，给加工带来困难，形成毛茸和毛刺的粗糙材面。

(7) 髓心：髓和第一年生的初生木质部构成髓心，髓心是由脆弱的薄壁细胞组织所构成，大多数为圆形或椭圆形，但也有其他形状的，如星形等，髓心大小不一，颜色通常为褐色或较周围材色浅。靠近髓心部位的木材，其强度较低，且在干燥时易开裂，髓心是木材的正常构造，一般不作检量。锯材材面上髓心周围木质部已剥离，呈现凹陷沟条时可按裂纹计算。

(8)双心(包括三心):在木材同一断面上同时存在两个年轮系统、两个髓心,并且外围环绕着共同年轮的现象,称为双心。双心材多出现在双丫材分丫处,增加了木材构造的不均匀性和加工的困难性。双心一般不加以限制,不作检量。

(9)树脂囊:又称油眼,是指在针叶树种年轮中间充满树脂的条状槽沟。在圆材横断面上表现为充满树脂的弧形裂隙,在径切面上表现为短小的缝隙,在弦切面上表现为充满树脂的椭圆形浅沟槽。系形成层的正常活动受到破坏(如树木在生长时被风吹摇晃产生的应力)而形成,影响木制产品表面的油漆和美观,并使木材难以胶合。

(10)伪心材:有些阔叶树,心、边材区别不明显,其心材部分颜色变深,且不均匀,形状也很不规则,这部分木材称为伪心材。在横断面上的形状有圆形、星状、铲状或椭圆形等,其颜色呈暗褐色或红褐色,有时伴有紫色或深绿色。伪心材与边材之间也常由深色或彩色的界线所分开,在纵切面上呈现出带状。伪心材降低木材顺纹抗拉强度并增加脆性,损害木材的外观,而且渗透性不良,但与边材相比,具有较高的耐腐性能。

(11)内含边材:有些阔叶树在心材部分接连有几圈年轮,其颜色和性质与边材相似者,称为内含边材。在横切面上呈单环状或不同宽度的几个环带状,颜色较周围木材浅,在纵切面呈相同颜色的条状。内含边材的力学性质与心材基本相同,但对液体的渗透性较高,耐腐性能较差。

(12)主要木材构造缺陷的检量

①扭转纹的检量:在小头材长1m范围内或除大头1m以外的任意材长1m范围内检量扭转纹起点至终点的倾斜高度(在小头断面上表现为弦长)或弧长,与检尺径或圆周长相比,以百分率计,如图9-26所示。

②斜纹的检量:任意材长范围内,检量其倾斜高度与相应的水平长度相比,以百分率计。

③应力木的检量:一般不加限制。特种用材或高级用材可检量缺陷部位的宽度、长度或面积。也可检量断面几何中心与髓心间的直线距离,与断面长径或平均径或检尺径相比,以百分率计,如图9-27所示。

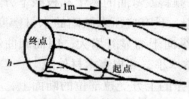

图9-26 扭转纹检量

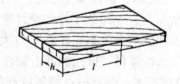

图9-27 斜纹检量

④伪心材的检量:一般不加限制。特种用材可检量伪心材的直径,以厘米计或与检尺径相比,以百分率计。

9.2.8 伤 疤

伤疤也称损伤,是指受机械损伤、烧伤、鸟害、兽害、夹皮、偏枯、树包、风折木和树脂漏等所形成的伤痕,如图9-28至图9-32所示。

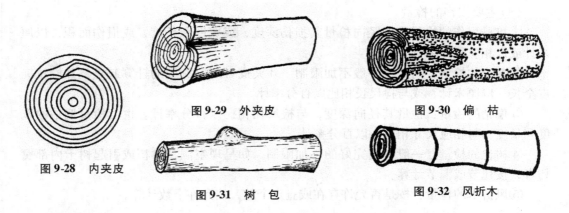

图 9-28 内夹皮　　图 9-29 外夹皮　　图 9-30 偏枯
图 9-31 树　包　　图 9-32 风折木

(1) 机械损伤：机械损伤是指在采脂或采伐、造材、运输等过程中，木材因各种工具或机械所造成的损伤。机械损伤破坏木材完整性，增加废材量，增加木腐菌感染机会，损害木材外观，如锯口偏斜减少圆材的实际长度，使木材难于按要求加工使用。

(2) 烧伤、鸟害和兽害：烧伤是指木材表层因火烧焦所造成的损伤。鸟害和兽害是指立木因鸟类啄食或兽类啃啃或抓擦所造成的损伤。三者对材质的影响与机械损伤相似。

(3) 夹皮：树木受伤后继续生长，树皮将受伤部分全部或局部包入树干中所形成的，有时伴有树脂漏或腐朽。夹皮对材质的影响随着夹皮的类型、尺寸、数量、分布位置等不同而不同，破坏木材的完整性，并使靠近夹皮处的年轮弯曲。另外，夹皮在锯材中常引起木材组织分离，形成裂隙。

(4) 偏枯：树木在生长过程中，因树干局部受伤，引起表层木质枯死裸露的现象称为偏枯，常常伴有树脂漏、变色或腐朽。偏枯破坏木材的形状和完整性，并引起年轮局部弯曲，影响木材质量。因偏枯常伴有腐朽，对木材质量影响较大，对位于树干根部偏枯引起的腐朽，可根据腐朽程度截掉适量短材；位于树干中部的偏枯，尽可能将缺陷集中在一根原木上使用；未腐朽的偏枯可集中在一根原木上，以便提高其他部分木材的使用价值。

(5) 树包：树木在生长过程中，由于枝条折断或树干局部受伤，使木材组织不能正常增长，形成一定的包状物，称为树包。树包形状一般为圆形或椭圆形，包顶扁平或尖顶形，封闭或未封闭，内部主要是腐朽节或死节。树包改变了圆材的形状，破坏了木材结构均匀性，降低木材质量，增加机械加工难度。针叶树材常常伴有严重的流脂现象，对木材质量有很大影响。

(6) 风折木：树木在生长过程中受强风等气候因素的影响，使某部分树木纤维折断，其后，继续生长而愈合形成风折木。因在外观上看以竹节，又称为竹节木。因纤维局部折断，风折木对木材强度和利用都有较大影响。

(7) 树脂漏：又称明子，是指针叶树木受伤后，树脂大量聚集并透入其周围的木质部分而形成的。因此，树脂漏在原木中大多数在伤疤附近出现，材色较周围正常材深得多，在薄材中呈透明状。部分树脂漏的树脂含量多，从而降低木材的渗透性能，增加木材的密度，影响木材的胀缩，尺寸较小的对材质的影响不大。树脂漏材可以作为干馏的原料，制取松焦油和松节油，或用萃取法提取松香和松节油等。

(8) 主要损伤的检量

①机械损伤的检量：按径向检量其损伤深度，或宽度和长度，或损伤面积，以厘米计或以相应百分率计。

②夹皮的检量：内夹皮一般不加限制。外夹皮可规定深度的计算起点，并检量夹皮全长，以厘米计，或与检尺长相比以百分率计。

③偏枯的检量：检量其径向深度，与检尺径相比以百分率计。也可检量偏枯的宽度和长度，与相应尺寸相比，以百分率计。

④树包的检量：一般表面完好的不加限制。如呈现空洞、腐朽或引起树干内部腐朽者，按死节或漏节计算。

⑤风折木的检量：按是否允许存在或查定个数，按允许个数计算。

9.2.9 加工缺陷

在锯解加工过程中所造成的木材表面损伤称为木材加工缺陷，其中在整边锯材上残留的原木表面部称为缺棱，根据未着锯的部位不同又细分为钝棱和锐棱，如图 9-33 至图 9-35 所示；因锯割不当造成的材面不平整或偏斜现则称为锯口缺陷。

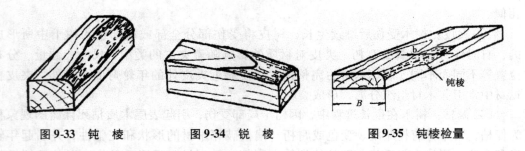

图 9-33 钝 棱　　　图 9-34 锐 棱　　　图 9-35 钝棱检量

(1) 加工缺陷对材质的影响：缺棱减少材面的实际尺寸，木材难于按要求使用，改锯将增加废材量，降低木材的有效利用率；锯口缺陷使锯材的形状和尺寸不规整，锯材厚薄、宽窄不均匀或材面粗糙，以致影响木材的使用，加工困难，利用率下降。

(2) 加工缺陷的检量

①缺棱的检量：只检量钝棱，锐棱不许有。钝棱的检量是以宽材面上最严重的缺角尺寸与检尺宽相比，以百分率表示。

②锯口缺陷的检量：在锯材尺寸公差范围内允许，否则改锯或让尺。

9.2.10 变 形

锯材在干燥、保管过程中所产生的形状改变称为变形。变形分为翘曲、扭曲和菱形变形 3 种，如图 9-36、图 9-37 所示。

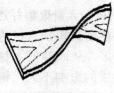　　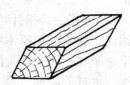

图 9-36 扭 曲　　　图 9-37 菱形变形

(1)翘曲:指锯材在锯割、干燥和保管过程中所产生的弯曲现象。按弯曲方向的不同,可分为顺弯、横弯和翘弯。顺弯是指材面沿材长方向成弓形的弯曲。横弯是指在与材面平行的平面上,材边沿材长方向成横向弯曲。翘弯是指锯材沿材宽方向成为瓦形的弯曲。

(2)扭曲:指沿材长方向呈螺旋状的弯曲,成材面的一角向对角方向翘起,即四角不在一个平面上。

(3)菱形变形:指新锯方材横断面为方形,干燥后变为菱形。

(4)变形对材质的影响:变形改变了木材的形状,降低了锯材质量,难于按要求使用或加工。

(5)变形的检量

①翘曲的检量:检量其最大弯曲拱高,以厘米计(量至毫米)或与内曲水平长度相比,以百分率表示,顺弯锯材检量、横弯锯材检量分别如图9-38、图9-39所示。

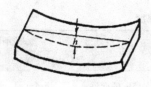
图9-38 顺弯锯材检量

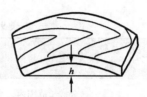
图9-39 横弯锯材检量

②扭曲的检量:检量材角偏离平面的最大高度,以厘米计(量至毫米),或与检尺长相比,以百分率表示。

③菱形变形的检量:检量边角的偏移量(精确至毫米),在尺寸公差限度内允许,否则改锯或让尺。

9.3 木材缺陷限度与材质评等

材质是木材品质、材种质量的简称,是材种标准中最重要的技术指标。缺陷限度是评定材质优劣的主要指标,确定应予限制的缺陷种类及其允许的限度数值,就可以决定某种产品材质的好坏。缺陷限度规定的合理与否,对节约木材、扩大资源利用、保证产品的最低合理利用等关系极为密切,掌握木材缺陷限度方面的知识也是木材产品检验者必不可少的一项技能。本节主要参照相关标准对其加以介绍。

9.3.1 直接用原木缺陷限度

参照 GB 142—1995《直接用原木 坑木》之规定,坑木的缺陷限度见表9-3,表中未列缺陷检验时不计。

表 9-3　坑木缺陷限度

缺陷名称	检验方法及允许限度
漏节	在全材长范围内不许有
边材腐朽	在全材长范围内不许有
心材腐朽	在全材长范围内不许有
虫眼	在全材长范围内不许有
弯曲	最大拱高不得超过该弯曲内曲水平长的：检尺长自3.2m以下，3%；检尺长4、5、6m，5%
外伤、偏枯	深度不得超过检尺径的10%
炸裂、风折木	在全材长范围内不许有

9.3.2　特级原木缺陷限度

特级原木指适用于高级建筑、装修、文物装饰及各种特种用途的优质原木。参照GB/T 4812—2016《特级原木》的规定，特级原木缺陷限度见表9-4，表中未列缺陷检验时不计。

表 9-4　特级原木缺陷限度

缺陷名称	检量方法	缺陷限度 针叶树	缺陷限度 阔叶树
活节 死节	全材长范围内，节子尺寸不得超过检尺径15%的允许	4个	2个
漏节	全材长范围内	不许有	
边材腐朽	全材长范围内	不许有	
心材腐朽	腐朽面积不得超过检尺径断面面积的	小头不许有、大头1%	
虫眼	全材长范围内及断面	不许有	
弯曲	最大拱高不得超过该弯曲内曲水平长的	1%	1.5%
外伤	深度不得超过检尺径的	10%	
裂纹	纵裂长度不得超过检尺长的：杉木	15%	
	其他树种	10%	
	贯通断面开裂	不许有	
	弧裂拱高或环裂半径不得超过检尺径的	20%	
劈裂	已脱落的劈裂：劈裂宽度不得超过	10cm	
	劈裂长度不得超过	30cm	
扭转纹	小头1m长范围内倾斜高度不得超过检尺径的	10%	
偏心	小头断面中心与髓心之距离不得超过检尺径的	10%	
抽心	大、小头断面	不许有	
偏枯、外夹皮	检尺长范围内	不许有	
树瘤、树包、风折木	全材长范围内	不许有	
双心	小头断面	不许有	

9.3.3 加工用原木缺陷限度

加工用原木主要包括针叶树锯切用原木、阔叶树锯切用原木及旋切单板用原木等。参照 GB/T 143.2—1995《针叶树锯切用原木尺寸、公差、分等》、GB/T 4813—1995《阔叶树锯切用原木尺寸、公差、分等》及 GB/T 15779—2017《旋切单板用原木》标准的规定，分别将其缺陷限度汇总，见表 9-5、表 9-6，表中未列缺陷检验时不计。

表 9-5 针、阔叶树锯切用原木缺陷限度

缺陷名称	检量方法	缺陷限度 一等	缺陷限度 二等	缺陷限度 三等
活节（阔叶树不限）	最大尺寸不得超过检尺径的：针叶树 阔叶树	15% 20%	40% 40%	不限
死节	任意材长 1m 范围内的个数不得超过：针叶树 阔叶树	5 个 2 个	10 个 4 个	不限
漏节	全材长范围内的个数不得超过	不许有	1 个	2 个
边材腐朽	厚度不得超过检尺径的	不许有	10%	20%
心材腐朽	面积不得超过检尺径断面面积的	小头不许有 大头 1%	16%	36%
虫眼	虫眼最多 1m 范围内的个数不得超过：针叶树 阔叶树	不许有	20 个 5 个	不限
弯曲	最大拱高不得超过该弯曲内曲水平长的	1.5%	3%	6%
外伤、偏枯	深度不得超过检尺径的	20%	40%	不限
风折木（针叶树）	全材长范围内的个数不得超过	不许有	2 个	
扭转纹	小头 1m 长范围内的纹理倾斜高度（宽度）不得超过检尺径的	20%	50%	不限
纵裂、外夹皮	长度不得超过检尺长的：针叶树 阔叶树	杉木 20%，其他 10% 20%	40%	不限

表 9-6 旋切单板用原木缺陷限度

缺陷名称	检量方法	缺陷限度 针叶树	缺陷限度 阔叶树
活节	节子最大尺寸不得超过检尺径的	30%	
死节	任意材长 1m 范围内的个数不得超过	8 个	4 个
漏节	全材长范围内	不许有	
边材腐朽	全材长范围内	不许有	
心材腐朽	心腐直径不得超过	60cm	
虫眼	虫眼最多 1m 范围内的个数不得超过	10 个	5 个
弯曲	最大拱高不得超过该弯曲内曲水平长的	2%	
外伤、偏枯	深度不得超过检尺径的	20%	
抽心	抽心最大直径不得超过	60mm	
双丫材、炸裂	全材长范围内	不许有	
纵裂、外夹皮	长度不得超过检尺长的	30%	

9.3.4 锯材缺陷限度

GB/T 153—2009《针叶树锯材》、GB/T 4817—2009《阔叶树锯材》两项标准对针叶树和阔叶树普通锯材及特等锯材的缺陷限度进行了规定，普通锯材分为3个等级。普通锯材和特等锯材的缺陷限度见表9-7，表中未列缺陷和阔叶树锯材的活节检验时不计。

表9-7 针叶树、阔叶树锯材缺陷限度

缺陷名称	检量与计算方法	缺陷限度			
		特等锯材	普通锯材		
			一等	二等	三等
活节、死节	最大尺寸不得超过材宽的	15%	20%	40%	不限
	任意材长1m范围内的个数不得超过：针叶树	4	6	10	不限
	阔叶树	3	5	6	
腐朽	面积不得超过所在材面面积的：针叶树	不许有	2%	10%	30%
	阔叶树		5%		
虫眼	虫眼最多1m范围内的个数不得超过：针叶树	1	4	15	不限
	阔叶树		2	8	
弯曲	横弯最大拱高不得超过水平长的：针叶树	0.3%	0.5%	2%	3%
	阔叶树	0.5%	1%		4%
	顺弯最大拱高不得超过水平长的	1%	2%	3%	不限
钝棱	最严重缺角尺寸不得超过材宽的：针叶树	5%	20%	40%	60%
	阔叶树	10%			
斜纹	斜纹倾斜程度不得超过	5%	10%	20%	不限
裂纹、夹皮	长度不得超过材长的：针叶树	5%	10%	30%	不限
	阔叶树	10%	15%	40%	

注：长度不足2m的锯材不分等级，其缺陷允许限度不低于三等材；南方阔叶树锯材裂纹在本表允许限度基础上，各等均放宽五个百分点。

9.4 原木保存与防止腐朽、虫蛀与开裂

木材心材比边材耐腐、抗蛀，因为心材中含有较多的酚类、生物碱、树脂、脂肪酸等，它们对菌、虫均有一定的抑制或毒杀作用。木材保存主要指对原木进行合理的保存，避免原木在楞场保存期间，出现受菌、虫的侵蚀以及开裂变色等物理化学变化而引起的原木质量下降。原木发生开裂、遭受菌、虫侵蚀和变色等现象，都与其含水率有着密切的关系。春夏季节原木含水率高，气温高，原木特别容易腐朽虫蛀。目前通过控制原木含水率的方法保管原木，主要有水中储存法、湿存法、干存法。哪种方法来保管原木效果好，主要取决于树种、材种、规格、质量、加工特征、用途、地理环境、气候条件和可存期限等因素。

（1）水中储存法：利用原木水上作业区或制材车间前的蓄水池来保存木材，可以短期保护木材或单根原木，也可以用长期淹没的方法来保存原木，以达到避免菌虫的侵蚀和开裂。选择流速缓慢、河底平坦的河湾或水池处，原木扎成排并用木桩、钢索固

定。不能保存在海水中。

（2）湿存法：采取预喷水、淋水等防水分蒸发的措施，每昼夜喷水3~4次，使原木保持很高含水量，避免菌、虫侵蚀与开裂。一般只允许贮存1年左右。该法最适用于新采伐的木材和水运到厂的木材。如果木材已经气干，或已遭受菌类寄生或开裂程度很大的原木，或在易生白蚁的南方地区，则不宜采用湿存法来保存原木。保存时应尽量保留树皮作保护层，楞堆要大些，原木间自由紧密堆紧，楞堆间的距离要缩小。

（3）干存法：是使原木含水量短期内迅速降低到25%以下，其原木一般要进行剥皮，但为了减少边材水分蒸发过快而引起大量开裂和菌类侵入，要剥除粗树皮、保留韧皮层，作为保护层。原木两端水分蒸发快，容易发生端裂，为此原木两端各留10~15cm的树皮圈，以及在端面涂防裂涂料（如沥青煤焦油）。楞堆应考虑到气流流动，选地势高、通风良好、有遮阴措施的场所，按合理结构形式堆放，材身或断面出现白色菌丝应适当消毒处理。雨季时，场地应加盖顶。原木不能暴晒。

（4）化学处理保存法：是在控制含水率基础上原木的辅助保存方法。湿存与干存方法，可在原木端面喷涂石蜡乳剂（10%），或涂刷石灰、煤焦油，或聚乙酸乙烯乳液与脲醛树脂（30:70）、羧甲基纤维素钠与脲醛树脂等合成涂料，以防原木端部水分蒸发，减少虫、菌的危害程度和端裂。楞堆喷防腐剂有一定的防腐效果，常用的防腐剂有氧化锌、硫酸铜、硫酸锌、氟化钠、五氯酚钠等，但要注意控制药剂量，防止环境污染，喷药时间和药液渗透原木的程度，有待实验与探索。

春夏与初秋因森林火灾产生的过火木，外表炭化，其内部木材与正常木材质量基本一样，但由于含水率高，特别容易发生虫蛀腐朽。有效的防止方法是水中储存，并尽快解锯成板材，一定要出去剥去树皮，消除虫卵。原木湿存法处理不均匀，虫蛀现象就会发生。

复习思考题

1. 什么是木材缺陷？现行国家标准将木材缺陷归为哪几大类？
2. 简述木材缺陷形成的原因。
3. 什么叫节子？死节与活节是如何界定的？原木节子尺寸是如何检量的？锯材节子尺寸是如何检量的？如何降低节子缺陷对加工利用带来的负面影响？
4. 简述褐腐材与白腐材的外观特征及其对材性影响的差异，木材腐朽如何检量？
5. 裂纹对材质有何影响？如何合理利用带有裂纹的木材？简述木材裂纹的检量方法。
6. 树干形状缺陷包括哪几类？弯曲缺陷如何检量？
7. 分别简述应压木和应拉木对加工利用产生的影响。
8. 怎样检量扭转纹与斜纹，试用图例表示。
9. 简述木材翘曲的检量方法并用图形表示。

第 10 章
木材功能性改良与增值利用

【本章难点与重点】 理解各种木材功能性改良的原理，重点掌握木材颜色处理、尺寸稳定化处理、压缩强化处理、防腐处理、阻燃处理的方法以及木材功能性改良新技术。

木材功能性改良是指以改善木材品质为目的，赋予其新的性能，拓展其使用范围的工艺技术。木材功能性改良主要包括木材颜色处理、尺寸稳定化处理、强化处理、防腐处理、阻燃处理、去除松脂等。速生人工林木材生长快，轮伐期短，木材密度低，幼龄材比例大，品质特性与天然林木材差异大，其木材增值改良利用有重要意义。

10.1 木材颜色处理

木材颜色是评价木材质量并决定其装饰价值的一个重要指标，为了获得符合要求的颜色，需对木材进行漂白和调色。木材漂白是用化学药剂使实木、单板颜色变浅、色调均匀、污染消除的加工过程，是实木制品、人造板装饰的一个重要加工环节，也是高级人造板装饰生产的一个重要组成部分。

10.1.1 木材漂白

木材漂白是指用化学方法，使木材色泽变浅或褪色的技术。木材细胞壁的主要成分是纤维素、半纤维素和木质素。纤维素和半纤维素不吸收可见光，而作为木质素是主要的显色物质，它的基本结构单元是苯丙烷基，其中的苯环、醌类和其单体侧链的羰基（$>C=O$）、羧基（$—C=O—OH$）中，都含有碳—氧（$C=O$）、碳—碳（$C=C$）共轭双键结构的发色基团，木质素和木材中的各种提取物成分均为木材颜色的重要来源。此外，木材组分中大量存在的羟基（$—OH$）和甲氧基（$—OCH_3$），虽自身无色，但在光(尤其是紫外光)和氧的作用下，极易发生降解，使木材色调变深，是一种潜在的发色基团。木材的漂白过程，就是利用化学药剂使木材材面氧化、还原，破坏木材中能吸收可见光的发色基团或封闭助色基团，使其产生增白和脱色作用。

株内、株间木材颜色存在着变化，选择漂白药剂时既要考虑与木材浸提物发生化学反应，也要考虑与材面色泽及脱色的难易程度，保证漂白处理工艺简单易行以及药品价格及用量尽可能低，要考虑药品对人体伤害和对环境污染等因素。理想的漂白效果是在除去有色物质的同时，尽量不损伤材面。在呈色物质能用溶剂抽提时，最好用溶剂抽提的方法；不能用溶剂抽提时，可采用分解呈色物质的方法；在分解有困难时，则应采取对呈色物质改性的方法。分解和改性的方法有氧化法、还原法、甲基化法、乙酰化法等。

木材常用的漂白剂可分为氧化型和还原型两类。氧化型漂白剂：过氧化物系的过氧化氢、过氧化钠、过硼酸钠、过乙酸、过氧化苯甲酰、过氧化丁酮、臭氧等；氯化物系的氯、次氯酸钠、亚氯酸钠、二氧化氯、次氯酸钙、氯胺等。还原型漂白剂有亚硫酸钠、亚硫酸氢钠、雕白粉、二氧化硫、甲苯磺酸、半胱氨酸、草酸、次磷酸、抗坏血酸、山梨酸钠、氨基脲、硼氢化钠等。

10.1.2　木材防变色处理

原木、锯材加工、板方材存贮、木材干燥或其他水热处理，木制品使用等过程中都可能发生蓝变、褐变、霉变等变色。虽然木材变色不会严重影响其强度，但在很大程度上决定着木材商品的外观和价值，因此，木材防变色处理具有重要的意义。

木材变色种类主要分为有蓝变、光变和化学变色等三类。

蓝变是由真菌在木材上繁殖、生长引起的。引起木材蓝变需要有水分、养料和温度。只有当木材含水率高于20%时，真菌才能在木材上繁殖、生长；木材中的淀粉和糖类是真菌的食物，有些木材中的淀粉和糖类含量较高，因此很容易蓝变（如橡胶木）；真菌生长最适宜的温度为20~30℃，温暖、潮湿的气候条件下，在密实堆积的湿锯材和原木中最易产生蓝变。蓝变几乎不影响木材的强度，但蓝变的木材易发生腐朽；且蓝变严重影响木材的外观，使其使用价值大大降低。

木材组分中的纤维素和半纤维素对光较稳定且不吸收可见光，木材光变色主要是木素和木材中抽提物成分对紫外光与可见光的照射产生的变色，木材表面迅速发生化学降解作用而使木材表面颜色发生变化。

化学变色是许多树种木材当其含水率较高或较长时间地暴露在潮湿的空气中，木材中的某些成分与外界接触发生化学反应引起变色，如含单宁类较多的木材与金属接触材面发生蓝或红变色，或在酸、碱的介质中发生红变或褐变等颜色变化。化学变色的特点是变色深度浅，变色比较均匀一致。木材干燥过程中也会发生化学变色，如松木因干燥而变成褐色，桦木因干燥变成黄褐色和铁锈色等。

木材防化学变色主要有防铁、防酸、防碱变色。铁污染多产生于刨切或旋切单板的表面及其与热压机接触的部位，小面积可用刨切或砂磨的方法去除；大面积变色，需用2%~5%草酸水溶液，涂于木材表面，干后用水冲洗。对于酸处理去除铁污染的木材，应充分水洗或添加磷酸氢二钠，防止酸变色。对于表层变色可用0.2%~2%亚氯酸钠水溶液，调至弱碱性，涂于污染表面。碱变色常出现在酚醛树脂胶合板的表面，经常与水泥接触的木材表面以及强碱性漂白剂处理后的木材表面等。初期的碱污染可用草酸水溶液去除，浓度应视污染的程度而定。如果污染时间较长，则改用浓度为2%~10%过氧化氢处理。

木材蓝变的预防和控制是要破坏真菌繁殖和生长的条件，主要是适时加工处理和恰当干燥。易于蓝变的木材在立木砍伐后，应及时锯解加工和人工干燥。若受条件限制不能及时锯解和干燥，则需尽快、及时地用化学药剂进行防变色处理。有些特别易蓝变的木材(如橡胶木)无论是否及时干燥,都需在干燥前进行防变色处理。常用抗蓝变药剂:8-羟基喹啉铜、环烷酸铜、2-硫代氰酸甲硫基苯并噻唑、硼酸、硼砂、3-碘代-2-丙炔基甲氨酸丁醋、二甲基二癸基氯化铵、三唑类、百菌清、2,4,5,6,四氯-1,3苯二甲腈。

木材光变色的防止,要遮盖表面木材组织与空气的接触,可通过在木材表面涂刷涂料,并在涂料中加入紫外吸收剂和防氧化剂来防止木材变色。可采用2,4-二羟基二苯甲酮这类紫外光吸收剂的甲苯或酒精溶液对木材表面涂刷,能取得明显效果。

10.1.3　木材染色处理

木材染色是为了改善木材表面的视觉特性,是模拟装饰的重要方法之一,通过染色、模拟木纹等技术加工,可以消除木材心边材、早晚材和涡旋纹之间的色差,明显提高木材的装饰性和附加值。木材染色分染料染色、化学着色和颜料染色。木材染料染色主要在原料处理阶段和装饰过程的底色处理阶段进行。木材是一种不均质的毛细孔材料,主要由纤维素、半纤维素和木质素组成,木材纤维中含有丰富的亲水性基团(如羟基和羧基)。木材具有复合毛细管结构,液体在特定条件下,沿毛细管在木材中迁移,既可以从木材内排出,也可以从木材外注入。染料在木材中的渗透过程是染料离开染液向纤维转移并渗入纤维内部的过程。染色过程实质上是木材中的某些成分(如木质素)与染料进行吸附或化学药品与木材中的某些成分(如单宁等)发生反应而使木材细胞染上颜色,即染料分子在木材中的渗透和固着两个过程。

木材染色分为立木染色、木材染色(含板材染色、薄木染色、单板染色和碎料染色等)。立木染色是指木材在生长过程中,通过控制生长条件或采用一些染色剂等化学药剂使木材在生长过程中就产生颜色,如苯胺紫用于立木染色。木材染色通常是指对于木材在颜色上的加工处理过程。按照染料的浸注方式可以分为常压浸注、减压浸注和加压浸注等。常压浸注是在恒定的外界压力下,对木材进行浸泡处理;减压或加压浸注是借助外界条件,改变染色材所处环境中的压力,使其低于或高于外界大气压力,从而对木材进行强制的浸渍处理。木材染色主要应用于薄木染色和以科技木为代表的重组装饰材和重组装饰单板制造,产品畅销国内外。对厚度较大的实木染色,由于存在常规条件下难以均匀染透的问题,相关技术目前仍然处于探索阶段。

木材染料可选用纺织用染料都可以用来染色木材,常用的是酸性染料和活性染料。酸性染料是在酸性或中性介质中染色的染料,主要有偶氮染料、蒽醌染料、嗪染料、三芳基甲烷染料和硝基染料。其作用原理是分子间的范德华力和氢键力,对纤维素纤维的直接染性很低,但对木材的木质素上染。因该染料含有大量的羧基、羟基或磺酸基,在溶液中呈解离状态,且染色成分是阴离子,故称阴离子染料。活性染料是分子中含有反应活性基团,能与木材物质中的羟基形成共价键的有机化合物。活性染料具有优良的湿牢度和均染性能,色泽鲜艳,使用方便,色谱齐全,成本低廉,已成为纤维素纤维纺织物染色和印花的一类重要染料。使用最多的是卤代均三嗪、卤代嘧啶以及乙烯砜等。

10.2 木材尺寸稳定化处理

木材是含有许多亲水基团的多孔性材料，使得木材内部水分会随着环境温度和湿度的变化而发生变化，而木材内部水分在解吸或吸湿过程中会使木材发生干缩湿胀。此外，木材为各向异性材料，各方向上随木材含水率变化而不均匀胀缩，易产生翘曲、变形、开裂等缺陷，极大地制约了木材的应用范围。因此，改善木材的尺寸稳定性对木材的高效利用具有重要的意义。

木材尺寸稳定化处理有显著效果的方法主要有：①利用木材吸着滞后现象人工干燥木材；②用交叉层压方法进行机械抑制，如胶合板生产中单板按纹理交叉方向组坯就是利用该原理；③防水涂料的内部或外部涂饰，主要有油漆涂刷、石蜡等有机防水剂的浸渍处理；④木材中极性物质的抽提或用树脂浸渍处理木材，减少木材吸湿性；⑤对木材细胞组分进行化学交联，如乙酰基、酚醛树脂等，封闭或减少游离羟基数目，降低木材吸湿性；⑥用化学药品预先使细胞壁增容至纤维饱和点时体积，包括树脂浸渍，向木材中浸入不溶性无机盐，将酸、醇等浸入木材后进行酯化反应固化体积，如聚乙二醇等；⑦高温炭化木材，尺寸稳定，不腐朽不虫蛀；⑧利用指接材，降低板材内应力，减少变形，增加板材尺寸稳定性；⑨全实木家具，宽幅面板底部人为地锯割留有较浅细缝，减少应力，增加尺寸稳定性，宽幅实木单块地板也多类似处理，防止地板翘曲变形。

上述木材尺寸稳定化处理方法中，树脂浸渍处理木材和化学药品预先使细胞壁增容，大尺寸木材渗透深度小、不均匀，效果不够理想。

10.3 高温炭化木材

高温炭化木材是近年来开发出来的稳定木材尺寸，保持木制品不变形的新技术。炭化木是在不含任何化学剂条件下应用高温对木材进行同质炭化处理，使木材表面具有深棕色的美观效果，并拥有防腐及抗生物侵袭作用功能。

木材高温炭化过程中，其内部易吸水基团降解，降低了木材的吸湿性平衡点，含水率低、平衡含水率降低3%，干缩率显著降低，不易吸水、尺寸稳定性好、板材不变形、完全脱脂不溢脂、隔热性能好。同时，木材高温炭化过程中其内部绝大部分菌类和全部的虫类在高温空气中被杀死，同时高温状态下木材内部营养成分发生剧烈化学变化，被炭化、降解或重组，可使幸存的菌类因失去维持生命的营养而死掉。炭化木材不会发生霉变的情况。炭化木具备了碳的一些特殊功能，可吸收空气中的杂质，拥有过滤空气，改善人们呼吸环境的作用。炭化木，施工简单、涂刷方便、无特殊气味，其防腐，抗虫蛀、抗变形开裂，耐高温性能，是室内桑拿浴室用材和泳池景观的理想材料。室内用于家具、镶木地板、壁板、门窗、预制墙体、桑拿房、厨房、百叶窗帘、窗台板等诸多领域。室外应用于外墙板、庭院家具、露天地板、台阶、甲板、田园建筑等轻型木构件等。

木材炭化有木材表面炭化处理和深度处理二种。表面炭化木是用氧焊枪烧烤，产生立体效果，使木材表面具有一层很薄的炭化层，却不含任何有害物质。深度炭化，是经过200℃左右的高温炭化技术处理的木材、炭烧木。其对木材性能的改变，可以类比木材的油漆，提高了木材的使用寿命。深度炭化木在欧洲有接近十年的使用经验，使产品具有较好的物理性能，也称为工艺炭化木。

深度炭化防腐木是真正的绿色环保产品，可以突显表面凹凸的木纹，使其具有较好的防腐防虫功能，由于其吸水官能团半纤维素被重组，而且不会在生产使用过程中以及使用后的废料处理对人体产生伤害。深度炭化防腐木广泛应用于可墙板，该产品具有防腐防虫性能，应用方面集中在工艺品、家具、户外桌椅、秋千、葡萄架，木屋等许多方面，不推荐使用于接触水和土壤的场合，是禁用CCA防腐木材后的主要换代产品。

炭化木较未处理材握钉力有所下降，使用时可以先打孔，再钉孔安装，来减少和避免木材开裂。炭化木、改性材木室外使用时，须涂刷耐候性好的涂料，避免木材褪色、端裂及霉变。

炭化木生产过程中，会产生的焦油和烟，虽然没有直接的毒害，但可能对呼吸系统产生长期的损害。窑组不应该紧靠住宅区，利用盛行风将木炭生产产生的烟气吹到远离人类居住区域。

10.4 木材压缩强化与弯曲处理

10.4.1 木材压缩强化处理

速生人工林木材密度小，材质偏软，采用物理化学加工方法处理木材，使低质木材的密度增大、力学强度提高或整体力学功能提高的过程，称为木材强化。木材强化处理主要包括压缩处理、浸渍处理和浸渍+压缩处理。

木材压缩处理是通过软化、压缩、定型等工艺过程，使软质木材的密度（或表面密度）和强度（或表面硬度）得以提高，从而达到木材强化目的的方法。木材压密所得的制品为各种形式的压缩木。随着压缩木密度的增加，其强度、冲击韧性、硬度和耐磨性将显著增加。

压缩木可分为普通压缩木、表面压缩木和整形压缩木。

普通压缩木仅对木材进行水热处理后直接压缩而成。一般是将木材进行加热、加湿，在增塑剂（如水、尿素和液氨等）作用和热的软化作用下，才能成功进行压缩。

表面压缩木是指将干燥的软质木材的表层部分浸泡在水中预定的深度，当渗入一定量的水以后，用微波辐射加热，然后将其直接放置在热压装置上进行压缩、压密，再经干燥使压缩部分固定而得到的木材。表面压缩木的优点是在需要硬度和强度的木材表层进行压密化处理，而未压密部分仍保持较低密度，使整体木材表现出很高的强重比和利用效率。人工林木材表面压密可制造家具台面和室内木质地板等方面，前景广阔。

整形压缩木是指应用木材可塑化原理，通过微波等加热处理木材，经过压缩塑化、整形处理，使木材从原木状态直接加工成断面为方形或矩形的木材。经压缩整形处理的木材，木材整体被压缩，强度增大，硬度和耐磨性能提高，充分提高中小径木材的材质和利用率，且可代替实木直接用作建筑材料。此外，还可通过整形时在方材表面进行各种花样装饰，以扩大其用途。

10.4.2 木材压缩和弯曲

10.4.2.1 速生林木材压缩和弯曲

木材压缩弯曲是借湿热作用，先将木材塑化，然后通过热压处理，制得质地坚硬、密度高和强度大或弯曲形状木制品的技术。压缩木极大地提高了木材的表面物理性能、强度以及加工性能，并且使材质更加均匀。经压缩处理的软质人工林木材，可以代替普通硬质甚至高档阔叶树材，如黑檀等，用于制作室内楼梯扶手、门窗框、横木、家具腿、框架、雕刻工艺品、装饰家具、工具柄、图章等产品。

木材压缩和弯曲的工艺分为：软化（或塑化）和热压处理2个阶段。木材软化可采用尿素、氨水、气体氨及氢氧化钠等试剂进行化学处理，也可直接采用汽蒸、高频和微波等物理处理。软化后的木材在热压机或曲木机上，经热压干燥、冷却成型。

木材压缩技术具有较长的研究历史。20世纪30年代，欧美军用飞机上就使用了压缩木，以防雷达探测；20世纪40年代，日本京都大学采用高温加压方式，生产出山毛榉、桦木强化木材。20世纪90年代，丹麦开发出实木压缩弯曲技术用于家具制造，可将木材弯曲成需要的形状，为家具造型的多样化开拓了新的领域，木材利用率进一步提高。

10.4.2.2 实木家具构件弯曲处理

全实木家具生产常用到弯曲构件，其方材弯曲又叫实木弯曲。其工艺过程是将方材软化处理后，在弯曲力矩作用下弯曲成要求的曲线形状的过程，主要包括下列工序：毛料选择和加工，软化处理，弯曲定型等。

①毛料的选择与加工：首先要按零件断面尺寸和弯曲形状来挑选弯曲性能合适的树种，如水曲柳、柞木、白蜡树、栎木、山核桃、山毛榉、榆木（以大果榆为佳）和山核桃、山毛榉等。其次，选用树干通直的树木，直径40~60cm，取用材质好强度大的边材部分。尽量制成纹理通直的毛料，必须剔除有腐朽等缺陷的部分，否则方材弯曲零件的损坏率会增加几倍。为使金属夹板能与弯曲毛料紧密贴面，弯曲前要刨光方材表面，加工成要求的断面和长度，形状不对称零件，弯曲前要在弯曲部位中心位置划线，以便对准样模中心。毛料纤维方向与毛料轴线的偏角不应超过5°~10°，毛料经刨削加工，使厚度均，表面光洁。

采用径向或弦向纹理，但弦向材弯曲时的破损率高于径向材。毛料含水率应控制在25%~30%之间。含水率过低会引起拉伸面破坏；过高，压缩面会产生严重皱褶，并弯曲后干燥时间延长。

②热软化处理：毛料经过水热软化处理是增加木材塑性，可以在较小应力下达到较大的变形。把方材放入锅或池中通入蒸汽。毛料蒸煮时间与它的厚度，树种和处理温度有关。如蒸煮时间短，木材塑性达不到要求，也延长弯曲零件定型干燥时间。为使金属夹板能与弯曲毛料紧密贴面，弯曲前要刨光方材表面，加工成要求的断面和长度，形状不对称零件，弯曲前要在弯曲部位中心位置划线，以便对准样模中心。成批生产弯曲木零件时，采用各种曲木机床，如"U"形曲木机，环形曲木机等。

③干燥定型：蒸煮过的方材含水率很高，如果在方材弯曲后立即松开，就会在弹性恢复下伸直，因此需要固定曲线弯曲形状下干燥到含水率为10%左右，使其形状固定，常用的定型方式可在干燥室定型。即把弯曲好的毛料两端用拉杆或卡子固定，连

同金属夹板一起从曲木机上卸下,送到专门的定型干燥室,在室温 60~70℃保持 15~40h,干燥定型后还需陈放 2 天,毛料内部应力均衡后待用。

10.5 木材防腐处理

木材防腐处理可提高木材的抗菌抗虫等性能、延长木材的使用寿命,是节约木材资源、提高木材利用效率的重要途径。

真菌引起的木材腐朽分为 3 种类型,即褐腐、白腐和软腐。

形成真菌危害木材的必要条件:①营养。木腐菌需要木材中的纤维素和木质素,而变色菌、真菌和细菌则需要木材中的单糖、淀粉及部分半纤维素等。②温度。真菌在 0℃生长很慢,温度 25~40℃最适合真菌生长。③氧气。真菌是好氧性的菌类,需要一定量的氧气,木材细胞结构中的孔隙含有空气,适宜真菌生长。④传染途径。很多孢子是通过空气传播的,菌丝是靠接触传染,木材的结构和解剖特性适合微生物栖息繁殖。⑤水分。被感染的木材含有一定的水分,一般为 20%~60%适于真菌生长。⑥酸度。木腐菌一般喜于弱酸性(pH 为 4.5~5.5)介质中繁殖和发育,绝大多数木材的 pH 为 4.0~6.5,恰好适应菌类寄生的需要。

木材防腐处理就是通过技术处理,消除上述微生物赖以生存的必要条件之一,以达到阻止其繁殖的目的。目前木材防腐处理主要有木材表面涂料、木材干燥加热处理和化学药剂改性木材防腐 3 类。

(1)木材表面涂料保护:涂料涂敷木材表面,形成一层有效的保护膜,从而阻滞木材内、外部水分的渗透、扩散以及隔绝氧气来源,将有力地改善木材的尺寸稳定性并破坏一些腐蚀菌的生存环境。桐油、聚氨酯、醇酸清漆都可用于木材表面涂敷。但木材表面涂敷无法消除木材内部的腐蚀菌的生长和繁衍,无法从根本上解决木材的防腐问题。

(2)木材干燥加热处理:不采用任何化学药剂,环保,可不同程度地提高木材的耐腐性能。高温热处理直接导致木材中的真菌死亡;高温热处理使木材组成发生变化,半纤维素,特别是多糖醛酸等发生化学变化生成吸湿性弱的聚合物,通过氢键结合将纤维素链互相结合起来,使木材的吸湿性降低,不能满足菌类生活所必需的水分,使得真菌不能获得充足的营养成分而死亡。欧洲天然耐腐性标准(EN350-1),将热处理木评定为"耐腐"等级。

(3)木材化学防腐:是化学药剂改性木材,其本身不一定要对微生物有毒性,但可使木材不再能成为维持微生物生长的基质,可有效地防止微生物的侵蚀,并且对人类无害。纤维素、半纤维素和木质素分子上的游离羟基是化学反应最活跃、吸湿性最强的基团,与所选择的化学药剂发生反应形成醚键、酯键或缩醛联结,封闭了羟基,从而改变了木材的亲水性。水是木腐菌必不可少的代谢物质,而通过化学改性降低木材吸湿性,断绝微生物所需要的水分,从而提高木材的防腐性能。

木材防腐剂主要包括水基防腐剂、油基防腐剂、煤杂酚油、有机防腐剂和新型防腐剂五类,目前使用最为广泛的是水基防腐剂。

水基防腐剂是使用最多的一种防腐剂,有单一型的和复合型两种,复合型防腐性能较好。水基防腐剂主要有:铬化砷酸铜(CCA)、铜铬硼(CCB)、氟铬砷酚(FCAP)、氨溶砷酸铜（ACA）、酸性铬酸铜（ACC）、硼砂-硼酸及氟化物、砷化物、铜化物、锌化物等。

油基防腐剂主要包括五氯苯酚、环烷酸铜、有机锡化合物等。这类防腐剂毒性大，易于被木材吸收，不易流失，处理后木材变形小，材面干净，可进行其他加工处理，另外也不腐蚀金属。油基防腐剂的高效性除了来自于防腐成分本身，还在很大程度上来源于所采用的载体——油。

煤杂酚油是从煤焦油中高温提炼出来的，表面有"渗出"污染现象，主要用于枕木和电线杆等室外工业用材，不能处理民用木材。

有机防腐剂应该是由几种有机生物杀灭剂的混合物，针对腐朽菌和虫类混合化学物，目前尚处于研发阶段。

新型防腐剂ACQ，为氨溶铜季铵盐或碱性铜季铵盐，其主要活性成分是铜，以氧化铜（CuO）表示；另一活性成分是季铵盐，常用的季铵盐来源是二癸基二甲基氯化铵（DDAC）或十二烷基二甲基苄基氯化铵（BKC）。ACQ已经得到美国环境保护部门认可批准，取代CCA（铜、铬、砷）类有毒木材防腐剂，作为新一代木材保护剂已投入商业使用。ACQ具有良好的防霉、防腐、防虫的性能；对木材具有良好的渗透性，可用来处理大规格、难处理的木材和木制品；抗流失性好，具有长效性；低毒不含砷、铬、酚等对人畜有害的物质。

木材防腐处理生产中，最重要、最为有效方法是加压处理法。该法将经过干燥的木材装入浸注罐，密封，装满防腐剂，通过加压泵或空压机加压，用压力将防腐剂注入木材内部。加压处理法所需设备复杂，主要的是浸注罐，其工作压力达1.2~1.5MPa，真空达93kPa，罐直径一般在1~3m，长5~30m不等。处理过程如下：①前真空，从木材中抽出空气，真空度80kPa左右，15min至1h；②加入防腐剂，保持真空度的情况下，加入防腐剂；③加压阶段，压力慢慢升到1~1.4MPa，保持压力，达到要求的总吸收量为止，1~5h；④反冲和排出防腐剂，解除压力，反冲指在排压时由于少量存在于木材细胞内的压缩空气发生膨胀，从而将吸入的防腐剂推出木材，对满细胞法而言，反冲量约5%~15%；⑤后真空，目的是抽出部分细胞腔中的防腐剂和木材表面多余的防腐剂，减少木材从处理罐中取出时的滴液现象，以及使用过程中的溢油现象。

10.6 木材阻燃处理

建筑物火灾中，21%与木材、纤维织物等有关。现代建筑中，室内装修改善人们居住环境。大多数室内装修材料是由木材和木制品构成，由于它固有的易燃性，对木质材料进行阻燃处理是十分必要的。

木材燃烧过程分为5个阶段：升温、热分解、着火、燃烧和蔓延。木质材料中，加入阻燃剂可以改变它的热解过程，能够达到延缓和抑制燃烧的作用。燃烧时，热作用可使某些阻燃剂分解产生难燃性气体，或由于阻燃剂的化学作用使木质材料释放出难燃性气体。这些难燃性气体一方面稀释了混合气体中可燃性气体的浓度；另一方面也降低了木质材料表面氧气的浓度，从而达到阻燃的目的。有些阻燃剂在受热过程中，会分解产生具有吸水或脱水功效的基团或物质。如含磷及其盐类阻燃剂在受热时生成偏磷酸，促使纤维素脱水形成炭化保护层，达到隔热绝气的作用。多数阻燃剂在受热熔融时形成流体或泡沫状物质覆盖在木材表面，使材料与氧气隔绝，对火焰具有屏蔽作用，不仅防止热量传入基材，还阻止燃烧时产生的可燃气体（如 CO、CH_4、H_2、C_2H_6 等）逸出，从而阻止木质材料进一步燃烧，以达到阻燃的目的。

10.6.1　木材阻燃剂

木材阻燃剂，种类繁多。按化合物的类型可分为：有机阻燃剂和无机阻燃剂。

无机阻燃剂，热稳定性好、不析出、不挥发、无毒、不产生腐蚀性气体、价格低廉、安全性高等特点。无机阻燃剂中，按所含元素分为磷系阻燃剂、卤素阻燃剂、硼系阻燃剂及金属氢氧化物等。其中，主要是磷酸盐及聚磷酸盐，其中，磷酸二氢铵是用得最多的磷—氮系阻燃剂。在木材的热分解过程中，磷—氮系阻燃剂具有降低热分解温度，增加炭的生成，减少可燃性气体的产生以及降低热量等作用。这类阻燃剂也是木质材料最好的阻燃剂。若含磷化合物与含卤化合物混用还可抑制材料的表面燃烧。

有机阻燃剂主要以磷系为主，包括磷酸酯、亚磷酸酯、有机磷盐、含磷多元醇—氮化合物等。一般认为有机磷系阻燃剂可同时在凝聚相及气相发挥阻燃作用。即当含磷阻燃剂的高聚物经受高温或被引燃时，磷化合物受热分解生成磷的含氧酸，这类酸能催化含羟基化合物的吸热脱水成炭反应，生成水和焦炭，而磷则大部分残留于炭层中。含羟基化合物炭化的结果，在其表面生成石墨状的焦炭层，具有难燃、隔热、隔氧、使燃烧窒息的作用，且由于焦炭层的导热性差，使传递至基材的热量减少，基材热分解减缓。此外，羟基化合物脱水形成的水蒸气又能稀释大气中的氧及可燃气体的浓度，有助于燃烧中断。再者，磷的含氧酸多系黏稠状的半固态物质，可在材料表面形成一层覆盖于焦炭层的液膜，从而降低了焦炭层的透气性和保护焦炭层不被继续氧化，提高了材料的阻燃性。

10.6.2　木材阻燃处理方法

木材阻燃处理方法就是用物理或化学方法提高木材抗燃性能的加工处理技术，使其不易燃烧，被点燃时火焰不沿其表面燃烧或燃烧速度减慢，脱离火源后自熄不续燃。木材阻燃的关键在于选择适当的阻燃配方和合理的处理工艺。

物理阻燃法处理木材时不使用化学试剂，不改变木材的细胞壁、细胞腔结构和木材的化学成分。一是采用大断面木构件遇火不易被点燃，燃烧时生成炭化层，可以限制热传递和木构件的进一步燃烧，炭化层下的木材仍可以保持原有的木材强度；二是将木材与不燃的材料制成各种不燃或难燃的复合材料，如水泥刨花板、石膏刨花板、木材—岩棉复合板、木材—金属复合板。目前，复合板材因其节约木材、阻燃、防腐、价格低廉等优势而得到快速的发展。

化学阻燃法是将具有阻燃功能的化学药剂以涂刷木材表面或注入细胞壁、细胞腔中，与木材的化学成分的某些基团发生化学反应，改变木材的热解过程，达到延缓和抑制燃烧的目的。化学阻燃法一般分为 2 种方法：表面涂敷法和浸渍法。表面涂刷法是直接采用防火涂料或阻燃液在木质材料表面进行的喷涂处理，通过保护层的隔氧、隔热作用达到阻燃的目的。常用的阻燃涂料有 2 种：一种是密封性油漆；另一种是膨胀性涂料。优点是能有效控制火势蔓延、药剂量较少，对木材的物理力学性能影响较小，操作方便，设备简单。不足之处是耐磨性一般较低，保护层一旦遭到破坏，木材便不具备阻燃性能，同时影响木材的进一步装饰。

浸渍处理法是将木材浸泡在阻燃剂溶液里，通过常温常压、常压加热、冷—热浸渍、加压浸渍和真空加压等方法，使阻燃剂渗透到木材的内部，当木材受到热作用时，阻燃剂产生一系列的物理、化学变化，降低木材热解时可燃气体的释放量及燃烧速度，从而达到阻燃的目的。其中加压浸渍法应用较多，该法是将木质材料与阻燃液放入高压容器中，先抽成真空，在一定压力下将阻燃剂压入木材细胞壁和细胞腔中来实现阻燃处理，又称满细胞法。此法渗透深度高，载药量大，阻燃效果持久，且不影响木材的后续处理。

10.7 重组木

重组木是在不打乱木材纤维排列方向、保留木材基本特性的前提下，将木材碾压成"木束"重新改性组合，制成一种强度高、规格大、具有天然木材纹理结构的新型木材，完全可以代替实木硬木，其性能优于实木硬木。

重组木采用速生林为原料，经过多种物理与化学工艺处理后，可以有效改变木材性能，改变其木质松软、密度小、易形变等缺陷，使其密度增大，强度增高，耐水性能、防腐性能，尺寸稳定性能得到显著提高，这种工艺可以有效地节约木材资源，形成速生林的循环利用，提高了木材的使用效率。重组木广泛应用于实木门窗、户内外家具、地板、园林小品、亲水栈道、木制雕刻等方面。

10.8 松木脱脂技术

松树是我国重要的建筑、胶合板和家具用材树种。松木具有清晰而美丽的花纹，天然的独特气味，较高的药用及观赏价值，但是松木富含松脂，其制品在长期使用过程中容易发生溢脂现象，从而影响涂饰质量和装饰效果，严重制约其广泛应用。为了提高松木的附加值及其实木制品的开发利用，必须对其进行脱脂处理，改良松木材性。常用的松木脱脂技术主要有高温干燥脱脂法和化学法脱脂技术。

高温干燥是一种比较有效的脱脂方法，脱脂效果要明显好于常规干燥。在高温汽蒸的条件下，一方面，松节油与水共存使原来150～230℃的沸点显著降低至100℃以下；另一方面，高温蒸汽提高了木材的渗透性，提供了更多水分移动的通道，更利于固体树脂酸溶剂松节油的挥发，处理后剩下的固体松香因缺少适应的溶剂溶解便不会向外渗出。但高温高湿易使得木材表面发生氧化失去原有的天然材色，处理后的木材颜色显著加深。

化学法脱脂是通过松香溶于碱液或松节油的聚合反应来改变松香和松节油的性质，并将松香脱除或将松节油固化在木材内的方法。化学脱脂法可分为碱液皂化法和酸性脱脂法。碱液皂化法是根据松脂与碱可以皂化成可溶性皂，并随木材中水分排出的原理而进行脱脂的方法。常用的碱有碳酸钠（Na_2CO_3）、碳酸钾（K_2CO_3）、氢氧化钠（NaOH）。一般为了提高碱液的渗透性，通常采用105～120℃高温和$1.47×10^5$～$1.96×10^5$Pa高压蒸煮辅助碱液向木材进行渗透浸渍，NaOH水溶液的浓度控制在0.5%～1%。

如采用碱液皂化法对家具用马尾松板材进行脱脂处理，得到最佳的脱脂工艺参数为：NaOH浓度0.8%，压力0.6MPa，处理时间6h，脱脂率可达67%。碱液化法简单易操作，但对脱脂设备的密闭性、抗压性和耐腐蚀性的要求甚高。酸性脱脂法是利用松脂中易发生反应的双键和环与盐类如次氯酸钠发生化学反应，用酸为催化剂，催化使得松脂分子量降低或羧基增加，来达到脱脂目的。这样避免了碱液皂化法废液污染的缺点，还增加了木材的渗透性。

10.9 木材功能性改良新技术

10.9.1 无机物填充木材改性

无机物填充木材改性是指将无机化合物或其前驱体通过物理、化学和生物等方法浸入并沉积在木材细胞腔甚至细胞壁中，形成的无机物甚至与木材组分产生化学连接，赋予木材更优异性能的复合材料，如采用凝胶—溶胶法来制备陶瓷化木材，采用单一水玻璃作改性剂制备无机质复合材料等。该复合材料较木材提高了尺寸稳定性、阻燃性、防腐性能、抗紫外等，部分改善了力学性能，且较高程度地保留了木材的环境学属性，可满足多种用途。

无机填充处理并不破坏木材纤维的结构、性质和拉伸强度，而且改性剂在细胞壁上的沉积还增强了细胞壁抵抗外力作用的能力，由于抗压过程包含了大部分压缩作用，所以抗弯强度和弹性模量显著提高。但无机填充改性处理使木材的体积增加，增容使木材固有的在外力作用下的变形能力降低，改性剂在细胞腔中或细胞壁上的沉积也使得木材的变形性能减弱，从而使木材变脆，韧性降低。

10.9.2 纳米材料填充木材改性

纳米材料填充木材改性是指采用价格低廉、无毒无味且可以补强填充的纳米材料粉末，利用高分子材料作为中间介质，采用溶胶—凝胶法、扩散方法、硅酸盐及其他无机盐渗注法等等浸透到木材中，制备出既可以保持木材本身优异性能，又拥有纳米材料的某些特殊性能（如奇妙的介电性能、自洁性能）的新的复合材料以开发木材应用的新方向。

速生林木材存在材质疏松、密度较低、物理力学强度较低、表面硬度低、耐磨性差等缺点，以致影响其利用。如果采用适当的纳米材料，如二氧化硅、碳酸钙、二氧化钛、蒙脱土等，用来弥补速生林基材的不足，制备纳米木材复合材料，增强速生林基材的表面硬度、耐磨性等物理化学性能，则可为纳米—木材复合材料的发展提供新的领域。

无机纳米材料复合改性木材后，形成类似陶瓷化木材的复合材料，其刚度、弯曲强度有所增加，特别是耐磨性、硬度明显提高，且还可能大幅提高其耐腐性和阻燃性，而对木材的外观视觉性能和加工性能没有影响，并有可能获得全新的性能。如二氧化钛无毒、防霉等优点可以赋予木材防腐、杀菌、自洁等方面的性能；纳米材料的小尺寸效应和表面效应，可以制备出超双疏性界面物质材料，可增强木材防水性能、尺寸稳定性、视觉特性、调湿性能、空间声学特性等；纳米材料微孔可以吸收紫外光，抵抗木材表面性状劣化、变色，延长木材室外使用年限；采用超细氧化锑、水合氧化铝等无机纳米阻燃剂，纳米碳酸钙作为阻燃填充剂，可以减少阻燃剂用量，提高阻燃剂的抗冲击性能、阻燃性能。

10.9.3 环保、长效、多功能型改性木材

木材功能性改良遇到的最大问题就是化学改性剂的流失，选择适宜的化学物质和合成工艺是解决问题的重要途径。多功能性是指用一种改性剂处理木材，使木材兼具几种功能，如防生物危害、阻燃、尺寸稳定、增强木材的力学性能等。改性剂开发，应向同时具有防生物危害、阻燃和尺寸稳定化、提高木材力学性能的"多功能性"和环保、长效方向发展。

第 11 章 重要用材对材性的要求及适用树种

【本章难点与重点】 重点了解国民经济建设及人们生活所需的主要用材对材性的要求、适宜树种。

木材的使用范围极其广泛，但不是任何一种木材都适合于所有用途，不同用材对材质的要求也不同。所以选用木材时，应结合木材的纹理结构、物理力学性质及加工特性，分析它们所能达到的最大经济效益。各用材部门应将等级高的木材优先用于较重要部分，或用于较重要的用途方面，务必做到适材适用，材尽其用，合理利用。一个树种的某些性质不完全适应要求时，可以经过适当处理，改进其性能，使之符合用材要求。现将各种用材对木材的要求和适宜的树种分述如下。

11.1 建筑、纤维和薄木及胶合板用材

11.1.1 建筑用材

要求条件：木材纹理通直，胀缩性小，不翘曲、开裂。抗弯强度、弹性模量和硬度等性质适中，耐腐朽和虫蛀，耐磨损，握钉力较强，油漆性能良好。

适宜树种：杉木、落叶松、红松、铁杉、云杉、北美黄杉、坤甸铁樟、娑罗双、翼红铁木、水曲柳、柞木、水青冈、桦木、二翅豆、木荚豆、铁线子、印茄、龙脑香等。

11.1.2 纤维用材（包括造纸、黏胶纤维、纤维板）

要求条件：材色浅，易漂白，纤维长，纤维长宽比大、壁腔比小。造纸要求纸浆得率高，化纤要求纤维素含量高，而灰分含量低。对树脂含量都要求少，无腐朽，少节，资源丰富。

适宜树种：冷杉属、云杉属、松属、杨属、臭椿、桦木、枫杨、桉树等。

11.1.3 薄木及胶合板用材

要求条件：原木径级大，纹理直；树干圆满和开裂少的优级材。所需材质，视其

用途而定。以建筑为主的胶合板，材质须具有适当的力学强度，胶黏性优良，不翘曲开裂，胀缩性小，加工性质良好，易刨削并不起毛刺，油漆和着色性质佳。供装饰用的胶合板、薄木，以具有美观的花纹和材色为主。

适宜树种：水曲柳、椴木、黄波罗、槭木、桦木属、核桃楸、花梨木、香樟、润楠、桢楠、麻楝、欧洲水青冈、悬铃木、银桦、木莲、山龙眼、榆树、榉树、柚木、黑胡桃、冰片香、缅红漆、娑罗双、铁木豆、印茄、古夷苏木、木荚豆、筒状非洲楝等。

11.2 车辆、造船用材

11.2.1 车辆用材

（1）车厢支架

要求条件：冲击韧性好、顺压及抗弯强度高，握钉力强，胀缩性小，不翘裂，耐磨损和耐腐朽。

适宜树种：落叶松、铁杉、水曲柳、槭树、榉树、柞木、坤甸铁樟、娑罗双、翼红铁木、坡垒、非洲楝等。

（2）内部装修

要求条件：材色、花纹美观，油漆性能良好。

适宜树种：红松、落叶松、铁杉、柏木、陆均松、鸡毛松、水曲柳、槭树、榉树等。

11.2.2 造船用材

（1）骨架、船壳、舵、橹、桅杆、首尾柱

要求条件：冲击韧性、抗弯强度及抗弯弹性模量高，硬度大、劈裂强度及顺纹抗压强度中等以上，胀缩性要小，耐腐朽，耐虫蛀，油漆性能良好。

适宜树种：落叶松、红松、杉木、柏木、红桧、铁杉、麻栎、红青冈、红椆木、水曲柳、香樟、子京、坤甸铁木、娑罗双、翼红铁木、坡垒、铁线子等。

（2）甲板、隔舱板、舱盖板、舱底板及舱内装修

要求条件：抗弯强度及抗弯弹性模量高，冲击韧性好，硬度大，抗劈力大，胀缩性小，耐磨损，耐腐，耐酸碱。

适宜树种：杉木、柏木、落叶松、北美黄杉、柚木、香樟、子京、红椿、梓树、柞木、水曲柳、坤甸铁木、娑罗双、翼红铁木、非洲楝等。

11.3 家具、乐器用材

11.3.1 家具用材

要求条件：有较大的顺纹抗压强度、抗弯强度及劈裂强度，胀缩性小，有适当的韧性和硬度，纹理直。高级家具除上述条件外，还要求木材结构细致均匀，色泽和花纹美观，切削面光洁，胶接和油漆性能良好，无腐朽和虫蛀。

适宜树种：福建柏、柏木、红桧、台湾扁柏、核桃楸、核桃、黑核桃、黄杞、水曲柳、黄波罗、槭树、楸树、苦楝、红椿、槐树、榉树、柚木、麻楝、南酸枣、香樟、桢楠属、润楠属、檫树、黄连木、紫檀、花梨木、香枝木、黑酸枝木、红酸枝木、乌木、条纹乌木、鸡翅木、铁木豆、古夷苏木、蚁木、二翅豆、木荚豆等。

11.3.2 乐器用材

（1）共鸣部件

要求条件：结构细，材质轻软，含树脂量少，共振性能良好，弹性模量与密度的比值高，不能用应力木；其次是干燥性能良好，胀缩性小，易胶接、油漆和着色，纹理、材色美观或洁白。

适宜树种：云杉、泡桐、红松、银杏、槭树、香红木、核桃楸、刺楸、水青冈等。

（2）琴壳、风箱、手风琴及琴盘

要求条件：纹理通直，结构细致、均匀，胀缩性小，不翘裂变形；其次是纹理和材色美观，切削面光滑，油漆、着色性能良好。

适宜树种：红松、鱼鳞云杉、华山松、核桃、核桃楸、黄杞、黄波罗、槭树、椴树、柚木、水曲柳、白蜡树、檫树、楠木等。

（3）胡琴杆、琴头及琴码等

要求条件：木材较重硬，有较高的力学性质，切削面光洁，胀缩性小，不翘裂变形，色泽美观，油漆及胶接性能佳。

适宜树种：苏木、黄杨、降香黄檀、笔木、黄檀、紫檀、乌木、格木、枣木、核桃、梨木、柿木、蚬木、鸭脚木、椆木、铁力木等。

（4）打击乐器（木琴、鼓、板鼓、新疆鼓、木鱼、云板等）

要求条件：木材稍硬，结构均匀，胀缩性小，不翘裂变形。

适宜树种：桑树、黄杨、枣树、紫檀、香樟、乌桕、黄檀、红豆树、榉树、蚬木、柳树、银杏、桦木等。

11.4 军工用材

11.4.1 枪托

要求条件：质量、硬度适中，抗弯弹性模量、冲击韧性高。吸收冲击力大，劈裂强度稍大，才能抵抗连续地振动，避免木材破裂；其次是结构均匀，纹理直，胀缩性小，不翘曲变形，无腐朽，耐磨损，油漆性能良好，花纹材色美观。木材在刨光后使枪托容易紧握，以免滑动。

适宜树种：核桃、核桃楸、野核桃、山核桃、黑胡桃、香桦、光皮桦、黄杞、桢楠、樱桃、槭树、黄波罗等。

11.4.2 手榴弹柄

要求条件：质量中等，结构均匀，韧性中等，胀缩性小，不翘曲变形；其次是易渗蜡，不腐蚀钢铁，车旋后光洁，油漆性能良好。

适宜树种：桦木属、桤木、黄杞、核桃、核桃楸、黑核桃、灰木属、槭树属、拟赤杨、鸡毛松、广东松等。

11.4.3 教练机、滑翔机、靶机

要求条件：木材的强度比、刚度和韧性要高，纹理直，结构均匀，胀缩性小，不翘裂变形，耐磨损，劈裂强度大，加工性质优良，切面光滑，油漆及胶黏性质良好。

适宜树种：云杉、红松、红桧、落叶松、银杏、桦木、水曲柳、白蜡树、核桃、槭树、红椿、香樟、楠木、轻木、泡桐、水青冈、黄波罗等。

11.4.4 军工包装

要求条件：韧性和劈裂强度高，少节；其次是具有中等弯曲强度，易于钉钉和有较好的握钉力，健全材，胀缩小，不翘裂。不具腐蚀性，不易为菌虫蛀蚀，油漆性能好。

适宜树种：红松、红皮云杉、臭冷杉、杉木、云杉、华山松、广东松、海南五针松、云南铁杉、桦木属、槭树属、木莲属、木兰属、桤木、喜树、枫杨、梓树、筒状非洲楝等。

11.5 纺织、体育器械用材

11.5.1 纺织用材

（1）木梭

要求条件：木材重至甚重，耐磨损。在镶嵌金属时木材不裂，胀缩性小，刨削后光滑，摩擦系数低，木材抗劈性、抗剪强度和冲击韧性高。木材加工性质优良，结构均匀，纹理通直。

适宜树种：槭树、水青冈、小叶栎、槲树、高山栎、红椆、薄叶青冈、青冈栎、石斑木、青皮、子京、铁线子、蚁木等。

（2）纱管

要求条件：纹理通直，结构均匀、细致，耐摩擦，耐振动，表面光洁，胀缩性小，质量适中。

适宜树种：银杏、荷木、银木荷、光皮桦、红桦、橄榄、黄杞、柿树、柯库木、娑罗双、筒状非洲楝。

11.5.2 体育器械用材

（1）助跳板、跳水板、垒球棒及举重台

要求条件：韧性、抗弯弹性模量及硬度较大，耐摩擦，纹理直，胀缩小；其次是劈裂强度较大，少节，耐腐朽。跳水板用材还要求耐水。

适宜树种：水曲柳、白蜡树、柞木、山核桃、光叶榉、青冈栎、椆木、格木、槐树、黄檀、桑树、黄连木、冰片香、筒状非洲楝、翼红铁木等。

(2)标枪、气枪托及弓

要求条件：纹理直，质量中等，韧性稍大，弹性较好，胀缩性小，不翘裂变形。

适宜树种：云杉、红松、落叶松、乔松、红豆杉、三尖杉、水曲柳、白蜡树、桦木、槭树、核桃、野核桃、山核桃、桑树等。

(3)单双杠、高低杠、平衡木、足球门、篮球架

要求条件：纹理直，韧性较大，富有弹性；其次是耐磨损，耐腐朽。

适宜树种：铁杉、杉木、落叶松、水曲柳、白蜡树、槭树、桑树、麻栎、榉树、槐树、黄檀、冰片香、筒状非洲楝、翼红铁木等。

(4)网球拍、羽毛球拍、球台

要求条件：木材结构细至中，纹理直，弹性佳，易弯曲；其次是材色美观，油漆及胶接性能良好。

适宜树种：铁杉、乔松、华山松、北美黄杉、桦木属、槭树、臭椿、梓树、楸树、黄杞、香椿、柯库木、冰片香等。

11.6 火柴、铅笔杆用材

11.6.1 火柴用材

(1)火柴盒

要求条件：材质轻而软硬适中，少节，纹理直，容易旋刨加工。

适宜树种：松属、云杉属、冷杉属。

(2)火柴杆

要求条件：刨面光滑，纹理直，材质均一，冲击韧性较大，不易折断，质松易着火，含脂少，易浸蜡，胀缩性小，不变形翘曲。

适宜树种：椴树属、桦木属、杨属、桤木属、拟赤杨属、鸭脚木属等。

11.6.2 铅笔杆用材

要求条件：纹理直，结构细致均匀，即早晚材软硬近于一致，质软硬适中，微带脆性，易切削，车、旋时连续呈带状，且刨面光滑；其次是材色美观，有香气，易着色，油漆性能良好，胀缩性小，不翘曲变形，无瑕疵，不带有应力木，不含或少含树脂。含有树脂的木材，须经脱脂处理，否则油漆后易起皱皮。

适宜树种：铅笔柏、圆柏、福建柏、红桧、红豆杉、鸡毛松、罗汉松、椴树、连香树、拟赤杨、桤木、云杉等。

11.7 特种用材

11.7.1 假 肢

要求条件：材质轻而坚柔，容易加工，切面光滑，不开裂翘曲。

适宜树种：旱柳、黑柳、垂柳、桦木、椴树、核桃楸。

11.7.2 电瓶、蓄电池用隔片

要求条件：纹理直，结构均匀，无微节，耐酸，不含挥发油类，树脂、鞣料及色素少，有优良的渗透性，有适当的力学强度，须用径切面刨制的木片，需再经干燥，可减少翘曲和开裂。

适宜树种：扁柏、黄杉、椴树、红松、北美黄杉等。

11.7.3 雕　刻

要求条件：材质致密，结构均匀，色泽一致，容易雕刻，切面光滑，不开裂变形。

适宜树种：银杏、柏木、紫杉、榧树、黄杨、丝棉木、笔木、黄棉木、椴树、核桃楸、李树、棠梨、枣树、枇杷、紫檀、香樟、天竺桂、楠木、黑壳楠、连香树、山茶等。

11.7.4 鞋楦及高跟鞋鞋跟

要求条件：材质结构均匀，密度适中，车、旋性能良好，胀缩性小，耐磨损，不翘裂变形，握钉力强。

适宜树种：鞋楦用柿树、枣树、石楠、阿丁枫、榉树、黄檀、李树、水青冈等。鞋跟用槭树、桦木、鹅耳枥、水青冈等。

11.7.5 木　梳

要求条件：结构细致均匀，不翘曲变形，易加工，切面光滑。

适宜树种：黄杨木、石楠、枣树、李树、丝棉木、笔木、黄棉木、金丝李、硬槭类。

11.8 农业机械及农具用材

11.8.1 农业机械及农具构件

要求条件：因为农业机械及农具构件是在不同的气候条件、承受一定的冲击载荷条件下使用，因此选择的木材应具有中等以上的强度、硬度，耐磨损，胀缩性小，冲击韧性高，质量应适中，加工容易，并且耐腐朽和抗虫蛀。

适宜树种：云杉、杉木、铁杉、麻栎、红椎、青冈、坤甸铁樟、铁线子、翼红铁木等。

11.8.2 犁、耙、农具把柄

要求条件：材质坚韧，抗弯弹性模量及冲击韧性高，横纹抗压的比例极限及硬度稍大，切削面光洁。

适宜树种：柞木、水曲柳、白蜡树、桑树、榉树、枣树、黄连木、榔榆、槐树、麻栎、红锥、青冈、坡垒、柠檬桉、坤甸铁樟、铁线子、翼红铁木等。

11.9 桥梁、枕木、桩木和机械基础垫木及采矿用材

11.9.1 桥梁、枕木、桩木用材

要求条件：纹理直，抗弯强度高，硬度大，材质坚韧，有较高的横纹抗压的比例极限，抗弯弹性模量，握钉力强，耐腐朽，耐虫蛀，易于防腐处理，供应量大。

适宜树种：落叶松、樟子松、铁杉、杉木、马尾松、云南松、白榆、刺槐、桉树、麻栎、青冈、娑罗双、翼红铁木、非洲楝等。

11.9.2 机械基础垫木

要求条件：材质坚韧，横纹抗压弹性模量在 490MPa 以上，横纹抗压比例极限及硬度高；其次是抗劈裂强度大，胀缩性小，纹理直。

适宜树种：落叶松、柞木、麻栎、青冈、红椆、子京、金丝李、蚬木、坡垒、格木、刺槐、槐树、荔枝、椰榆、榉树、高山栎、鹅耳枥、枣树、青皮、黄连木、水曲柳、白蜡树、铁线子、蚁木等。

11.9.3 采矿用材

要求条件：冲击韧性好、顺压及抗弯强度高，变形小，耐磨损，耐腐朽，纹理通直，易于防腐处理，产量大。

适宜树种：云杉属、落叶松属、冷杉属、松属、桉树属等。

11.10 常见造林树种木材主要性质

常见针叶树造林树种木材主要性质指标见表 11-1，常见阔叶树造林树种木材主要性质指标见表 11-2。

表 11-1 常见针叶树造林树种木材主要性质指标

中文名	拉丁名	管胞长度 (μm)	管胞宽度 (μm)	长宽比值	气干密度 (g/cm³)	顺压强度 (MPa)	抗弯强度 (MPa)	抗弯弹性模量 (GPa)	顺剪径面强度 (MPa)	顺剪弦面强度 (MPa)	冲击韧度 (J/cm²)	端面硬度 (N)
冷杉	*Abies fabri*	3 121	33	97	0.433	35.50	70.0	10.0	4.9	5.5	3.86	31 20
臭冷杉	*Abies nephrolepis*	3 156	32	102	0.384	33.50	65.1	9.6	5.7	6.3	3.15	2 200
柳杉	*Cryptomeria fortunei*	3 429	31	113	0.346	27.20	52.4	7.0	5.0	6.2	2.39	2 820
杉木	*Cunninghamia lanceolata*	4 634	36	131	0.365	34.10	62.6	9.7	3.5	4.2	3.12	2 490
柏木	*Cupressus funebris*	2 370	32	76	0.600	54.30	100.5	10.2	9.6	11.1	4.58	5 950
福建柏	*Fokienia hodginsii*	4 195	40	107	0.452	34.30	76.8	9.2	6.6	7.7	3.44	4 300
银杏	*Ginkgo biloba*	3 183	35	122	0.532	41.00	77.8	9.3	9.1	11	3.34	4 310

中文名	拉丁名	管胞长度(μm)	管胞宽度(μm)	长宽比值	气干密度(g/cm³)	顺压强度(MPa)	抗弯强度(MPa)	抗弯弹性模量(GPa)	顺剪径面强度(MPa)	顺剪弦面强度(MPa)	冲击韧度(J/cm²)	端面硬度(N)
油杉	Keteleeria fortunei	4 976	44	125	0.552	44.60	91.1	12.6	8.1	7.0	5.73	4 400
落叶松	Larix gmelini	4 578	43	107	0.641	57.60	113.3	14.5	8.5	6.8	4.90	3 770
水杉	Metasequoia glyptostroboides	4 006	47	87	0.342	29.60	54.6	7.5	4.5	3.8	2.40	2 490
红皮云杉	Picea koraiensis	4 671	36	135	0.417	35.20	69.9	11.1	6.2	6.2	3.26	2 250
华山松	Pinus armandi	4 023	45	90	0.430	37.60	59.2	9.2	6.3	6.4	3.11	2 520
红松	Pinus koraiensis	3 847	41	95	0.440	33.40	65.3	10.0	6.3	6.9	3.50	2 200
马尾松	Pinus massoniana	4 682	44	108	0.449	31.40	66.5	8.9	7.4	6.7	2.55	3 100
樟子松	Pinus sylvestris var. mongolica	4 004	40	100	0.457	31.60	72.5	9.1	7.0	7.4	3.63	2 510
云南松	Pinus yunnanensis	3 279	35	95	0.586	42.80	96.1	14.1	8.4	7.6	6.39	2 990
铁杉	Tsuga chinensis	2 933	33	89	0.511	46.30	91.5	11.3	9.2	8.3	4.00	4 080

表 11-2 常见阔叶树造林树种木材主要性质指标

中文名	拉丁名	纤维长度(μm)	纤维宽度(μm)	长宽比值	气干密度(g/cm³)	顺压强度(MPa)	抗弯强度(MPa)	抗弯弹性模量(GPa)	顺剪径面强度(MPa)	顺剪弦面强度(MPa)	冲击韧度(J/cm²)	端面硬度(N)
黑荆树	Acacia decurrens var. mollis	1 020			0.676	52.20	118.2	13.8	10.8	14.5	15.60	7 200
光皮桦	Betula cylindrostachya	1 365	17	80	0.723	59.40	130.4	14.6	16.3	19.4	8.79	8 240
蚬木	Burretiodendron hsienmu	1 717	18	95	1.130	76.60	161.4	21.1	20.5	21.1	18.22	14 260
板栗	Castanea mollissima	1 100			0.689	59.40	119.9	14.3	14.6	15.1	8.14	7 130
红锥	Castanopsis hystrix	1 076	20	54	0.733	54.10	100.3	12.4	9.7	11.4	9.81	5 590
樟树	Cinnamomum camphora	1 278	20	64	0.535	41.00	82.4	8.2	8.2	9.4	5.46	4 020
柠檬桉	Eucalyptus citriodora	1 037	14	74	0.968	64.80	145.2	19.0	13.1	15.8	15.99	8 650
水曲柳	Fraxinus mandshurica	1 190			0.686	52.50	118.6	14.6	11.3	10.5	7.12	6 450
白蜡树	Fraxinus chinensis	1 216	18	68	0.772	61.80	135.9	14.5	16.8	17.8	10.93	8 270
核桃	Juglans regia	1 400			0.686	47.30	106.5	10.3	15.3	17.5	11.30	6 890

(续)

中文名	拉丁名	纤维长度(μm)	纤维宽度(μm)	长宽比值	气干密度(g/cm³)	顺压强度(MPa)	抗弯强度(MPa)	抗弯弹性模量(GPa)	顺剪径面强度(MPa)	顺剪弦面强度(MPa)	冲击韧度(J/cm²)	端面硬度(N)
苦楝	*Melia azedarach*	920	15	61	0.456	36.80	70.1	9.4	8.1	7.3	5.36	3 510
火力楠	*Michelia macclurei* var. *sublanea*	1 341	19	71	0.646	52.50	107.6	13.3	14.0	14.5	5.92	6 210
白花泡桐	*Paulownia fortunei*	1 285	24	54	0.309	18.80	40.5	6.3	5.6	5.0	3.25	2 150
毛白杨	*Populus tomentosa*	1 510			0.505	43.50	81.2	9.8	6.1	9.3	7.91	3 490
栓皮栎	*Quercus variabilis*	1 291			0.923	5.50	119.8	15.3	15.1	15.9	6.65	8 400
香椿	*Toona sinensis*	908			0.591	4.41	100.3	10.1	12.4	12.0	7.26	5 110
红椿	*Toona sureni*	1 410			0.477	35.80	70.0	9.0	7.3	9.5	3.64	3 720
榉树	*Zelkova schneideriana*	1 730			0.791	48.70	130.1	12.6	14.4	15.3	15.36	8 350

参 考 文 献

[1] 鲍甫成,江泽慧. 中国主要人工林树种木材性质[M]. 北京:中国林业出版社,1998.
[2] 北京林学院. 森林利用学[M]. 北京:中国林业出版社,1983.
[3] 柴修武. 阔叶树木材横断面识别图[M]. 中国林业科学研究院木材所,1986.
[4] 成俊卿,杨家驹,刘鹏. 中国木材志[M]. 北京:中国林业出版社,1992.
[5] 成俊卿. 木材学[M]. 北京:中国林业出版社,1985.
[6] 渡道治人. 木材应用基础[M]. 张琴丽,等译. 上海:上海科技出版社,1986.
[7] 葛明裕. 木材加工化学[M]. 哈尔滨:东北林业大学出版社,1985.
[8] 郝培应,徐有明. 竹类植物衍生物的生理活性及其疗效的研究进展[J]. 世界林业研究,2004,17(3):21-24.
[9] 郝培应. 湖北省主要竹种造纸特性及楠竹不同生长期材性变化的研究[D]. 武汉:华中农业大学,2004.
[10] 江泽慧,彭镇华. 世界主要树种木材科学特性[M]. 北京:科学出版社,2001.
[11] 江泽慧. 世界竹藤[M]. 沈阳:辽宁科学技术出版社,2002.
[12] 凯西 J P. 制浆造纸化学工艺学[M]. 北京:中国轻工业出版社,1988.
[13] 柯病凡. 提高林木材质的途径[J]. 安徽农学院学报,1983.
[14] 李坚. 木材保护学[M]. 北京:科学出版社,2011.
[15] 刘鸿文. 材料力学[M]. 北京:高等教育出版社,1979.
[16] 刘一星,赵广杰. 木质资源材料学[M]. 北京:中国林业出版社,2004.
[17] 刘一星. 木材视觉环境学[M]. 哈尔滨:东北林业大学出版社,1994.
[18] 彭万喜,人工速生工业林木材增值利用——人工林松木脱脂新技术研究[D]. 长沙:中南林学院,2003.
[19] 全国木材标准化技术委员会.《红木》(GB/T 18107—2000)[S]. 北京:中国标准出版社,2000.
[20] 全国木材标准化技术委员会.《木材物理力学试验方法》(GB 1927~1943—1991)[S]. 北京:中国标准出版社,1991.
[21] 申宗圻. 木材学[M]. 2版. 北京:中国林业出版社,1993.
[22] 汪秉全. 木材识别[M]. 西安:陕西科学技术出版社,1983.
[23] 汪奎宏,朴世一. 木材竹材识别与检验[M]. 北京:中国林业出版社,1999.
[24] 王雅梅. 竹材的特性与防腐技术[J]. 木材工业,2004,18(2):28-29.
[25] 吴旦人. 竹材防护[M]. 长沙:湖南科学技术出版社,1992.
[26] 夏玉芳. 料慈竹纤维形态和造纸性能及其与其他竹种的比较[J]. 竹子研究汇刊,1997,16(4):16-20.
[27] 谢福惠,徐峰. 木材树种识别、材性及用途[M]. 北京:学术书刊出版社,1990.
[28] 徐有明,郝培应. 竹材性质及其资源开发利用的研究进展[J]. 东北林业大学学报,2003,31(5):71-77.
[29] 徐有明,滕方玲,等. 重组竹碾压疏解竹丝高效组合设备的创新研究[J]. 木材加工机械,2014,25(6):4-8,11.
[30] 徐有明. 池杉纸浆材材性变异与工艺成熟龄的研究[J]. 华中农业大学学报,1994,13(4):402-408.
[31] 徐有明. 油松木材管胞形态特征的变异[J]. 林业科学,1990,26(4):391-397.

[32] 徐有明. 油松木材幼龄材材性兼轮速生材材质改良与利用[J]. 华中农业大学学报, 1993, 12(1): 69-73.

[33] 徐有明. 油松株内幼龄材与成熟材材性的比较研究[J]. 木材工业, 1992, 6(3): 44-48.

[34] 尹思慈. 木材品质与缺陷[M]. 北京: 中国林业出版社, 1992.

[35] 尹思慈. 木材学[M]. 北京: 中国林业出版社, 1996.

[36] 詹怀宇, 李志强, 蔡再生. 纤维化学与物理[M]. 北京: 科学出版社, 2005.

[37] 张齐生. 中国竹材工业化利用[M]. 北京: 中国林业出版社, 1995.

[38] 中野准三. 木材化学[M]. 鲍禾, 李忠正, 译. 北京: 中国林业出版社, 1989.

[39] 周芳纯. 竹材力学性质测定报告[J]. 竹类研究, 1991, 10(1): 7-12.

[40] 朱玉杰, 侯立臣. 木材商品检验学[M]. 哈尔滨: 东北林业大学出版社, 2002.

[41] 佐贝尔 B J, 等. 实用林木改良[M]. 王章荣, 陈天华, 译. 哈尔滨: 东北林业大学出版社, 1990.

[42] Dinwoodie J M. Timber, Its Nature and Behaviour[M]. New York: Van Nostrand Reinhold Company, 1981.

[43] Eero Sjostrom. Wood Chemistry Fundamentals and Applications[M]. Academic Press, INC, 1981.

[44] ITTO Project Report PPR/1997(F). Biotechnology and the sustainable production of tropical timber[M].

[45] John Worker. Wood Quality: A Perspective from New Zealand[M]. Forests 2013, 4: 234-350.

[46] Karen Lilley. Forest Products and Wood Science[M]. Iowa State University Press, 1996.

[47] Li L, H X Wu. Efficiency of early election for rotation-aged growth and wood density traits in Pinus radiata[M]. Can J For Res, 2005, 35: 2019-1029.

[48] Liu R, Xu Youming. Easonal Changes of Cambium Activity in Koelreuteria bipinnata Franch in the Subtropic Zone of China[M]. Phyton (Phyton-Annales Rei Botanicae), 2014, 54(1): 149-160.

[49] Pashin A J and C de Zeeuw. Textbook of Wood Technology[M]. New York: McGraw Hill, 1980.

[50] Wilson K, etc.. The Anatomy of Wood[M]. London, Stobart & Son LTD, 1986.

[51] Zhang S Y. Timber management toward wood quality and end-product value[M]. CTIA/IUFRO INTERNATIONAL WOOD QUALITY WORKSHOP, 1997, Aug: 18-22.

[52] Zobel B J, Van Buijtenen J P. Wood Variation, Its Causes and Control[M]. New York: Spriger Berlin, 1989.

[53] Zobel B J, etc.. Juvenile Wood in Forest Trees[M]. Berlin: Springer-Verlag, 1998.